複變函數與應用
第九版
Complex Variables and Applications, 9e

James Ward Brown
Ruel V. Churchill
著

黃孟樑
譯

國家圖書館出版品預行編目(CIP)資料

複變函數與應用 ╱ James Ward Brown, Ruel V. Churchill 著；
黃孟棟譯.－ 二版. -- 臺北市：麥格羅希爾, 2015.01
　　面；　公分
譯自：Complex variables and applications, 9th ed.
ISBN　978-986-341-156-7（平裝）.

1. 複分變數函數

314.53　　　　　　　　　　　　　　　103025849

複變函數與應用 第九版

繁體中文版© 2015 年，美商麥格羅希爾國際股份有限公司台灣分公司版權所有。本書所有內容，未經本公司事前書面授權，不得以任何方式（包括儲存於資料庫或任何存取系統內）作全部或局部之翻印、仿製或轉載。

Traditional Chinese Translation Copyright ©2015 by McGraw-Hill International Enterprises, LLC., Taiwan Branch
Original title: Complex Variables and Applications, 9e (ISBN: 978-0-07-338317-0)
Original title copyright © 2014 by McGraw-Hill Education
All rights reserved.

作　　者	James Ward Brown, Ruel V. Churchill
譯　　者	黃孟棟
合作出版暨發行所	美商麥格羅希爾國際股份有限公司台灣分公司 台北市 10044 中正區博愛路 53 號 7 樓 TEL: (02) 2383-6000　　FAX: (02) 2388-8822 http://www.mcgraw-hill.com.tw
	臺灣東華書局股份有限公司 10045 台北市重慶南路一段 147 號 3 樓 TEL: (02) 2311-4027　　FAX: (02) 2311-6615 郵撥帳號：00064813 門市一 10045 台北市重慶南路一段 77 號 1 樓 TEL: (02) 2371-9311 門市二 10045 台北市重慶南路一段 147 號 1 樓 TEL: (02) 2382-1762
總 代 理	臺灣東華書局股份有限公司
出 版 日 期	西元 2015 年 1 月 二版一刷

ISBN：978-986-341-156-7

譯者序

　　Ruel V. Churchill 撰寫的複變函數與應用，理論與應用並重，出版以來，風行全球將近半個世紀，深受各界喜愛。本書第九版仍由第八版的作者，美國密西根大學數學系教授 James Ward Brown 執筆，他根據多年的教學經驗，擷取各界人士的建議，做了大幅度的修正，使本書除了可當做教科書，也適合參考與自修之用。

　　本書如有詞意難以理解或文字誤植之處，尚祈讀者諸君指正。編譯期間承蒙王滿生博士撥冗指教，特此致謝。

序

本書對 2009 年出版的第八版做了徹底的修正。該版本如同從前更早的版本，同樣可作為複變函數理論與應用一學期導論課程的教科書。新版保留前面版本基本的內容與格式，最早的兩個版本是由已故的 Ruel V. Churchill 獨力撰寫。

本書有兩個主要的目標。

(a) 首先詳述有關複變函數應用方面的理論。
(b) 其次是介紹留數與保角映射之應用。留數的應用包括計算實瑕積分，求反拉氏轉換，以及確立函數零點的位置。對於以保角映射去解熱傳導和流體流動所引申的邊界值問題，也給予特別的重視。因此本書或可視為作者另一著作：傅立葉級數與邊界值問題的姊妹作，該書是以另一種古典的方法解偏微分方程式的邊界值問題。

本書的前九章，多年來在密西根大學當做一學期每週三小時的教材之用。最後三章修改較少，主要當做自修和參考的用途。

本書使用的對象是主修數學，工程與物理的高年級生，在修習本課程之前，學生必須先修三學期的微積分，以及初級常微分方程的課。如果想要早點學習初等函數的映射，可以在學完第三章後，直接跳到第八章然後再回頭研習第四章的積分。

這裡要說明關於本版的一些改變，其中有些來自於學生以及教師的建議，在章節題綱上做了變動。例如第二章介紹了調和函數，為了實際上的需要，共軛調和延到第九章才提及。另一個例子是，將第四章證明代數基本定理所需的一個重要不等式的導出，提到第一章與相關的不等式一起討論。像這樣將相關的不等式群聚一起，會有助於讀者更有效地研習，因為一些基本代數定理的證明可以合理的縮短，讀者也無需轉移注意力。第二章關於映射概念的介紹，在本版已予以縮短，僅強調 $w = z^2$ 的映射。這是採用一些讀者的建議，他們認為只要詳細地討論 $w = z^2$ 已足以闡釋所需的基本概念。最後關於級數的討論，包括 Taylor 與 Laurent 級數，有賴讀者諸君對六個 Maclaurin 級數的熟知程度。我將它們集中在第五章，這對讀者諸君需要研習級數的展開應有所幫助。此外新版本的第五章有一章節是從 Taylor 定理引導，討論各種級數包括 $z - z_0$ 的負冪級數。經驗告訴我們，像這樣從 Taylor 到 Laurent 級數自然的轉換，有其特別的價值。

本版包含了許多新的範例，其中有些來自於更早版本的習題，這些例子大多編排在講述的理論之後，這樣會有助於解說。

內容的清晰度則以另類的方式加強，例如，相關定義是以粗體字顯示以利辨識。

本版將許多原有的圖示做了改進，並加入十五個新圖。還有，將許多原來冗長的定理證明做了分段式的處理。例如在第 49 節，關於反導數的存在與使用是採取三段證明；在第 51 節，Cauchy–Goursat 定理的證明也用同樣的方式處理。最後，本書有題解 (ISBN: 978–0–07–352899–1; MHID: 0–07–352899–4) 可供參考使用，它包括第一章至第七章一些特定習題的解答，其中包括留數的題目。

為了顧及廣大的讀者群，我們對參照的其他教材加了一些註解，那是偶會用到的有關微積分與高等微積分的精闢內容的證明與討論。對應用方面極為有用的保角轉換則製成表，置於附錄。

如前所述，本版的一些修訂得自於早期版本使用者的建議。此外，在修訂新版期間，得到許多人的關照與支持，特別是 McGraw Hill 公司以及我的太太 Jacqueline Read Brown。

James Ward Brown

目錄

第一章 * 複數 1

1. 和與積 1
2. 基本代數性質 3
3. 進一步的代數性質 6
4. 向量與模數 10
5. 三角不等式 13
6. 共軛複數 17
7. 指數式 21
8. 指數式的積與冪次 24
9. 積與商的幅角 27
10. 複數的根 32
11. 例題 35
12. 複數平面中的區域 40

第二章 * 解析函數 45

13. 函數與映射 45
14. 映射 $w = z^2$ 48
15. 極限 54
16. 關於極限的定理 57
17. 無窮遠點的極限 61
18. 連續 63
19. 導數 68
20. 微分規則 72
21. Cauchy–Riemann 方程式 77
22. 例題 79
23. 可微的充分條件 81
24. 極座標 84
25. 解析函數 89
26. 例題 92
27. 調和函數 96
28. 解析函數的單一特性 100
29. 鏡射原理 103

第三章 * 初等函數　107

30. 指數函數　107
31. 對數函數　112
32. 例題　113
33. 對數的分支與導數　115
34. 關於對數的恆等式　120
35. 冪次方函數　124
36. 例題　126
37. 三角函數 $\sin z$ 與 $\cos z$　129
38. 三角函數的零點和奇點　132
39. 雙曲函數　136
40. 反三角和反雙曲函數　140

第四章 * 積分　145

41. 函數 $w(t)$ 的導數　145
42. 函數 $w(t)$ 的定積分　147
43. 圍線　151
44. 圍線積分　158
45. 例題　161
46. 關於分支切割的例子　165
47. 圍線積分的模數之上界　171
48. 反導數　177
49. 定理的證明　183
50. Cauchy–Goursat 定理　187
51. 定理的證明　190
52. 單連通域　196
53. 多連通域　198
54. Cauchy 積分公式　205
55. Cauchy 積分公式的推廣　208
56. 推廣的證明　211
57. 推廣的某些結果　214
58. Liouville 定理和代數基本定理　219
59. 最大模原理　221

第五章 * 級數　229

60. 收斂數列　229
61. 收斂級數　232
62. Taylor 級數　238
63. Taylor 定理的證明　240
64. 例題　242
65. $(z - z_0)$ 的負冪次　248
66. Laurent 級數　253
67. Laurent 定理的證明　255
68. 例題　259
69. 冪級數的絕對收斂與均勻收斂　267
70. 冪級數和的連續性　271

71. 冪級數的積分與微分　273

72. 級數表示式的唯一性　278

73. 冪級數的乘法與除法　284

第六章＊留數與極點　293

74. 孤立奇點　293

75. 留數　296

76. Cauchy 留數定理　300

77. 無窮遠點的留數　303

78. 孤立奇點的三種類型　308

79. 例題　309

80. 極點的留數　313

81. 例題　315

82. 解析函數的零點　319

83. 零點與極點　323

84. 函數在孤立奇點附近的性質　330

第七章＊留數的應用　335

85. 瑕積分的計算　335

86. 例題　339

87. Fourier 分析中的瑕積分　345

88. Jordan 預備定理　348

89. 凹痕路徑　355

90. 繞著分支點的凹痕　359

91. 沿著分支切割的積分　362

92. 正弦與餘弦的定積分　367

93. 幅角原理　372

94. Rouché 定理　375

95. 反 Laplace 變換　381

第八章＊初等函數的映射　385

96. 線性變換　385

97. 變換 $w = 1/z$　388

98. $1/z$ 的映射　390

99. 線性分式變換　395

100. 隱函數形式　399

101. 上半平面的映射　403

102. 例題　406

103. 指數函數的映射　411

104. 藉用 $w = \sin z$ 的變換來映射垂直線段　413

105. 藉用 $w = \sin z$ 的變換來映射水平線段　415

106. 一些相關的映射　417

107. z^2 的映射　421

108. $z^{1/2}$ 分支的映射　423

109. 多項式的平方根　427

110. Riemann 面　435
111. 相關函數的曲面　439

第九章 * 保角映射　443

112. 保角與尺度因子　443
113. 進階的例子　447
114. 局部逆　449
115. 共軛調和　454
116. 調和函數的變換　459
117. 邊界條件的變換　462

第十章 * 保角映射的應用　469

118. 穩態溫度　469
119. 半平面的穩態溫度　471
120. 一個相關問題　474
121. 象限的溫度　477
122. 靜電位　483
123. 例題　484
124. 二維的流體流動　491
125. 流線函數　493
126. 拐角及圓柱體附近的流動　496

第十一章 * Schwarz–Christoffel 轉換　505

127. 實軸映成多邊形　505
128. Schwarz–Christoffel 轉換　507
129. 三角形與矩形　512
130. 退化的多邊形　517
131. 穿透渠道狹縫的流體流動　523
132. 具突變狀況之渠道的流動　526
133. 導電平板邊緣之靜電位　529

第十二章 * Poisson 型的積分公式　535

134. Poisson 積分公式　535
135. 圓盤上的 Dirichlet 問題　538
136. 例題　542
137. 相關的邊界值問題　546
138. Schwarz 積分公式　550
139. 半平面上的 Dirichlet 問題　551
140. Neumann 問題　556

附錄　561
索引　571

第 一 章　複數

本章概述複數系的代數和幾何結構。我們假設讀者已熟悉實數系的各種運算性質。

1. 和與積 (SUMS AND PRODUCTS)

複數 (complex numbers) 可定義為實數的有序對 (x, y)，以直角座標 x 與 y，將序對解釋為**複數平面 (complex plane)** 上的點，如同實數 x 可視為實數線上的點。若將實數 x 視為**實軸 (real axis)** 上的點 $(x, 0)$，則記做 $x = (x, 0)$。顯然複數包括實數，實數為複數之子集。形如 $(0, y)$，$y \neq 0$ 之複數對應於 y 軸上的點，稱為**純虛數 (pure imaginary numbers)**。y 軸則稱為**虛軸 (imaginary axis)**。

習慣上，以 z 表示複數 (x, y)，因此（參閱圖 1）

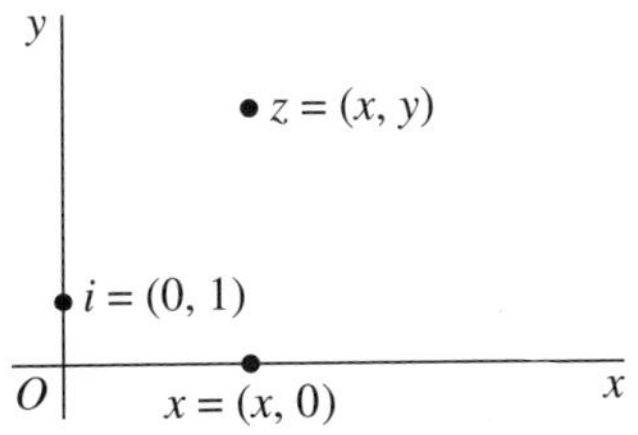

圖 1

2 複變函數與應用 COMPLEX VARIABLES AND APPLICATIONS

(1) $$z = (x, y)$$

進而言之，實數 x 與 y 分別是複數 z 之實部與虛部，記做

(2) $$x = \operatorname{Re} z, \qquad y = \operatorname{Im} z$$

若兩複數 z_1 與 z_2 具有相同的實部與相同的虛部則兩複數相等。因此 $z_1 = z_2$ 表示 z_1 與 z_2 對應於複數平面或 z 平面上的同一點。

兩複數

$$z_1 = (x_1, y_1) \quad 與 \quad z_2 = (x_2, y_2)$$

的和 $z_1 + z_2$ 與積 $z_1 z_2$ 定義如下：

(3) $$(x_1, y_1) + (x_2, y_2) = (x_1 + x_2, y_1 + y_2)$$
(4) $$(x_1, y_1)(x_2, y_2) = (x_1 x_2 - y_1 y_2, y_1 x_2 + x_1 y_2)$$

注意，當侷限於實數時，以方程式 (3) 和 (4) 所定義的運算變成一般加法與乘法的運算：

$$(x_1, 0) + (x_2, 0) = (x_1 + x_2, 0)$$
$$(x_1, 0)(x_2, 0) = (x_1 x_2, 0)$$

因此複數系成為實數系的自然延伸。

任一複數 $z = (x, y)$ 可寫成 $z = (x, 0) + (0, y)$，且易知 $(0, 1)(y, 0) = (0, y)$，故

$$z = (x, 0) + (0, 1)(y, 0)$$

若我們將實數視為 x 或 $(x, 0)$ 且令 i 表示純虛數 $(0, 1)$，如圖 1 所示，顯然[*]

(5) $$z = x + iy$$

而且藉由傳統的記法 $z^2 = zz$，$z^3 = z^2 z$ 等，可得

$$i^2 = (0, 1)(0, 1) = (-1, 0)$$

---

[*]在電機工程，是以符號 j 替代 i。

或

(6) $$i^2 = -1$$

因 $(x, y) = x + iy$，定義 (3) 和 (4) 變成

(7) $$(x_1 + iy_1) + (x_2 + iy_2) = (x_1 + x_2) + i(y_1 + y_2)$$
(8) $$(x_1 + iy_1)(x_2 + iy_2) = (x_1x_2 - y_1y_2) + i(y_1x_2 + x_1y_2)$$

由觀察可知，形式上將方程式左側視為實數運算，而當出現 i^2 時，以 -1 取代 i^2，由此可得到方程式右側。方程式 (8) 告訴我們，任何複數乘以零其值為零，更明確地說，對任意 $z = x + iy$ 而言，

$$z \cdot 0 = (x + iy)(0 + i0) = 0 + i0 = 0$$

2. 基本代數性質 (BASIC ALGEBRAIC PROPERTIES)

複數加法與乘法的各種性質與實數相同。我們在此列出較基本的代數性質，並證明其中一部分，其餘部分之證明留作習題。

交換律

(1) $$z_1 + z_2 = z_2 + z_1, \quad z_1 z_2 = z_2 z_1$$

與結合律

(2) $$(z_1 + z_2) + z_3 = z_1 + (z_2 + z_3), \quad (z_1 z_2) z_3 = z_1 (z_2 z_3)$$

的證明可由第 1 節複數加法和乘法的定義以及實數滿足這些定律的事實而獲得證明。同樣的證明方法適用於分配律

(3) $$z(z_1 + z_2) = zz_1 + zz_2$$

例 若

$$z_1 = (x_1, y_1) \quad 且 \quad z_2 = (x_2, y_2)$$

則
$$z_1 + z_2 = (x_1 + x_2, y_1 + y_2) = (x_2 + x_1, y_2 + y_1) = z_2 + z_1$$

依據乘法交換律，$iy = yi$。因此可用 $z = x + yi$ 替代 $z = x + iy$。因結合律成立，和 $z_1 + z_2 + z_3$ 或積 $z_1 z_2 z_3$ 已有明確定義不需加括號，此與實數的情形相同。

實數的加法單位元素 $0 = (0, 0)$ 與乘法單位元素 $1 = (1, 0)$ 同樣推廣至複數系，亦即，對每一複數 z 而言，

(4) $$z + 0 = z \quad 且 \quad z \cdot 1 = z$$

而 0 與 1 是唯一具有此性質的複數（參閱習題 8）。

對每一複數 $z = (x, y)$ 伴隨著一個加法反元素

(5) $$-z = (-x, -y)$$

滿足方程式 $z + (-z) = 0$。對任意所予的 z 而言，存在唯一加法反元素，此乃因方程式

$$(x, y) + (u, v) = (0, 0)$$

表示

$$u = -x \quad 且 \quad v = -y$$

對任意非零複數 $z = (x, y)$，存在 z^{-1} 使得 $zz^{-1} = 1$。乘法反元素比加法反元素較不易求得。欲求乘法反元素，我們尋找以 x 和 y 表示的實數 u 與 v，使得

$$(x, y)(u, v) = (1, 0)$$

依照第 1 節方程式 (4) 兩複數乘積的定義，u 與 v 必須滿足線性聯立方程組

$$xu - yv = 1, \quad yu + xv = 0$$

經簡單的計算，產生唯一解

$$u = \frac{x}{x^2 + y^2}, \quad v = \frac{-y}{x^2 + y^2}$$

故 $z = (x, y)$ 的乘法反元素為

(6) $$z^{-1} = \left(\frac{x}{x^2 + y^2}, \frac{-y}{x^2 + y^2} \right) \quad (z \neq 0)$$

當 $z = 0$，其乘法反元素 z^{-1} 未定義。事實上，$z = 0$ 表示 $x^2 + y^2 = 0$；此於方程式 (6) 中是不允許的。

習題

1. 驗證

(a) $(\sqrt{2} - i) - i(1 - \sqrt{2}i) = -2i$

(b) $(2, -3)(-2, 1) = (-1, 8)$

(c) $(3, 1)(3, -1)\left(\dfrac{1}{5}, \dfrac{1}{10}\right) = (2, 1)$

2. 證明

(a) $\operatorname{Re}(iz) = -\operatorname{Im} z$

(b) $\operatorname{Im}(iz) = \operatorname{Re} z$

3. 證明 $(1 + z)^2 = 1 + 2z + z^2$。

4. 驗證兩數 $z = 1 \pm i$ 均滿足方程式 $z^2 - 2z + 2 = 0$。

5. 如第 2 節開始的敘述，證明複數的乘法可交換。

6. 證明

(a) 如第 2 節開始的敘述，複數的加法結合律。

(b) 第 2 節的分配律 (3)。

7. 利用加法結合律與分配律，證明

$$z(z_1 + z_2 + z_3) = zz_1 + zz_2 + zz_3$$

8. (a) 若 $(x, y) + (u, v) = (x, y)$，指出如何由此推得複數 $0 = (0, 0)$ 是唯一的加法單位元素。

(b) 同樣地，若 $(x, y)(u, v) = (x, y)$，證明 $1 = (1, 0)$ 是唯一的乘法單位元素。

9. 利用 $-1 = (-1, 0)$ 與 $z = (x, y)$ 證明 $(-1)z = -z$。

10. 利用 $i = (0, 1)$ 與 $y = (y, 0)$ 證明 $-(iy) = (-i)y$。證明複數 $z = x + iy$ 的加法反元素可寫成 $-z = -x - iy$。

11. 解方程式 $z^2 + z + 1 = 0$，以 $z = (x, y)$ 將方程式寫成

$$(x, y)(x, y) + (x, y) + (1, 0) = (0, 0)$$

然後解一組 x、y 的聯立方程式。

提示：以無實數 x 滿足所予方程式的事實，證明 $y \neq 0$。

答案：$z = \left(-\dfrac{1}{2}, \pm\dfrac{\sqrt{3}}{2}\right)$。

3. 進一步的代數性質 (FURTHER ALGEBRAIC PROPERTIES)

本節依據第 2 節所描述之性質，推導複數加法與乘法的其他代數性質。因為這些代數性質也適用於實數，因此這些性質是可以預期的，讀者可略過本節跳到第 4 節而不致於造成閱讀上嚴重的中斷。

首先我們觀察由於乘法反元素的存在，可證明若 $z_1 z_2$ 之積為零，則 z_1 與 z_2 至少有一個為零。假設 $z_1 z_2 = 0$ 且 $z_1 \neq 0$。因反元素 z_1^{-1} 存在而任一複數乘以零其積必為零（第 1 節）。故

$$z_2 = z_2 \cdot 1 = z_2(z_1 z_1^{-1}) = (z_1^{-1} z_1) z_2 = z_1^{-1}(z_1 z_2) = z_1^{-1} \cdot 0 = 0$$

也就是，若 $z_1 z_2 = 0$，則 $z_1 = 0$ 或 $z_2 = 0$；或 z_1 與 z_2 均為零。另一種講法是：若 z_1 與 z_2 為非零的複數，則其乘積 $z_1 z_2$ 亦為非零的複數。

減法與除法是以加法與乘法之反運算來定義：

(1) $$z_1 - z_2 = z_1 + (-z_2)$$

(2) $$\frac{z_1}{z_2} = z_1 z_2^{-1} \qquad (z_2 \neq 0)$$

因此，由第 2 節的 (5) 和 (6) 式可知，

(3) $$z_1 - z_2 = (x_1, y_1) + (-x_2, -y_2) = (x_1 - x_2, y_1 - y_2)$$

且

(4) $$\frac{z_1}{z_2} = (x_1, y_1)\left(\frac{x_2}{x_2^2 + y_2^2}, \frac{-y_2}{x_2^2 + y_2^2}\right) = \left(\frac{x_1 x_2 + y_1 y_2}{x_2^2 + y_2^2}, \frac{y_1 x_2 - x_1 y_2}{x_2^2 + y_2^2}\right)$$
$$(z_2 \neq 0)$$

其中 $z_1 = (x_1, y_1)$ 和 $z_2 = (x_2, y_2)$

若使用 $z_1 = x_1 + iy_1$ 和 $z_2 = x_2 + iy_2$，則可將 (3) 與 (4) 式寫成

(5) $$z_1 - z_2 = (x_1 - x_2) + i(y_1 - y_2)$$

且

(6) $$\frac{z_1}{z_2} = \frac{x_1 x_2 + y_1 y_2}{x_2^2 + y_2^2} + i\frac{y_1 x_2 - x_1 y_2}{x_2^2 + y_2^2} \qquad (z_2 \neq 0)$$

雖然 (6) 式不容易記住，但其推導的過程是將它寫成（參閱習題 7）

(7) $$\frac{z_1}{z_2} = \frac{(x_1 + iy_1)(x_2 - iy_2)}{(x_2 + iy_2)(x_2 - iy_2)}$$

然後將上式右端的分子與分母乘出，並利用性質

(8) $$\frac{z_1 + z_2}{z_3} = (z_1 + z_2)z_3^{-1} = z_1 z_3^{-1} + z_2 z_3^{-1} = \frac{z_1}{z_3} + \frac{z_2}{z_3} \qquad (z_3 \neq 0)$$

從方程式 (7) 開始推導的動機是來自第 6 節。

例 以下說明上述之方法：

$$\frac{4 + i}{2 - 3i} = \frac{(4 + i)(2 + 3i)}{(2 - 3i)(2 + 3i)} = \frac{5 + 14i}{13} = \frac{5}{13} + \frac{14}{13}i$$

有關商的一些預期性質可由下列關係式

$$\text{(9)} \qquad \frac{1}{z_2} = z_2^{-1} \qquad (z_2 \neq 0)$$

推得，上式即方程式 (2) 中，當 $z_1 = 1$ 之情形。例如，由關係式 (9)，我們可將方程式 (2) 寫成如下之形式

$$\text{(10)} \qquad \frac{z_1}{z_2} = z_1 \left(\frac{1}{z_2}\right) \qquad (z_2 \neq 0)$$

又由觀察知（參閱習題 3）

$$(z_1 z_2)(z_1^{-1} z_2^{-1}) = (z_1 z_1^{-1})(z_2 z_2^{-1}) = 1 \qquad (z_1 \neq 0, z_2 \neq 0)$$

因此 $z_1^{-1} z_2^{-1} = (z_1 z_2)^{-1}$ 利用關係式 (9) 可證明

$$\text{(11)} \qquad \left(\frac{1}{z_1}\right)\left(\frac{1}{z_2}\right) = z_1^{-1} z_2^{-1} = (z_1 z_2)^{-1} = \frac{1}{z_1 z_2} \qquad (z_1 \neq 0, z_2 \neq 0)$$

另一有用的性質為

$$\text{(12)} \qquad \left(\frac{z_1}{z_3}\right)\left(\frac{z_2}{z_4}\right) = \frac{z_1 z_2}{z_3 z_4} \qquad (z_3 \neq 0, z_4 \neq 0)$$

上式將於習題中推導。

最後，實數的**二項式公式 (binomial formula)** 對複數而言仍然成立。也就是，若 z_1 與 z_2 為任意的兩非零複數，則

$$\text{(13)} \qquad (z_1 + z_2)^n = \sum_{k=0}^{n} \binom{n}{k} z_1^k z_2^{n-k} \qquad (n = 1, 2, \ldots)$$

其中

$$\binom{n}{k} = \frac{n!}{k!(n-k)!} \qquad (k = 0, 1, 2, \ldots, n)$$

且規定 $0! = 1$，證明留做習題。因複數的加法可交換，二項式公式當然可寫成

第一章　複數

(14) $$(z_1 + z_2)^n = \sum_{k=0}^{n} \binom{n}{k} z_1^{n-k} z_2^k \qquad (n = 1, 2, \ldots)$$

習題

1. 將下列各複數化簡為實數：

(a) $\dfrac{1 + 2i}{3 - 4i} + \dfrac{2 - i}{5i}$ 　　(b) $\dfrac{5i}{(1-i)(2-i)(3-i)}$ 　　(c) $(1-i)^4$

答案：(a) $-\dfrac{2}{5}$；(b) $-\dfrac{1}{2}$；(c) -4。

2. 證明
$$\frac{1}{1/z} = z \qquad (z \neq 0)$$

3. 利用乘法結合律與交換律證明
$$(z_1 z_2)(z_3 z_4) = (z_1 z_3)(z_2 z_4)$$

4. 證明若 $z_1 z_2 z_3 = 0$，則三因數中至少有一為零。

提示：寫成 $(z_1 z_2) z_3 = 0$ 且使用關於二因數的類似結果（第 3 節）。

5. 對於商 z_1/z_2 以緊接著第 3 節 (6) 式之後所描述的方法導出 (6) 式。

6. 以第 3 節的關係式 (10) 與 (11)，導出恆等式
$$\left(\frac{z_1}{z_3}\right)\left(\frac{z_2}{z_4}\right) = \frac{z_1 z_2}{z_3 z_4} \qquad (z_3 \neq 0, z_4 \neq 0)$$

7. 利用習題 6 所得的恆等式，導出消去律
$$\frac{z_1 z}{z_2 z} = \frac{z_1}{z_2} \qquad (z_2 \neq 0, z \neq 0)$$

8. 利用數學歸納法驗證第 3 節的二項式公式 (13)。更清楚地說，注意當 $n = 1$ 時，公式為真，然後假設當 $n = m$ 時，公式成立，其中 m 為任意正整數，證明當 $n = m + 1$ 時，公式成立。

提示：當 $n = m+1$，則

$$(z_1+z_2)^{m+1} = (z_1+z_2)(z_1+z_2)^m = (z_2+z_1)\sum_{k=0}^{m}\binom{m}{k}z_1^k z_2^{m-k}$$

$$= \sum_{k=0}^{m}\binom{m}{k}z_1^k z_2^{m+1-k} + \sum_{k=0}^{m}\binom{m}{k}z_1^{k+1}z_2^{m-k}$$

將後項的和以 $k-1$ 替代 k，可得

$$(z_1+z_2)^{m+1} = z_2^{m+1} + \sum_{k=1}^{m}\left[\binom{m}{k}+\binom{m}{k-1}\right]z_1^k z_2^{m+1-k} + z_1^{m+1}$$

最後，將右側變成

$$z_2^{m+1} + \sum_{k=1}^{m}\binom{m+1}{k}z_1^k z_2^{m+1-k} + z_1^{m+1} = \sum_{k=0}^{m+1}\binom{m+1}{k}z_1^k z_2^{m+1-k}$$

4. 向量與模數 (VECTORS AND MODULI)

對任意非零複數 $z = x+iy$，很自然地從複數平面的原點到代表 z 的點 (x, y) 賦予一有向線段或向量。事實上，我們常將 z 視為點 z 或向量 z，在圖 2，$z = x+iy$ 與 $-2+i$ 即可表示成點亦可表示成徑向量。

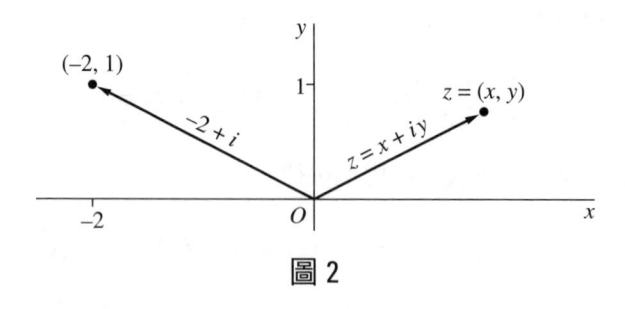

圖 2

當 $z_1 = x_1+iy_1$ 與 $z_2 = x_2+iy_2$，其和

$$z_1+z_2 = (x_1+x_2) + i(y_1+y_2)$$

對應於點 $(x_1 + x_2, y_1 + y_2)$。此和亦對應於以這些座標為其分量之向量，因此 $z_1 + z_2$ 可由向量方式求得，如圖 3 所示。

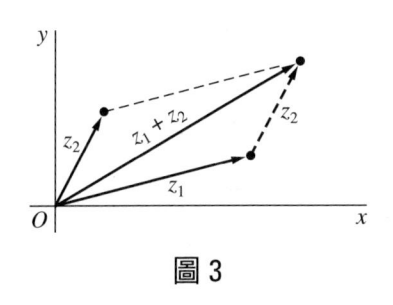

圖 3

既然兩複數 z_1 與 z_2 之積本身是複數，因此它可以表示成向量且與 z_1 和 z_2 位於同一平面。顯然，於一般向量分析中，此積既非純量積亦非向量積。

複數的向量解釋特別有助於將實數絕對值的概念推廣到複數平面。複數 $z = x + iy$ 的**模數 (modulus)** 或絕對值，定義為非負實數 $\sqrt{x^2 + y^2}$ 且以 $|z|$ 表示；亦即，

(1) $$|z| = \sqrt{x^2 + y^2}$$

由定義 (1) 可知，實數 $|z|$，$x = \mathrm{Re}\, z, y = \mathrm{Im}\, z$ 之關係式為

(2) $$|z|^2 = (\mathrm{Re}\, z)^2 + (\mathrm{Im}\, z)^2$$

因此

(3) $\quad\quad \mathrm{Re}\, z \le |\mathrm{Re}\, z| \le |z| \quad$ 且 $\quad \mathrm{Im}\, z \le |\mathrm{Im}\, z| \le |z|$

就幾何的觀點而言，$|z|$ 是點 (x, y) 與原點之間的距離，或代表 z 之徑向量的長度。當 $y = 0$ 時，它就退化成實數系的絕對值。注意，不等式 $z_1 < z_2$ 是無意義的，除非 z_1 與 z_2 兩者皆為實數，$|z_1| < |z_2|$ 此一敘述表示點 z_1 比點 z_2 更接近於原點。

例1 因為 $|-3 + 2i| = \sqrt{13}$ 且 $|1 + 4i| = \sqrt{17}$，由此可知，點 $-3 + 2i$

比 $1 + 4i$ 更接近原點。

兩點 (x_1, y_1) 與 (x_2, y_2) 之間的距離為 $|z_1 - z_2|$，可由圖 4 得知，此乃因 $|z_1 - z_2|$ 表示

$$z_1 - z_2 = z_1 + (-z_2)$$

向量之長度，而且將徑向量 $z_1 - z_2$ 平移，我們可將 $z_1 - z_2$ 解釋成由點 (x_2, y_2) 至點 (x_1, y_1) 之有向線段。另一方面，由

$$z_1 - z_2 = (x_1 - x_2) + i(y_1 - y_2)$$

和定義 (1) 得知

$$|z_1 - z_2| = \sqrt{(x_1 - x_2)^2 + (y_1 - y_2)^2}$$

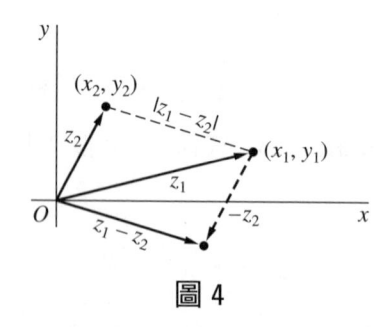

圖 4

若複數 z 對應到以 z_0 為圓心，半徑為 R 的圓上，則其滿足方程式 $|z - z_0| = R$，反之亦成立。我們將此點集合指名為圓 $|z - z_0| = R$。

例2 方程式 $|z - 1 + 3i| = 2$ 表示圓心為 $z_0 = (1, -3)$，半徑為 $R = 2$ 的圓。

這裡最後的例子說明了在複數分析，當直接計算相當繁瑣的時候，幾何圖解或許能顯現其威力。

例3 考慮滿足方程式

$$|z - 4i| + |z + 4i| = 10$$

的所有點 $z = (x, y)$ 之集合，將上式寫成

$$|z - 4i| + |z - (-4i)| = 10$$

讀者可看出，此式代表在 $z = (x, y)$ 平面上與兩定點 $F(0, 4)$ 與 $F'(0, -4)$ 的距離和為常數 10 之所有點 $P(x, y)$ 所成的集合。此即以 $F(0, 4)$ 與 $F'(0, -4)$ 為焦點的橢圓。

5. 三角不等式 (TRIANGLE INEQUALITY)

現在回到三角不等式，此不等式對兩複數 z_1 與 z_2 之和的模數提供一上界：

(1) $$|z_1 + z_2| \leq |z_1| + |z_2|$$

此重要不等式的幾何圖示為第 4 節的圖 3，三角不等式只是敘述三角形一邊之長小於或等於其餘兩邊之長的和。由圖 3 可知，不等式 (1) 之等號成立是當 0, z_1 與 z_2 共線。此外在第 6 節習題 15 有嚴謹的代數推導。

三角不等式的立即結果為

(2) $$|z_1 + z_2| \geq ||z_1| - |z_2||$$

欲推導 (2) 式，我們寫出

$$|z_1| = |(z_1 + z_2) + (-z_2)| \leq |z_1 + z_2| + |-z_2|$$

這表示

(3) $$|z_1 + z_2| \geq |z_1| - |z_2|$$

此即不等式 (2) 當 $|z_1| \geq |z_2|$ 之情形。若 $|z_1| < |z_2|$，我們只要將不等式 (3) 的 z_1 與 z_2 交換，可得

$$|z_1 + z_2| \geq -(|z_1| - |z_2|)$$

此即我們所要的結果。不等式 (2) 告訴我們，三角形一邊之長大於或等於

其餘兩邊之長的差。

因 $|-z_2| = |z_2|$ 在不等式 (1) 與 (2) 以 $-z_2$ 代替 z_2，寫成

$$|z_1 - z_2| \leq |z_1| + |z_2| \quad \text{和} \quad |z_1 - z_2| \geq ||z_1| - |z_2||$$

在實際練習中，我們只會使用到不等式 (1) 與 (2)，此即下列例題所描述的情形。

例1 若點 z 位於單位圓 $|z| = 1$ 上，不等式 (1) 與 (2) 告訴我們

$$|z - 2| = |z + (-2)| \leq |z| + |-2| = 1 + 2 = 3$$

且

$$|z - 2| = |z + (-2)| \geq ||z| - |-2|| = |1 - 2| = 1$$

三角不等式 (1) 可用數學歸納法推廣至任何有限項的和：

(4) $\quad |z_1 + z_2 + \cdots + z_n| \leq |z_1| + |z_2| + \cdots + |z_n| \quad (n = 2, 3, \ldots)$

此處以歸納法作出詳細的證明，當 $n = 2$，不等式 (4) 就是 (1)。若當 $n = m$，不等式 (4) 成立，則必須當 $n = m + 1$，不等式亦成立，由不等式 (1) 知

$$|(z_1 + z_2 + \cdots + z_m) + z_{m+1}| \leq |z_1 + z_2 + \cdots + z_m| + |z_{m+1}|$$
$$\leq (|z_1| + |z_2| + \cdots + |z_m|) + |z_{m+1}|$$

例2 z 為位於圓 $|z| = 2$ 的任意複數。由不等式 (4) 可知

$$|3 + z + z^2| \leq 3 + |z| + |z^2|$$

依據習題 (8)，因 $|z^2| = |z|^2$，故

$$|3 + z + z^2| \leq 9$$

例3 若 n 為正整數且若 $a_0, a_1, a_2, \ldots, a_n$ 為複常數，其中 $a_n \neq 0$，

(5) $\quad P(z) = a_0 + a_1 z + a_2 z^2 + \cdots + a_n z^n$

為 n 次多項式。在此欲證明，對某一正數 R，倒數 $1/P(z)$ 滿足不等式

(6) $$\left|\frac{1}{P(z)}\right| < \frac{2}{|a_n|R^n} \quad \text{當} \quad |z| > R$$

就幾何的觀點而言，此不等式告訴我們，當 z 在圓 $|z| = R$ 的外部，倒數 $1/P(z)$ 的模數是上方有界。此多項式的重要性質將於第 4 章第 58 節討論。我們在此證明此不等式是因為它說明了本節所提的不等式用法，以及關聯到習題 8 和 9 的兩個恆等式

$$|z_1 z_2| = |z_1||z_2| \quad \text{與} \quad |z^n| = |z|^n \quad (n = 1, 2, \ldots)$$

首先令

(7) $$w = \frac{a_0}{z^n} + \frac{a_1}{z^{n-1}} + \frac{a_2}{z^{n-2}} + \cdots + \frac{a_{n-1}}{z} \quad (z \neq 0)$$

使得當 $z \neq 0$，

(8) $$P(z) = (a_n + w)z^n$$

其次以 z^n 乘以方程式 (7)：

$$wz^n = a_0 + a_1 z + a_2 z^2 + \cdots + a_{n-1} z^{n-1}$$

這告訴了我們

$$|w||z|^n \leq |a_0| + |a_1||z| + |a_2||z|^2 + \cdots + |a_{n-1}||z|^{n-1}$$

或

(9) $$|w| \leq \frac{|a_0|}{|z|^n} + \frac{|a_1|}{|z|^{n-1}} + \frac{|a_2|}{|z|^{n-2}} + \cdots + \frac{|a_{n-1}|}{|z|}$$

當 $|z| > R$，可找到足夠大的正數 R 使得不等式 (9) 的右邊的每一個商小於 $|a_n|/(2n)$，故當 $|z| > R$

$$|w| < n\frac{|a_n|}{2n} = \frac{|a_n|}{2}$$

結果，當 $|z| > R$

$$|a_n + w| \geq ||a_n| - |w|| > \frac{|a_n|}{2}$$

由方程式 (8) 知，當 $|z| > R$

(10) $$|P_n(z)| = |a_n + w||z|^n > \frac{|a_n|}{2}|z|^n > \frac{|a_n|}{2}R^n$$

敘述 (6) 可立即由上式得到。

習題

1. 已知 z_1 與 z_2 將 $z_1 + z_2$ 與 $z_1 - z_2$ 以向量之形式畫出。

    (a) $z_1 = 2i, \quad z_2 = \frac{2}{3} - i$

    (b) $z_1 = (-\sqrt{3}, 1), \quad z_2 = (\sqrt{3}, 0)$

    (c) $z_1 = (-3, 1), \quad z_2 = (1, 4)$

    (d) $z_1 = x_1 + iy_1, \quad z_2 = x_1 - iy_1$

2. 證明第 4 節的不等式 (3)，此不等式涉及 $\operatorname{Re} z$、$\operatorname{Im} z$ 與 $|z|$。

3. 利用模數的已成立性質證明當 $|z_3| \neq |z_4|$，

$$\frac{\operatorname{Re}(z_1 + z_2)}{|z_3 + z_4|} \leq \frac{|z_1| + |z_2|}{||z_3| - |z_4||}$$

4. 證明 $\sqrt{2}|z| \geq |\operatorname{Re} z| + |\operatorname{Im} z|$。

    提示：將此不等式化簡為 $(|x| - |y|)^2 \geq 0$。

5. 在每一情況下，畫出由所予條件所決定之點集合：

    (a) $|z - 1 + i| = 1$ (b) $|z + i| \leq 3$ (c) $|z - 4i| \geq 4$

6. 若 $|z_1 - z_2|$ 表示 z_1 與 z_2 兩點之間的距離，則對 $|z - 1| = |z + i|$ 表示通過原點且斜率為 -1 的直線，給予幾何論證。

7. 證明當 R 足夠大時，第 5 節例 3 的多項式 $P(z)$，滿足不等式

$$|P(z)| < 2|a_n||z|^n \text{，當 } |z| > R$$

提示：當 $|z| > R$，則存在一正數 R 使得在第 5 節不等式 (9) 的每一商的模數小於 $|a_n|/n$。

8. 令 z_1 與 z_2 表示任意複數

$$z_1 = x_1 + iy_1 \quad \text{且} \quad z_2 = x_2 + iy_2$$

用簡單的代數，證明

$$|(x_1 + iy_1)(x_2 + iy_2)| \quad \text{與} \quad \sqrt{(x_1^2 + y_1^2)(x_2^2 + y_2^2)}$$

相等並且指出何以下列恆等式

$$|z_1 z_2| = |z_1||z_2|$$

成立。

9. 利用習題 8 的最後結果與數學歸納法證明

$$|z^n| = |z|^n \quad (n = 1, 2, \ldots)$$

其中 z 為任意複數，亦即，當 $n = 1$，此恆等式顯然為真，假設當 $n = m$，恆等式為真，其中 m 為任意正整數，然後證明當 $n = m + 1$，恆等式為真。

6. 共軛複數 (COMPLEX CONJUGATES)

複數 $z = x + iy$ 的共軛複數，或僅稱為共軛，定義為複數 $x - iy$ 且記做 $\bar{z}$；亦即，

(1) $$\bar{z} = x - iy$$

$\bar{z}$ 以點 $(x, -y)$ 表示，它代表 z 的點 (x, y) 對實軸之反射（圖 5）。注意，對所有的 z 而言，有

$$\bar{\bar{z}} = z \quad \text{且} \quad |\bar{z}| = |z|$$

圖 5

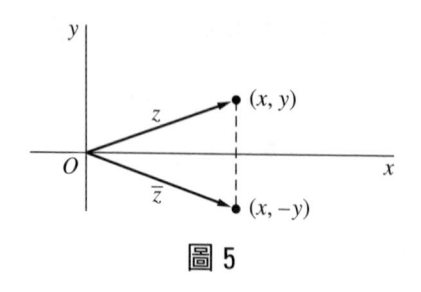

若 $z_1 = x_1 + iy_1$ 且 $z_2 = x_2 + iy_2$，則
$$\overline{z_1 + z_2} = (x_1 + x_2) - i(y_1 + y_2) = (x_1 - iy_1) + (x_2 - iy_2)$$

因此和的共軛等於共軛的和：

(2) $$\overline{z_1 + z_2} = \overline{z_1} + \overline{z_2}$$

以類似的方式可簡單證出

(3) $$\overline{z_1 - z_2} = \overline{z_1} - \overline{z_2}$$

(4) $$\overline{z_1 z_2} = \overline{z_1}\,\overline{z_2}$$

和

(5) $$\overline{\left(\frac{z_1}{z_2}\right)} = \frac{\overline{z_1}}{\overline{z_2}} \qquad (z_2 \neq 0).$$

複數 $z = x + iy$ 及其共軛 $\bar{z} = x - iy$ 的和 $z + \bar{z}$ 為實數 $2x$，且兩數之差 $z - \bar{z}$ 為 $2iy$，因此

(6) $$\operatorname{Re} z = \frac{z + \bar{z}}{2} \quad 且 \quad \operatorname{Im} z = \frac{z - \bar{z}}{2i}$$

複數 $z = x + iy$ 的共軛與其模數之間的一個重要恆等式為

(7) $$z\bar{z} = |z|^2$$

其中兩邊均等於 $x^2 + y^2$。此式提供了以第 3 節 (7) 式為起點，求商 z_1/z_2 的方法。此法是基於將 z_1/z_2 的分子和分母同乘以 $\overline{z_2}$，使得分母變成實數 $|z_2|^2$。

第一章　複數

例 1　以例子作為說明

$$\frac{-1+3i}{2-i} = \frac{(-1+3i)(2+i)}{(2-i)(2+i)} = \frac{-5+5i}{|2-i|^2} = \frac{-5+5i}{5} = -1+i$$

另外可參考第 3 節的例子。

由上述共軛的性質，得到模數的性質，使用恆等式 (7) 是特別有用的。此時我們提出（與第 5 節習題 8 比較）

(8) $$|z_1 z_2| = |z_1||z_2|$$

和

(9) $$\left|\frac{z_1}{z_2}\right| = \frac{|z_1|}{|z_2|} \qquad (z_2 \neq 0)$$

性質 (8) 可由

$$|z_1 z_2|^2 = (z_1 z_2)(\overline{z_1 z_2}) = (z_1 z_2)(\overline{z_1}\,\overline{z_2}) = (z_1 \overline{z_1})(z_2 \overline{z_2}) = |z_1|^2 |z_2|^2 = (|z_1||z_2|)^2$$

以及模數不為負證得。性質 (9) 可用類似的方法證明。

例 2　性質 (8) 告訴我們 $|z^2| = |z|^2$ 且 $|z^3| = |z|^3$。因此若 z 為位於以原點為圓心且半徑為 2 的圓內之一點，則 $|z| < 2$，由第 5 節的廣義三角不等式 (4) 可知

$$|z^3 + 3z^2 - 2z + 1| \leq |z|^3 + 3|z|^2 + 2|z| + 1 < 25$$

習題

1. 利用第 6 節所建立的共軛與模數的性質，證明

(a) $\overline{\overline{z} + 3i} = z - 3i$ 　　　　(b) $\overline{iz} = -i\overline{z}$

(c) $\overline{(2+i)^2} = 3 - 4i$ 　　　　(d) $|(2\overline{z}+5)(\sqrt{2}-i)| = \sqrt{3}\,|2z+5|$

2. 畫出所予條件的點集合

(a) $\text{Re}(\bar{z} - i) = 2$ 　　　(b) $|2\bar{z} + i| = 4$

3. 證明第 6 節共軛的性質 (3) 與 (4)

4. 利用第 6 節共軛的性質 (4) 證明

(a) $\overline{z_1 z_2 z_3} = \bar{z}_1 \bar{z}_2 \bar{z}_3$ 　　　(b) $\overline{z^4} = \bar{z}^4$

5. 證明第 6 節模數的性質 (9)。

6. 當 z_2 與 z_3 不為零，使用第 6 節的結果，證明

(a) $\overline{\left(\dfrac{z_1}{z_2 z_3}\right)} = \dfrac{\bar{z}_1}{\bar{z}_2 \bar{z}_3}$ 　　　(b) $\left|\dfrac{z_1}{z_2 z_3}\right| = \dfrac{|z_1|}{|z_2||z_3|}$

7. 當 $|z| \leq 1$，證明

$$|\text{Re}(2 + \bar{z} + z^3)| \leq 4$$

8. 在第 3 節證明過，若 $z_1 z_2 = 0$，則 z_1 與 z_2 至少有一為零。以實數對應的結果為基礎並利用第 6 節恆等式 (8)，給予另一種證明。

9. 將 $z^4 - 4z^2 + 3$ 分解成兩個二次因式，再利用第 5 節的不等式 (2)，證明若 z 位於圓 $|z| = 2$ 上，則

$$\left|\dfrac{1}{z^4 - 4z^2 + 3}\right| \leq \dfrac{1}{3}$$

10. 證明

(a) 若且唯若 $\bar{z} = z$，則 z 為實數。

(b) 若且唯若 $\bar{z}^2 = z^2$，則 z 為實數或純虛數。

11. 利用數學歸納法證明當 $n = 2, 3, \ldots$，

(a) $\overline{z_1 + z_2 + \cdots + z_n} = \bar{z}_1 + \bar{z}_2 + \cdots + \bar{z}_n$

(b) $\overline{z_1 z_2 \cdots z_n} = \bar{z}_1 \bar{z}_2 \cdots \bar{z}_n$

12. 令 $a_0, a_1, a_2, \ldots, a_n$ ($n \geq 1$) 為實數，且令 z 為任意複數，利用習題 11 的結果，證明

$$\overline{a_0 + a_1 z + a_2 z^2 + \cdots + a_n z^n} = a_0 + a_1 \bar{z} + a_2 \bar{z}^2 + \cdots + a_n \bar{z}^n$$

13. 證明圓心為 z_0，半徑為 R 的圓方程式 $|z - z_0| = R$ 可寫成

$$|z|^2 - 2\operatorname{Re}(z\overline{z_0}) + |z_0|^2 = R^2$$

14. 利用第 6 節關於 Re z 與 Im z 的表示式 (6)，證明雙曲線 $x^2 - y^2 = 1$ 可寫成

$$z^2 + \overline{z}^2 = 2$$

15. 依照下列步驟導出三角不等式（第 5 節）

$$|z_1 + z_2| \leq |z_1| + |z_2|$$

(a) 證明

$$|z_1 + z_2|^2 = (z_1 + z_2)(\overline{z_1} + \overline{z_2}) = z_1\overline{z_1} + (z_1\overline{z_2} + \overline{z_1\overline{z_2}}) + z_2\overline{z_2}$$

(b) 指出為何

$$z_1\overline{z_2} + \overline{z_1\overline{z_2}} = 2\operatorname{Re}(z_1\overline{z_2}) \leq 2|z_1||z_2|$$

(c) 利用 (a) 與 (b) 之結果，得到不等式

$$|z_1 + z_2|^2 \leq (|z_1| + |z_2|)^2$$

且注意三角不等式如何由此推導而得。

7. 指數式 (EXPONENTIAL FORM)

令 r 與 θ 為一個非零複數 $z = x + iy$ 所對應的點 (x, y) 的極座標，由 $x = r\cos\theta$ 且 $y = r\sin\theta$，z 可寫成如下之極式

(1) $$z = r(\cos\theta + i\sin\theta)$$

若 $z = 0$，座標 θ 是無定義的，故當使用極座標時，必須了解 $z \neq 0$。

在複數分析，實數 r 為 z 之徑向量的長度，故 r 不為負，亦即，$r = |z|$。實數 θ 為 z 的徑向量與正實數軸所夾之角度，以強度量作為量測單位（圖 6）。如同在微積分中，θ 可能有無限多的值，包括負值，彼此

相差 2π 的整數倍。若已知 z 所對應的點確定位於某一象限，則 θ 值可由方程式 $\tan\theta = y/x$ 求得，每一個 θ 值皆稱為 z 的**幅角 (argument)**，且所有 θ 值的集合記作 $\arg z$。$\arg z$ 的**主值 (principal value)** 記作 $\text{Arg } z$，是滿足 $-\pi < \Theta \leq \pi$ 的唯一值 Θ，顯然，

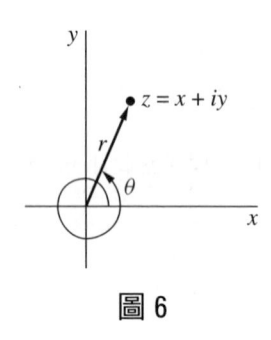

圖 6

(2) $\qquad \arg z = \text{Arg } z + 2n\pi \qquad (n = 0, \pm 1, \pm 2, \ldots)$

當 z 是負實數，$\text{Arg } z$ 之值為 π，而非 $-\pi$。

例1 複數 $-1 - i$，位於第三象限，主幅角為 $-3\pi/4$。亦即，

$$\text{Arg}(-1 - i) = -\frac{3\pi}{4}$$

必須強調，因為主幅角 Θ 限制在 $-\pi < \Theta \leq \pi$，所以 $\text{Arg}(-1 - i) = 5\pi/4$ 是錯的。

依據方程式 (2)，

$$\arg(-1 - i) = -\frac{3\pi}{4} + 2n\pi \qquad (n = 0, \pm 1, \pm 2, \ldots)$$

注意，方程式 (2) 右側的 $\text{Arg } z$ 項可用任一 $\arg z$ 的特殊值取代，例如，

$$\arg(-1 - i) = \frac{5\pi}{4} + 2n\pi \qquad (n = 0, \pm 1, \pm 2, \ldots)$$

符號 $e^{i\theta}$ 或 $\exp(i\theta)$ 是以 Euler 公式定義為

(3) $$e^{i\theta} = \cos\theta + i\sin\theta$$

其中 θ 為弳度量。它使我們能將極式寫成較緊緻的指數式，形如

(4) $$z = re^{i\theta}$$

選擇符號 $e^{i\theta}$ 稍後將於第 30 節全面啟用，無論如何，在第 8 節使用此符號是一種自然選擇。

例2 複數 $-1-i$ 具有指數式

(5) $$-1-i = \sqrt{2}\exp\left[i\left(-\frac{3\pi}{4}\right)\right]$$

由於 $e^{-i\theta} = e^{i(-\theta)}$，上式亦可寫成 $-1-i = \sqrt{2}\,e^{-i3\pi/4}$，當然，(5) 式僅是 $-1-i$ 的無窮多個可能的指數式之一：

(6) $$-1-i = \sqrt{2}\exp\left[i\left(-\frac{3\pi}{4} + 2n\pi\right)\right] \quad (n = 0, \pm 1, \pm 2, \ldots)$$

注意當 $r=1$ 時，(4) 式告訴我們 $e^{i\theta}$ 位於以原點為圓心，半徑為 1 的圓上，如圖 7 所示。不需要參考 Euler 公式，$e^{i\theta}$ 的值可立即由該圖得到。例如，幾何上明顯得知

$$e^{i\pi} = -1, \quad e^{-i\pi/2} = -i, \quad \text{和} \quad e^{-i4\pi} = 1$$

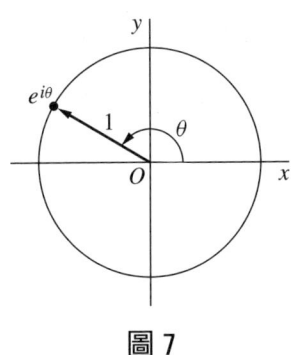

圖 7

再注意，方程式

(7) $$z = Re^{i\theta} \qquad (0 \leq \theta \leq 2\pi)$$

為圓 $|z| = R$ 的參數表示式，其圓心為原點，半徑為 R。當參數 θ 由 $\theta = 0$ 增至 $\theta = 2\pi$，點 z 由正實軸以逆時針方向繞圓一圈。一般而言，圓心為 z_0 且半徑為 R 的圓 $|z - z_0| = R$，具有參數式

(8) $$z = z_0 + Re^{i\theta} \qquad (0 \leq \theta \leq 2\pi)$$

這可用向量的方法來看（圖 8），固定向量 z_0 與一個長度為 R 斜角為 θ 的向量之和，對應到圓 $|z - z_0| = R$ 的一點。當 θ 從 $\theta = 0$ 變化到 $\theta = 2\pi$，此點以逆時針方向繞圓一圈。

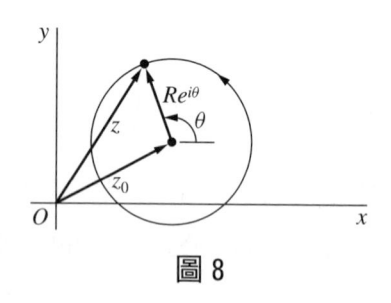

圖 8

8. 指數式的積與冪次
(PRODUCTS AND POWERS IN EXPONENTIAL FORM)

簡易三角學告訴我們，$e^{i\theta}$ 具有微積分中已熟悉的指數函數的加法性質：

$$\begin{aligned} e^{i\theta_1}e^{i\theta_2} &= (\cos\theta_1 + i\sin\theta_1)(\cos\theta_2 + i\sin\theta_2) \\ &= (\cos\theta_1\cos\theta_2 - \sin\theta_1\sin\theta_2) + i(\sin\theta_1\cos\theta_2 + \cos\theta_1\sin\theta_2) \\ &= \cos(\theta_1 + \theta_2) + i\sin(\theta_1 + \theta_2) = e^{i(\theta_1+\theta_2)} \end{aligned}$$

因此，若 $z_1 = r_1 e^{i\theta_1}$ 且 $z_2 = r_2 e^{i\theta_2}$，積 $z_1 z_2$ 具有指數式

(1) $$z_1 z_2 = r_1 e^{i\theta_1} r_2 e^{i\theta_2} = r_1 r_2 e^{i\theta_1} e^{i\theta_2} = (r_1 r_2) e^{i(\theta_1+\theta_2)}$$

此外,

(2) $$\frac{z_1}{z_2} = \frac{r_1 e^{i\theta_1}}{r_2 e^{i\theta_2}} = \frac{r_1}{r_2} \cdot \frac{e^{i\theta_1} e^{-i\theta_2}}{e^{i\theta_2} e^{-i\theta_2}} = \frac{r_1}{r_2} \cdot \frac{e^{i(\theta_1-\theta_2)}}{e^{i0}} = \frac{r_1}{r_2} e^{i(\theta_1-\theta_2)}$$

注意,由 (2) 式可推得,任意非零複數 $z = re^{i\theta}$ 的乘法反元素為

(3) $$z^{-1} = \frac{1}{z} = \frac{1 e^{i0}}{re^{i\theta}} = \frac{1}{r} e^{i(0-\theta)} = \frac{1}{r} e^{-i\theta}.$$

對實數以及 e^x 使用一般的代數運算規則,就可輕易記住 (1)、(2) 與 (3)。

另一個以實數的運算規則,應用於 $z = re^{i\theta}$ 可得重要的結果為

(4) $$z^n = r^n e^{in\theta} \qquad (n = 0, \pm 1, \pm 2, \ldots)$$

對於正的 n 值,上式可由數學歸納法證明。具體而言,我們首先注意到,當 $n = 1$ 時,即得 $z = re^{i\theta}$。其次,假設 $n = m$ 時,(4) 式成立,其中 m 為任意正整數。鑑於 (1) 式關於兩個非零複數的指數式乘積,當 $n = m + 1$:

$$z^{m+1} = z^m z = r^m e^{im\theta} r e^{i\theta} = (r^m r) e^{i(m\theta+\theta)} = r^{m+1} e^{i(m+1)\theta}$$

故當 n 為正整數,(4) 式成立。依規定 $z^0 = 1$,當 $n = 0$ 時,(4) 式亦成立。

另一方面,若 $n = -1, -2, \ldots$,我們用 z 的乘法反元素,將 z^n 定義為

$$z^n = (z^{-1})^m, \quad 其中 \quad m = -n = 1, 2, \ldots$$

然後,因為方程式 (4) 對正整數成立,故由 z^{-1} 的指數式 (3) 推得

$$z^n = \left[\frac{1}{r} e^{i(-\theta)}\right]^m = \left(\frac{1}{r}\right)^m e^{im(-\theta)} = \left(\frac{1}{r}\right)^{-n} e^{i(-n)(-\theta)} = r^n e^{in\theta}$$
$$(n = -1, -2, \ldots)$$

如今,對所有整數冪次而言,(4) 式恆成立。

即使所予複數是直角座標的形式,(4) 式仍可用於求複數的冪次,且

求出之結果為直角座標的形式。

例1 為了求 $(-1+i)^7$ 之直角座標形式，寫出
$$(-1+i)^7 = (\sqrt{2}\,e^{i3\pi/4})^7 = 2^{7/2}e^{i\,21\pi/4} = (2^3 e^{i5\pi})(2^{1/2}e^{i\,\pi/4})$$
因為
$$2^3 e^{i5\pi} = (8)(-1) = -8$$
且
$$2^{1/2}e^{i\,\pi/4} = \sqrt{2}\left(\cos\frac{\pi}{4} + i\sin\frac{\pi}{4}\right) = \sqrt{2}\left(\frac{1}{\sqrt{2}} + \frac{i}{\sqrt{2}}\right) = 1+i$$
我們得到所要的結果：$(-1+i)^7 = -8(1+i)$

最後，我們觀察到，若 $r = 1$，方程式 (4) 變成

(5) $\qquad\qquad (e^{i\theta})^n = e^{in\theta} \quad (n = 0, \pm1, \pm2, \ldots)$

當寫成如下之形式

(6) $\qquad (\cos\theta + i\sin\theta)^n = \cos n\theta + i\sin n\theta \quad (n = 0, \pm1, \pm2, \ldots)$

則此式稱為 **de Moivre 公式**，以下是使用此公式的特例。

例2 當 $n = 2$，公式 (6) 告訴我們
$$(\cos\theta + i\sin\theta)^2 = \cos 2\theta + i\sin 2\theta$$
或
$$\cos^2\theta - \sin^2\theta + i2\sin\theta\cos\theta = \cos 2\theta + i\sin 2\theta$$
令實部相等以及虛部相等，可得我們熟悉的三角恆等式
$$\cos 2\theta = \cos^2\theta - \sin^2\theta, \quad \sin 2\theta = 2\sin\theta\cos\theta$$
（參閱第 9 節習題 10 與 11。）

9. 積與商的幅角
(ARGUMENTS OF PRODUCTS AND QUOTIENTS)

若 $z_1 = r_1 e^{i\theta_1}$ 且 $z_2 = r_2 e^{i\theta_2}$，由第 8 節的表示式

(1) $$z_1 z_2 = (r_1 r_2) e^{i(\theta_1 + \theta_2)}$$

可用來求得有關幅角的重要恆等式：

(2) $$\arg(z_1 z_2) = \arg z_1 + \arg z_2$$

方程式 (2) 可解釋如下：若三個多值幅角中，有兩個已知其值，則第三個幅角將有一值使得方程式成立。

我們開始證明 (2) 式，令 θ_1 和 θ_2 分別表示 $\arg z_1$ 和 $\arg z_2$ 的任一值，則 (1) 式告訴我們 $\theta_1 + \theta_2$ 為 $\arg(z_1 z_2)$ 的一值（參閱圖 9）。另一方面，若已知 $\arg(z_1 z_2)$ 和 $\arg z_1$ 之值，則此二值對應於下列兩式

$$\arg(z_1 z_2) = (\theta_1 + \theta_2) + 2n\pi \qquad (n = 0, \pm 1, \pm 2, \ldots)$$

和

$$\arg z_1 = \theta_1 + 2n_1 \pi \qquad (n_1 = 0, \pm 1, \pm 2, \ldots)$$

之中特定的 n 和 n_1。

由於

$$(\theta_1 + \theta_2) + 2n\pi = (\theta_1 + 2n_1 \pi) + [\theta_2 + 2(n - n_1)\pi]$$

當選擇

$$\arg z_2 = \theta_2 + 2(n - n_1)\pi$$

方程式 (2) 顯然成立。若已知 $\arg(z_1 z_2)$ 和 $\arg z_2$ 之值則其證明可將 (2) 式改寫成

$$\arg(z_2 z_1) = \arg z_2 + \arg z_1$$

而證得。

圖 9

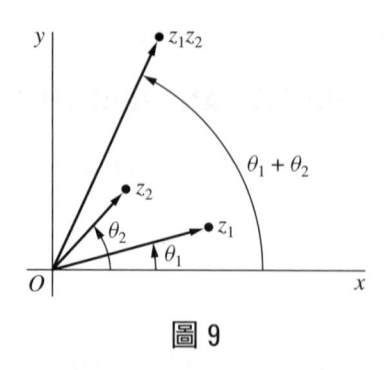

當所有的 arg 都用 Arg 替代，(2) 式有時會成立（參閱習題 6）。但如下面例題所說明的，這並非都成立。

例1 當 $z_1 = -1$ 和 $z_2 = i$，

$$\text{Arg}(z_1 z_2) = \text{Arg}(-i) = -\frac{\pi}{2} \quad \text{但} \quad \text{Arg } z_1 + \text{Arg } z_2 = \pi + \frac{\pi}{2} = \frac{3\pi}{2}$$

無論如何，若我們取 arg z_1 和 arg z_2 之值為上述主幅角之值，並選 arg($z_1 z_2$) 的值為

$$\text{Arg}(z_1 z_2) + 2\pi = -\frac{\pi}{2} + 2\pi = \frac{3\pi}{2}$$

我們發現方程式 (2) 成立。

(2) 式告訴我們

$$\arg\left(\frac{z_1}{z_2}\right) = \arg\left(z_1 z_2^{-1}\right) = \arg z_1 + \arg\left(z_2^{-1}\right)$$

且由於（第 8 節）

$$z_2^{-1} = \frac{1}{r_2} e^{-i\theta_2}$$

可知

(3) $$\arg\left(z_2^{-1}\right) = -\arg z_2$$

因此

(4) $$\arg\left(\frac{z_1}{z_2}\right) = \arg z_1 - \arg z_2$$

當然，(3) 式可解釋成左側所有值的集合與右側所有值的集合相同。(4) 式的解釋與 (2) 式相同。

例2 當

$$z = \frac{i}{-1-i}$$

為了說明 (4) 式，我們用 (4) 式求 Arg z 的主值，先寫出

$$\arg z = \arg i - \arg(-1-i)$$

由於

$$\operatorname{Arg} i = \frac{\pi}{2} \quad 且 \quad \operatorname{Arg}(-1-i) = -\frac{3\pi}{4}$$

因此 arg z 的一值為 $5\pi/4$。但此值並非 Θ 的主值，Θ 必須位於區間 $-\pi < \Theta \leq \pi$。但是，我們可以加上 2π 的某些整數倍（或許是負值）來得到主值。

$$\operatorname{Arg}\left(\frac{i}{-1-i}\right) = \frac{5\pi}{4} - 2\pi = -\frac{3\pi}{4}$$

習題

1. 求主幅角 Arg z

(a) $z = \dfrac{-2}{1+\sqrt{3}\,i}$ (b) $z = \left(\sqrt{3}-i\right)^6$

答案：(a) $2\pi/3$；(b) π。

2. 證明 $(a) |e^{i\theta}| = 1$；$(b) \overline{e^{i\theta}} = e^{-i\theta}$。

3. 利用數學歸納法證明

$$e^{i\theta_1} e^{i\theta_2} \cdots e^{i\theta_n} = e^{i(\theta_1+\theta_2+\cdots+\theta_n)} \qquad (n = 2, 3, \ldots)$$

4. 利用模數 $|e^{i\theta} - 1|$ 為介於點 $e^{i\theta}$ 與 1 之間的距離（參閱第 4 節），給予一幾何論證，在區間 $0 \le \theta < 2\pi$ 中，求出滿足方程式 $|e^{i\theta} - 1| = 2$ 之 θ 值。

答案：π。

5. 用指數式寫出左側的個別因式，執行必要的運算，最後改回直角座標，證明
   (a) $i(1 - \sqrt{3}i)(\sqrt{3} + i) = 2(1 + \sqrt{3}i)$ (b) $5i/(2+i) = 1 + 2i$
   (c) $(\sqrt{3} + i)^6 = -64$ (d) $(1 + \sqrt{3}i)^{-10} = 2^{-11}(-1 + \sqrt{3}i)$

6. 證明若 Re $z_1 > 0$ 且 Re $z_2 > 0$，則

$$\text{Arg}(z_1 z_2) = \text{Arg } z_1 + \text{Arg } z_2$$

其中使用主幅角。

7. 令 z 為非零複數且 n 為負整數 ($n = -1, -2, \ldots$)。又令 $z = re^{i\theta}$ 且 $m = -n = 1, 2, \ldots$。利用

$$z^m = r^m e^{im\theta} \quad \text{和} \quad z^{-1} = \left(\frac{1}{r}\right) e^{i(-\theta)}$$

證明 $(z^m)^{-1} = (z^{-1})^m$。因此在第 7 節所定義的 $z^n = (z^{-1})^m$ 可寫成 $z^n = (z^m)^{-1}$。

8. 證明兩非零複數 z_1 和 z_2 有相同模數，若且唯若存在複數 c_1 和 c_2，使得 $z_1 = c_1 c_2$ 和 $z_2 = c_1 \overline{c_2}$。

提示：注意

$$\exp\left(i\frac{\theta_1 + \theta_2}{2}\right) \exp\left(i\frac{\theta_1 - \theta_2}{2}\right) = \exp(i\theta_1)$$

以及〔參閱習題 2(b)〕

$$\exp\left(i\frac{\theta_1 + \theta_2}{2}\right) \overline{\exp\left(i\frac{\theta_1 - \theta_2}{2}\right)} = \exp(i\theta_2)$$

9. 建立恆等式

$$1 + z + z^2 + \cdots + z^n = \frac{1 - z^{n+1}}{1 - z} \qquad (z \neq 1)$$

然後用它導出**拉格蘭三角恆等式 (Lagrange's trigonometric identity)**：

$$1 + \cos\theta + \cos 2\theta + \cdots + \cos n\theta = \frac{1}{2} + \frac{\sin[(2n+1)\theta/2]}{2\sin(\theta/2)} \qquad (0 < \theta < 2\pi)$$

提示：關於第一個恆等式，令 $S = 1 + z + z^2 + \cdots + z^n$，然後考慮 $S - zS$ 的差。欲導出第二個恆等式，在第一個恆等式中，令 $z = e^{i\theta}$。

10. 使用 de Moivre 公式（第 8 節）導出下列三角恆等式：

(a) $\cos 3\theta = \cos^3\theta - 3\cos\theta\sin^2\theta$

(b) $\sin 3\theta = 3\cos^2\theta\sin\theta - \sin^3\theta$

11. (a) 使用第 3 節，(14) 式的二項式公式，與 de Moivre 公式（第 8 節）寫出

$$\cos n\theta + i\sin n\theta = \sum_{k=0}^{n} \binom{n}{k} \cos^{n-k}\theta\,(i\sin\theta)^k \qquad (n = 0, 1, 2, \ldots)$$

然後由方程式

$$m = \begin{cases} n/2 & \text{若 } n \text{ 為偶數,} \\ (n-1)/2 & \text{若 } n \text{ 為奇數} \end{cases}$$

定義整數 m，並利用上述的累加式，證明〔比較習題 10(a)〕

$$\cos n\theta = \sum_{k=0}^{m} \binom{n}{2k}(-1)^k \cos^{n-2k}\theta\,\sin^{2k}\theta \qquad (n = 0, 1, 2, \ldots)$$

(b) 在 (a) 部分的最後累加式中，令 $x = \cos\theta$，證明此累加式變成變數 x 的 n 次多項式 *($n = 0, 1, 2, \ldots$)。

$$T_n(x) = \sum_{k=0}^{m} \binom{n}{2k}(-1)^k x^{n-2k}(1 - x^2)^k$$

---

*這些稱為 Chebyshev 多項式，在計算近似值方面貢獻良多。

10. 複數的根 (ROOTS OF COMPLEX NUMBERS)

考慮一點 $z = re^{i\theta}$，此點位於圓心為原點，半徑為 r 的圓上（圖 10）。當 θ 逐漸增加，z 以逆時針方向沿著圓移動。特殊情況下，當 θ 增加 2π，z 回到原出發點，當 θ 減少 2π，結果相同。因此由圖 10 可知兩個非零複數

$$z_1 = r_1 e^{i\theta_1} \quad \text{與} \quad z_2 = r_2 e^{i\theta_2}$$

相等，若且唯若

$$r_1 = r_2 \quad \text{且} \quad \theta_1 = \theta_2 + 2k\pi$$

其中 k 為任意整數 $(k = 0, \pm 1, \pm 2, \ldots)$。

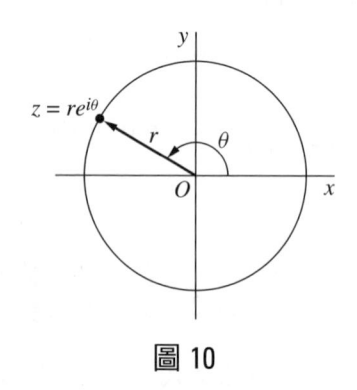

圖 10

此項觀察，與第 8 節中關於複數 $z = re^{i\theta}$ 的整數冪的表示式 $z^n = r^n e^{in\theta}$，對求任意非零複數 $z_0 = r_0 e^{i\theta_0}$ 的 n 次方根是有用的（其中 $n = 2, 3, \ldots$）。方法是由 z_0 的 n 次方根為一非零複數 $z = re^{i\theta}$，使得 $z^n = z_0$，或

$$r^n e^{in\theta} = r_0 e^{i\theta_0}$$

依據上列楷體字的敘述，則有

$$r^n = r_0 \quad \text{且} \quad n\theta = \theta_0 + 2k\pi$$

其中 k 為任意整數 $(k = 0, \pm 1, \pm 2, \ldots)$，故 $r = \sqrt[n]{r_0}$，其中此根式表示正

實數 r_0 的唯一正 n 次方根,且

$$\theta = \frac{\theta_0 + 2k\pi}{n} = \frac{\theta_0}{n} + \frac{2k\pi}{n} \qquad (k = 0, \pm 1, \pm 2, \ldots)$$

因此,複數

$$z = \sqrt[n]{r_0} \exp\left[i\left(\frac{\theta_0}{n} + \frac{2k\pi}{n}\right)\right] \qquad (k = 0, \pm 1, \pm 2, \ldots)$$

為 z_0 的 n 次方根,我們由根的指數式可立即看出,這些根全位於 $|z| = \sqrt[n]{r_0}$ 之圓(圓心為原點)上且由幅角 θ_0/n 開始,根與根之間的夾角均為 $2\pi/n$ 弳,因此,當 $k = 0, 1, 2, \ldots, n-1$ 可得所有相異根,且無法由其他 k 值產生額外的根。令 c_k ($k = 0, 1, 2, \ldots, n-1$) 表示這些相異根且記作

(1) $\qquad c_k = \sqrt[n]{r_0} \exp\left[i\left(\frac{\theta_0}{n} + \frac{2k\pi}{n}\right)\right] \qquad (k = 0, 1, 2, \ldots, n-1)$

(參閱圖 11)

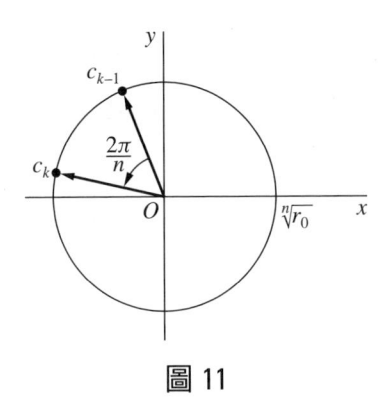

圖 11

$\sqrt[n]{r_0}$ 是 n 個根之徑向量的長度。第一個根 c_0 具有幅角 θ_0/n;當 $n = 2$,二個根分別位於圓 $|z| = \sqrt[n]{r_0}$ 的直徑之兩端,第二個根為 $-c_0$。當 $n \geq 3$,各根分別位於該圓內接正 n 邊形的頂點。

令 $z_0^{1/n}$ 代表 z_0 的 n 次方根的集合。假設一特殊情形,若 z_0 為正實數

r_0，則符號 $r_0^{1/n}$ 代表根的全部集合，而 (1) 式中的符號 $\sqrt[n]{r_0}$ 設定為一正根。當 (1) 式中的 θ_0 為 $\arg z_0$ $(-\pi < \theta_0 \leq \pi)$ 的主值，則 c_0 為**主根 (principal root)**，因此當 z_0 為正實數 r_0，其主根為 $\sqrt[n]{r_0}$。

若我們將 z_0 的 n 次方根的 (1) 式寫成

$$c_k = \sqrt[n]{r_0} \exp\left(i\frac{\theta_0}{n}\right) \exp\left(i\frac{2k\pi}{n}\right) \quad (k = 0, 1, 2, \ldots, n-1)$$

且令

(2) $$\omega_n = \exp\left(i\frac{2\pi}{n}\right)$$

依據第 8 節關於 $e^{i\theta}$ 的性質 (5)，可知

(3) $$\omega_n^k = \exp\left(i\frac{2k\pi}{n}\right) \quad (k = 0, 1, 2, \ldots, n-1)$$

因此

(4) $$c_k = c_0 \omega_n^k \quad (k = 0, 1, 2, \ldots, n-1)$$

當然，此處 c_0 可被 z_0 的任何特定 n 次方根取代，而 ω_n 代表逆時針旋轉 $2\pi/n$ 弳。

最後，一種便於記憶 (1) 式的方法是將 z_0 寫成廣義指數式（與第 7 節例 2 比較）

(5) $$z_0 = r_0 \, e^{i(\theta_0 + 2k\pi)} \quad (k = 0, \pm 1, \pm 2, \ldots)$$

且應用實數中的分數指數定律，要記住，恰有 n 個根：

$$c_k = \left[r_0 \, e^{i(\theta_0 + 2k\pi)}\right]^{1/n} = \sqrt[n]{r_0} \exp\left[\frac{i(\theta_0 + 2k\pi)}{n}\right] = \sqrt[n]{r_0} \exp\left[i\left(\frac{\theta_0}{n} + \frac{2k\pi}{n}\right)\right]$$

$$(k = 0, 1, 2, \ldots, n-1)$$

在下一節的例子中，是說明求複數方根的方法。

11. 例題 (EXAMPLES)

本節的每一個例題，都是應用第 10 節的 (5) 式，且以 (5) 式之後所描述的方法求值。

例1 求 $(-16)^{1/4}$ 的 4 個值，也就是求 -16 的 4 次方根。我們只要寫成
$$-16 = 16\exp[i(\pi + 2k\pi)] \qquad (k = 0, \pm 1, \pm 2, \ldots)$$

欲求的根為

(1) $$c_k = 2\exp\left[i\left(\frac{\pi}{4} + \frac{k\pi}{2}\right)\right] \qquad (k = 0, 1, 2, 3)$$

這些根位於圓 $|z| = 2$ 之內接正方形的頂點，以等距之方式內接於圓，由主根開始（圖 12）

$$c_0 = 2\exp\left[i\left(\frac{\pi}{4}\right)\right] = 2\left(\cos\frac{\pi}{4} + i\sin\frac{\pi}{4}\right) = 2\left(\frac{1}{\sqrt{2}} + i\frac{1}{\sqrt{2}}\right) = \sqrt{2}(1+i)$$

無需做進一步的計算，顯然

$$c_1 = \sqrt{2}(-1+i), \quad c_2 = \sqrt{2}(-1-i), \quad 且 \quad c_3 = \sqrt{2}(1-i)$$

由第 10 節 (2) 式與 (4) 式可知這些根可寫成

$$c_0, \ c_0\omega_4, \ c_0\omega_4^2, \ c_0\omega_4^3 \qquad 其中 \qquad \omega_4 = \exp\left(i\frac{\pi}{2}\right)$$

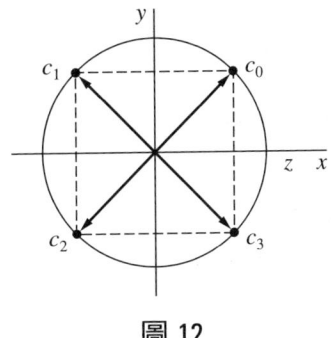

圖 12

例 2 欲求 1 的 n 次方根，我們由下式開始

$$1 = 1\exp[i(0+2k\pi)] \qquad (k = 0, \pm 1, \pm 2 \ldots)$$

然後求出

(2) $\qquad c_k = \sqrt[n]{1}\exp\left[i\left(\dfrac{0}{n}+\dfrac{2k\pi}{n}\right)\right] = \exp\left(i\dfrac{2k\pi}{n}\right) \quad (k = 0, 1, 2, \ldots, n-1)$

當 $n=2$，這些根為 ± 1。當 $n \geq 3$，根為內接於單位圓 $|z|=1$ 之正多邊形的頂點，其中有一頂點對應到主根 $z=1$ ($k=0$)。由第 10 節 (3) 式知，這些根僅是

$$1, \omega_n, \omega_n^2, \ldots, \omega_n^{n-1} \quad \text{其中} \quad \omega_n = \exp\left(i\dfrac{2\pi}{n}\right)$$

圖 13 說明了 $n=3, 4$ 和 6 的情況。注意 $\omega_n^n = 1$。

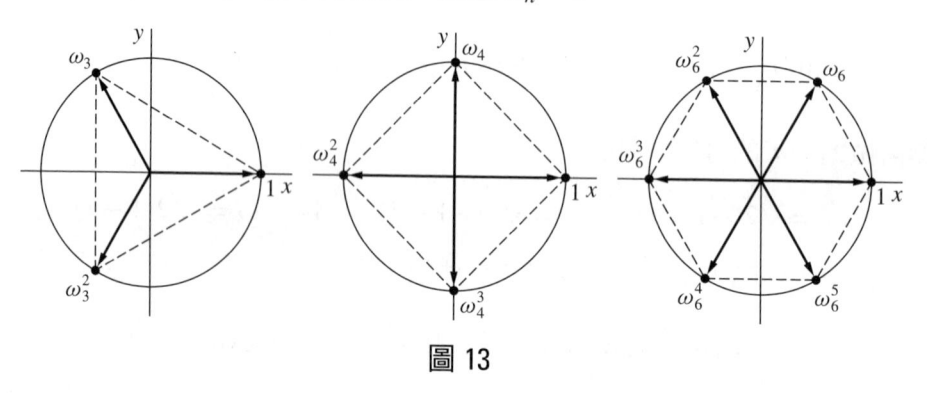

圖 13

例 3 令 a 為任意正實數。欲求 $a+i$ 的兩個平方根，我們首先寫出

$$A = |a+i| = \sqrt{a^2+1} \qquad \text{且} \qquad \alpha = \text{Arg}(a+i)$$

因為

$$a+i = A\exp[i(\alpha+2k\pi)] \quad (k=0, \pm 1, \pm 2, \ldots)$$

欲求的平方根為

(3) $$c_k = \sqrt{A} \exp\left[i\left(\frac{\alpha}{2} + k\pi\right)\right] \quad (k = 0, 1)$$

因為 $e^{i\pi} = -1$，$(a+i)^{1/2}$ 的兩個值化簡為

(4) $$c_0 = \sqrt{A}\, e^{i\alpha/2} \quad 和 \quad c_1 = -c_0$$

Euler 公式告訴我們

(5) $$c_0 = \sqrt{A}\left(\cos\frac{\alpha}{2} + i\sin\frac{\alpha}{2}\right)$$

因 $a+i$ 位於實軸的上方，我們得知 $0 < \alpha < \pi$，故

$$\cos\frac{\alpha}{2} > 0 \quad 且 \quad \sin\frac{\alpha}{2} > 0$$

因此，由三角恆等式

$$\cos^2\frac{\alpha}{2} = \frac{1 + \cos\alpha}{2}, \quad \sin^2\frac{\alpha}{2} = \frac{1 - \cos\alpha}{2}$$

(5) 式可寫成如下之形式

(6) $$c_0 = \sqrt{A}\left(\sqrt{\frac{1+\cos\alpha}{2}} + i\sqrt{\frac{1-\cos\alpha}{2}}\right)$$

但 $\cos\alpha = a/A$，故

(7) $$\sqrt{\frac{1\pm\cos\alpha}{2}} = \sqrt{\frac{1\pm(a/A)}{2}} = \sqrt{\frac{A\pm a}{2A}}$$

結果，由 (6) 與 (7) 式以及關係式 $c_1 = -c_0$，可推導出 $a+i\ (a>0)$ 的兩個平方根為（參閱圖 14）

(8) $$\pm\frac{1}{\sqrt{2}}\left(\sqrt{A+a} + i\sqrt{A-a}\right)$$

圖 14

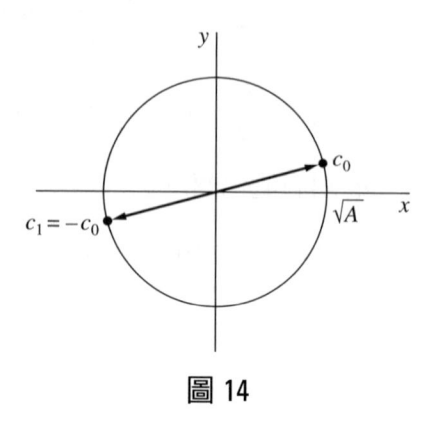

習題

1. 求 $(a)\ 2i$；$(b)\ 1 - \sqrt{3}i$ 的平方根且將根以直角座標表示。

答案：$(a) \pm (1 + i)$；$(b) \pm \dfrac{\sqrt{3} - i}{\sqrt{2}}$。

2. 求 $-8i$ 的三個立方根 $c_k\ (k = 0, 1, 2)$，並以直角座標表示，且指出為何根是如圖 15 所示。

答案：$\pm\sqrt{3} - i$，$2i$。

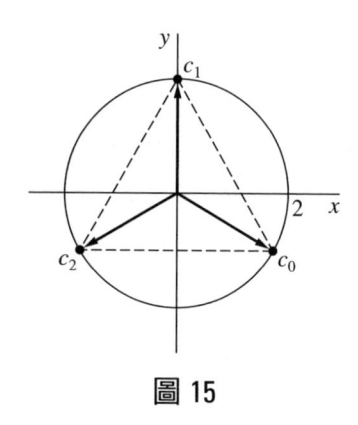

圖 15

3. 求 $(-8 - 8\sqrt{3}i)^{1/4}$，將根以直角座標表示，且以某正方形的頂點表示，並指出何者為主根。

答案：$\pm(\sqrt{3} - i)$，$\pm(1 + \sqrt{3}i)$。

4. 求所有根的直角座標形式，將根以某正多邊形的頂點表示，並確認主根：
(a) $(-1)^{1/3}$；(b) $8^{1/6}$。

答案：(b) $\pm\sqrt{2}$，$\pm\dfrac{1+\sqrt{3}i}{\sqrt{2}}$，$\pm\dfrac{1-\sqrt{3}i}{\sqrt{2}}$。

5. 根據第10節，一個非零複數 z_0 的三個立方根可寫成 $c_0, c_0\omega_3, c_0\omega_3^2$，其中 c_0 為 z_0 的主立方根且

$$\omega_3 = \exp\left(i\frac{2\pi}{3}\right) = \frac{-1+\sqrt{3}i}{2}$$

證明若 $z_0 = -4\sqrt{2} + 4\sqrt{2}i$，則 $c_0 = \sqrt{2}(1+i)$ 而其餘兩個立方根的直角座標為

$$c_0\omega_3 = \frac{-(\sqrt{3}+1)+(\sqrt{3}-1)i}{\sqrt{2}}, \quad c_0\omega_3^2 = \frac{(\sqrt{3}-1)-(\sqrt{3}+1)i}{\sqrt{2}}$$

6. 求多項式 $z^4 + 4$ 的4個零點，其中之一為

$$z_0 = \sqrt{2}\,e^{i\pi/4} = 1+i$$

然後用這些零點將 $z^4 + 4$ 分解成實係數二次因式的乘積。

答案：$(z^2 + 2z + 2)(z^2 - 2z + 2)$。

7. 證明若 c 是 1 的任意 n 次方根，而 c 不等於 1，則

$$1 + c + c^2 + \cdots + c^{n-1} = 0$$

提示：使用第9節習題9的第一個恆等式。

8. (a) 係數 a, b, c 為複數，證明解二次方程式

$$az^2 + bz + c = 0 \qquad (a \neq 0)$$

的公式。明白的說，將方程式左側以配方法導出**二次式公式 (quadratic formula)**

$$z = \frac{-b + (b^2 - 4ac)^{1/2}}{2a}$$

當 $b^2 - 4ac \neq 0$ 時，則有兩個平方根。

(b) 利用 (a) 的結果，求方程式 $z^2 + 2z + (1-i) = 0$ 的根。

答案：(b) $\left(-1 + \dfrac{1}{\sqrt{2}}\right) + \dfrac{i}{\sqrt{2}}$，$\left(-1 - \dfrac{1}{\sqrt{2}}\right) - \dfrac{i}{\sqrt{2}}$。

9. 令 $z = re^{i\theta}$ 為一非零複數，n 為負整數 ($n = -1, -2, \ldots$)。以方程式 $z^{1/n} = (z^{-1})^{1/m}$ 來定義 $z^{1/n}$，其中 $m = -n$。由 $(z^{1/m})^{-1}$ 與 $(z^{-1})^{1/m}$ 的 m 個值皆相同，證明 $z^{1/n} = (z^{1/m})^{-1}$。（比較第 9 節的習題 7。）

12. 複數平面中的區域 (REGIONS IN THE COMPLEX PLANE)

本節，我們討論複數或 z 平面上點的集合，以及它們對另一集合的接近程度，我們的基本方法是採用所予點 z_0 的 ε **鄰域 (neighborhood)** 概念

(1) $\qquad\qquad |z - z_0| < \varepsilon$

此鄰域是由圓心為 z_0 且半徑為 ε 的圓內部之所有點 z 所組成，但不包含圓上的點（圖 16）。當所討論的 ε 值為已知或無關緊要時，(1) 式的集合通常就稱為鄰域。有時常將 z_0 以外的 z_0 之 ε 鄰域

(2) $\qquad\qquad 0 < |z - z_0| < \varepsilon$

稱為**去心鄰域 (deleted neighborhood)**。

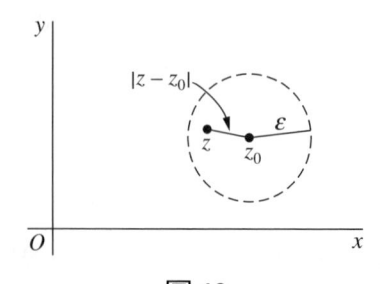

圖 16

若 z_0 的鄰域包含於集合 S 中，則 z_0 稱為集合 S 的**內點 (interior point)**；若 z_0 的鄰域不包含 S 的點，則 z_0 稱為 S 的**外點 (exterior point)**；若 z_0 不為 S 的內點，亦不為 S 的外點，則 z_0 稱為 S 的**邊界點 (boundary point)**。因此，邊界點就是其所有鄰域都包含有 S 的點及非 S 的點，S 的邊界點的全體稱為 S 的**邊界 (boundary)**。例如，圓 $|z| = 1$ 是

(3) $\qquad |z| < 1 \quad$ 和 $\quad |z| \leq 1$

這兩個集合的邊界。若集合不包含其任一邊界點，則稱此集合為**開集 (open)**。若且唯若一集合的每一點皆為內點，則此集合為開集，此敘述的證明留作習題。若一集合包含其所有邊界點，則稱此集合為**閉集 (close)**，集合 S 的**閉包 (closure)** 是閉集且由 S 及其邊界組成。請注意，集合 (3) 的第一個集合是開集，而第二個集合是其閉包。

當然，有些集合既非開集亦非閉集。若集合 S 為非開集則 S 必包含邊界點，若集合 S 為非閉集則必有不屬於 S 的邊界點。圓盤 $0 < |z| \leq 1$ 非開集亦非閉集。另一方面，因為所有複數的集合無邊界點，因此它既是開集也是閉集。

若開集 S 的每一對點 z_1 與 z_2 皆可用有限條線段組成的**折線 (polygonal line)** 連接，線段連接的方式是端點接著端點，而折線完全位於 S 內，則稱 S 為**可連通 (connected)**，開集 $|z| < 1$ 是連通的。圓環 $1 < |z| < 2$ 當然是開集且它也是連通的（參閱圖 17）。連通的非空開集稱為**域 (domain)**。注意，任一鄰域皆為域。域與其部分邊界點合稱為**區域 (region)**，此部分邊界點可以是空集合或包含所有的邊界點。

若集合 S 的每一點位於圓 $|z| = R$ 的內部，則稱集合 S 為**有界 (bounded)**；否則為無界。(3) 的兩個集合都是有界區域，而半平面 $\mathrm{Re}\, z \geq 0$ 是無界。

圖 17

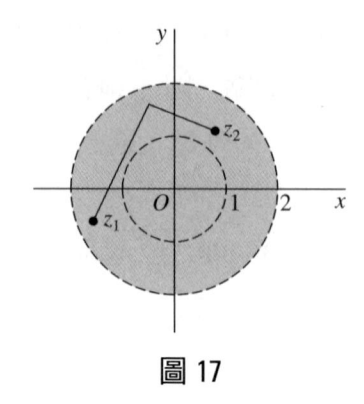

例 描述集合

(4) $$\text{Im}\left(\frac{1}{z}\right) > 1$$

且驗證上述所描述的一些性質。

首先，將 $z = 0$ 除外，

$$\frac{1}{z} = \frac{\bar{z}}{z\bar{z}} = \frac{\bar{z}}{|z|^2} = \frac{x - iy}{x^2 + y^2} \qquad (z = x + iy)$$

不等式 (4) 變成

$$\frac{-y}{x^2 + y^2} > 1$$

或

$$x^2 + y^2 + y < 0$$

以配方法，可得

$$x^2 + \left(y^2 + y + \frac{1}{4}\right) < \frac{1}{4}$$

故不等式 (4) 代表圓心為 $z = -i/2$ 且半徑為 $1/2$ 的圓（圖 18）

$$(x-0)^2 + \left(y+\frac{1}{2}\right)^2 = \left(\frac{1}{2}\right)^2$$

的內部區域。

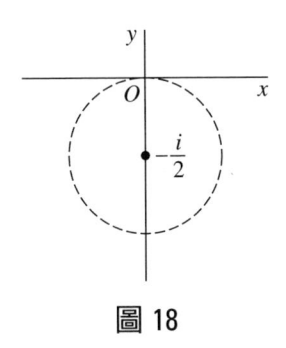

圖 18

若 z_0 的每一個去心鄰域都至少包含 S 的一點，則稱 z_0 為 S 的**聚集點 (accumulation point)**，或極限點。由此可知，若 S 為閉集，則其包含本身的每一個聚集點。這是因為若 S 的聚集點 z_0 不屬於 S，則它必為 S 的邊界點；但此與閉集包含其所有邊界點的事實不合。逆敘述為真的證明留作習題。因此，若且唯若一集合包含其本身所有的聚集點，則此集合為閉集。

顯然，只要 z_0 的去心鄰域不含 S 的點，z_0 就不是集合 S 的聚集點。請注意，原點是集合

$$z_n = \frac{i}{n} \quad (n = 1, 2, \ldots)$$

的唯一聚集點。

習題

1. 描述下列集合，並判斷何者為域：

(a) $|z - 2 + i| \leq 1$　　　(b) $|2z + 3| > 4$

(c) $\operatorname{Im} z > 1$　　　(d) $\operatorname{Im} z = 1$

(e) $0 \leq \arg z \leq \pi/4$ $(z \neq 0)$; (f) $|z - 4| \geq |z|$

答案：(b)、(c) 為域。

2. 於習題 1 的集合中，何者既非開集亦非閉集？

答案：(e)。

3. 於習題 1 的集合中，何者有界？

答案：(a)。

4. 描述下列集合的閉包：

(a) $-\pi < \arg z < \pi$ $(z \neq 0)$ (b) $|\operatorname{Re} z| < |z|$

(c) $\operatorname{Re}\left(\dfrac{1}{z}\right) \leq \dfrac{1}{2}$ (d) $\operatorname{Re}(z^2) > 0$

5. 令 S 為滿足 $|z| < 1$ 或 $|z - 2| < 1$ 之所有點 z 組成的開集。陳述為何 S 不連通。

6. 證明集合 S 是開集，若且唯若 S 的每一點均為內點。

7. 求下列集合的聚集點：

(a) $z_n = i^n$ $(n = 1, 2, \ldots)$ (b) $z_n = i^n/n$ $(n = 1, 2, \ldots)$

(c) $0 \leq \arg z < \pi/2$ $(z \neq 0)$ (d) $z_n = (-1)^n(1+i)\dfrac{n-1}{n}$ $(n = 1, 2, \ldots)$

答案：(a) 無；(b) 0；(d) $\pm(1 + i)$。

8. 證明若集合包含其每一聚集點，則此集合必為閉集。

9. 證明域的任意點 z_0 為此域的聚集點。

10. 證明點 $z_1, z_2, \ldots, z_n$ 的有限集合不可能有任何聚集點。

第二章 解析函數

我們現在要探討複變函數及研究其微分理論。本章的主要目的是介紹在複變分析中扮演重要角色的解析函數。

13. 函數與映射 (FUNCTIONS AND MAPPINGS)

令 S 為複數的集合。定義於 S 之**函數 (function)** f 是一種規則，此規則是對 S 中的每一個 z 指定一個複數 w。而 w 稱為 f 在 z 的**值 (value)**，且記做 $f(z)$，即 $w = f(z)$。集合 S 稱為 f 的**定義域 (domain of definition)**[*]。

要強調的是，為了使函數有完善的定義，必須有定義域與規則。當未提及定義域時，我們同意取最大可能的集合為定義域。此外，以符號區分所予函數及其函數值不一定便利。

例1 若 f 以方程式 $w = 1/z$ 定義於集合 $z \neq 0$，則其可寫成函數 $w = 1/z$，或僅以函數 $1/z$ 表示。

假設 $u + iv$ 為函數 f 在 $z = x + iy$ 的值，亦即

$$u + iv = f(x + iy)$$

每一個實數 u 和 v 均與實變數 x 和 y 有關，因此 $f(z)$ 可用一組 x 與 y 的實

---
[*]雖然定義域常如第 12 節所定義之域，但並非一定如此。

值函數表示：

(1) $$f(z) = u(x, y) + iv(x, y)$$

例 2 若 $f(z) = z^2$，則
$$f(x + iy) = (x + iy)^2 = x^2 - y^2 + i2xy$$

因此
$$u(x, y) = x^2 - y^2 \quad 且 \quad v(x, y) = 2xy$$

若方程式 (1) 的函數 v 其值為零，則 f 之值為實數，此時 f 為複變數的**實值函數 (real-valued function)**。

例 3 在本章稍後用來說明某些重要概念的實值函數是
$$f(z) = |z|^2 = x^2 + y^2 + i0$$

若 n 為正整數且 $a_0, a_1, a_2, \ldots, a_n$ 為複常數，其中 $a_n \neq 0$，則函數
$$P(z) = a_0 + a_1 z + a_2 z^2 + \cdots + a_n z^n$$

為 n 次**多項式 (polynomial)**。注意，此處的和為有限項，且定義域為整個 z 平面。多項式的商 $P(z)/Q(z)$ 稱為**有理函數 (rational functions)**，定義於 $Q(z) \neq 0$ 的每一個點 z。多項式以及有理函數組成基本但重要的複變函數族。

若使用極座標 r 與 θ 以取代 x 與 y，則
$$u + iv = f(re^{i\theta})$$

其中 $w = u + iv$ 且 $z = re^{i\theta}$。在此情況下，我們可寫成

(2) $$f(z) = u(r, \theta) + iv(r, \theta)$$

例 4 考慮函數 $w = z^2$，當 $z = re^{i\theta}$，則

$$w = (re^{i\theta})^2 = r^2 e^{i2\theta} = r^2 \cos 2\theta + ir^2 \sin 2\theta$$

因此

$$u(r,\theta) = r^2 \cos 2\theta \quad 且 \quad v(r,\theta) = r^2 \sin 2\theta$$

函數概念的推廣是對定義域中的點 z 對應多於一個值的規則。這種在複變函數理論中出現的**多值函數 (multiple-valued functions)**，其處理情形與實變數的情況一樣。當研究多值函數時，通常以一種有系統的方式，在每一點僅指定一個可能值，因此由多值函數建構出一個（單值）函數。

例5 令 z 表示任意非零的複數。由第 10 節我們知道 $z^{1/2}$ 有兩個值

$$z^{1/2} = \pm\sqrt{r}\exp\left(i\frac{\Theta}{2}\right)$$

其中 $r = |z|$，且 Θ $(-\pi < \Theta \leq \pi)$ 為 arg z 的主值。但是，若我們僅選擇 $\pm\sqrt{r}$ 的正值並寫成

(3) $$f(z) = \sqrt{r}\exp\left(i\frac{\Theta}{2}\right) \qquad (r > 0, -\pi < \Theta \leq \pi)$$

則 (3) 式的（單值）函數在 z 平面非零的集合具有明確的定義。因零是零的唯一平方根，我們又令 $f(0) = 0$，因此函數 f 在整個平面具有明確定義。

實變數之實值函數的性質，常以函數的圖形來表達。但是當 $w = f(z)$，z 與 w 為複數時，因為 z 與 w 都位於平面而非直線，故對函數 f 無如此便利的函數圖形可供使用，但仍可由對應點 $z = (x, y)$ 與 $w = (u, v)$ 的指定對，顯示出關於函數的一些資訊。為達此目的，一般簡易的做法是將 z 平面與 w 平面分開畫。

當函數以這種方式思考，通常稱為**映射 (mapping)** 或變換。定義域 S 中點 z 的**像 (image)** 為點 $w = f(z)$，而包含於 S 的集合 T，其所有點的像所

成的集合稱為 T 的像。整個定義域 S 的像，稱為 f 的**值域 (range)**。點 w 的**逆像 (inverse image)** 為 f 的定義域中所有以 w 為像之點 z 的集合。一點的逆像可以是一點、許多點或無。當然，最後一種情況的發生是當 w 不在 f 的值域。

平移 (translation)、**旋轉 (rotation)**、**鏡射 (reflection)** 等術語通常是用來傳達某些映射的主要幾何特徵，在這些情況下，考慮 z 與 w 平面為同一平面有其便利性。例如，映射

$$w = z + 1 = (x+1) + iy$$

其中 $z = x + iy$，可視為每一點 z 皆向右平移一單位。由於 $i = e^{i\pi/2}$，映射

$$w = iz = r \exp\left[i\left(\theta + \frac{\pi}{2}\right)\right]$$

其中 $z = re^{i\theta}$，對每一個非零點 z 之徑向量，以逆時針方向繞原點旋轉一個直角；而映射

$$w = \bar{z} = x - iy$$

將每一點 $z = x + iy$，變換成關於實軸的鏡射點。

通常由描繪曲線以及域的像所顯示的，會比由個別點的簡單表示圖像所顯示的，具有較多的資訊。在下一節，以變換 $w = z^2$ 來說明此狀況。

14. 映射 $w = z^2$ (THE MAPPING $w = z^2$)

依據第 13 節的例子，映射 $w = z^2$ 可視為由 xy 平面到 uv 平面的變換

(1) $$u = x^2 - y^2, \quad v = 2xy$$

此種形式的映射，對求一些雙曲線的像特別有用。

例如，不難證明雙曲線

(2) $$x^2 - y^2 = c_1 \quad (c_1 > 0)$$

的每一分支是以一對一的方式映成垂直線 $u = c_1$。當 (x, y) 為其中一分支的點，方程式 (1) 的第一式成為 $u = c_1$。特別地，當其位於右分支時，方程式 (1) 的第二式告訴我們 $v = 2y\sqrt{y^2 + c_1}$。因此右分支的像可用參數式表示為

$$u = c_1, \quad v = 2y\sqrt{y^2 + c_1} \quad (-\infty < y < \infty)$$

顯然，當點 (x, y) 沿著右分支向上移動，其像沿著整條直線向上移動（圖 19）。同樣地，由於方程式

$$u = c_1, \quad v = -2y\sqrt{y^2 + c_1} \quad (-\infty < y < \infty)$$

為雙曲線左分支之像的參數式，沿著左分支向下移動的點，其像沿著直線 $u = c_1$ 向上移動。

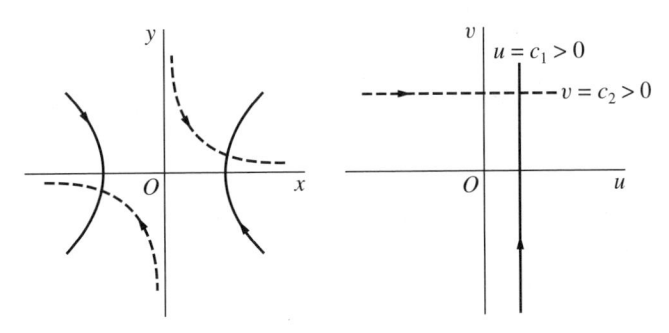

圖 19　$w = z^2$

另一方面，雙曲線

(3) $$2xy = c_2 \quad (c_2 > 0)$$

的每一分支轉換成直線 $v = c_2$，如圖 19 所示。為了證明這點，我們由方程式 (1) 的第二式可知，當 (x, y) 為其中一分支的點時，$v = c_2$。假設 (x, y) 為位於第一象限的分支，則因 $y = c_2/(2x)$，方程式 (1) 的第一式顯示此分支的像其參數式為

$$u = x^2 - \frac{c_2^2}{4x^2}, \quad v = c_2 \quad (0 < x < \infty)$$

由觀察知

$$\lim_{\substack{x \to 0 \\ x > 0}} u = -\infty \quad 且 \quad \lim_{x \to \infty} u = \infty.$$

因 u 一直是依 x 而定，故很明顯地，當 (x, y) 沿雙曲線 (3) 的整個上分支向下移動，其像沿著整條水平線 $v = c_2$ 向右移動，同樣地，下分支的像其參數式為

$$u = \frac{c_2^2}{4y^2} - y^2, \quad v = c_2 \quad (-\infty < y < 0)$$

又因

$$\lim_{y \to -\infty} u = -\infty \quad 且 \quad \lim_{\substack{y \to 0 \\ y < 0}} u = \infty$$

可推導出，當點沿著整個下分支向上移動，其像也是沿著整條直線 $v = c_2$ 向右移動（參閱圖 19）。

我們現在說明如何使用映射 $w = z^2$ 的 (1) 式來求一些區域的像。

例1 域 $x > 0$，$y > 0$，$xy < 1$ 組成位於雙曲線族 $2xy = c$ 上分支的所有點，其中 $0 < c < 2$（圖 20）。我們知道當點沿著這些上分支之一向下移動，在 $w = z^2$ 變換下，其像沿著整條直線 $v = c$ 向右移動。

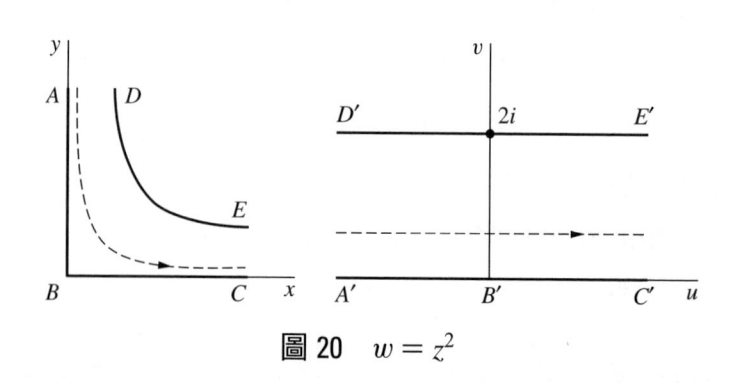

圖 20　$w = z^2$

因為 c 之所有值是介於 0 與 2 之間,故這些雙曲線的上分支位於域 $x>0$,$y>0$,$xy<1$,此域映成水平帶 $0<v<2$。

由方程式 (1),z 平面之點 $(0, y)$ 的像為 $(-y^2, 0)$。因此當 $(0, y)$ 沿著 y 軸向下移動到原點,其像沿著 w 平面的負 u 軸向右移動至原點。其次,因為點 $(x, 0)$ 的像為 $(x^2, 0)$,故當 $(x, 0)$ 由原點沿著 x 軸向右移動,其像則沿著 u 軸由原點向右移動。雙曲線 $xy=1$ 的上分支的像,當然是水平線 $v=2$。顯然,閉區域 $x\geq 0$,$y\geq 0$,$xy\leq 1$ 映成閉帶 $0\leq v\leq 2$,如圖 20 所示。

我們下一個例子是說明如何使用極座標分析某些映射。

例2 當 $z=re^{i\theta}$,$w=z^2$ 的映射變成

(4) $$w=r^2 e^{i2\theta}$$

顯然,任一非零點 z 的像 $w=\rho e^{i\phi}$,是由模數 $r=|z|$ 的平方,以及兩倍 $\arg z$ 的 θ 值求出,亦即使用

(5) $$\rho=r^2 \quad \text{和} \quad \phi=2\theta$$

觀察圓 $r=r_0$ 的點 $z=r_0 e^{i\theta}$,變換到圓 $\rho=r_0^2$ 的點 $w=r_0^2 e^{i2\theta}$。當第一個圓上的點由正實軸以逆時針方向移動至正虛軸,則其像在第二個圓由正實軸以逆時針方向移動至負實軸(參閱圖 21)。故當選取 r_0 的所有可能正值,於 z 與 w 平面所對應的弧線,分別填入第一象限與上半平面。因此,$w=z^2$ 的變換是一對一映射,它將 z 平面的第一象限 $r\geq 0$,$0\leq\theta\leq\pi/2$,映成 w 平面的上半平面 $\rho\geq 0$,$0\leq\phi\leq\pi$,如圖 21 所示。當然,點 $z=0$ 映成點 $w=0$。

此種將第一象限映成至上半平面的映射亦可使用如圖 21 之虛射線來驗證。詳細的驗證留作習題 7。

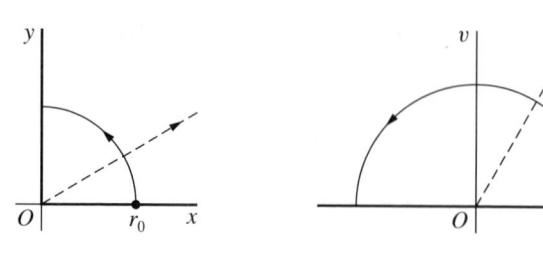

圖 21 $w = z^2$

變換 $w = z^2$ 從上半平面 $r \geq 0$，$0 \leq \theta \leq \pi$ 映成整個 w 平面。但是，對此一情形，由於 z 平面的正與負實軸都映成 w 平面的正實軸，因此不是一對一變換。

當 n 為大於 2 的正整數，變換 $w = z^n$ 或 $w = r^n e^{in\theta}$ 的各種映射性質與 $w = z^2$ 類似。此種變換將整個 z 平面映成整個 w 平面，其中 w 平面的每一個非零點為 z 平面 n 個相異點的像。圓 $r = r_0$ 映成圓 $\rho = r_0^n$；扇形 $r \leq r_0$，$0 \leq \theta \leq 2\pi/n$ 映成圓盤 $\rho \leq r_0^n$，但不是一對一的形式。

其他有關 $w = z^2$ 的映射較深入的部分，將出現於第 107 節例 1 與第 108 節習題 1 至 4。

習題

1. 寫出下列各函數的定義域：

(a) $f(z) = \dfrac{1}{z^2 + 1}$ (b) $f(z) = \text{Arg}\left(\dfrac{1}{z}\right)$

(c) $f(z) = \dfrac{z}{z + \bar{z}}$ (d) $f(z) = \dfrac{1}{1 - |z|^2}$

答案：(a) $z \neq \pm i$；(b) $\text{Re}\, z \neq 0$。

2. 將函數 $f(z)$ 寫成 $f(z) = u(x, y) + iv(x, y)$ 之形式：

(a) $f(z) = z^3 + z + 1$ (b) $f(z) = \dfrac{\bar{z}^2}{z}$ $(z \neq 0)$

第二章　解析函數

提示：在 (b) 部分，以 $\bar{z}$ 乘以分子和分母。

答案：(a) $f(z) = (x^3 - 3xy^2 + x + 1) + i(3x^2y - y^3 + y)$；

(b) $f(z) = \dfrac{x^3 - 3xy^2}{x^2 + y^2} + i\dfrac{y^3 - 3x^2y}{x^2 + y^2}$。

3. 假設 $f(z) = x^2 - y^2 - 2y + i(2x - 2xy)$，其中 $z = x + iy$。利用下式（參閱第 6 節）

$$x = \frac{z + \bar{z}}{2} \quad \text{和} \quad y = \frac{z - \bar{z}}{2i}$$

將 $f(z)$ 以 z 表示，且化簡結果。

答案：$f(z) = \bar{z}^2 + 2iz$。

4. 將函數

$$f(z) = z + \frac{1}{z} \quad (z \neq 0)$$

寫成 $f(z) = u(r, \theta) + iv(r, \theta)$ 的形式。

答案：$f(z) = \left(r + \dfrac{1}{r}\right)\cos\theta + i\left(r - \dfrac{1}{r}\right)\sin\theta$。

5. 由第 14 節關於圖 19 的討論，求 z 平面上的一域，其像在 $w = z^2$ 之變換下，為 w 平面上，由直線 $u = 1$，$u = 2$，$v = 1$ 與 $v = 2$ 所圍成的方形域。（參閱附錄的圖 2。）

6. 計算且繪出雙曲線

$$x^2 - y^2 = c_1 \ (c_1 < 0) \quad \text{和} \quad 2xy = c_2 \ (c_2 < 0)$$

在 $w = z^2$ 變換下的像，並顯示對應的方向。

7. 於圖 21，以虛半線表示射線，證明 $w = z^2$ 的變換將第一象限映成上半平面，如圖 21 所示。

8. 畫出由 (a) $w = z^2$；(b) $w = z^3$；(c) $w = z^4$ 的變換映成扇形 $r \leq 1$，$0 \leq \theta \leq \pi/4$ 的區域。

9. 函數 $w = f(z) = u(x, y) + iv(x, y)$ 的一種解釋為 f 之定義域的向量場。對定義域的每一點 z，函數指定一個向量 w，其分量為 $u(x, y)$ 與 $v(x, y)$。畫出向量場

(a) $w = iz$ (b) $w = \dfrac{z}{|z|}$

15. 極限 (LIMITS)

令函數 f 定義於點 z_0 的某一去心鄰域。當 z 趨近於 z_0，$f(z)$ 有**極限** (limit) w_0，或記作

(1) $$\lim_{z \to z_0} f(z) = w_0,$$

其意義為如果我們選取的點 z 足夠接近 z_0，其中 $z \neq z_0$，此時就可找到點 $w = f(z)$ 使其任意接近 w_0。我們現在以嚴謹且有用的形式，來表示極限的定義。

敘述 (1) 表示對每一個正數 ε，存在一個正數 δ 使得

(2)   當 $0 < |z - z_0| < \delta$，$|f(z) - w_0| < \varepsilon$ 恆成立

幾何上，此定義是說，對 w_0 的每一個 ε 鄰域 $|w - w_0| < \varepsilon$，存在 z_0 的一個去心的 δ 鄰域 $0 < |z - z_0| < \delta$，使得每一點 z 的像 w 皆位於此 ε 鄰域內（圖 22）。注意，縱使考慮所有去心鄰域 $0 < |z - z_0| < \delta$ 的點，去心鄰域的像未必充滿整個鄰域 $|w - w_0| < \varepsilon$。例如，若 f 為常數函數 w_0，則 z 的像恆為鄰域的中心點。再注意，一旦找到一個 δ，可用比其小的任一正數取代它，例如 $\delta/2$。

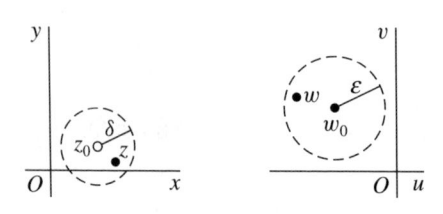

圖 22

下列定理是有關極限的唯一性，它是本章的重點，尤其是對第 21 節而言。

定理 若函數 $f(z)$ 在點 z_0 的極限存在，則此極限唯一。

欲證此，我們假設

$$\lim_{z \to z_0} f(z) = w_0 \quad 且 \quad \lim_{z \to z_0} f(z) = w_1$$

則對任一正數 ε，存在正數 δ_0 與 δ_1 使得

當 $0 < |z - z_0| < \delta_0$，$|f(z) - w_0| < \varepsilon$ 恆成立

以及

當 $0 < |z - z_0| < \delta_1$，$|f(z) - w_1| < \varepsilon$ 恆成立

因為

$$w_1 - w_0 = [f(z) - w_0] + [w_1 - f(z)]$$

三角不等式告訴我們

$$|w_1 - w_0| = |[f(z) - w_0] + [w_1 - f(z)]| \le |f(z) - w_0| + |f(z) - w_1|$$

因此若 $0 < |z - z_0| < \delta$，其中 δ 為小於 δ_0 與 δ_1 的任意正數，我們發現

$$|w_1 - w_0| < \varepsilon + \varepsilon = 2\varepsilon$$

但 $|w_1 - w_0|$ 為非負常數，且 ε 可選取任意小，因此

$$w_1 - w_0 = 0, \quad 或 \quad w_1 = w_0$$

定義 (2) 要求 f 需定義於 z_0 的某一去心鄰域的所有點。當 z_0 為 f 之定義域的內點，則此去心鄰域當然存在。若定義域與去心鄰域之交集的點 z 滿足 (2) 的不等式 $|f(z) - w_0| < \varepsilon$，則我們可將極限的定義擴張到當 z_0 為定義域之邊界點的情形。

例1 證明在開圓盤 $|z| < 1$ 之內,若 $f(z) = iz/2$,則

(3) $$\lim_{z \to 1} f(z) = \frac{i}{2}$$

點 1 是 f 之定義域的邊界點。觀察當 z 位於圓盤 $|z| < 1$ 之內,

$$\left| f(z) - \frac{i}{2} \right| = \left| \frac{iz}{2} - \frac{i}{2} \right| = \frac{|z-1|}{2}$$

因此,對任一如此的 z 以及任一正數 ε(參閱圖 23),

$$\text{當 } 0 < |z-1| < 2\varepsilon, \left| f(z) - \frac{i}{2} \right| < \varepsilon \text{ 恆成立}$$

故當 δ 為不大於 2ε 的正數,對於位在 $|z| < 1$ 區域內的點,滿足條件 (2)。

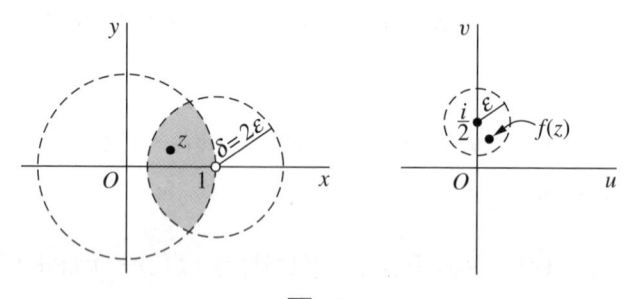

圖 23

若極限 (1) 存在,符號 $z \to z_0$ 表示 z 可用任意方式趨近 z_0,而非僅是由某些特定方向趨近。以下的例子就是強調這點。

例2 若

(4) $$f(z) = \frac{z}{\bar{z}}$$

則極限

(5) $$\lim_{z \to 0} f(z)$$

不存在。倘若其存在，則可令點 $z = (x, y)$ 以任何方式趨近原點而求得極限。但當 $z = (x, 0)$ 為實軸上之非零點（圖 24）

$$f(z) = \frac{x + i0}{x - i0} = 1$$

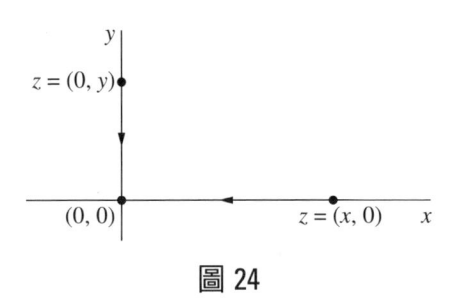

圖 24

且當 $z = (0, y)$ 為虛軸上之非零點。

$$f(z) = \frac{0 + iy}{0 - iy} = -1$$

因此，令 z 沿著實軸趨近原點，我們求得之極限為 1。另一方面，沿著虛軸趨近原點，得到極限 -1，因為極限為唯一，我們確定 (5) 式的極限不存在。

雖然定義 (2) 提供了一所予點 w_0 是否為極限的測試方法，但並未提供一個直接求該極限的方法。下一節所談論的極限之定理，使我們能實際求出許多極限。

16. 關於極限的定理 (THEOREMS ON LIMITS)

我們將複變函數的極限與具有兩個實變數之實值函數的極限建立關連以加速對極限的處理。因為後者的極限在微積分已學過，我們可隨心所欲地使用其定義與性質。

定理 1 設

$$f(z) = u(x, y) + iv(x, y) \quad (z = x + iy)$$

且

$$z_0 = x_0 + iy_0, \quad w_0 = u_0 + iv_0$$

若

(1) $$\lim_{(x,y) \to (x_0, y_0)} u(x, y) = u_0 \quad 且 \quad \lim_{(x,y) \to (x_0, y_0)} v(x, y) = v_0$$

則

(2) $$\lim_{z \to z_0} f(z) = w_0$$

反之，若敘述 (2) 為真，則敘述 (1) 亦為真。

欲證此定理，我們首先假設極限 (1) 成立，而求得極限 (2)。極限 (1) 告訴我們，對每一正數 ε，存在正數 δ_1 與 δ_2 使得

(3) 當 $0 < \sqrt{(x-x_0)^2 + (y-y_0)^2} < \delta_1$，$|u - u_0| < \dfrac{\varepsilon}{2}$ 恆成立

且

(4) 當 $0 < \sqrt{(x-x_0)^2 + (y-y_0)^2} < \delta_2$，$|v - v_0| < \dfrac{\varepsilon}{2}$ 恆成立

令 δ 為小於 δ_1 與 δ_2 之任意正數。因為

$$|(u + iv) - (u_0 + iv_0)| = |(u - u_0) + i(v - v_0)| \le |u - u_0| + |v - v_0|$$

且

$$\sqrt{(x - x_0)^2 + (y - y_0)^2} = |(x - x_0) + i(y - y_0)| = |(x + iy) - (x_0 + iy_0)|$$

由敘述 (3) 與 (4) 可推得，

$$當\ 0 < |(x + iy) - (x_0 + iy_0)| < \delta$$

$$|(u + iv) - (u_0 + iv_0)| < \frac{\varepsilon}{2} + \frac{\varepsilon}{2} = \varepsilon\ 恆成立$$

第二章 解析函數

亦即，極限 (2) 成立。

現在讓我們從極限 (2) 成立開始。由此假設，我們知道對每一正數 ε，存在一正數 δ 使得，

(5) $\quad$ 當 $0 < |(x+iy)-(x_0+iy_0)| < \delta$

(6) $\quad |(u+iv)-(u_0+iv_0)| < \varepsilon$ 恆成立

但是

$$|u-u_0| \leq |(u-u_0)+i(v-v_0)| = |(u+iv)-(u_0+iv_0)|$$
$$|v-v_0| \leq |(u-u_0)+i(v-v_0)| = |(u+iv)-(u_0+iv_0)|$$

且

$$|(x+iy)-(x_0+iy_0)| = |(x-x_0)+i(y-y_0)| = \sqrt{(x-x_0)^2+(y-y_0)^2}$$

因此由不等式 (5) 和 (6) 可推得，

$$當 \ 0 < \sqrt{(x-x_0)^2+(y-y_0)^2} < \delta$$
$$|u-u_0| < \varepsilon \quad 且 \quad |v-v_0| < \varepsilon \ 恆成立$$

此建立極限 (1)，且定理證完。

定理 2 假設

(7) $\quad \lim_{z \to z_0} f(z) = w_0 \quad 且 \quad \lim_{z \to z_0} F(z) = W_0$

則

(8) $\quad \lim_{z \to z_0}[f(z)+F(z)] = w_0+W_0$

(9) $\quad \lim_{z \to z_0}[f(z)F(z)] = w_0 W_0$

且，若 $W_0 \neq 0$，則

(10) $\quad \lim_{z \to z_0} \dfrac{f(z)}{F(z)} = \dfrac{w_0}{W_0}$

此重要定理可用複變函數的極限定義直接證明。但是，由於定理 1 的幫助，它幾乎可立即由兩個實變數之實值函數的極限定理推得。

例如，欲證性質 (9)，我們寫出
$$f(z) = u(x, y) + iv(x, y), \quad F(z) = U(x, y) + iV(x, y),$$
$$z_0 = x_0 + iy_0, \quad w_0 = u_0 + iv_0, \quad W_0 = U_0 + iV_0$$

然後，依據假設 (7) 和定理 1，當 (x, y) 趨近於 (x_0, y_0)，函數 u、v、U、V 之極限存在且其值分別為 u_0、v_0、U_0、V_0。故，當 (x, y) 趨近於 (x_0, y_0)，乘積
$$f(z)F(z) = (uU - vV) + i(vU + uV)$$
的實部與虛部，分別具有極限 $u_0U_0 - v_0V_0$ 與 $v_0U_0 + u_0V_0$。因此，再由定理 1，當 z 趨近於 z_0，$f(z)F(z)$ 有極限
$$(u_0U_0 - v_0V_0) + i(v_0U_0 + u_0V_0)$$
此值等於 w_0W_0。性質 (9) 因此成立。同理可證性質 (8) 與 (10)。

由第 15 節定義 (2) 可看出，z_0 與 c_0 為任意複數時，
$$\lim_{z \to z_0} c = c \quad 且 \quad \lim_{z \to z_0} z = z_0$$
且由性質 (9) 和數學歸納法可推得
$$\lim_{z \to z_0} z^n = z_0^n \quad (n = 1, 2, \ldots)$$
故由性質 (8) 與 (9)，當 z 趨近於 z_0，多項式
$$P(z) = a_0 + a_1z + a_2z^2 + \cdots + a_nz^n$$
的極限為多項式在點 z_0 之值：

(11) $$\lim_{z \to z_0} P(z) = P(z_0)$$

17. 無窮遠點的極限
(LIMITS INVOLVING THE POINT AT INFINITY)

將複數平面包含無窮遠點（記做 ∞），並使用有關此點之極限，有時有其便利之處。複數平面與此無窮遠點合稱為**擴張複數平面 (extended complex plane)**。欲了解無窮遠點，可以將複數平面想成穿過以原點為中心的單位球體的赤道（圖 25）。平面上的每一點 z 恰對應球面的一點 P。點 z 與球的北極 N 之間的直線與球的交點為 P。同樣方式，除了北極 N 外，球面的每一點 P 恰對應平面的一點 z。令球的點 N 對應無窮遠點，則我們得到球面的點與擴張複數平面的點的一對一對應。此球稱為 **Riemann 球 (Riemann sphere)**，而此一對應稱為**球極平面投影 (stereographic projection)**。

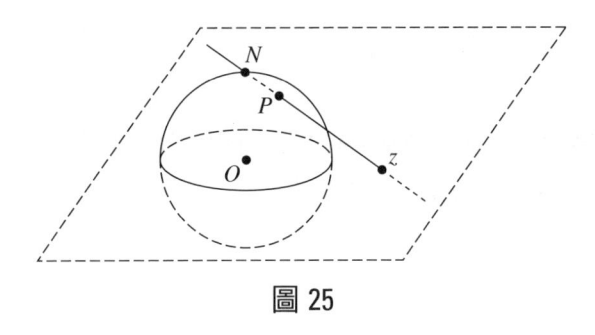

圖 25

觀察到複數平面上，以原點為圓心之單位圓的外部，對應除去點 N 的上半球。此外，對每一小的正數 ε，複數平面上的圓 $|z| = 1/\varepsilon$ 外部的點，對應球面上靠近 N 的點。我們因此稱集合 $|z| > 1/\varepsilon$ 為 ∞ **的一個鄰域 (neighborhood of ∞)**。

我們約定當提到點 z 時，表示它是**有限平面 (finite plane)** 的點。此後，當考慮無窮遠點時，會明確說明。

當 z_0 或 w_0 或兩者以無窮遠點替代

$$\lim_{z \to z_0} f(z) = w_0$$

的意義，現在可以立即說明。由第 15 節極限的定義，我們僅是將 z_0 與 w_0 的鄰域換成 ∞ 的鄰域。以下定理的證明說明此一做法。

定理 若 z_0 與 w_0 分別為 z 與 w 平面上的點，則

(1) $\qquad$ 若 $\displaystyle\lim_{z \to z_0} \frac{1}{f(z)} = 0$，則 $\displaystyle\lim_{z \to z_0} f(z) = \infty$

且

(2) $\qquad$ 若 $\displaystyle\lim_{z \to 0} f\left(\frac{1}{z}\right) = w_0$，則 $\displaystyle\lim_{z \to \infty} f(z) = w_0$

此外

(3) $\qquad$ 若 $\displaystyle\lim_{z \to 0} \frac{1}{f(1/z)} = 0$，則 $\displaystyle\lim_{z \to \infty} f(z) = \infty$

我們開始證明，假設 (1) 式中的第一個極限成立，這表示對每一個正數 ε，存在一個正數 δ 使得

$$\text{當 } 0 < |z - z_0| < \delta，\left|\frac{1}{f(z)} - 0\right| < \varepsilon \text{ 恆成立}$$

由於上式可寫成

(4) $\qquad$ 當 $0 < |z - z_0| < \delta$，$|f(z)| > \dfrac{1}{\varepsilon}$ 恆成立

我們因此推得 (1) 的第二個極限

假設 (2) 式中的第一個極限成立，亦即，

$$\text{當 } 0 < |z - 0| < \delta，\left|f\left(\frac{1}{z}\right) - w_0\right| < \varepsilon \text{ 恆成立}$$

以 $1/z$ 代替 z，可得

(5) $\qquad$ 當 $|z| > \dfrac{1}{\delta}$，$|f(z) - w_0| < \varepsilon$ 恆成立

我們推得 (2) 的第二個極限。

最後，(3) 的第一個極限表示

$$\text{當 } 0 < |z - 0| < \delta \text{，} \left| \frac{1}{f(1/z)} - 0 \right| < \varepsilon \text{ 恆成立}$$

在這些不等式中，以 $1/z$ 替代 z，產生

(6) $\qquad$ 當 $|z| > \dfrac{1}{\delta}$，$|f(z)| > \dfrac{1}{\varepsilon}$ 恆成立

亦即此為 (3) 的第二個極限定義。

例 觀察

$$\text{因為 } \lim_{z \to -1} \frac{z+1}{iz+3} = 0 \text{，所以 } \lim_{z \to -1} \frac{iz+3}{z+1} = \infty$$

且

$$\text{因為 } \lim_{z \to 0} \frac{(2/z)+i}{(1/z)+1} = \lim_{z \to 0} \frac{2+iz}{1+z} = 2 \text{，所以 } \lim_{z \to \infty} \frac{2z+i}{z+1} = 2$$

此外

$$\text{因為 } \lim_{z \to 0} \frac{(1/z^2)+1}{(2/z^3)-1} = \lim_{z \to 0} \frac{z+z^3}{2-z^3} = 0 \text{，所以 } \lim_{z \to \infty} \frac{2z^3-1}{z^2+1} = \infty$$

18. 連續 (CONTINUITY)

若下列三個條件：

(1) $\qquad \lim\limits_{z \to z_0} f(z)$ 存在

(2) $f(z_0)$ 存在

(3) $\lim_{z \to z_0} f(z) = f(z_0)$

均滿足，則函數 f 在點 z_0 連續，由觀察可知，實際上敘述 (3) 包含敘述 (1) 與 (2)，此乃因於 (3) 式中，方程式兩側的值必須存在。(3) 式表示，對每一個正數 ε，存在一個正數 δ，使得

(4)   當 $|z - z_0| < \delta$，$|f(z) - f(z_0)| < \varepsilon$ 恆成立

若一複變函數在區域 R 的每一點都連續則稱此函數在 R 為連續。

若兩個函數在某一點連續，則其和與積在該點亦為連續，其商在分母不為零之點亦為連續，這些觀察是第 16 節定理 2 的直接推論。注意，多項式在整個平面為連續，可由第 16 節 (11) 式的極限得知。

現在回到連續函數的兩個預期中的性質，但其證明並非那麼直接。我們的證明是依賴連續性的定義 (4) 且將結果以定理的形式呈現。

定理 1   連續函數的合成也是連續函數。

本定理的明確敘述包含在下列的證明中。令 $w = f(z)$ 為一函數，$f(z)$ 定義於點 z_0 的鄰域 $|z - z_0| < \delta$，令函數 $W = g(w)$ 的定義域包含上述鄰域在 f 映射下的像（第 13 節）。因此合成函數 $W = g[f(z)]$ 在鄰域 $|z - z_0| < \delta$ 的每一點都有定義。假設 f 在 z_0 連續且 g 在 w 平面的點 $f(z_0)$ 連續，由於 g 在 $f(z_0)$ 連續，故對每一正數 ε，存在一正數 γ，使得

     當 $|f(z) - f(z_0)| < \gamma$，$|g[f(z)] - g[f(z_0)]| < \varepsilon$ 恆成立

（參閱圖 26。）但 f 在 z_0 的連續性，保證鄰域 $|z - z_0| < \delta$ 夠小時，$|f(z) - f(z_0)| < \gamma$ 成立，因此合成函數 $g[f(z)]$ 的連續性成立。

第二章　解析函數　65

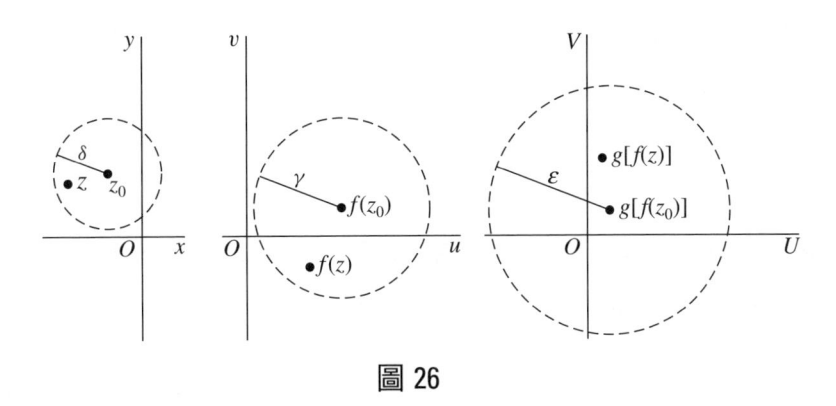

圖 26

定理 2　若一函數 $f(z)$ 在點 z_0 連續且不為零，則對 z_0 的某一鄰域之每一點 z 而言，恆有 $f(z) \neq 0$。

假設 $f(z)$ 在 z_0 連續且不為零，我們可以指定 (4) 式的 ε 為 $|f(z_0)|/2$ 來證明定理 2，即存在一正數 δ，使得

$$\text{當 } |z - z_0| < \delta, |f(z) - f(z_0)| < \frac{|f(z_0)|}{2} \text{ 恆成立}$$

故若在鄰域 $|z - z_0| < \delta$ 內，有一點 z 其值 $f(z) = 0$，必得如下矛盾的結果

$$|f(z_0)| < \frac{|f(z_0)|}{2};$$

因此定理得證。

函數

(5) $$f(z) = u(x, y) + iv(x, y)$$

的連續性與其分量函數 $u(x, y)$ 與 $v(x, y)$ 的連續性有密切關係，如下列定理所示。

定理 3　若 (5) 式的分量函數 u 與 v 在點 $z_0 = (x_0, y_0)$ 為連續，則 f 為連續，反之，若 f 在 z_0 為連續，則 u 與 v 在點 z_0 為連續。

定理的證明可由第 16 節定理 1 推導而得，而定理 1 是討論 f 的極限和 u 與 v 的極限的關係。

以下的定理在應用上非常重要，此定理於以後的章節常會用到。定理證明是基於定理 3，在敘述定理之前，我們回憶第 12 節所敘述的，若一區域 R 包含其所有邊界點則此區域 R 為封閉 (closed) 且若一區域 R 位於以原點為中心的某一圓內則 R 為有界 (bounded)。

定理 4　若一函數 f 在一封閉且有界的區域 R 為連續，則存在一非負實數 M，使得對所有 R 中的 z 而言，

(6) $$|f(z)| \leq M$$

恆成立，但至少有一個 z 使等式成立。

欲證此，我們假設方程式 (5) 的函數 f 為連續，據此，

$$\sqrt{[u(x, y)]^2 + [v(x, y)]^2}$$

在 R 也是連續的且在 R 的某處達到極大值 M^*。不等式 (6) 因此成立，我們稱 f 在 **R 是有界 (bounded on R)** 的。

習題

1. 使用第 15 節，(2) 式，極限的定義，證明

(a) $\lim_{z \to z_0} \text{Re } z = \text{Re } z_0$　　(b) $\lim_{z \to z_0} \overline{z} = \overline{z_0}$　　(c) $\lim_{z \to 0} \dfrac{\overline{z}^2}{z} = 0$

2. 令 $a \cdot b \cdot c$ 為複常數，使用第 15 節，(2) 式，極限的定義，證明

(a) $\lim_{z \to z_0} (az + b) = az_0 + b$　　(b) $\lim_{z \to z_0} (z^2 + c) = z_0^2 + c$

(c) $\lim_{z \to 1-i} [x + i(2x + y)] = 1 + i$　　$(z = x + iy)$

---

* 例如，參閱 A. E. Taylor 與 W. R. Mann, "*Advanced Calculus*," 3d ed., pp. 125–126 和 p. 529, 1983.

第二章　解析函數

3. 令 n 為正整數，並且令 $P(z)$ 和 $Q(z)$ 為多項式，其中 $Q(z_0) \neq 0$。利用第 16 節定理 2 以及出現於該節的極限，求

(a) $\lim\limits_{z \to z_0} \dfrac{1}{z^n}$ $(z_0 \neq 0)$　　(b) $\lim\limits_{z \to i} \dfrac{iz^3 - 1}{z + i}$　　(c) $\lim\limits_{z \to z_0} \dfrac{P(z)}{Q(z)}$

答案：(a) $1/z_0^n$；(b) 0；(c) $P(z_0)/Q(z_0)$。

4. 利用數學歸納法以及第 16 節，(9) 式，極限的性質，證明

$$\lim_{z \to z_0} z^n = z_0^n$$

n 為正整數 $(n = 1, 2, \ldots)$。

5. 證明函數

$$f(z) = \left(\dfrac{z}{\bar{z}}\right)^2$$

在實軸與虛軸上的所有非零點〔分別為 $z = (x, 0)$ 與 $z = (0, y)$〕其值為 1，但在直線 $y = x$ 的所有非零點〔$z = (x, x)$〕其值為 -1。因此證明當 z 趨近於 0 時，$f(z)$ 的極限不存在。〔注意，如同第 15 節，例 2，僅考慮非零點 $z = (x, 0)$ 和 $z = (0, y)$，是不夠的。〕

6. 利用

(a) 第 16 節定理 1 和兩個實變數之實質函數的極限性質；

(b) 第 15 節，(2) 式，極限定義。

證明第 16 節定理 2 的 (8)。

7. 利用第 15 節，(2) 式，極限的定義證明

$$\text{若 } \lim_{z \to z_0} f(z) = w_0, \text{ 則 } \lim_{z \to z_0} |f(z)| = |w_0|$$

提示：觀察第 5 節，不等式 (2)，可寫出

$$||f(z)| - |w_0|| \leq |f(z) - w_0|$$

8. 令 $\Delta z = z - z_0$，證明

$$\lim_{z \to z_0} f(z) = w_0 \quad \text{若且唯若} \quad \lim_{\Delta z \to 0} f(z_0 + \Delta z) = w_0$$

9. 證明若 $\lim_{z \to z_0} f(z) = 0$，且對 z_0 之某一鄰域的所有點 z，存在一個正數 M 使得 $|g(z)| \leq M$，則 $\lim_{z \to z_0} f(z)g(z) = 0$。

10. 利用第 17 節定理，證明

   (a) $\lim_{z \to \infty} \dfrac{4z^2}{(z-1)^2} = 4$ (b) $\lim_{z \to 1} \dfrac{1}{(z-1)^3} = \infty$ (c) $\lim_{z \to \infty} \dfrac{z^2+1}{z-1} = \infty$

11. 當

$$T(z) = \frac{az+b}{cz+d} \qquad (ad - bc \neq 0)$$

   利用第 17 節的定理，證明

   (a) 若 $c = 0$，則 $\lim_{z \to \infty} T(z) = \infty$

   (b) 若 $c \neq 0$，則 $\lim_{z \to \infty} T(z) = \dfrac{a}{c}$ 且 $\lim_{z \to -d/c} T(z) = \infty$

12. 陳述為什麼關於無窮遠點的極限是唯一。

13. 證明集合 S 不是有界（第 12 節），若且唯若無窮遠點的每一個鄰域至少包含 S 的一點。

19. 導數 (DERIVATIVES)

設函數 f 的定義域包含 z_0 的鄰域 $|z - z_0| < \varepsilon$，則 f 在 z_0 的 **導數 (derivative)** 為極限

(1) $$f'(z_0) = \lim_{z \to z_0} \frac{f(z) - f(z_0)}{z - z_0}$$

當 $f'(z_0)$ 存在，則稱函數 f 在 z_0 **可微 (differentiable)**。

以新的複變數

$$\Delta z = z - z_0 \quad (z \neq z_0)$$

來表示定義 (1) 的變數 z，我們可以將此定義寫成

(2) $$f'(z_0) = \lim_{\Delta z \to 0} \frac{f(z_0 + \Delta z) - f(z_0)}{\Delta z}$$

因 f 在 z_0 的鄰域有定義，故 $f(z_0 + \Delta z)$ 對足夠小的 $|\Delta z|$ 皆有定義（圖 27）。

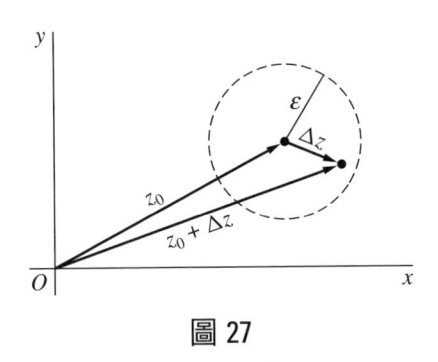

圖 27

當導數之定義取 (2) 式的形式，我們通常省略 z_0 的下標且引入

$$\Delta w = f(z + \Delta z) - f(z)$$

上式表示 $w = f(z)$ 的變化量，f 之值的變化量 Δw 與點的變化量 Δz 形成對應。因此，若我們把 $f'(z)$ 寫成 dw/dz，則方程式 (2) 變成

(3) $$\frac{dw}{dz} = \lim_{\Delta z \to 0} \frac{\Delta w}{\Delta z}$$

例 1　設 $f(z) = 1/z$ 在每一非零點 z，若下列極限存在，則

$$\lim_{\Delta z \to 0} \frac{\Delta w}{\Delta z} = \lim_{\Delta z \to 0} \left(\frac{1}{z + \Delta z} - \frac{1}{z} \right) \frac{1}{\Delta z} = \lim_{\Delta z \to 0} \frac{-1}{(z + \Delta z)z}$$

由第 16 節極限的性質告訴我們

$$\frac{dw}{dz} = -\frac{1}{z^2}, \quad 或 \quad f'(z) = -\frac{1}{z^2}$$

其中 $z \neq 0$。

例2 若 $f(z) = \bar{z}$，則

(4)
$$\frac{\Delta w}{\Delta z} = \frac{\overline{z + \Delta z} - \bar{z}}{\Delta z} = \frac{\bar{z} + \overline{\Delta z} - \bar{z}}{\Delta z} = \frac{\overline{\Delta z}}{\Delta z}.$$

若 $\Delta w/\Delta z$ 的極限存在，其值可在 Δz 平面令點 $\Delta z = (\Delta x, \Delta y)$ 以任何方式趨近於原點求得，特殊地，當 Δz 由實軸上的點 $(\Delta x, 0)$ 水平趨近於 $(0,0)$（圖 28），

$$\overline{\Delta z} = \overline{\Delta x + i0} = \Delta x - i0 = \Delta x + i0 = \Delta z$$

此時，(4) 式告訴我們

$$\frac{\Delta w}{\Delta z} = \frac{\Delta z}{\Delta z} = 1$$

因此若 $\Delta w/\Delta z$ 的極限存在，其值為 1，但是，當 Δz 由虛軸上的點 $(0, \Delta y)$ 垂直趨近於 $(0, 0)$，使得

$$\overline{\Delta z} = \overline{0 + i\Delta y} = 0 - i\Delta y = -(0 + i\Delta y) = -\Delta z$$

我們由 (4) 式得知

$$\frac{\Delta w}{\Delta z} = \frac{-\Delta z}{\Delta z} = -1$$

因此若極限存在，其值為 -1，因極限是唯一的（參閱第 15 節），故 dw/dz 不存在。

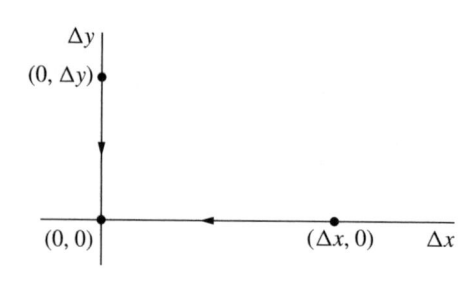

圖 28

第二章 解析函數

例3 考慮實值函數 $f(z) = |z|^2$。此處

$$\frac{\Delta w}{\Delta z} = \frac{|z + \Delta z|^2 - |z|^2}{\Delta z} = \frac{(z + \Delta z)\overline{(z + \Delta z)} - z\bar{z}}{\Delta z}$$

且因 $\overline{z + \Delta z} = \bar{z} + \overline{\Delta z}$，上式變成

(5) $$\frac{\Delta w}{\Delta z} = \bar{z} + \overline{\Delta z} + z\frac{\overline{\Delta z}}{\Delta z}$$

如同例 2 的方法進行，Δz 以水平方向與垂直方向趨近於原點，分別可得

$$\overline{\Delta z} = \Delta z \quad \text{和} \quad \overline{\Delta z} = -\Delta z$$

所以我們得到

當 $\Delta z = (\Delta x, 0)$, $\quad \dfrac{\Delta w}{\Delta z} = \bar{z} + \Delta z + z$

且

當 $\Delta z = (0, \Delta y)$, $\quad \dfrac{\Delta w}{\Delta z} = \bar{z} - \Delta z - z$

因此，當 Δz 趨近於 0，若 $\Delta w/\Delta z$ 的極限存在，用於例 2 之極限的唯一性，告訴我們

$$\bar{z} + z = \bar{z} - z$$

或 $z = 0$，顯然，若 $z \neq 0$ 則 dw/dz 不存在。

欲證 dw/dz 在 $z = 0$ 存在，我們只要注意當 $z = 0$，(5) 式化簡為

$$\frac{\Delta w}{\Delta z} = \overline{\Delta z}$$

因此，我們確定 dw/dz 僅在 $z = 0$ 存在，其值為 0。

例 3 說明了下列三項事實，前兩項也許會令人吃驚。

(a) 函數 $f(z) = u(x, y) + iv(x, y)$ 可以在點 $z = (x, y)$ 可微，但在此點的任一鄰域的其他點皆不可微。

(b) 當 $f(z) = |z|^2$ 時，$u(x, y) = x^2 + y^2$，$v(x, y) = 0$，可知一個複變函數的實部與虛部，可以在某一點 $z = (x, y)$ 有任意階的連續偏導數，但是此函數在該點或許仍不可微。

(c) 函數 $f(z) = |z|^2$ 的分量函數 $u(x, y) = x^2 + y^2$ 和 $v(x, y) = 0$ 在整個平面連續，但複變函數在某一點連續並不表示在該點的導數存在。更清楚的說，$f(z) = |z|^2$ 的分量

$$u(x, y) = x^2 + y^2 \quad 和 \quad v(x, y) = 0$$

在每一個非零點 $z = (x, y)$ 為連續但 $f'(z)$ 並不存在。然而函數在某一點的導數存在表示函數在該點連續。為了明白此點，我們假設 $f'(z_0)$ 存在並寫成

$$\lim_{z \to z_0} [f(z) - f(z_0)] = \lim_{z \to z_0} \frac{f(z) - f(z_0)}{z - z_0} \lim_{z \to z_0} (z - z_0) = f'(z_0) \cdot 0 = 0$$

由此推得

$$\lim_{z \to z_0} f(z) = f(z_0)$$

此即 f 在 z_0 連續之敘述（第 18 節）。

複變函數之導數的幾何解釋並不像實變數函數之導數那麼直接。我們將於第 9 章詳加討論。

20. 微分規則 (RULES FOR DIFFERENTIATION)

第 19 節的導數的定義與微積分的導數定義是相同的，只是將 x 改成 z。因此，以下所列出的基本微分規則，可用與微積分相同的步驟，從第 19 節的定義推導出。在敘述這些規則時，我們使用

$$\frac{d}{dz} f(z) \quad 或 \quad f'(z)$$

採用何者是依便利而定。

令 c 為複數常數，且令 f 為在點 z 具有導數的函數。易證明

(1) $\qquad \dfrac{d}{dz}c = 0, \quad \dfrac{d}{dz}z = 1, \quad \dfrac{d}{dz}[cf(z)] = cf'(z)$

又，若 n 為正整數，則

(2) $\qquad \dfrac{d}{dz}z^n = nz^{n-1}$

只要 $z \neq 0$，此規則對於 n 為負整數仍然成立。

若兩個函數 f 與 g 在點 z 均具有導數，則

(3) $\qquad \dfrac{d}{dz}[f(z) + g(z)] = f'(z) + g'(z)$

(4) $\qquad \dfrac{d}{dz}[f(z)g(z)] = f(z)g'(z) + f'(z)g(z)$

且當 $g(z) \neq 0$ 時，

(5) $\qquad \dfrac{d}{dz}\left[\dfrac{f(z)}{g(z)}\right] = \dfrac{g(z)f'(z) - f(z)g'(z)}{[g(z)]^2}$

讓我們來導出規則 (4)，我們將 $w = f(z)g(z)$ 的變化寫成如下之形式：

$$\Delta w = f(z+\Delta z)g(z+\Delta z) - f(z)g(z)$$
$$= f(z)[g(z+\Delta z) - g(z)] + [f(z+\Delta z) - f(z)]g(z+\Delta z)$$

因此

$$\dfrac{\Delta w}{\Delta z} = f(z)\dfrac{g(z+\Delta z) - g(z)}{\Delta z} + \dfrac{f(z+\Delta z) - f(z)}{\Delta z}g(z+\Delta z)$$

令 Δz 趨近於零，可得我們所要的 $f(z)g(z)$ 的導數規則。此處，我們使用了 g 在點 z 連續的事實，此乃因 $g'(z)$ 存在；因此當 Δz 趨近於 0，$g(z+\Delta z)$ 趨近於 $g(z)$（參閱第 18 節，習題 8）。

對於合成函數的微分，亦有鏈規則。設 f 在 z_0 有導數且 g 在點 $f(z_0)$

有導數，則函數 $F(z) = g[f(z)]$ 在 z_0 有導數，且

(6) $$F'(z_0) = g'[f(z_0)]f'(z_0)$$

若我們寫成 $w = f(z)$ 和 $W = g(w)$，則 $W = F(z)$，鏈規則變成

$$\frac{dW}{dz} = \frac{dW}{dw}\frac{dw}{dz}$$

例 欲求 $(1 - 4z^2)^3$ 的導數，可令 $w = 1 - 4z^2$ 且 $W = w^3$。則

$$\frac{d}{dz}(1 - 4z^2)^3 = 3w^2(-8z) = -24z(1 - 4z^2)^2$$

開始規則 (6) 的推導，選擇一特定點 z_0 其 $f'(z_0)$ 存在。令 $w_0 = f(z_0)$ 且假設 $g'(w_0)$ 存在，則存在 w_0 的 ε 鄰域 $|w - w_0| < \varepsilon$ 使得對所有此鄰域的點 w，我們可以定義一函數 Φ，其 $\Phi(w_0) = 0$，且當 $w \neq w_0$ 時，有

(7) $$\Phi(w) = \frac{g(w) - g(w_0)}{w - w_0} - g'(w_0)$$

注意，由導數的定義

(8) $$\lim_{w \to w_0} \Phi(w) = 0$$

因此 Φ 在 w_0 連續。

現在，(7) 式可寫成

(9) $\quad g(w) - g(w_0) = [g'(w_0) + \Phi(w)](w - w_0) \quad\quad (|w - w_0| < \varepsilon)$

即使當 $w = w_0$，上式仍然成立，又因為 $f'(z_0)$ 存在，故 f 在 z_0 連續，我們可以選擇一個正數 δ 使得若 z 位於 z_0 的 δ 鄰域 $|z - z_0| < \delta$，則 $f(z)$ 位於 w_0 的 ε 鄰域 $|w - w_0| < \varepsilon$。因此當 z 為鄰域 $|z - z_0| < \delta$ 的任一點，方程式 (9) 的變數 w 可用 $f(z)$ 的替代，經代換後以及 $w_0 = f(z_0)$，方程式 (9) 變成

(10) $$\frac{g[f(z)] - g[f(z_0)]}{z - z_0} = \{g'[f(z_0)] + \Phi[f(z)]\}\frac{f(z) - f(z_0)}{z - z_0}$$
$$(0 < |z - z_0| < \delta)$$

第二章　解析函數

這裡必須限定 $z \neq z_0$ 以免分母為 0。如前所述，f 在 z_0 連續且 Φ 在 $w_0 = f(z_0)$ 連續，因此合成函數 $\Phi[f(z)]$ 在 z_0 連續；又因為 $\Phi(w_0) = 0$，

$$\lim_{z \to z_0} \Phi[f(z)] = 0$$

故當 z 趨近於 z_0，方程式 (10) 的極限變成方程式 (6)。

習題

1. 使用第 19 節，(3) 式的定義，證明當 $w = z^2$

$$\frac{dw}{dz} = 2z$$

2. 使用第 20 節的結果，求下列各題之 $f'(z)$。

(a) $f(z) = 3z^2 - 2z + 4$　　(b) $f(z) = (2z^2 + i)^5$

(c) $f(z) = \dfrac{z-1}{2z+1} \quad \left(z \neq -\dfrac{1}{2}\right)$　　(d) $f(z) = \dfrac{(1+z^2)^4}{z^2} \quad (z \neq 0)$

3. 使用第 20 節的結果，證明

(a) $n \, (n \geq 1)$ 次多項式

$$P(z) = a_0 + a_1 z + a_2 z^2 + \cdots + a_n z^n \qquad (a_n \neq 0)$$

到處可微，其導數為

$$P'(z) = a_1 + 2a_2 z + \cdots + n a_n z^{n-1}$$

(b) (a) 之多項式 $P(z)$ 的係數可寫成

$$a_0 = P(0), \quad a_1 = \frac{P'(0)}{1!}, \quad a_2 = \frac{P''(0)}{2!}, \quad \ldots, \quad a_n = \frac{P^{(n)}(0)}{n!}$$

4. 設 $f(z_0) = g(z_0) = 0$ 且 $f'(z_0)$ 與 $g'(z_0)$ 存在，其中 $g'(z_0) \neq 0$。

使用第 19 節 (1) 式之導數的定義，證明

$$\lim_{z \to z_0} \frac{f(z)}{g(z)} = \frac{f'(z_0)}{g'(z_0)}$$

5. 導出第 20 節，(3) 式，兩個函數之和的導數公式。

6. 使用

   (a) 數學歸納法與第 20 節，(4) 式，兩個函數之積的導數公式；

   (b) 第 19 節，(3) 式，導數的定義與二項式公式（第 3 節）。

   當 n 為正整數時，導出第 20 節，(2) 式，z^n 的導數。

7. 證明，若 $z \neq 0$，n 為負整數 ($n = -1, -2, \ldots$) 時，第 20 節，(2) 式，z^n 的導數仍然成立。

   提示：令 $m = -n$ 且使用兩個函數之商的導數公式。

8. 使用第 19 節，例 2 的方法，證明下列各題的 $f'(z)$ 在任一點 z 皆不存在。

   (a) $f(z) = \text{Re } z$ (b) $f(z) = \text{Im } z$

9. 令函數 f 的值為

$$f(z) = \begin{cases} \bar{z}^2/z & \text{當 } z \neq 0, \\ 0 & \text{當 } z = 0 \end{cases}$$

證明若 $z = 0$，則 Δz 平面或在 $\Delta x \, \Delta y$ 平面之實軸與虛軸的每一個非零點，$\Delta w / \Delta z = 1$。然後證明在此平面上之直線 $\Delta y = \Delta x$ 的每一個非零點 $(\Delta x, \Delta x)$，$\Delta w / \Delta z = -1$（圖 29）。從這些觀察得知 $f'(0)$ 不存在。注意，欲得此結果在 Δz 平面上，僅考慮由水平與垂直趨近於原點是不夠的。（與第 18 節，習題 5，以及第 19 節，例 2 比較。）

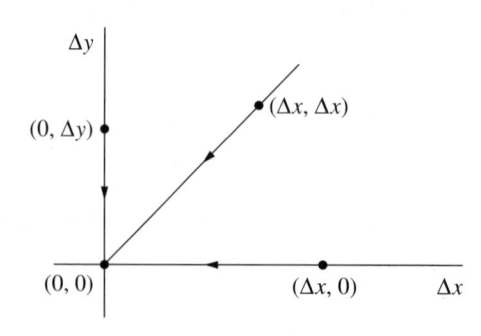

圖 29

10. 利用第 3 節 (13) 二項式公式，指出為何

$$P_n(z) = \frac{1}{n!2^n}\frac{d^n}{dz^n}(z^2-1)^n \qquad (n=0,1,2,\ldots)$$

的每一個函數為 n 次多項式*（第 13 節）。（依規定，函數的零階導數為函數本身。）

21. Cauchy–Riemann 方程式
(CAUCHY–RIEMANN EQUATIONS)

於本節，當函數

(1) $$f(z) = u(x,y) + iv(x,y)$$

的導數存在，我們可得 f 的分量函數 u 與 v 在點 $z_0 = (x_0, y_0)$ 必須滿足的偏微分方程式。我們亦將提出如何以偏導數來表示 $f'(z_0)$。

由假設 $f'(z_0)$ 存在開始，令

$$z_0 = x_0 + iy_0, \quad \Delta z = \Delta x + i\Delta y$$

且

$$\Delta w = f(z_0 + \Delta z) - f(z_0)$$

亦即

$$\Delta w = [u(x_0+\Delta x, y_0+\Delta y) + iv(x_0+\Delta x, y_0+\Delta y)] - [u(x_0,y_0) + iv(x_0,y_0)]$$

由上式，我們可寫出

(2) $$\frac{\Delta w}{\Delta z} = \frac{u(x_0+\Delta x, y_0+\Delta y) - u(x_0,y_0)}{\Delta x + i\Delta y} + i\frac{v(x_0+\Delta x, y_0+\Delta y) - v(x_0,y_0)}{\Delta x + i\Delta y}$$

現在要記住，我們可選任何方式使 $(\Delta x, \Delta y)$ 趨近於 $(0,0)$，而 (2) 式仍然成立。

---

*這些多項式稱為**雷建得多項式 (Legendre polynomials)**，在應用數學上有其重要性。例如，讀者可閱讀列於參考文獻中，作者著作 (2012) 的第 10 章。

水平逼近

特別地，令 $\Delta y = 0$ 且令 $(\Delta x, 0)$ 水平趨近於 $(0, 0)$。則由第 16 節定理 1，方程式 (2) 告訴我們

$$f'(z_0) = \lim_{\Delta x \to 0} \frac{u(x_0 + \Delta x, y_0) - u(x_0, y_0)}{\Delta x} + i \lim_{\Delta x \to 0} \frac{v(x_0 + \Delta x, y_0) - v(x_0, y_0)}{\Delta x}$$

亦即

(3) $$f'(z_0) = u_x(x_0, y_0) + i v_x(x_0, y_0)$$

垂直逼近

我們令方程式 (2) 的 $\Delta x = 0$ 且採用垂直逼近。此時，我們由第 16 節定理 1 和方程式 (2) 可得

$$f'(z_0) = \lim_{\Delta y \to 0} \frac{u(x_0, y_0 + \Delta y) - u(x_0, y_0)}{i \Delta y} + i \lim_{\Delta y \to 0} \frac{v(x_0, y_0 + \Delta y) - v(x_0, y_0)}{i \Delta y}$$

或

$$f'(z_0) = \lim_{\Delta y \to 0} \frac{v(x_0, y_0 + \Delta y) - v(x_0, y_0)}{\Delta y} - i \lim_{\Delta y \to 0} \frac{u(x_0, y_0 + \Delta y) - u(x_0, y_0)}{\Delta y}$$

此乃因 $1/i = -i$。

由此推得

(4) $$f'(z_0) = v_y(x_0, y_0) - i u_y(x_0, y_0)$$

此時 u 和 v 的偏導數是對 y 而言。注意，方程式 (4) 亦可改寫成

(5) $$f'(z_0) = -i[u_y(x_0, y_0) + i v_y(x_0, y_0)]$$

方程式 (3) 與 (4) 不僅將 $f'(z_0)$ 以分量函數 u 與 v 的偏導數來表示且提供了 $f'(z_0)$ 存在的必要條件。欲得此條件，我們只需將方程式 (3) 與 (4) 之實部與虛部分別令其相等。

則 $f'(z_0)$ 的存在必須滿足

(6) $\qquad u_x(x_0, y_0) = v_y(x_0, y_0) \quad$ 且 $\quad u_y(x_0, y_0) = -v_x(x_0, y_0)$

方程式 (6) 就是有名的 **Cauchy–Riemann 方程式 (Cauchy–Riemann equations)**，如此命名是為了紀念其發明者，法國數學家 A. L. Cauchy (1789–1857)，以及將此方程式在複變函數理論發展中加以發揚光大的德國數學家 G. F. B. Riemann (1826–1866)。

我們將上述結果歸納如下。

定理 設

$$f(z) = u(x, y) + iv(x, y)$$

且 $f'(z)$ 在點 $z_0 = x_0 + iy_0$ 存在。則 u 與 v 在 (x_0, y_0) 的一階偏導數存在，且 u 與 v 在 (x_0, y_0) 滿足 Cauchy–Riemann 方程式

(7) $\qquad u_x = v_y, \quad u_y = -v_x$

又，$f'(z_0)$ 可寫成

(8) $\qquad f'(z_0) = u_x + iv_x$

其中這些偏導數均於 (x_0, y_0) 求值。

22. 例題 (EXAMPLES)

在我們繼續討論 Cauchy–Riemann 方程式之前，我們在此暫停一下，先說明其用法然後再進一步的討論。

例 1 在第 20 節的習題 1，我們證明了函數

$$f(z) = z^2 = x^2 - y^2 + i2xy$$

到處可微且 $f'(z) = 2z$。欲證明在每一點均滿足 Cauchy–Riemann 方程式，

令
$$u(x, y) = x^2 - y^2 \quad 且 \quad v(x, y) = 2xy$$
因此
$$u_x = 2x = v_y, \quad u_y = -2y = -v_x$$
此外，依據第 21 節方程式 (8)，
$$f'(z) = 2x + i2y = 2(x + iy) = 2z$$

因為 Cauchy–Riemann 方程式為函數 f 在點 z_0 之導數存在的必要條件，所以此方程式可用來尋找 f 上無導數的點。

例 2 當 $f(z) = |z|^2$，我們有
$$u(x, y) = x^2 + y^2 \quad 和 \quad v(x, y) = 0$$
若 Cauchy–Riemann 方程式在點 (x, y) 成立，則可推得 $2x = 0$ 和 $2y = 0$ 或 $x = y = 0$。因此，如同我們在第 19 節的例題 3 所知道的，$f'(z)$ 於任一非零點是不存在的。注意，上述定理並不保證 $f'(0)$ 存在。但是在下一節的定理將會設定 $f'(0)$ 存在的條件。

於例 2，我們考慮一函數 $f(z)$ 其分量函數 $u(x, y)$ 與 $v(x, y)$ 在原點滿足 Cauchy–Riemann 方程式且其導數 $f'(0)$ 存在。但是也有可能一函數 $f(z)$ 其分量函數在原點滿足 Cauchy–Riemann 方程式但其導數 $f'(0)$ 並不存在。此可由以下的例題來說明。

例 3 若函數 $f(z) = u(x, y) + iv(x, y)$ 是以方程式
$$f(z) = \begin{cases} \bar{z}^2/z & 當\ z \neq 0, \\ 0 & 當\ z = 0 \end{cases}$$
來定義，它的實分量與虛分量為〔參閱第 14 節，習題 2(b)〕

$$u(x, y) = \frac{x^3 - 3xy^2}{x^2 + y^2} \quad \text{和} \quad v(x, y) = \frac{y^3 - 3x^2y}{x^2 + y^2}$$

其中 $(x, y) \neq (0, 0)$，又 $u(0, 0) = 0$ 且 $v(0, 0) = 0$。

因為

$$u_x(0, 0) = \lim_{\Delta x \to 0} \frac{u(0 + \Delta x, 0) - u(0, 0)}{\Delta x} = \lim_{\Delta x \to 0} \frac{\Delta x}{\Delta x} = 1$$

且

$$v_y(0, 0) = \lim_{\Delta y \to 0} \frac{v(0, 0 + \Delta y) - v(0, 0)}{\Delta y} = \lim_{\Delta y \to 0} \frac{\Delta y}{\Delta y} = 1$$

可知在 $z = 0$ 滿足 Cauchy–Riemann 方程式的第一式 $u_x = v_y$。同理可證，當 $z = 0$ 時，$u_y = 0 = -v_x$。但是，由第 20 節習題 9 的證明，可知 $f'(0)$ 不存在。

23. 可微的充分條件
(SUFFICIENT CONDITIONS FOR DIFFERENTIABILITY)

第 22 節，例 3 指出，函數 $f(z)$ 在點 $z_0 = (x_0, y_0)$ 滿足 Cauchy–Riemann 方程式並不足以保證 $f(z)$ 在該點的導數存在。但若具有某些連續性條件，就可形成下列有用的定理。

定理 設函數

$$f(z) = u(x, y) + iv(x, y)$$

在點 $z_0 = x_0 + iy_0$ 的某一 ε 鄰域有定義，且設

(a) 函數 u 和 v 對 x 和 y 的一階偏導數在此鄰域的每一點皆存在。

(b) 這些偏導數在 (x_0, y_0) 連續且在 (x_0, y_0) 滿足 Cauchy–Riemann 方程式

$$u_x = v_y, \quad u_y = -v_x$$

則 $f'(z_0)$ 存在，其值為

$$f'(z_0) = u_x + i v_x$$

其中右側之值是在 (x_0, y_0) 求值。

以下是定理證明。令 $\Delta z = \Delta x + i\Delta y$，其中 $0 < |\Delta z| < \varepsilon$，且令

$$\Delta w = f(z_0 + \Delta z) - f(z_0)$$

因此

(1) $$\Delta w = \Delta u + i\Delta v$$

其中

$$\Delta u = u(x_0 + \Delta x, y_0 + \Delta y) - u(x_0, y_0)$$

且

$$\Delta v = v(x_0 + \Delta x, y_0 + \Delta y) - v(x_0, y_0)$$

由於假設 u 和 v 的一階偏導數在點 (x_0, y_0) 為連續，因此我們可以寫成 *

(2) $$\Delta u = u_x(x_0, y_0)\Delta x + u_y(x_0, y_0)\Delta y + \varepsilon_1 \Delta x + \varepsilon_2 \Delta y$$

和

(3) $$\Delta v = v_x(x_0, y_0)\Delta x + v_y(x_0, y_0)\Delta y + \varepsilon_3 \Delta x + \varepsilon_4 \Delta y$$

當 $(\Delta x, \Delta y)$ 在 Δz 平面趨近於 $(0, 0)$ 時，ε_1、ε_2、ε_3 與 ε_4 趨近於 0。將 (2) 與 (3) 式代入方程式 (1)，可得

(4) $$\begin{aligned}\Delta w = &\, u_x(x_0, y_0)\Delta x + u_y(x_0, y_0)\Delta y + \varepsilon_1 \Delta x + \varepsilon_2 \Delta y \\ &+ i[v_x(x_0, y_0)\Delta x + v_y(x_0, y_0)\Delta y + \varepsilon_3 \Delta x + \varepsilon_4 \Delta y]\end{aligned}$$

由於假設在 (x_0, y_0) 滿足 Cauchy–Riemann 方程式，在方程式 (4) 中，我們以 $-v_x(x_0, y_0)$ 取代 $u_y(x_0, y_0)$ 且以 $u_x(x_0, y_0)$ 取代 $v_y(x_0, y_0)$，然後將方程式除以 $\Delta z = \Delta x + i\Delta y$ 而得到

---

* 例如，參考 W. Kaplan, *"Advanced Calculus,"* 5th ed., pp. 86ff, 2003.

(5) $$\frac{\Delta w}{\Delta z} = u_x(x_0, y_0) + iv_x(x_0, y_0) + (\varepsilon_1 + i\varepsilon_3)\frac{\Delta x}{\Delta z} + (\varepsilon_2 + i\varepsilon_4)\frac{\Delta y}{\Delta z}$$

但是，依據第 4 節 (3) 的不等式，$|\Delta x| \leq |\Delta z|$ 且 $|\Delta y| \leq |\Delta z|$，故

$$\left|\frac{\Delta x}{\Delta z}\right| \leq 1 \quad 且 \quad \left|\frac{\Delta y}{\Delta z}\right| \leq 1$$

因此

$$\left|(\varepsilon_1 + i\varepsilon_3)\frac{\Delta x}{\Delta z}\right| \leq |\varepsilon_1 + i\varepsilon_3| \leq |\varepsilon_1| + |\varepsilon_3|$$

且

$$\left|(\varepsilon_2 + i\varepsilon_4)\frac{\Delta y}{\Delta z}\right| \leq |\varepsilon_2 + i\varepsilon_4| \leq |\varepsilon_2| + |\varepsilon_4|$$

這表示當變數 $\Delta z = \Delta x + i\Delta y$ 趨近於 0 時，方程式 (5) 右側的最後二項趨近於 0，定理中有關 $f'(z_0)$ 的敘述因而成立。

例1 考慮函數

$$f(z) = e^x e^{iy} = e^x \cos y + ie^x \sin y$$

其中 $z = x + iy$ 且當求 $\cos y$ 和 $\sin y$ 的值時，y 是取弳度量。此時

$$u(x, y) = e^x \cos y \quad 和 \quad v(x, y) = e^x \sin y$$

由於每一點皆滿足 $u_x = v_y$ 和 $u_y = -v_x$，且這些偏導數在每一點都連續，因此在複數平面的所有點都滿足上述定理的條件。因此 $f'(z)$ 在每一點均存在，且

$$f'(z) = u_x + iv_x = e^x \cos y + ie^x \sin y$$

注意，對所有 z 而言，$f'(z) = f(z)$。

例2 函數 $f(z) = |z|^2$，的分量函數為

$$u(x, y) = x^2 + y^2 \quad \text{和} \quad v(x, y) = 0$$

由定理亦可推得其在 $z = 0$ 具有導數 $f'(0) = 0 + i0 = 0$。由第 22 節例 2 可知，由於此函數在任一非零點並不滿足 Cauchy–Riemann 方程式，故此函數在這些點無導數。（參閱第 19 節，例 3。）

例3 當使用本節定理對點 z_0 求導數時，必須留意 $f'(z)$ 在 z_0 的存在性建立之前勿使用定理敘述中之 $f'(z) = u_x + iv_x$ 的式子。

例如，考慮函數

$$f(z) = x^3 + i(1-y)^3$$

其中

$$u(x, y) = x^3 \quad \text{和} \quad v(x, y) = (1-y)^3$$

如果說 $f'(z)$ 在每一點都存在，且

(6) $$f'(z) = u_x + iv_x = 3x^2$$

將是一種誤解。

欲瞭解此點，我們觀察，若

(7) $$x^2 + (1-y)^2 = 0$$

則 Cauchy–Riemann 方程式的第一式 $u_x = v_y$ 成立且第二方程式 $u_y = -v_x$ 亦成立。條件 (7) 告訴我們僅當 $x = 0$ 和 $y = 1$ 時，$f'(z)$ 才會存在。定理告訴我們僅當 $z = i$，$f'(z)$ 才會存在，而由方程式 (6) 可知，$f'(i) = 0$。

24. 極座標 (POLAR COORDINATES)

設 $z_0 \neq 0$，在本節我們將使用座標變換

(1) $$x = r\cos\theta, \quad y = r\sin\theta$$

以極座標的形式重述第 23 節的定理。

當 $w=f(z)$，$w=u+iv$ 的實部與虛部是以 x 和 y 表示或以 r 和 θ 表示，全依我們採用

$$z = x+iy \quad \text{或} \quad z = re^{i\theta} \quad (z \neq 0)$$

而定。假設 u 與 v 對 x 和 y 的一階偏導數在所予非零點 z_0 的某一鄰域存在且連續，而 u 與 v 對 r 和 θ 的一階偏導數亦有這些性質，且可用具有兩實變數之實值函數的微分鏈法則，將它們以對 x 和 y 的一階偏導數表示出來。明確而言，由於

$$\frac{\partial u}{\partial r} = \frac{\partial u}{\partial x}\frac{\partial x}{\partial r} + \frac{\partial u}{\partial y}\frac{\partial y}{\partial r}, \quad \frac{\partial u}{\partial \theta} = \frac{\partial u}{\partial x}\frac{\partial x}{\partial \theta} + \frac{\partial u}{\partial y}\frac{\partial y}{\partial \theta}$$

故可寫成

(2) $\qquad u_r = u_x \cos\theta + u_y \sin\theta, \quad u_\theta = -u_x r \sin\theta + u_y r \cos\theta$

類似的寫法，

(3) $\qquad v_r = v_x \cos\theta + v_y \sin\theta, \quad v_\theta = -v_x r \sin\theta + v_y r \cos\theta$

若 u 與 v 對 x 和 y 的一階偏導數在點 z_0 亦滿足 Cauchy–Riemann 方程式

(4) $\qquad\qquad\qquad u_x = v_y, \quad u_y = -v_x$

則方程式 (3) 在該點變成

(5) $\qquad v_r = -u_y \cos\theta + u_x \sin\theta, \quad v_\theta = u_y r \sin\theta + u_x r \cos\theta$

由方程式 (2) 與 (5) 可知，在點 z_0 有

(6) $\qquad\qquad\qquad ru_r = v_\theta, \quad u_\theta = -rv_r$

另一方面，若方程式 (6) 在 z_0 成立，則易證明方程式 (4) 必成立（習題 7）。因此方程式 (6) 是 Cauchy–Riemann 方程式 (4) 的另一種形式。

由方程式 (6) 以及習題 8 中求得之 $f'(z_0)$ 的式子，我們現在可以用 r 與 θ 重述第 23 節的定理。

定理 設函數
$$f(z) = u(r, \theta) + iv(r, \theta)$$
在非零點 $z_0 = r_0 \, exp(i\theta_0)$ 的某一個 ε 鄰域有定義，且設
(a) 函數 u 與 v 對 r 和 θ 的一階偏導數在此鄰域的每一點都存在；
(b) 這些偏導數在 (r_0, θ_0) 連續且滿足 Cauchy–Riemann 方程式在 (r_0, θ_0) 的極式
$$ru_r = v_\theta, \quad u_\theta = -rv_r$$
則 $f'(z_0)$ 存在，其值為
$$f'(z_0) = e^{-i\theta}(u_r + iv_r)$$
而上式的右側是在 (r_0, θ_0) 求值。

例1 若
$$f(z) = \frac{1}{z^2} = \frac{1}{(re^{i\theta})^2} = \frac{1}{r^2}e^{-i2\theta} = \frac{1}{r^2}(\cos 2\theta - i \sin 2\theta)$$
其中 $z \neq 0$，分量函數為
$$u = \frac{\cos 2\theta}{r^2} \quad 和 \quad v = -\frac{\sin 2\theta}{r^2}$$
因為
$$ru_r = -\frac{2\cos 2\theta}{r^2} = v_\theta, \quad u_\theta = -\frac{2\sin 2\theta}{r^2} = -rv_r$$
且因為在每一個非零點 $z = re^{i\theta}$ 均滿足定理的條件，故當 $z \neq 0$，f 的導數存在。此外，依據定理
$$f'(z) = e^{-i\theta}\left(-\frac{2\cos 2\theta}{r^3} + i\frac{2\sin 2\theta}{r^3}\right) = -2e^{-i\theta}\frac{e^{-i2\theta}}{r^3} = -\frac{2}{(re^{i\theta})^3} = -\frac{2}{z^3}$$

例2 此定理可用來證明平方根函數 $z^{1/2}$ 的任意分支

$$f(z) = \sqrt{r}\, e^{i\theta/2} \quad (r>0,\ \alpha<\theta<\alpha+2\pi)$$

在其定義域的每一點皆有導數。此處

$$u(r,\theta) = \sqrt{r}\cos\frac{\theta}{2} \quad 且 \quad v(r,\theta) = \sqrt{r}\sin\frac{\theta}{2}$$

同時可得

$$ru_r = \frac{\sqrt{r}}{2}\cos\frac{\theta}{2} = v_\theta \quad 且 \quad u_\theta = -\frac{\sqrt{r}}{2}\sin\frac{\theta}{2} = -rv_r$$

且因滿足定理的其他條件，導數 $f'(z)$ 存在於 $f(z)$ 之定義域的每一點。定理又告訴我們

$$f'(z) = e^{-i\theta}\left(\frac{1}{2\sqrt{r}}\cos\frac{\theta}{2} + i\frac{1}{2\sqrt{r}}\sin\frac{\theta}{2}\right)$$

而上式可化簡為

$$f'(z) = \frac{1}{2\sqrt{r}}e^{-i\theta}\left(\cos\frac{\theta}{2}+i\sin\frac{\theta}{2}\right) = \frac{1}{2\sqrt{r}\,e^{i\theta/2}} = \frac{1}{2f(z)}$$

習題

1. 使用第 21 節的定理，證明下列各題的 $f'(z)$ 於任一點均不存在
   (a) $f(z) = \bar{z}$
   (b) $f(z) = z - \bar{z}$
   (c) $f(z) = 2x + ixy^2$
   (d) $f(z) = e^x e^{-iy}$

2. 使用第 23 節的定理，證明下列各題的 $f'(z)$ 與其導數 $f''(z)$ 到處存在，並求出 $f''(z)$。
   (a) $f(z) = iz + 2$
   (b) $f(z) = e^{-x}e^{-iy}$
   (c) $f(z) = z^3$
   (d) $f(z) = \cos x \cosh y - i\sin x \sinh y$

   答案：(b) $f''(z) = f(z)$；(d) $f''(z) = -f(z)$。

3. 由第 21 和 23 節所得的結果，判斷何處 $f'(z)$ 存在，並求出其值。

   (a) $f(z) = 1/z$　　(b) $f(z) = x^2 + iy^2$　　(c) $f(z) = z \, \text{Im} \, z$

   答案：(a) $f'(z) = -1/z^2$ $(z \neq 0)$；(b) $f'(x + ix) = 2x$；(c) $f'(0) = 0$。

4. 使用第 24 節的定理，證明下列函數於所標示的定義域皆可微，並求出 $f'(z)$：

   (a) $f(z) = 1/z^4$　$(z \neq 0)$

   (b) $f(z) = e^{-\theta}\cos(\ln r) + i\, e^{-\theta}\sin(\ln r)$　$(r > 0, 0 < \theta < 2\pi)$

   答案：(b) $f'(z) = i\,\dfrac{f(z)}{z}$。

5. 解第 24 節，方程式 (2) 的 u_x 和 u_y，證明

   $$u_x = u_r \cos\theta - u_\theta \frac{\sin\theta}{r}, \quad u_y = u_r \sin\theta + u_\theta \frac{\cos\theta}{r}$$

   然後利用這些方程式以及關於 v_x 和 v_y 的類似方程式，證明於第 24 節中，若 z_0 滿足方程式 (6) 則 z_0 亦滿足方程式 (4)。因此證明了第 24 節方程式 (6) 為 Cauchy–Riemann 方程式的極式。

6. 令函數 $f(z) = u + iv$ 在非零點 $z_0 = r_0 \exp(i\theta_0)$ 可微。利用習題 5 關於 u_x 和 v_x 的表示式，以及第 24 節，(6) 式，Cauchy–Riemann 方程式的極式，將第 23 節的

   $$f'(z_0) = u_x + iv_x$$

   改寫成

   $$f'(z_0) = e^{-i\theta}(u_r + iv_r)$$

   其中 u_r 和 v_r 在 (r_0, θ_0) 求值。

7. (a) 利用第 24 節，(6) 式，Cauchy–Riemann 方程式的極式，導出習題 6 求得的 $f'(z_0)$ 表示式的另一種形式

   $$f'(z_0) = \frac{-i}{z_0}(u_\theta + iv_\theta)$$

   (b) 利用 (a) 的 $f'(z_0)$ 表示式，證明習題 3(a) 之函數 $f(z) = 1/z$ $(z \neq 0)$ 的導

數為 $f'(z) = -1/z^2$。

8. (a) 回顧（第 6 節）若 $z = x + iy$，則

$$x = \frac{z + \bar{z}}{2} \quad \text{且} \quad y = \frac{z - \bar{z}}{2i}$$

對兩個實變數的函數 $F(x, y)$，藉由利用微積分的鏈法則，導出

$$\frac{\partial F}{\partial \bar{z}} = \frac{\partial F}{\partial x}\frac{\partial x}{\partial \bar{z}} + \frac{\partial F}{\partial y}\frac{\partial y}{\partial \bar{z}} = \frac{1}{2}\left(\frac{\partial F}{\partial x} + i\frac{\partial F}{\partial y}\right)$$

(b) 由 (a) 所提出的，定義運算子

$$\frac{\partial}{\partial \bar{z}} = \frac{1}{2}\left(\frac{\partial}{\partial x} + i\frac{\partial}{\partial y}\right)$$

證明若函數 $f(z) = u(x, y) + iv(x, y)$ 之實部與虛部的一階偏導數滿足 Cauchy–Riemann 方程式，則

$$\frac{\partial f}{\partial \bar{z}} = \frac{1}{2}[(u_x - v_y) + i(v_x + u_y)] = 0$$

因此導出了 Cauchy–Riemann 方程式的**複數形式 (complex form)** $\partial f/\partial \bar{z} = 0$。

25. 解析函數 (ANALYTIC FUNCTIONS)

我們現在已準備好介紹解析函數的概念。若複變數 z 的函數 f 在一個開集 S 的每一點皆有導數，則稱函數 f **在開集 S 可解析 (analytic in an open set S)**。若 f 在 z_0 的某一個鄰域可解析，則稱 f 在**點 z_0 可解析 (analytic at a point z_0)**[*]。

若 f 在點 z_0 可解析，則 f 必須在 z_0 之某一個鄰域的每一點皆可解析。若我們說一函數在非開集 S 可解析，其意義為 f 在包含 S 的開集可解析。

整函數 (entire function) 是在整個平面的每一點皆為可解析的函數。

---

[*] 在文獻上也會採用正則 (regular) 和全純 (holomorphic) 這些名詞來表示可解析。

例 函數 $f(z) = 1/z$ 在有限平面上的每一個非零點可解析，此乃因於非零點其導數 $f'(z) = -1/z^2$ 存在。但函數 $f(z) = |z|^2$ 在任一點都不可解析，此乃因其導數只存在於 $z = 0$，而非遍及任一鄰域（參閱第 19 節，例 3）。最後，因為多項式的導數存在於每一點，因此每一個多項式都是整函數。

函數 f 在域 D 可解析的一個必要條件而非充分條件顯然是 f 在整個 D 連續（參閱第 19 節末楷體字的敘述）。滿足 Cauchy–Riemann 方程式也是必要條件，而非充分條件。在 D 可解析的充分條件是由第 23 和 24 節的定理提供。

另一個有用的充分條件可由第 20 節的微分公式得到。兩函數本身具有導數，則它們的和與積之導數存在。因此若兩函數在域 D 可解析，則它們的和與積皆在 D 可解析。同理，若於分母之函數其在 D 的任一點不為 0，則它們的商在 D 可解析。特別地，兩個多項式的商 $P(z)/Q(z)$ 在 $Q(z) \neq 0$ 的任一域可解析。

從合成函數之導數的鏈規則，我們發現兩個解析函數的合成函數為解析函數。明確地說，設函數 $f(z)$ 在域 D 可解析，且 D 在 $w = f(z)$ 變換的像（第 13 節）包含於函數 $g(w)$ 的定義域，則合成函數 $g[f(z)]$ 在 D 可解析，且其導數為

$$\frac{d}{dz}g[f(z)] = g'[f(z)]f'(z)$$

下面解析函數的特質特別有用，達到超乎預期的地步。

定理 若對域 D 的每一點皆有 $f'(z) = 0$，則 $f(z)$ 在 D 必為常數。

我們開始證明，令 $f(z) = u(x, y) + iv(x, y)$。假設對 D 的每一點 z，$f'(z) = 0$，將此寫成 $u_x + iv_x = 0$；且由 Cauchy–Riemann 方程式，有 $v_y - iu_y = 0$。因此對 D 的每一點，有

$$u_x = u_y = 0 \quad 且 \quad v_x = v_y = 0$$

其次,我們證明 $u(x, y)$ 在點 P 延伸到點 P' 的任一線段 L(L 位於 D 內)皆為常數。令 s 表示由點 P 沿著 L 移動的距離,且令 $\mathbf{U}$ 表示沿著 L 之單位向量,其方向為 s 遞增的方向(參閱圖 30)。我們從微積分知道方向導數 du/ds 可寫成點積

(1) $$\frac{du}{ds} = (\operatorname{grad} u) \cdot \mathbf{U}$$

其中 $\operatorname{grad} u$ 為梯度向量

(2) $$\operatorname{grad} u = u_x \mathbf{i} + u_y \mathbf{j}$$

因為 u_x 與 u_y 在 D 中的每一點均為 0,故 $\operatorname{grad} u$ 在 L 上的所有點均為零向量。因此由方程式 (1),沿著 L 之導數 $du/ds = 0$;這表示 u 在 L 為常數。

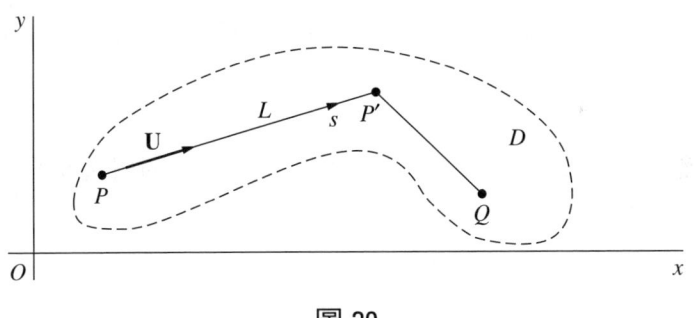

圖 30

最後,由於 D 中的任二點 P 和 Q,均可用有限條此種線段,以端點接端點的方式連接(第 12 節),因此 u 在 P 和 Q 的值必相同。因此,我們可確定,存在實常數 a 使得在整個 D 有 $u(x, y) = a$。同理,$v(x, y) = b$;因此對 D 的每一點恆有 $f(z) = a + bi$。亦即,$f(z) = c$,其中 c 為常數,$c = a + bi$。

若函數 f 在點 z_0 不可解析,但是 f 在 z_0 的每個鄰域上的某些點可解

析，則稱 z_0 為 f 的**奇點 (singular point)**。顯然，點 $z=0$ 為函數 $f(z)=1/z$ 的奇點。另一方面，由於函數 $f(z)=|z|^2$，到處不可解析，故無奇點。在複變分析以後章節的發展上，奇點將扮演重要角色。

26. 例題 (FURTHER EXAMPLES)

如第 25 節所指出，要判斷一所予函數 $f(z)$ 在何處可解析，只需利用第 20 節的各種微分規則。

例1 商

$$f(z) = \frac{z^2+3}{(z+1)(z^2+5)}$$

除了奇點 $z=-1$ 和 $z=\pm\sqrt{5}\,i$ 以外，顯然在整個 z 平面可解析。解析的探討可利用熟知的微分規則，而此規則僅在確實需要 $f'(z)$ 的表示式時，才會用到。

當函數是以分量函數 u 和 v 的形式來表示，則可直接應用 Cauchy–Riemann 方程式判斷其解析性。

例2 若 $f(z) = \sin x \cosh y + i \cos x \sinh y$，其分量函數為

$$u(x,y) = \sin x \cosh y \quad \text{和} \quad v(x,y) = \cos x \sinh y$$

因為，對每一點皆有

$$u_x = \cos x \cosh y = v_y \quad \text{和} \quad u_y = \sin x \sinh y = -v_x$$

由第 23 節的定理可知 f 為整函數。事實上，依據定理，

(1) $\qquad f'(z) = u_x + iv_x = \cos x \cosh y - i \sin x \sinh y.$

可直接證明 $f'(z)$ 亦為整函數。將 (1) 式寫成

$$f'(z) = U(x, y) + i\,V(x, y)$$

其中

$$U(x, y) = \cos x \cosh y \quad 且 \quad V(x, y) = -\sin x \sinh y$$

則

$$U_x = -\sin x \cosh y = V_y \quad 且 \quad U_y = \cos x \sinh y = -V_x$$

此外

$$f''(z) = U_x + i\,V_x = -(\sin x \cosh y + i \cos x \sinh y) = -f(z)$$

以下兩例題是說明如何利用 Cauchy–Riemann 方程式，得到解析函數的各種性質。

例3 設函數 $f(z) = u(x, y) + iv(x, y)$ 與其共軛 $\overline{f(z)} = u(x, y) - iv(x, y)$ 兩者在域 D 皆可解析。我們要證明 $f(z)$ 在整個 D 必為常數。

令 $\overline{f(z)} = U(x, y) + V(x, y)$，其中

(2) $$U(x, y) = u(x, y) \quad 且 \quad V(x, y) = -v(x, y)$$

由於 $f(z)$ 的解析性，Cauchy–Riemann 方程式

(3) $$u_x = v_y, \quad u_y = -v_x$$

在 D 成立；且 $\overline{f(z)}$ 在 D 的解析性告訴我們

(4) $$U_x = V_y, \quad U_y = -V_x$$

由關係式 (2)，方程式 (4) 亦可寫成

(5) $$u_x = -v_y, \quad u_y = v_x$$

將方程式 (3) 和 (5) 之第一式的對應項相加，可得在 D 內 $u_x = 0$。同理方程式 (3) 和 (5) 之第二式的對應項相減，可得 $v_x = 0$。依據第 25 節 (8) 式，則有

$$f'(z) = u_x + iv_x = 0 + i0 = 0$$

而由第 25 節的定理，可知 f(z) 在整個 D 皆為常數。

例 4 如同例 3，考慮一函數 f 在整個所予域 D 可解析，又假設模數 |f(z)| 在整個 D 為常數，則可證明 f(z) 在 D 必為常數。我們需要此結果以得到稍後在第 4 章（第 59 節）的重要結果。

要完成證明，可令

(6) $\qquad$ 對 D 內的所有 z 而言，$|f(z)| = c$

其中 c 為實常數。若 c = 0，對 D 的每一點 z，可推得 f(z) = 0。若 c ≠ 0，複數的性質 $z\bar{z} = |z|^2$ 告訴我們

$$f(z)\overline{f(z)} = c^2 \neq 0$$

因此 f(z) 在 D 不為零，故

$$\text{對 D 的所有 } z \text{ 而言,} \quad \overline{f(z)} = \frac{c^2}{f(z)}$$

由此可推得，$\overline{f(z)}$ 在 D 的每一點是可解析的。上述例 3 的結果確定 f(z) 在整個 D 皆為常數。

習題

1. 應用第 23 節的定理，證明下列每一個函數都是整函數：

   (a) $f(z) = 3x + y + i(3y - x)$
   (b) $f(z) = \cosh x \cos y + i \sinh x \sin y$
   (c) $f(z) = e^{-y} \sin x - ie^{-y} \cos x$
   (d) $f(z) = (z^2 - 2)e^{-x}e^{-iy}$

2. 利用第 21 節的定理，證明下列諸函數無可解析之點：

   (a) $f(z) = xy + iy$
   (b) $f(z) = 2xy + i(x^2 - y^2)$
   (c) $f(z) = e^y e^{ix}$

第二章　解析函數

3. 說明為何兩個整函數的合成是整函數。並且，說明為何兩個整函數的任意線性組合 $c_1 f_1(z) + c_2 f_2(z)$ 是整函數，其中 c_1 與 c_2 為複常數。

4. 求下列各函數的奇點且說明為何函數除了這些點外到處可解析：

   (a) $f(z) = \dfrac{2z+1}{z(z^2+1)}$ 　　(b) $f(z) = \dfrac{z^3+i}{z^2-3z+2}$

   (c) $f(z) = \dfrac{z^2+1}{(z+2)(z^2+2z+2)}$

   答案：(a) $z = 0, \pm i$；(b) $z = 1, 2$；(c) $z = -2, -1 \pm i$。

5. 依據第 24 節，例 2，函數

   $$g(z) = \sqrt{r}\, e^{i\theta/2} \qquad (r > 0, -\pi < \theta < \pi)$$

   在其定義域可解析，其導數為

   $$g'(z) = \dfrac{1}{2\, g(z)}$$

   證明合成函數 $G(z) = g(2z - 2 + i)$ 在半平面 $x > 1$ 可解析，且其導數為

   $$G'(z) = \dfrac{1}{g(2z - 2 + i)}$$

   提示：當 $x > 1$ 時，$\operatorname{Re}(2z - 2 + i) > 0$。

6. 利用第 24 節的結果，證明函數

   $$g(z) = \ln r + i\theta \qquad (r > 0, 0 < \theta < 2\pi)$$

   在所指示的定義域可解析，且其導數為 $g'(z) = 1/z$，然後證明合成函數 $G(z) = g(z^2 + 1)$ 在象限 $x > 0$，$y > 0$ 可解析，且其導數為

   $$G'(z) = \dfrac{2z}{z^2 + 1}$$

   提示：當 $x > 0$，$y > 0$ 時，$\operatorname{Im}(z^2 + 1) > 0$。

7. 令函數 f 在域 D 的每一點可解析，證明若 $f(z)$ 在 D 的所有點 z 為實值函數，則 $f(z)$ 在整個 D 必為常數。

27. 調和函數 (HARMONIC FUNCTIONS)

在 xy 平面的已知域，若兩個實變數 x 和 y 的實值函數 H，在此域有連續的一階和二階偏導數，且滿足偏微分方程式（**Laplace 方程式**）

(1) $$H_{xx}(x, y) + H_{yy}(x, y) = 0$$

則稱 H 在此域**調和** (harmonic)。

調和函數在應用數學扮演重要角色。例如，位於 xy 平面的薄板其溫度 $T(x, y)$ 通常是調和的。在內部無電荷的三維空間區域，當函數 $V(x, y)$ 表示僅隨 x 和 y 而改變的靜電位，則 $V(x, y)$ 為調和。

例 1 證明函數 $T(x, y) = e^{-y} \sin x$ 在 xy 平面的任一域調和，在特殊情形下，在半無限垂直帶狀域 $0 < x < \pi$，$y > 0$ 調和，又假設帶狀邊緣的值如圖 31 所示。明白的說，它滿足下列所有條件：

$$T_{xx}(x, y) + T_{yy}(x, y) = 0,$$
$$T(0, y) = 0, \quad T(\pi, y) = 0,$$
$$T(x, 0) = \sin x, \quad \lim_{y \to \infty} T(x, y) = 0$$

上述條件是描述位於 xy 平面之均勻薄板的穩態溫度 $T(x, y)$，除了已知的邊界條件外，並無熱的湧出或注入而是絕熱。

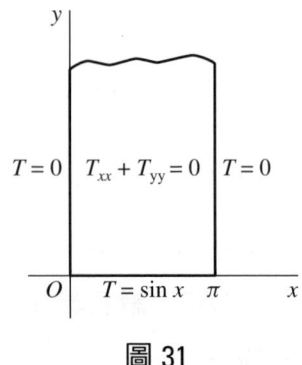

圖 31

第二章 解析函數

使用複變函數理論求解,如求例 1 的溫度及其他問題,將於第 10 章和其之後的部分章節中會有詳細的描述[*],求解所用的理論是基於下列定理,此定理提供調和函數的來源。

定理 若函數 $f(z) = u(x, y) + iv(x, y)$ 在域 D 可解析,則其分量函數 u 和 v 在 D 是調和的。

證明此定理,我們需要一個證明於第 4 章(第 57 節)的結果。亦即,若複變函數在某點可解析,則它的實部與虛部在該點有連續的任意階偏導數。

假設 f 在 D 可解析,首先注意,其分量函數的一階偏導數在整個 D 必須滿足 Cauchy–Riemann 方程式:

$$u_x = v_y, \quad u_y = -v_x \tag{2}$$

將方程式 (2) 的兩邊對 x 微分,可得

$$u_{xx} = v_{yx}, \quad u_{yx} = -v_{xx} \tag{3}$$

同樣的,對 y 微分可得

$$u_{xy} = v_{yy}, \quad u_{yy} = -v_{xy} \tag{4}$$

由高微的定理[†],u 與 v 之偏導數的連續性確保 $u_{yx} = u_{xy}$ 和 $v_{yx} = v_{xy}$。故由方程式 (3) 和 (4) 可得

$$u_{xx} + u_{yy} = 0 \quad 且 \quad v_{xx} + v_{yy} = 0$$

亦即,u 與 v 在 D 是調和的。

---

[*] 另外重要的方法在作者所著的 "*Fourier Series and Boundary Value Problems*," 8th ed., 2012 會討論到。

[†] 例如,參考 A. E. Taylor and W. R. Mann, "*Advanced Calculus*," 3d ed., pp. 199–201, 1983。

例 2　第 26 節，習題 1(c) 證明了函數 $f(z) = e^{-y} \sin x - i e^{-y} \cos x$ 為整函數，故其實部，即例 1 的溫度函數 $T(x, y) = e^{-y} \sin x$ 在 xy 平面的每一域必為調和。

例 3　因為函數 $f(z) = 1/z^2$ 在每一非零點 z 是可解析的，且

$$\frac{1}{z^2} = \frac{1}{z^2} \cdot \frac{\bar{z}^2}{\bar{z}^2} = \frac{\bar{z}^2}{(z\bar{z})^2} = \frac{\bar{z}^2}{|z^2|^2} = \frac{(x^2 - y^2) - i2xy}{(x^2 + y^2)^2}$$

故兩函數

$$u(x, y) = \frac{x^2 - y^2}{(x^2 + y^2)^2} \quad 和 \quad v(x, y) = -\frac{2xy}{(x^2 + y^2)^2}$$

在不包含原點之 xy 平面上的任一域為調和。

調和函數所涉及到的複變函數理論將於第 9 和 10 章做進一步討論，我們需要這些章節來求解如同例 1 的物理問題。

習題

1. 令函數 $f(z) = u(r, \theta) + iv(r, \theta)$ 在不包含原點的域 D 可解析。利用 Cauchy–Riemann 方程式的極式（第 24 節）且設偏導數具有連續性，證明在整個 D，函數 $u(r, \theta)$ 滿足偏微分方程式

$$r^2 u_{rr}(r, \theta) + r u_r(r, \theta) + u_{\theta\theta}(r, \theta) = 0$$

此為 **Laplace 方程式的極式 (polar form of Laplace's equation)**，證明對函數 $v(r, \theta)$ 亦有相同之結果。

2. 令函數 $f(z) = u(x, y) + iv(x, y)$ 在域 D 可解析，考慮**等位線 (level curves)** 族 $u(x, y) = c_1$ 和 $v(x, y) = c_2$，其中 c_1 與 c_2 為任意實常數。證明此二曲線族正交。明確的說，證明若 D 的一點 $z_0 = (x_0, y_0)$ 為兩條特定曲線 $u(x, y) = c_1$ 和

$v(x, y) = c_2$ 的交點且 $f'(z_0) \neq 0$，則這兩條曲線在 (x_0, y_0) 的切線互相垂直。

提示：注意，可由方程式 $u(x, y) = c_1$ 和 $v(x, y) = c_2$ 推得

$$\frac{\partial u}{\partial x} + \frac{\partial u}{\partial y}\frac{dy}{dx} = 0 \quad \text{和} \quad \frac{\partial v}{\partial x} + \frac{\partial v}{\partial y}\frac{dy}{dx} = 0$$

3. 如圖 32 所示，證明當 $f(z) = z^2$，分量函數的等位線 $u(x, y) = c_1$ 與 $v(x, y) = c_2$ 為雙曲線。注意兩族的正交性，如習題 2 中所描述，觀察曲線 $u(x, y) = 0$ 和 $v(x, y) = 0$ 交於原點，但彼此不正交。為何此事實與習題 2 的結果相符。

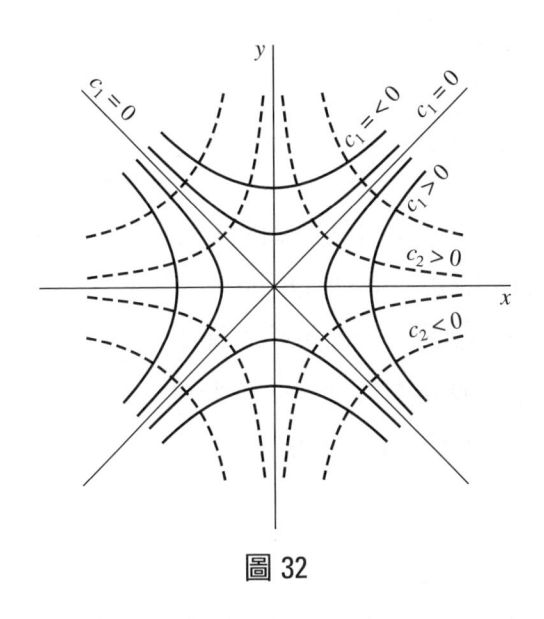

圖 32

4. 畫出 $f(z) = 1/z$ 的分量函數 u 和 v 的等位線族，且注意習題 2 所描述的正交性。

5. 利用極座標做習題 4。

6. 畫出

$$f(z) = \frac{z-1}{z+1}$$

的分量函數 u 和 v 的等位線族，注意，如何用習題 2 的結果做說明。

28. 解析函數的單一特性
(UNIQUELY DETERMINED ANALYTIC FUNCTIONS)

我們用兩節來處理解析函數在域 D 的值，是如何受到其在 D 之子域或位於 D 的線段之值的影響作為本章的結束。雖然這兩節在理論上具有趣味性，但它們並非我們在往後的各章研究解析函數的重點。

預備定理 假設
(a) 函數 f 在整個域 D 可解析；
(b) 在 D 的某個子域或某線段，$f(z) = 0$。
則在 D 中，$f(z) \equiv 0$，亦即 $f(z)$ 在整個 D 恆等於 0。

欲證明此預備定理，我們令 f 如假設所述，且令 z_0 為滿足 $f(z) = 0$ 之域或線段的任一點。因為 D 為連通的開集（第 12 節），所以存在由 z_0 延伸至 D 中任一點 P 的折線 L，此折線 L 是由 D 中有限條線段以端點接端點的方式組成。除非 D 是整個平面，我們可令 d 為 L 上的點至 D 的邊界之最短距離；此時，d 可以是任一正數。然後我們沿著 L 形成一個有限多點的序列

$$z_0, z_1, z_2, \ldots, z_{n-1}, z_n$$

其中點 z_n 與 P 重疊（圖 33）且每一點充分接近其相鄰點，亦即

$$|z_k - z_{k-1}| < d \qquad (k = 1, 2, \ldots, n)$$

最後，我們建構出有限個鄰域的序列

$$N_0, N_1, N_2, \ldots, N_{n-1}, N_n$$

其中每一個鄰域 N_k 的圓心為 z_k，半徑為 d。注意，這些鄰域均包含於 D，且任一鄰域 N_k ($k = 1, 2, \ldots, n$) 的圓心 z_k 位於前一個鄰域 N_{k-1} 之內。

第二章　解析函數

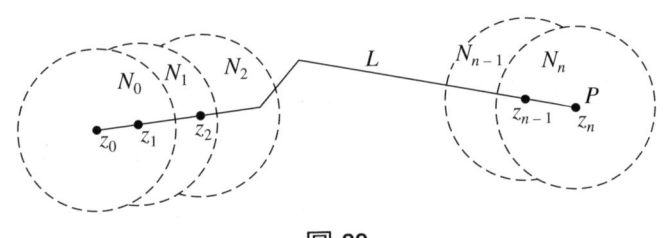

圖 33

此時，我們需利用第 6 章所證明的一個結果。亦即，第 82 節定理 3 告訴我們，因為 f 在 N_0 可解析，且因為 $f(z)$ 在包含 z_0 的一個域或一線段為 0，故在 N_0 中 $f(z) \equiv 0$。由於 z_1 位於 N_0 之內，故再用相同的定理可得在 N_1 中 $f(z) \equiv 0$；繼續採用此種方式，我們得到在 N_n 中 $f(z) \equiv 0$ 的結果。因為 N_n 的圓心為 P 點，而 P 是 D 中任意選擇的點，因此我們可斷定，在 D 中 $f(z) \equiv 0$。預備定理證完。

假設兩函數 f 與 g 在相同的域 D 可解析，且對 D 的某個子域或某線段的每一點而言，恆有 $f(z) = g(z)$，則 f 與 g 的差

$$h(z) = f(z) - g(z)$$

也在 D 可解析，且在 D 的此一子域或線段，$h(z) = 0$。根據預備定理，因此在整個 D 中恆有 $h(z) \equiv 0$；亦即，在 D 的每一點，$f(z) = g(z)$。我們因此得到下列重要定理。

定理　在域 D 可解析的函數，由其在 D 的子域或線段之值唯一確定。

較廣義的結果，通常稱為**重合原理 (coincidence principle)**。此原理為，若兩函數 f 與 g 在相同域 D 可解析且若在 D 的子集合（此子集合在 D 有極限點 z_0）有 $f(z) = g(z)$，則在 D 的每一點，恆有 $f(z) = g(z)$。但是我們不需用到此種推廣。

剛才證明過的定理對研究解析函數的定義域延拓問題是有用的。明確地說，給予兩個域 D_1 和 D_2，考慮交集 $D_1 \cap D_2$，此交集是指位於 D_1 且位於 D_2 的所有點組成。若 D_1 與 D_2 有共同點（參閱圖 34），且函數 f_1 在 D_1 可解析，在 D_2 可能有可解析的函數 f_2 使得對 $D_1 \cap D_2$ 的每一點 z，滿足 $f_2(z) = f_1(z)$。若是如此，我們稱 f_2 為 f_1 延拓至第二個域 D_2 的一個**解析延拓 (analytic continuation)**。

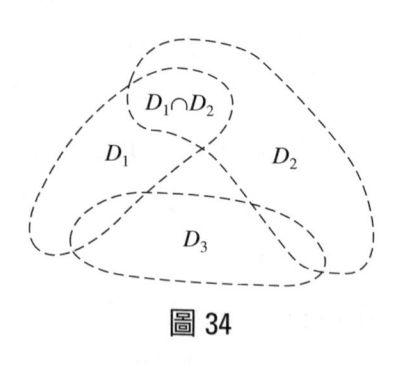

圖 34

根據剛才證明過的定理，只要解析延拓存在，則它是唯一的。亦即，無其他函數可以在 D_2 可解析且在域 $D_1 \cap D_2$ 的每一點 z 與 $f_1(z)$ 有相同的值。然而，若存在 f_2 的一個解析延拓 f_3，由域 D_2 延拓至與 D_1 相交的域 D_3，如圖 34 所示，則對 $D_1 \cap D_3$ 的每一點 z 而言，$f_3(z) = f_1(z)$ 不一定成立。第 29 節習題 2 說明了這點。

若 f_2 是 f_1 由域 D_1 延拓至域 D_2 的解析延拓，則由方程組

$$F(z) = \begin{cases} f_1(z) & （當 z 在 D_1 內）\\ f_2(z) & （當 z 在 D_2 內）\end{cases}$$

所定義的函數 F 在聯集 $D_1 \sqcup D_2$ 可解析，此聯集是由位於 D_1 或 D_2 之所有點組成的域。函數 F 是 f_1 或 f_2 延拓至 $D_1 \sqcup D_2$ 的解析延拓，而 f_1 與 f_2 稱為 F 的**元素 (elements)**。

第二章 解析函數

29. 鏡射原理 (REFLECTION PRINCIPLE)

本節的定理是討論一些解析函數在某種域的所有點具有 $\overline{f(z)} = f(\bar{z})$ 的性質,而其他解析函數則無此種性質。例如,當 D 是整個有限平面,函數 $z+1$ 與 z^2 具有此一特質。但在同一個域,$z+i$ 和 iz^2 則無此特質。**鏡射原理 (reflection principle)** 可提供一個預測何時會有 $\overline{f(z)} = f(\bar{z})$ 的方法。

定理 假設函數 f 在某一域 D 可解析,而 D 包含 x 軸的一線段,且其下半部為上半部對 x 軸的鏡射。則對域 D 的每一點 z 而言,恆有

(1) $$\overline{f(z)} = f(\bar{z})$$

若且唯若 $f(x)$ 在線段上的每一點 x 為實函數。

我們開始證明,假設 $f(x)$ 在線段上的每一點 x 為實函數。只要我們證明函數

(2) $$F(z) = \overline{f(\bar{z})}$$

在 D 可解析,我們就可用 (2) 式得到方程式 (1),要確立 $F(z)$ 的解析性,我們令

$$f(z) = u(x, y) + iv(x, y), \quad F(z) = U(x, y) + iV(x, y)$$

且觀察到,由於

(3) $$\overline{f(\bar{z})} = u(x, -y) - iv(x, -y)$$

故由方程式 (2) 可推得 $F(z)$ 與 $f(z)$ 之分量間的關係式為

(4) $$U(x, y) = u(x, t) \quad 和 \quad V(x, y) = -v(x, t)$$

其中 $t = -y$。又因 $f(x+it)$ 為 $x+it$ 的解析函數,因此函數 $u(x, t)$ 與

$v(x, t)$ 的一階偏導數在整個 D 連續，且滿足 Cauchy–Riemann 方程式 *

(5) $$u_x = v_t, \quad u_t = -v_x$$

此外，由方程式 (4)

$$U_x = u_x, \quad V_y = -v_t \frac{dt}{dy} = v_t$$

以及方程式 (5) 的第一式可推得 $U_x = V_y$。同理

$$U_y = u_t \frac{dt}{dy} = -u_t, \quad V_x = -v_x$$

且由方程式 (5) 的第二式，告訴我們 $U_y = -V_x$。由於現在已證明 $U(x, y)$ 和 $V(x, y)$ 滿足 Cauchy–Riemann 方程式，且其一階偏導數為連續，因此函數 $F(z)$ 在 D 可解析。此外，由於 $f(x)$ 在 D 所包含的實軸之線段上為實函數，因此在線段上 $v(x, 0) = 0$，故由方程式 (4)，可得

$$F(x) = U(x, 0) + iV(x, 0) = u(x, 0) - iv(x, 0) = u(x, 0)$$

亦即，在線段上的每一點有

(6) $$F(z) = f(z)$$

依據第 28 節的定理，告訴我們，定義於域 D 的解析函數，由位於 D 之任一線段的值唯一確定。因此方程式 (6) 在整個 D 確實成立。由於函數 $F(z)$ 的定義 (2)，因此

(7) $$\overline{f(\overline{z})} = f(z)$$

此與方程式 (1) 相同。

欲證明定理的逆敘述，我們假設方程式 (1) 成立，且注意由 (3) 式，方程式 (1) 的 (7) 形式可寫成

$$u(x, -y) - iv(x, -y) = u(x, y) + iv(x, y)$$

---

*參閱第 26 節定理 1 之後的章節。

特別地，若 $(x, 0)$ 為 D 所包含的實軸之線段上的一點，則有

$$u(x, 0) - iv(x, 0) = u(x, 0) + iv(x, 0)$$

由虛部的相等，可知 $v(x, 0) = 0$。因此 $f(x)$ 在 D 所包含的實軸之線段為實函數。

例 在陳述定理之前，我們注意到在有限平面，對所有 z 而言，

$$\overline{z+1} = \bar{z} + 1 \quad \text{和} \quad \overline{z^2} = \bar{z}^2$$

恆成立，定理告訴我們，此為真，因為當 x 為實數時，$x + 1$ 與 x^2 亦為實數。我們也注意到 $z + i$ 與 iz^2 在整個平面不具有鏡射性質，這是因為當 x 為實數時，$x + i$ 與 ix^2 不是實數。

習題

1. 利用第 28 節的定理，證明若 $f(z)$ 在整個域可解析且不是常數，則 $f(z)$ 在 D 所包含的任一鄰域上不會是常數。

   提示：假設 $f(z)$ 在 D 的某一鄰域為常數。

2. 由函數

$$f_1(z) = \sqrt{r} e^{i\theta/2} \qquad (r > 0, 0 < \theta < \pi)$$

開始，且參考第 24 節，例 2，指出為何

$$f_2(z) = \sqrt{r} e^{i\theta/2} \qquad \left(r > 0, \frac{\pi}{2} < \theta < 2\pi \right)$$

是 f_1 跨過負實軸進入下半平面的一個解析延拓。

然後證明函數

$$f_3(z) = \sqrt{r} e^{i\theta/2} \qquad \left(r > 0, \pi < \theta < \frac{5\pi}{2} \right)$$

是 f_2 跨過正實軸進入第一象限的一個解析延拓，而在第一象限 $f_3(z) = -f_1(z)$。

3. 說明為什麼函數

$$f_4(z) = \sqrt{r}\, e^{i\theta/2} \qquad (r > 0, -\pi < \theta < \pi)$$

是習題 2 的函數 $f_1(z)$ 跨過正實軸進入下半平面的一個解析延拓。

4. 我們由第 23 節，例 1 知道，函數

$$f(z) = e^x \cos y + ie^x \sin y$$

在有限平面的每一點均有導數。指出如何由鏡射原理（第 29 節）推得對每一個 z 而言，恆有

$$\overline{f(z)} = f(\bar{z})$$

然後直接證明此結果。

5. 證明若在鏡射原理中，$f(x)$ 是實數的條件，改成 $f(x)$ 是純虛數的條件，則在鏡射原理的敘述中，方程式 (1) 要改成

$$\overline{f(z)} = -f(\bar{z})$$

第三章 初等函數

這裡我們將從微積分所學過的各種初等函數，來定義對應的複變函數。具體而言，當 $z = x + i0$ 時，一個複變數 z 的解析函數可以簡化成微積分中的初等函數。我們先定義複指數函數，然後利用它來推廣至其他的函數。

30. 指數函數 (THE EXPONENTIAL FUNCTION)

指數函數 e^z 可定義為

(1) $$e^z = e^x e^{iy} \qquad (z = x + iy)$$

其中用到 Euler 公式（參閱第 7 節）

(2) $$e^{iy} = \cos y + i \sin y$$

而 y 是取弧度量。由此定義可知，當 $y = 0$ 時，e^z 可化為微積分中一般的指數函數，依照微積分的傳統用法，我們常將 e^z 寫成 $\exp z$。

注意，因為我們把 e 的正 n 次方根 $\sqrt[n]{e}$ 指定為當 $x = 1/n$ $(n = 2, 3, \dots)$ 時的 e^x，故 (1) 式告訴我們，當 $z = 1/n$ $(n = 2, 3, \dots)$ 時，複指數函數 e^z 也是等於 $\sqrt[n]{e}$。這種將 $e^{1/n}$（含正負方根）解釋成 e 的正 n 次方根 $\sqrt[n]{e}$ 的用法與傳統用法（第 10 節）不同。

注意，當定義 (1) 寫成如下之形式

$$e^z = \rho e^{i\phi} \quad \text{其中} \quad \rho = e^x \quad \text{且} \quad \phi = y$$

則可清楚的得知

(3) $\quad |e^z| = e^x \quad$ 且 $\quad \arg(e^z) = y + 2n\pi \quad (n = 0, \pm 1, \pm 2, \ldots)$

此外，因為 e^x 不為零，故對任意複數 z 而言，

(4) $$e^z \neq 0$$

除了性質 (4)，還有許多其他的性質可以從 e^x 轉述到 e^z，在此我們將談論其中一些。

依據定義 (1)，$e^x e^{iy} = e^{x+iy}$；此與微積分中，指數函數的加法性質 $e^{x_1} e^{x_2} = e^{x_1+x_2}$ 相同。將加法性質推廣到複分析

(5) $$e^{z_1} e^{z_2} = e^{z_1+z_2}$$

並不難證明。證明如下：我們令

$$z_1 = x_1 + iy_1 \quad \text{和} \quad z_2 = x_2 + iy_2$$

則

$$e^{z_1} e^{z_2} = (e^{x_1} e^{iy_1})(e^{x_2} e^{iy_2}) = (e^{x_1} e^{x_2})(e^{iy_1} e^{iy_2})$$

但 x_1 與 x_2 均為實數，且由第 8 節，我們知道

$$e^{iy_1} e^{iy_2} = e^{i(y_1+y_2)}$$

因此

$$e^{z_1} e^{z_2} = e^{(x_1+x_2)} e^{i(y_1+y_2)}$$

又因為

$$(x_1 + x_2) + i(y_1 + y_2) = (x_1 + iy_1) + (x_2 + iy_2) = z_1 + z_2$$

所以 $e^{(x_1+x_2)} e^{i(y_1+y_2)}$ 變成 $e^{z_1+z_2}$。性質 (5) 因此成立。

由性質 (5)，我們可以寫出 $e^{z_1-z_2}e^{z_2} = e^{z_1}$，或

(6) $$\frac{e^{z_1}}{e^{z_2}} = e^{z_1-z_2}$$

由此式以及 $e^0 = 1$ 的事實，可得 $1/e^z = e^{-z}$。

e^z 有許多其他的重要性質是可以預期的。例如，依據第 23 節的例 1，對 z 平面的每一點，

(7) $$\frac{d}{dz}e^z = e^z$$

恆成立。注意，對所有 z 而言，e^z 的可微性告訴我們 e^z 為整函數（參閱第 25 節）。

另一方面，e^z 的某些性質是無法預期的。例如，因為

$$e^{z+2\pi i} = e^z e^{2\pi i} \quad \text{和} \quad e^{2\pi i} = 1$$

我們發現 e^z 是週期函數，其週期為純虛數 $2\pi i$：

(8) $$e^{z+2\pi i} = e^z$$

e^z 的另一個性質是 e^x 所沒有的，注意，e^x 必為正，但 e^z 可以為負。例如，我們回顧（第 6 節）可知 $e^{i\pi} = -1$。事實上

$$e^{i(2n+1)\pi} = e^{i2n\pi + i\pi} = e^{i2n\pi}e^{i\pi} = (1)(-1) = -1 \quad (n = 0, \pm 1, \pm 2, \ldots)$$

此外，存在 z 值使得 e^z 為任意所予非零複數。此於下節所討論的對數函數中獲得證明，我們以下面的例子說明此事實。

例 欲求 $z = x + iy$ 使得

(9) $$e^z = 1 + \sqrt{3}i$$

我們將方程式 (9) 寫成

$$e^x e^{iy} = 2e^{i\pi/3}$$

然後由第 10 節開頭的楷體字敘述，亦即，指數型的兩個非零複數的相等，可得

$$e^x = 2 \quad \text{和} \quad y = \frac{\pi}{3} + 2n\pi \qquad (n = 0, \pm1, \pm2, \ldots)$$

因為 $\ln(e^x) = x$，故有

$$x = \ln 2 \quad \text{和} \quad y = \frac{\pi}{3} + 2n\pi \qquad (n = 0, \pm1, \pm2, \ldots)$$

因此

(10) $$z = \ln 2 + \left(2n + \frac{1}{3}\right)\pi i \qquad (n = 0, \pm1, \pm2, \ldots)$$

習題

1. 證明

(a) $\exp(2 \pm 3\pi i) = -e^2$
(b) $\exp\left(\dfrac{2 + \pi i}{4}\right) = \sqrt{\dfrac{e}{2}}\,(1 + i)$
(c) $\exp(z + \pi i) = -\exp z$

2. 說明為什麼 $f(z) = 2z^2 - 3 - ze^z + e^{-z}$ 是整函數。

3. 使用 Cauchy–Riemann 方程式和第 21 節的定理，證明函數 $f(z) = \exp \overline{z}$ 到處不可解析的。

4. 以兩種方法證明 $f(z) = \exp(z^2)$ 是整函數，其導數為何？

答案：$f'(z) = 2z \exp(z^2)$。

5. 以 x 和 y 寫出 $|\exp(2z + i)|$ 和 $|\exp(iz^2)|$。然後證明

$$|\exp(2z + i) + \exp(iz^2)| \leq e^{2x} + e^{-2xy}$$

6. 證明 $|\exp(z^2)| \leq \exp(|z|^2)$。

7. 證明 $|\exp(-2z)| < 1$ 若且唯若 $\operatorname{Re} z > 0$。

8. 求出所有的 z 使得

   (a) $e^z = -2$ (b) $e^z = 1 + i$ (c) $\exp(2z - 1) = 1$

   答案：(a) $z = \ln 2 + (2n + 1)\pi i$ $(n = 0, \pm 1, \pm 2, \ldots)$；

   (b) $z = \dfrac{1}{2}\ln 2 + \left(2n + \dfrac{1}{4}\right)\pi i$ $(n = 0, \pm 1, \pm 2, \ldots)$；

   (c) $z = \dfrac{1}{2} + n\pi i$ $(n = 0, \pm 1, \pm 2, \ldots)$。

9. 證明 $\overline{\exp(iz)} = \exp(i\bar{z})$，若且唯若 $z = n\pi$ $(n = 0, \pm 1, \pm 2, \ldots)$。（與第 29 節，習題 4 比較。）

10. (a) 證明若 e^z 為實數，則 $\operatorname{Im} z = n\pi$ $(n = 0, \pm 1, \pm 2, \ldots)$。

    (b) 若 e^z 為純虛數，則 z 有何限制？

11. 當 (a) x 趨近於 $-\infty$；(b) y 趨近於 ∞，描述 $e^z = e^x e^{iy}$ 的行為。

12. 以 x 和 y 寫出 $\operatorname{Re}(e^{1/z})$，為什麼在不包含原點的每一個域，此函數為調和函數？

13. 設函數 $f(z) = u(x, y) + iv(x, y)$ 在某些域 D 可解析，說明為什麼

    $$U(x, y) = e^{u(x,y)} \cos v(x, y), \quad V(x, y) = e^{u(x,y)} \sin v(x, y)$$

    在 D 調和。

14. 以下列方法建立恆等式

    $$(e^z)^n = e^{nz} \quad (n = 0, \pm 1, \pm 2, \ldots)$$

    (a) 使用數學歸納法證明，當 $n = 0, 1, 2, \ldots$ 時此式成立。

    (b) 證明若 n 為負整數時，首先回顧第 8 節，當 $z \neq 0$，有

    $$z^n = (z^{-1})^m \quad (m = -n = 1, 2, \ldots)$$

    且 $(e^z)^n = (1/e^z)^m$。然後利用 (a) 的結果以及指數函數的性質 $1/e^z = e^{-z}$。（第 30 節）。

31. 對數函數 (THE LOGARITHMIC FUNCTION)

我們定義對數函數的動機是基於解下列方程式

(1) $$e^w = z$$

之中的 w，其中 z 為任一非零複數。我們知道，當 z 和 w 寫成 $z = re^{i\Theta}$ ($-\pi < \Theta \leq \pi$) 和 $w = u + iv$，方程式 (1) 變成

$$e^u e^{iv} = re^{i\Theta}$$

依據第 10 節開頭楷體字的敘述，亦即關於指數型的兩個非零複數的相等，告訴我們

$$e^u = r \quad \text{和} \quad v = \Theta + 2n\pi$$

其中 n 為任意整數。因為方程式 $e^u = r$ 和 $u = \ln r$ 是相同的，故可推得方程式 (1) 成立，若且唯若 w 是下列方程式中的一值

$$w = \ln r + i(\Theta + 2n\pi) \quad (n = 0, \pm 1, \pm 2, \ldots)$$

因此，若我們寫成

(2) $$\log z = \ln r + i(\Theta + 2n\pi) \quad (n = 0, \pm 1, \pm 2, \ldots)$$

則方程式 (1) 告訴我們

(3) $$e^{\log z} = z \quad (z \neq 0)$$

當 $z = x > 0$，方程式 (2) 變成

$$\log x = \ln x + 2n\pi i \quad (n = 0, \pm 1, \pm 2, \ldots)$$

而方程式 (3) 化為我們微積分中所熟悉的恆等式

(4) $$e^{\ln x} = x \quad (x > 0)$$

方程式 (3) 建議我們以 (2) 式作為非零複數 $z = re^{i\theta}$ 的（多值）對數函數的定義。

必須強調的是，不可將方程式 (3) 左側之指數函數與對數函數交換順序。明白的說，因為 (2) 式可寫成

$$\log z = \ln |z| + i \arg z$$

又因為（第 30 節）當 $z = x + iy$ 時，有

$$|e^z| = e^x \quad 和 \quad \arg(e^z) = y + 2n\pi \qquad (n = 0, \pm 1, \pm 2, \ldots)$$

因此我們知道

$$\log(e^z) = \ln |e^z| + i \arg(e^z) = \ln(e^x) + i(y + 2n\pi) = (x + iy) + 2n\pi i$$
$$(n = 0, \pm 1, \pm 2, \ldots)$$

亦即

(5) $$\log(e^z) = z + 2n\pi i \qquad (n = 0, \pm 1, \pm 2, \ldots)$$

$\log z$ 的主值是由方程式 (2)，令 $n = 0$ 得到的值，記作 $\text{Log } z$。因此

(6) $$\text{Log } z = \ln r + i\Theta$$

注意，當 $z \neq 0$ 時，$\text{Log } z$ 是有定義且為單值，

(7) $$\log z = \text{Log } z + 2n\pi i \qquad (n = 0, \pm 1, \pm 2, \ldots)$$

當 z 為正實數時，$\text{Log } z$ 變成微積分中的一般對數。要明白此點，我們只需令 $z = x \, (x > 0)$，在此情況下方程式 (6) 變成 $\text{Log } z = \ln x$。

32. 例題 (EXAMPLES)

在本節我們說明第 31 節的內容

例1 若 $z = -1 - \sqrt{3}i$，則 $r = 2$ 且 $\Theta = -2\pi/3$。因此

$$\log(-1 - \sqrt{3}i) = \ln 2 + i\left(-\frac{2\pi}{3} + 2n\pi\right) = \ln 2 + 2\left(n - \frac{1}{3}\right)\pi i$$
$$(n = 0, \pm 1, \pm 2, \ldots)$$

例 2 由第 31 節 (2) 式，我們發現

$$\log 1 = \ln 1 + i(0 + 2n\pi) = 2n\pi i \qquad (n = 0, \pm 1, \pm 2, \ldots).$$

如預料的，$\text{Log } 1 = 0$。

下一個例題提醒我們，雖然在微積分中我們不能求負實數的對數，但是現在卻可以了。

例 3 觀察

$$\log(-1) = \ln 1 + i(\pi + 2n\pi) = (2n+1)\pi i \qquad (n = 0, \pm 1, \pm 2, \ldots)$$

因此 $\text{Log}(-1) = \pi i$。

期待微積分中 $\ln x$ 的性質可持續使用成為 $\log z$ 與 $\text{Log } z$ 的性質時，要特別注意。

例 4 恆等式

(1) $$\text{Log}[(1+i)^2] = 2\,\text{Log}(1+i)$$

成立，這是因為

$$\text{Log}[(1+i)^2] = \text{Log}(2i) = \ln 2 + i\frac{\pi}{2}$$

且

$$2\,\text{Log}(1+i) = 2\left(\ln \sqrt{2} + i\frac{\pi}{4}\right) = \ln 2 + i\frac{\pi}{2}$$

另一方面，

(2) $$\text{Log}[(-1+i)^2] \neq 2\,\text{Log}(-1+i)$$

這是因為

$$\text{Log}[(-1+i)^2] = \text{Log}(-2i) = \ln 2 - i\frac{\pi}{2}$$

而
$$2\text{Log}(-1+i) = 2\left(\ln\sqrt{2} + i\frac{3\pi}{4}\right) = \ln 2 + i\frac{3\pi}{2}$$

(1) 式是可預期的，但若將 (2) 式寫成相等則是錯誤的。

例5 在第 33 節習題 5 證明了

(3) $$\log(i^{1/2}) = \frac{1}{2}\log i$$

意思是指左側值的集合與右側值的集合相同。但是

(4) $$\log(i^2) \neq 2\log i$$

因為依據例 3，
$$\log(i^2) = \log(-1) = (2n+1)\pi i \qquad (n = 0, \pm 1, \pm 2, \ldots)$$

且因為
$$2\log i = 2\left[\ln 1 + i\left(\frac{\pi}{2} + 2n\pi\right)\right] = (4n+1)\pi i \qquad (n = 0, \pm 1, \pm 2, \ldots)$$

比較 (3) 式與 (4) 式，我們發現在微積分中的對數性質在複分析中有時成立但不是一定成立。

33. 對數的分支與導數
(BRANCHES AND DERIVATIVES OF LOGARITHMS)

若 $z = re^{i\theta}$ 為非零的複數，其幅角 θ 具有 $\theta = \Theta + 2n\pi$ ($n = 0, \pm 1, \pm 2, \ldots$) 的任一值，其中 $\Theta = \text{Arg } z$，因此在第 31 節，多值對數函數的定義
$$\log z = \ln r + i(\Theta + 2n\pi) \qquad (n = 0, \pm 1, \pm 2, \ldots)$$
可變成

(1) $$\log z = \ln r + i\theta$$

若我們令 α 表示任一實數，而且限制 (1) 式的 θ 值，使其範圍為 $\alpha < \theta < \alpha + 2\pi$，則函數

(2) $$\log z = \ln r + i\theta \qquad (r > 0, \alpha < \theta < \alpha + 2\pi)$$

與其分量

(3) $$u(r, \theta) = \ln r \quad \text{和} \quad v(r, \theta) = \theta$$

在所述之域（如圖 35）為單值且連續。注意，若將 (2) 的函數定義在射線 $\theta = \alpha$ 上，則它在該處是不連續的。因為，若 z 是該射線上的一點，則存在接近 z 的某些點其 v 值接近 α 且另有某些點其 v 值接近 $\alpha + 2\pi$。

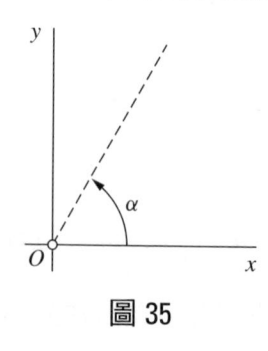

圖 35

在 $r > 0$，$\alpha < \theta < \alpha + 2\pi$ 的整個域，(2) 的函數不但是連續而且也是可解析的，此乃因 u 和 v 的一階偏導數是連續，且滿足 Cauchy–Riemann 方程式的極式（第 24 節）

$$ru_r = v_\theta, \quad u_\theta = -rv_r$$

進而言之，依據第 24 節，有

$$\frac{d}{dz}\log z = e^{-i\theta}(u_r + iv_r) = e^{-i\theta}\left(\frac{1}{r} + i0\right) = \frac{1}{re^{i\theta}}$$

亦即，

(4) $$\frac{d}{dz}\log z = \frac{1}{z} \qquad (|z|>0, \alpha < \arg z < \alpha + 2\pi)$$

特別地，

(5) $$\frac{d}{dz}\mathrm{Log}\, z = \frac{1}{z} \qquad (|z|>0, -\pi < \mathrm{Arg}\, z < \pi)$$

多值函數 f 的一個**分支 (branch)** 是任一單值函數 F 其在某域可解析，而在此域的每一點 z，$F(z)$ 是 f 中的一值。當然解析性的要求，是避免 F 由 f 的值中隨機選取一值。對每一個固定的 α，單值函數 (2) 是多值函數 (1) 的一個分支。函數

(6) $$\mathrm{Log}\, z = \ln r + i\Theta \qquad (r>0, -\pi < \Theta < \pi)$$

稱為**主支 (principal branch)**。

一個**分支切割 (branch cut)** 是一直線或曲線的一部分，它是為了定義多值函數 f 的一個分支 F 而引進的。在 F 的分支切割上的每一點皆為 F 的奇點（第 25 節），f 的所有分支切割所共同的點稱為**歧點 (branch point)**。對於對數函數的分支 (2) 而言，原點與射線 $\theta = \alpha$ 構成 (2) 的分支切割。主支 (6) 的分支切割由原點和射線 $\Theta = \pi$ 組成。顯然，原點是多值對數函數的分支的歧點。

我們由第 32 節例 5 可知，$\log(i^2)$ 之值的集合並非 $2\log i$ 之值的集合。下面的例題顯示，當使用特定的對數分支則等式可成立。當然，在此情形下，只能取 $\log(i^2)$ 的一個值，而 $2\log i$ 也是如此。

例 使用分支

$$\log z = \ln r + i\theta \qquad \left(r>0, \frac{\pi}{4} < \theta < \frac{9\pi}{4}\right)$$

證明

(7) $$\log(i^2) = 2\log i$$

寫出

$$\log(i^2) = \log(-1) = \ln 1 + i\pi = \pi i$$

然後觀察

$$2\log i = 2\left(\ln 1 + i\frac{\pi}{2}\right) = \pi i$$

於習題 4 中使用不同的對數分支,將所得的結果 $\log(i^2) \neq 2 \log i$ 與 (7) 式對照是有趣的。

在第 34 節裡,我們將提及並說明關於對數的其他恆等式。讀者可以直接研習第 35 節而將第 34 節的內容當做參考。

習題

1. 證明

(a) $\text{Log}(-ei) = 1 - \frac{\pi}{2}i$ (b) $\text{Log}(1-i) = \frac{1}{2}\ln 2 - \frac{\pi}{4}i$

2. 證明

(a) $\log e = 1 + 2n\pi i \quad (n = 0, \pm 1, \pm 2, \ldots)$

(b) $\log i = \left(2n + \frac{1}{2}\right)\pi i \quad (n = 0, \pm 1, \pm 2, \ldots)$

(c) $\log(-1 + \sqrt{3}i) = \ln 2 + 2\left(n + \frac{1}{3}\right)\pi i \quad (n = 0, \pm 1, \pm 2, \ldots)$

3. 證明 $\text{Log}(i^3) \neq 3 \text{ Log } i$。

4. 使用分支

$$\log z = \ln r + i\theta \quad \left(r > 0, \frac{3\pi}{4} < \theta < \frac{11\pi}{4}\right)$$

證明 $\log(i^2) \neq 2 \log i$。(將此題與第 33 節的例題比較。)

5. (a) 證明 i 的兩個平方根為

$$e^{i\pi/4} \quad \text{和} \quad e^{i5\pi/4}$$

然後證明

$$\log(e^{i\pi/4}) = \left(2n + \frac{1}{4}\right)\pi i \qquad (n = 0, \pm 1, \pm 2, \ldots)$$

和

$$\log(e^{i5\pi/4}) = \left[(2n+1) + \frac{1}{4}\right]\pi i \qquad (n = 0, \pm 1, \pm 2, \ldots)$$

由此可知

$$\log(i^{1/2}) = \left(n + \frac{1}{4}\right)\pi i \qquad (n = 0, \pm 1, \pm 2, \ldots)$$

(b) 證明如第 32 節例 5 所述

$$\log(i^{1/2}) = \frac{1}{2}\log i$$

求出此方程式右側之值，並將求出之值與 (a) 之結果比較。

6. 證明對數函數的分支 $\log z = \ln r + i\theta$ $(r > 0, \alpha < \theta < \alpha + 2\pi)$ 在所述之域的每一點 z 可解析，並使用鏈法則將下列恆等式（第 31 節）

$$e^{\log z} = z \qquad (|z| > 0, \alpha < \arg z < \alpha + 2\pi)$$

的兩側微分，以求得其導數。

7. 證明對數函數的分支（第 33 節）

$$\log z = \ln r + i\theta \qquad (r > 0, \alpha < \theta < \alpha + 2\pi)$$

可用直角座標寫成

$$\log z = \frac{1}{2}\ln(x^2 + y^2) + i\tan^{-1}\left(\frac{y}{x}\right)$$

然後使用第 23 節的定理，證明所予分支在其定義域可解析且證明在分支的定義域

$$\frac{d}{dz}\log z = \frac{1}{z}$$

8. 求方程式 $\log z = i\pi/2$ 的所有根。

答案：$z = i$。

9. 設點 $z = x + iy$ 位於水平帶狀區域 $\alpha < y < \alpha + 2\pi$。證明當使用對數函數的分支 $\log z = \ln r + i\theta$ $(r > 0, \alpha < \theta < \alpha + 2\pi)$ 時，$\log(e^z) = z$。（與第 31 節方程式 (5) 比較。）

10. 證明

    (a) 函數 $f(z) = \text{Log}(z - i)$ 除了直線 $y = 1$ $(x \leq 0)$ 外，到處可解析。

    (b) 函數

    $$f(z) = \frac{\text{Log}(z + 4)}{z^2 + i}$$

    除了點 $\pm(1 - i)/\sqrt{2}$ 和實軸的一部分 $x \leq -4$ 外，到處可解析。

11. 以兩種方法證明，函數 $\ln(x^2 + y^2)$ 在每一個不含原點的域為調和。

12. 證明

    $$\text{Re}[\log(z - 1)] = \frac{1}{2}\ln[(x - 1)^2 + y^2] \qquad (z \neq 1)$$

    為什麼當 $z \neq 1$ 時，此函數必須滿足 Laplace 方程式。

34. 關於對數的恆等式
(SOME IDENTITIES INVOLVING LOGARITHMS)

若 z_1 與 z_2 為任意二個非零的複數，可直接證明

(1) $$\log(z_1 z_2) = \log z_1 + \log z_2$$

第三章 初等函數

此敘述涉及到多值函數，其解釋的方法與第 9 節的敘述

(2) $$\arg(z_1 z_2) = \arg z_1 + \arg z_2$$

相同。亦即，若已知三個對數值的其中兩個，則存在第三個對數值，使得方程式 (1) 成立。

敘述 (1) 的證明可用下列基於敘述 (2) 的方法。因為 $|z_1 z_2| = |z_1||z_2|$，且因為這些模數均為正實數，我們從微積分的經驗，得知這些數的對數為

$$\ln |z_1 z_2| = \ln |z_1| + \ln |z_2|$$

故由此式和方程式 (2) 可得

(3) $$\ln |z_1 z_2| + i \arg(z_1 z_2) = (\ln |z_1| + i \arg z_1) + (\ln |z_2| + i \arg z_2)$$

最後，從解釋方程式 (1) 和 (2) 的過程，得知方程式 (3) 與方程式 (1) 相同。

例 1 為了說明 (1) 式，令 $z_1 = z_2 = -1$ 且回顧第 32 節的例題 2 和 3，可知

$$\log 1 = 2n\pi i \quad 且 \quad \log(-1) = (2n+1)\pi i$$

其中 $n = 0, \pm 1, \pm 2, \ldots$。注意 $z_1 z_2 = 1$ 且利用

$$\log(z_1 z_2) = 0 \quad 和 \quad \log z_1 = \pi i,$$

的值，我們發現當選取 $\log z_2 = -\pi i$，方程式 (1) 成立。

另一方面，若使用主值，當 $z_1 = z_2 = -1$，則有

$$\text{Log}(z_1 z_2) = 0 \quad 和 \quad \text{Log}\, z_1 + \text{Log}\, z_2 = 2\pi i$$

因此當三項均使用主值，(1) 式未必為真。然而，在我們下一個例題中，對非零的數 z_1 和 z_2 加上某些限制，則主值可用於方程式 (1) 的每一項。

例 2 令 z_1 和 z_2 為位於虛軸右側的非零複數，使得

$$\text{Re}\, z_1 > 0 \quad 以及 \quad \text{Re}\, z_2 > 0$$

因此
$$z_1 = r_1 \exp(i\Theta_1) \quad 以及 \quad z_2 = r_2 \exp(i\Theta_2)$$
其中
$$-\frac{\pi}{2} < \Theta_1 < \frac{\pi}{2} \quad 以及 \quad -\frac{\pi}{2} < \Theta_2 < \frac{\pi}{2}$$

現在要注意 $-\pi < \Theta_1 + \Theta_2 < \pi$，因為這表示
$$\text{Arg}(z_1 z_2) = \Theta_1 + \Theta_2$$
結果，
$$\begin{aligned}\text{Log}(z_1 z_2) &= \ln|z_1 z_2| + i\,\text{Arg}(z_1 z_2) \\ &= \ln(r_1 r_2) + i(\Theta_1 + \Theta_2) \\ &= (\ln r_1 + i\Theta_1) + (\ln r_2 + i\Theta_2)\end{aligned}$$
亦即，
$$\text{Log}(z_1 z) = \text{Log}\, z_1 + \text{Log}\, z_2$$
（將此結果與第 9 節，習題 6 比較。）

(4) $$\log\left(\frac{z_1}{z_2}\right) = \log z_1 - \log z_2$$

的解釋方法與 (1) 式相同，其證明留做習題。

我們在此涵蓋 $\log z$ 的另外兩個性質，它們在第 35 節頗為重要。若 z 為非零的複數，則對任意 $\log z$ 的值，恆有

(5) $$z^n = e^{n \log z} \quad (n = 0, \pm 1, \pm 2, \ldots)$$

當然，當 $n = 1$ 時，此式可化為第 31 節的 (3) 式。方程式 (5) 的證明可令 $z = re^{i\theta}$，且注意方程式兩側都變成 $r^n e^{in\theta}$。

當 $z \neq 0$，

(6) $$z^{1/n} = \exp\left(\frac{1}{n} \log z\right) \qquad (n = 1, 2, \ldots)$$

亦為真。亦即，此處右側的項有 n 個不同的值，而這些值是 z 的 n 次方根。欲證明此式，我們令 $z = r \exp(i\Theta)$，其中 Θ 為 $\arg z$ 的主值。然後由第 31 節，(2) 式，$\log z$ 的定義，可知

$$\exp\left(\frac{1}{n} \log z\right) = \exp\left[\frac{1}{n} \ln r + \frac{i(\Theta + 2k\pi)}{n}\right]$$

其中 $k = 0, \pm 1, \pm 2, \ldots$。因此

(7) $$\exp\left(\frac{1}{n} \log z\right) = \sqrt[n]{r} \exp\left[i\left(\frac{\Theta}{n} + \frac{2k\pi}{n}\right)\right] \qquad (k = 0, \pm 1, \pm 2, \ldots)$$

因為當 $k = 0, 1, \ldots, n-1$ 時，$\exp(i2k\pi/n)$ 有相異值，因此方程式 (7) 的右側只有 n 個值。事實上，方程式 (7) 之右側為 z 的 n 次方根的一個表示式（第 10 節），故可寫成 $z^{1/n}$。此即證明性質 (6)，當 n 為負整數時，(6) 式仍然成立（參閱習題 4）。

習題

1. 證明對任意二個非零的複數 z_1 和 z_2 而言，滿足

$$\text{Log}(z_1 z_2) = \text{Log}\, z_1 + \text{Log}\, z_2 + 2N\pi i$$

其中 N 為 0、± 1 之一值（與第 34 節例 2 比較）。

2. 證明第 34 節，(4) 式
   (a) 利用 $\arg(z_1/z_2) = \arg z_1 - \arg z_2$（第 9 節）的事實；
   (b) 證明 $\log(1/z) = -\log z$ $(z \neq 0)$，即 $\log(1/z)$ 與 $-\log z$ 具有相同的值，然後參考第 34 節，(1) 式。

3. 選擇 z_1 和 z_2 的特定非零值，證明以 Log 取代 log，第 34 節，(4) 式不一定成立。

4. 證明當 n 為負整數時，第 34 節的性質 (6) 仍然成立。證明時可令 $z^{1/n} = (z^{1/m})^{-1}$ ($m = -n$)，其中 n 為任一負整數，$n = -1, -2, \ldots$（參閱第 11 節，習題 9），並利用對正整數而言，此性質成立的事實。

5. 令 z 表示任一非零的複數，令 $z = re^{i\Theta}$ ($-\pi < \Theta \leq \pi$)，且令 n 為任一固定的正整數 ($n = 1, 2, \ldots$)。證明 $\log(z^{1/n})$ 的所有值即為下列方程式的值

$$\log(z^{1/n}) = \frac{1}{n}\ln r + i\frac{\Theta + 2(pn + k)\pi}{n}$$

其中 $p = 0, \pm 1, \pm 2, \ldots$ 且 $k = 0, 1, 2, \ldots, n - 1$。然後，令

$$\frac{1}{n}\log z = \frac{1}{n}\ln r + i\frac{\Theta + 2q\pi}{n}$$

其中 $q = 0, \pm 1, \pm 2, \ldots$，證明 $\log(z^{1/n})$ 與 $(1/n)\log z$ 具有相同的值，因此證明了 $\log(z^{1/n}) = (1/n)\log z$，其中，在左側選取一個 $\log(z^{1/n})$ 的值，則右側 $\log z$ 有一個適當值與之對應，反之亦然。（第 33 節習題 5 的結果是此結果的一個特例。）

提示：利用整數除以正整數 n，所得的餘數為介於 0 與 $n - 1$ 之間的整數此一事實；亦即，已知正整數 n，則任一整數 q 可以寫成 $q = pn + k$，其中 p 為整數，而 k 是 $0, 1, 2, \ldots, n - 1$ 其中的一個。

35. 冪次方函數 (THE POWER FUNCTION)

當 $z \neq 0$，且指數 c 為任意複數，則**冪次方函數 (power function)** z^c 可定義如下：

(1) $$z^c = e^{c \log z} \qquad (z \neq 0)$$

因為含有對數，一般而言，z^c 為多值函數。這將於下一節說明。已知方程式 (1) 成立是當 $c = n$ ($n = 0, \pm 1, \pm 2, \ldots$) 且 $c = 1/n$ ($n = \pm 1, \pm 2, \ldots$) 時，因此 (1) 式提供了 z^c 一個在意義上相容的定義（參閱第 32 節）。事

實上，定義 (1) 對某些特定的 c 值也是成立的。

我們在此提出冪次方函數 z^c 的其他兩個預期性質。

其中一性質是遵循指數函數的表示式 $1/e^z = e^{-z}$（第 30 節）而得。即，

$$\frac{1}{z^c} = \frac{1}{\exp(c \log z)} = \exp(-c \log z) = z^{-c}$$

另一性質是對 z^c 的微分規則。當使用對數函數的特定分支（第 33 節）

$$\log z = \ln r + i\theta \qquad (r > 0, \alpha < \theta < \alpha + 2\pi)$$

$\log z$ 在指定的域為單值且解析。當用此分支時，函數 (1) 也在此域為單值且解析。z^c 的此一分支的導數可如下求得，首先使用鏈法則寫出

$$\frac{d}{dz}z^c = \frac{d}{dz}\exp(c \log z) = \frac{c}{z}\exp(c \log z)$$

然後回顧（第 31 節）恆等式 $z = \exp(\log z)$。如此可得

$$\frac{d}{dz}z^c = c\frac{\exp(c \log z)}{\exp(\log z)} = c \exp[(c-1)\log z]$$

或

(2) $$\frac{d}{dz}z^c = cz^{c-1} \qquad (|z| > 0, \alpha < \arg z < \alpha + 2\pi)$$

當定義 (1) 的 $\log z$ 以 $\text{Log } z$ 取代，可得 z^c 的**主值 (principal value)**

(3) $$\text{P.V. } z^c = e^{c \, \text{Log } z}$$

方程式 (3) 亦可用來定義函數 z^c 在 $|z| > 0$，$-\pi < \text{Arg } z < \pi$ 的**主支 (principal branch)**。

依據定義 (1)，**以 c 為底的指數函數 (exponential function with base c)**，可以寫成

(4)
$$c^z = e^{z \log c}$$

其中 c 為任意非零的複常數。注意，根據定義 (4)，一般而言 e^z 為多值函數，通常將 e^z 解釋成取 (4) 式之對數的主值，此乃因 $\log e$ 的主值為 1。

當給 $\log c$ 一特定值，則 c^z 為 z 的整函數。事實上，

$$\frac{d}{dz}c^z = \frac{d}{dz}e^{z \log c} = e^{z \log c} \log c$$

這證明了

(5)
$$\frac{d}{dz}c^z = c^z \log c$$

36. 例題 (EXAMPLES)

此處的例題是說明第 35 節的內容。

例1 考慮冪次方函數

$$i^i = e^{i \log i}$$

由於

$$\log i = \ln 1 + i\left(\frac{\pi}{2} + 2n\pi\right) = \left(2n + \frac{1}{2}\right)\pi i \qquad (n = 0, \pm 1, \pm 2, \ldots)$$

我們可以寫出

$$i^i = \exp\left[i\left(2n + \frac{1}{2}\right)\pi i\right] = \exp\left[-\left(2n + \frac{1}{2}\right)\pi\right] \qquad (n = 0, \pm 1, \pm 2, \ldots)$$

和

$$\text{P.V.} \ \ i^i = \exp\left(-\frac{\pi}{2}\right)$$

注意 i^i 的值均為實數。

例2 因為

$$\log(-1) = \ln 1 + i(\pi + 2n\pi) = (2n+1)\pi i \qquad (n = 0, \pm 1, \pm 2, \ldots)$$

則易得知

$$(-1)^{1/\pi} = \exp\left[\frac{1}{\pi}\log(-1)\right] = \exp[(2n+1)i] \qquad (n = 0, \pm 1, \pm 2, \ldots)$$

例3 $z^{2/3}$ 的主支可寫成

$$\exp\left(\frac{2}{3}\operatorname{Log} z\right) = \exp\left(\frac{2}{3}\ln r + \frac{2}{3}i\Theta\right) = \sqrt[3]{r^2}\exp\left(i\frac{2\Theta}{3}\right)$$

因此

$$\text{P.V. } z^{2/3} = \sqrt[3]{r^2}\cos\frac{2\Theta}{3} + i\sqrt[3]{r^2}\sin\frac{2\Theta}{3}$$

由第 24 節的定理得知，此函數在 $r > 0$，$-\pi < \Theta < \pi$ 可解析。

微積分中所熟知的指數定律通常適用於複數分析，不過也有一些例外的情況。

例4 考慮非零複數

$$z_1 = 1 + i, \quad z_2 = 1 - i, \quad \text{和} \quad z_3 = -1 - i$$

當取冪次方的主值，可得

$$(z_1 z_2)^i = 2^i = e^{i\operatorname{Log} 2} = e^{i(\ln 2 + i0)} = e^{i\ln 2}$$

和

$$z_1^i = e^{i\operatorname{Log}(1+i)} = e^{i(\ln\sqrt{2} + i\pi/4)} = e^{-\pi/4}e^{i(\ln 2)/2},$$
$$z_2^i = e^{i\operatorname{Log}(1-i)} = e^{i(\ln\sqrt{2} - i\pi/4)} = e^{\pi/4}e^{i(\ln 2)/2}$$

據此

(1) $$(z_1z_2)^i = z_1^i z_2^i$$

結果如所預期。

另一方面，繼續使用主值，可得

$$(z_2z_3)^i = (-2)^i = e^{i\operatorname{Log}(-2)} = e^{i(\ln 2 + i\pi)} = e^{-\pi} e^{i\ln 2}$$

和

$$z_3^i = e^{i\operatorname{Log}(-1-i)} = e^{i(\ln\sqrt{2} - i3\pi/4)} = e^{3\pi/4} e^{i(\ln 2)/2}$$

因此

$$(z_2z_3)^i = \left[e^{\pi/4} e^{i(\ln 2)/2}\right]\left[e^{3\pi/4} e^{i(\ln 2)/2}\right] e^{-2\pi}$$

或

(2) $$(z_2z_3)^i = z_2^i z_3^i\, e^{-2\pi}$$

習題

1. 證明

(a) $(1+i)^i = \exp\left(-\dfrac{\pi}{4} + 2n\pi\right)\exp\left(i\dfrac{\ln 2}{2}\right)$ $(n = 0, \pm 1, \pm 2, \ldots)$

(b) $\dfrac{1}{i^{2i}} = \exp[(4n+1)\pi]$ $(n = 0, \pm 1, \pm 2, \ldots)$

2. 求下列各題的主值

(a) $(-i)^i$ (b) $\left[\dfrac{e}{2}(-1-\sqrt{3}i)\right]^{3\pi i}$ (c) $(1-i)^{4i}$

答案：(a) $\exp(\pi/2)$；(b) $-\exp(2\pi^2)$；(c) $e^\pi[\cos(2\ln 2) + i\sin(2\ln 2)]$。

3. 使用第 35 節 (1) 式，z^c 的定義，證明 $(-1+\sqrt{3}i)^{3/2} = \pm 2\sqrt{2}$。

4. 證明習題 3 的結果可由下列的方法求得

 (a) 令 $(-1+\sqrt{3}i)^{3/2} = [(-1+\sqrt{3}i)^{1/2}]^3$，先求出 $-1+\sqrt{3}i$ 的平方根。

 (b) 令 $(-1+\sqrt{3}i)^{3/2} = [(-1+\sqrt{3}i)^3]^{1/2}$，先求出 $-1+\sqrt{3}i$ 的立方。

5. 證明第 10 節定義的非零複數 z_0 的主 n 次方根，與第 35 節方程式 (3) 定義的 $z_0^{1/n}$ 的主值是相同的。

6. 證明若 $z \neq 0$ 且 a 為實數，則 $|z^a| = \exp(a \ln |z|) = |z|^a$，其中 $|z|^a$ 是取其主值。

7. 令 $c = a + bi$ 為固定的複數，其中 $c \neq 0, \pm 1, \pm 2, \ldots$，且注意 i^c 是多值的。對常數 c 而言，必須附加那些限制，才能使 $|i^c|$ 的值均相同。

  答案：c is real。

8. 令 c、c_1、c_2 和 z 表示複數，其中 $z \neq 0$。證明若所有的冪次方都取主值，則

 (a) $z^{c_1} z^{c_2} = z^{c_1+c_2}$ (b) $\dfrac{z^{c_1}}{z^{c_2}} = z^{c_1-c_2}$

 (c) $(z^c)^n = z^{cn}$ $(n = 1, 2, \ldots)$

9. 假設 $f'(z)$ 存在，敘述 $c^{f(z)}$ 的導數公式。

37. 三角函數 $\sin z$ 與 $\cos z$
(THE TRIGONOMETRIC FUNCTIONS $\sin z$ AND $\cos z$)

Euler 公式（第 7 節）告訴我們，對每一個實數 x 而言，有

$$e^{ix} = \cos x + i \sin x, \quad e^{-ix} = \cos x - i \sin x$$

因此

$$e^{ix} - e^{-ix} = 2i \sin x, \quad e^{ix} + e^{-ix} = 2 \cos x$$

亦即，

$$\sin x = \frac{e^{ix} - e^{-ix}}{2i}, \quad \cos x = \frac{e^{ix} + e^{-ix}}{2}$$

因此，自然的將複變 z 的正弦和餘弦函數定義如下：

(1) $$\sin z = \frac{e^{iz} - e^{-iz}}{2i}, \quad \cos z = \frac{e^{iz} + e^{-iz}}{2}$$

這些函數是整函數，此乃因其為整函數 e^{iz} 和 e^{-iz} 的線性組合（第 26 節，習題 3）。已知導數

$$\frac{d}{dz} e^{iz} = i e^{iz}, \quad \frac{d}{dz} e^{-iz} = -i e^{-iz}$$

故由方程式 (1) 可得

(2) $$\frac{d}{dz} \sin z = \cos z, \quad \frac{d}{dz} \cos z = -\sin z$$

由定義 (1) 可知，正弦與餘弦函數分別為奇函數與偶函數：

(3) $$\sin(-z) = -\sin z, \quad \cos(-z) = \cos z$$

又有

(4) $$e^{iz} = \cos z + i \sin z$$

當 z 為實數時，這是 Euler 公式（第 7 節）。

由三角學可導出各種恆等式。例如（參閱習題 2 和 3）

(5) $$\sin(z_1 + z_2) = \sin z_1 \cos z_2 + \cos z_1 \sin z_2$$
(6) $$\cos(z_1 + z_2) = \cos z_1 \cos z_2 - \sin z_1 \sin z_2$$

由這些恆等式可推得

(7) $$\sin 2z = 2 \sin z \cos z, \quad \cos 2z = \cos^2 z - \sin^2 z$$
(8) $$\sin\left(z + \frac{\pi}{2}\right) = \cos z, \quad \sin\left(z - \frac{\pi}{2}\right) = -\cos z$$

以及〔習題 4(a)〕

(9) $$\sin^2 z + \cos^2 z = 1$$

sin z 和 cos z 的週期特性也是很明確的：

(10) $$\sin(z+2\pi) = \sin z, \quad \sin(z+\pi) = -\sin z$$
(11) $$\cos(z+2\pi) = \cos z, \quad \cos(z+\pi) = -\cos z$$

當 y 為任意實數，利用定義 (1) 和微積分中的雙曲線函數

$$\sinh y = \frac{e^y - e^{-y}}{2}, \quad \cosh y = \frac{e^y + e^{-y}}{2}$$

可得

(12) $$\sin(iy) = i\sinh y, \quad \cos(iy) = \cosh y$$

另外，sin z 和 cos z 的實部和虛部可以用雙曲線函數來表示

(13) $$\sin z = \sin x \cosh y + i \cos x \sinh y$$
(14) $$\cos z = \cos x \cosh y - i \sin x \sinh y$$

其中 $z = x + iy$。欲得 (13) 與 (14) 式，我們在 (5) 與 (6) 的恆等式中，令

$$z_1 = x \quad \text{且} \quad z_2 = iy$$

然後利用關係式 (12)。注意，一旦求得 (13) 式，關係式 (14) 可由下列事實（第 21 節）求得，即，若函數

$$f(z) = u(x, y) + iv(x, y)$$

的導數在點 $z = (x, y)$ 存在，則

$$f'(z) = u_x(x, y) + iv_x(x, y)$$

(13) 與 (14) 式可用來（第 38 節，習題 7）證明

(15) $$|\sin z|^2 = \sin^2 x + \sinh^2 y$$
(16) $$|\cos z|^2 = \cos^2 x + \sinh^2 y$$

當 y 趨近於無窮大時，sinh y 也趨近於無窮大，顯然，由這兩方程式可知 sin z 和 cos z 在複平面是無界的，但是，對所有的 x 而言，sin x 和 cos x 的絕對值不大於 1。（參閱第 18 節末有關有界函數的定義。）

38. 三角函數的零點和奇點
(ZEROS AND SINGULARITIES OF TRIGONOMETRIC FUNCTIONS)

所予函數 f 的**零點 (zero)** 是指滿足 $f(z_0) = 0$ 的 z_0。當定義域擴大時，實變數函數可以有多個零點。

例 定義在實數線上的函數 $f(x) = x^2 + 1$ 無零點。但是定義在複數平面上的函數 $f(z) = z^2 + 1$ 有零點 $z = \pm i$。

現在考慮曾在第 37 節提及的正弦函數 $f(z) = \sin z$。當 z 為實數時，$\sin z$ 變成微積分中一般的正弦函數，因此我們知道實數

$$z = n\pi \quad (n = 0, \pm 1, 2, \ldots)$$

為 $\sin z$ 的零點。大家或許會問在整個平面上，$\sin z$ 是否還有其他的零點，而且餘弦函數也有類似的問題。

定理 在複數平面上，$\sin z$ 和 $\cos z$ 的零點與在實數線上的 $\sin x$ 和 $\cos x$ 的零點相同。亦即，

$$\sin z = 0 \quad \text{若且唯若} \quad z = n\pi \quad (n = 0, \pm 1, 2, \ldots)$$

且

$$\cos z = 0 \quad \text{若且唯若} \quad z = \frac{\pi}{2} + n\pi \quad (n = 0, \pm 1, \pm 2, \ldots)$$

欲證明此定理，我們首先考慮正弦函數且假設 $\sin z = 0$。因為當 z 為實數時，$\sin z$ 變成微積分中一般的正弦函數，我們知道實數 $z = n\pi$ ($n = 0, \pm 1, \pm 2, \ldots$) 全部是 $\sin z$ 的零點。欲證明無其他零點，我們設 $\sin z = 0$，請注意從第 37 節的方程式 (15)，我們得知

$$\sin^2 x + \sinh^2 y = 0$$

第三章　初等函數

由此兩平方和可知

$$\sin x = 0 \quad 且 \quad \sinh y = 0$$

顯然，$x = n\pi$ $(n = 0, \pm 1, 2, \ldots)$ 且 $y = 0$。因此 $\sin z$ 的零點為定理中所述之值。

至於餘弦函數，於第 37 節 (8) 式的第二個恆等式告訴我們

$$\cos z = -\sin\left(z - \frac{\pi}{2}\right)$$

由此可推得 $\cos z$ 的零點也是定理中所述之值。

其餘四種三角函數，可由已知的正弦和餘弦函數表示如下：

(1) $$\tan z = \frac{\sin z}{\cos z}, \quad \cot z = \frac{\cos z}{\sin z}$$

(2) $$\sec z = \frac{1}{\cos z}, \quad \csc z = \frac{1}{\sin z}$$

注意，$\tan z$ 和 $\sec z$ 除了奇點（第 25 節）

$$z = \frac{\pi}{2} + n\pi \quad (n = 0, \pm 1, \pm 2, \ldots)$$

以外，到處解析，此奇點即為 $\cos z$ 的零點。同樣地，$\cot z$ 和 $\csc z$ 的奇點為 $\sin z$ 的零點

$$z = n\pi \quad (n = 0, \pm 1, \pm 2, \ldots)$$

將方程式 (1) 與 (2) 的右側微分，可得

(3) $$\frac{d}{dz}\tan z = \sec^2 z, \quad \frac{d}{dz}\cot z = -\csc^2 z$$

(4) $$\frac{d}{dz}\sec z = \sec z \tan z, \quad \frac{d}{dz}\csc z = -\csc z \cot z$$

由方程式 (1) 和 (2) 所定義之三角函數的週期，可由第 37 節方程式 (10) 與 (11) 推得。例如，

(5) $$\tan(z+\pi) = \tan z$$

轉換函數 $w = \sin z$ 的映射性質在後述的應用佔有重要的地位，讀者若現在想學習這些性質，請先參考第八章的 104 與 105 兩節。

習題

1. 寫出推導第 37 節 (2) 式（即 $\sin z$ 和 $\cos z$ 的導數）之詳細步驟。

2. (*a*) 利用第 37 節，(4) 式，證明

$$e^{iz_1}e^{iz_2} = \cos z_1 \cos z_2 - \sin z_1 \sin z_2 + i(\sin z_1 \cos z_2 + \cos z_1 \sin z_2)$$

然後利用第 37 節，(3) 式，證明

$$e^{-iz_1}e^{-iz_2} = \cos z_1 \cos z_2 - \sin z_1 \sin z_2 - i(\sin z_1 \cos z_2 + \cos z_1 \sin z_2)$$

(*b*) 利用 (*a*) 的結果以及下列事實

$$\sin(z_1+z_2) = \frac{1}{2i}\left[e^{i(z_1+z_2)} - e^{-i(z_1+z_2)}\right] = \frac{1}{2i}\left(e^{iz_1}e^{iz_2} - e^{-iz_1}e^{-iz_2}\right)$$

可得第 37 節的恆等式

$$\sin(z_1+z_2) = \sin z_1 \cos z_2 + \cos z_1 \sin z_2$$

3. 依據習題 2(*b*) 的最後結果

$$\sin(z+z_2) = \sin z \cos z_2 + \cos z \sin z_2$$

將上式兩側對 z 微分，然後令 $z = z_1$，導出第 37 節所述的式子

$$\cos(z_1+z_2) = \cos z_1 \cos z_2 - \sin z_1 \sin z_2$$

4. 利用

(*a*) 第 37 節的恆等式 (6) 和關係式 (3)；

(*b*) 第 28 節的預備定理以及整函數

$$f(z) = \sin^2 z + \cos^2 z - 1$$

在 x 軸之值為 0 的事實，證明第 37 節的恆等式 (9)。

5. 利用第 37 節恆等式 (9)，證明
   (a) $1 + \tan^2 z = \sec^2 z$　　　　(b) $1 + \cot^2 z = \csc^2 z$

6. 建立第 38 節的微分公式 (3) 和 (4)。

7. 利用第 37 節，(13) 與 (14) 式導出 $|\sin z|^2$ 和 $|\cos z|^2$ 的表示式 (15) 和 (16)。
   提示：回顧恆等式 $\sin^2 x + \cos^2 x = 1$ 和 $\cosh^2 y - \sinh^2 y = 1$。

8. 指出如何由 $|\sin z|^2$ 和 $|\cos z|^2$ 的表示式，亦即第 37 節的 (15) 和 (16) 式，推得
   (a) $|\sin z| \geq |\sin x|$　　　　(b) $|\cos z| \geq |\cos x|$

9. 利用 $|\sin z|^2$ 和 $|\cos z|^2$ 的表示式，亦即第 37 節的 (15) 和 (16) 式，證明
   (a) $|\sinh y| \leq |\sin z| \leq \cosh y$　　　　(b) $|\sinh y| \leq |\cos z| \leq \cosh y$

10. (a) 使用第 37 節 (1) 式，$\sin z$ 和 $\cos z$ 的定義，證明
    $$2\sin(z_1 + z_2)\sin(z_1 - z_2) = \cos 2z_2 - \cos 2z_1$$
    (b) 利用 (a) 部分的恆等式，證明若 $\cos z_1 = \cos z_2$，則 $z_1 + z_2$ 和 $z_1 - z_2$ 至少有一個是 2π 的整數倍。

11. 利用 Cauchy–Riemann 方程式和第 21 節的定理，證明 $\sin \overline{z}$ 和 $\cos \overline{z}$ 在定義域中的任何點均非 z 的解析函數。

12. 利用鏡射原理（第 29 節），證明
    (a) $\overline{\sin z} = \sin \overline{z}$　　　　(b) $\overline{\cos z} = \cos \overline{z}$

13. 利用第 37 節的 (13) 和 (14) 式，直接證明習題 12 中所得的關係式成立。

14. 證明
    (a) 對所有 z 而言，$\overline{\cos(iz)} = \cos(i\overline{z})$。
    (b) $\overline{\sin(iz)} = \sin(i\overline{z})$　若且唯若　$z = n\pi i\ (n = 0, \pm 1, \pm 2, \ldots)$。

15. 令 $\sin z$ 和 $\cosh 4$ 的實部相等然後令其虛部相等，求方程式 $\sin z = \cosh 4$ 的所有根。

答案：$\left(\dfrac{\pi}{2} + 2n\pi\right) \pm 4i$　$(n = 0, \pm1, \pm2, \ldots)$。

16. 使用第 37 節的 (14) 式，證明方程式 $\cos z = 2$ 的根為

$$z = 2n\pi + i \cosh^{-1} 2 \qquad (n = 0, \pm1, \pm2, \ldots)$$

然後將根表成如下之形式

$$z = 2n\pi \pm i \ln(2 + \sqrt{3}) \qquad (n = 0, \pm1, \pm2, \ldots)$$

39. 雙曲函數 (HYPERBOLIC FUNCTIONS)

複變數 z 的雙曲正弦函數和雙曲餘弦函數的定義，如同它們的實變數定義：

(1) $\qquad \sinh z = \dfrac{e^z - e^{-z}}{2}, \quad \cosh z = \dfrac{e^z + e^{-z}}{2}$

由於 e^z 和 e^{-z} 為整函數，故由定義 (1) 可推得 $\sinh z$ 和 $\cosh z$ 也是整函數。此外

(2) $\qquad \dfrac{d}{dz} \sinh z = \cosh z, \quad \dfrac{d}{dz} \cosh z = \sinh z$

由於指數函數出現在定義 (1) 以及出現在 $\sin z$ 和 $\cos z$ 的定義中（第 37 節）

$$\sin z = \dfrac{e^{iz} - e^{-iz}}{2i}, \quad \cos z = \dfrac{e^{iz} + e^{-iz}}{2}$$

因此雙曲正弦和雙曲餘弦與這些三角函數有密切關係：

(3) $\qquad -i \sinh(iz) = \sin z, \quad \cosh(iz) = \cos z$
(4) $\qquad -i \sin(iz) = \sinh z, \quad \cos(iz) = \cosh z$

值得注意的是，由式 (4) 與 $\sin z$ 和 $\cos z$ 的週期性，可知 $\sinh z$ 與 $\cosh z$ 的週期都是 $2\pi i$。

關於雙曲正弦和雙曲餘弦最常使用的恆等式為

(5) $$\sinh(-z) = -\sinh z, \quad \cosh(-z) = \cosh z$$
(6) $$\cosh^2 z - \sinh^2 z = 1$$
(7) $$\sinh(z_1 + z_2) = \sinh z_1 \cosh z_2 + \cosh z_1 \sinh z_2$$
(8) $$\cosh(z_1 + z_2) = \cosh z_1 \cosh z_2 + \sinh z_1 \sinh z_2$$

以及

(9) $$\sinh z = \sinh x \cos y + i \cosh x \sin y$$
(10) $$\cosh z = \cosh x \cos y + i \sinh x \sin y$$
(11) $$|\sinh z|^2 = \sinh^2 x + \sin^2 y$$
(12) $$|\cosh z|^2 = \sinh^2 x + \cos^2 y$$

其中 $z = x + iy$。雖然這些恆等式可由定義 (1) 直接導出，但是利用 (3) 和 (4) 式以及有關的三角恆等式通常更容易導出它們。

例1 為了說明剛才所提出的證明方法，讓我們來證明恆等式 (6)，由第 37 節的關係式

(13) $$\sin^2 z + \cos^2 z = 1$$

開始。利用 (3) 式取代 (13) 式的 $\sin z$ 和 $\cos z$，我們有

$$-\sinh^2(iz) + \cosh^2(iz) = 1$$

然後，在上式中以 $-iz$ 取代 z，可得恆等式 (6)。

例2 讓我們利用 (4) 式中的第二式，證明 (12) 式。首先寫出

(14) $$|\cosh z|^2 = |\cos(iz)|^2 = |\cos(-y + ix)|^2$$

由第 37 節的關係式 (16) 可知

$$|\cos(x + iy)|^2 = \cos^2 x + \sinh^2 y$$

此式告訴我們

(15) $$|\cos(-y+ix)|^2 = \cos^2 y + \sinh^2 x$$

結合 (14)，(15) 式可得 (12) 式。

我們現在回到討論 sinh z 和 cosh z 的零點。我們將結果以定理的方式呈現是為了強調它們在往後章節的重要性，且為了易於與第 38 節有關 sin z 和 cos z 的零點之定理做一比較。事實上，此處的定理是關係式 (4) 與前敘定理的直接結果。

定理 在複數平面上，sinh z 和 cosh z 的零點均位於虛軸上。具體而言，

$$\sinh z = 0 \quad \text{若且唯若} \quad z = n\pi i \quad (n = 0, \pm 1, 2, \ldots)$$

且

$$\cosh z = 0 \quad \text{若且唯若} \quad z = \left(\frac{\pi}{2} + n\pi\right)i \quad (n = 0, \pm 1, \pm 2, \ldots)$$

z 的**雙曲正切** (hyperbolic tangent) 函數定義為

(16) $$\tanh z = \frac{\sinh z}{\cosh z}$$

且此函數在 cosh $z \neq 0$ 之處可解析。函數 coth z、sech z、csch z 分別為 tanh z, cosh z, sinh z 的倒數。我們可以直接了當地證明，下列的微分公式與微積分對應的實變數函數的微分公式是相同的。

(17) $$\frac{d}{dz}\tanh z = \text{sech}^2 z, \qquad \frac{d}{dz}\coth z = -\text{csch}^2 z$$

(18) $$\frac{d}{dz}\text{sech}\, z = -\text{sech}\, z \tanh z, \qquad \frac{d}{dz}\text{csch}\, z = -\text{csch}\, z \coth z$$

習題

1. 證明 sinh z 和 cosh z 的導數，亦即證明第 39 節的方程式 (2)。

2. 由

(*a*) sinh z 和 cosh z 的定義，亦即第 39 節，(1) 式；

(*b*) 恆等式 sin $2z$ = 2 sin z cos z（第 37 節）以及利用第 39 節的 (3) 式。

證明 sinh $2z$ = 2 sinh z cosh z。

3. 證明如何由第 37 節的 (9) 和 (6) 式，分別推得第 39 節的 (6) 和 (8) 式的恆等式。

4. 令 sinh z = sinh($x + iy$) 且 cosh z = cosh($x + iy$)，證明如何由第 39 節 (7) 和 (8) 式分別推得 (9) 和 (10) 式。

5. 導出 |sinh z|² 的表示式，即第 39 節的 (11) 式。

6. 利用

(*a*) 第 39 節 (12) 的恆等式；

(*b*) 第 38 節習題 9(*b*) 所得的不等式 |sinh y| ≤ |cos z| ≤ cosh y。

證明 |sinh x| ≤ |cosh z| ≤ cosh x。

7. 證明

(*a*) sinh($z + \pi i$) = $-$sinh z (*b*) cosh($z + \pi i$) = $-$cosh z

(*c*) tanh($z + \pi i$) = tanh z

8. 證明 sinh z 和 cosh z 的零點是如第 39 節定理中所述的零點。

9. 利用習題 8 證明所得的結果，求出雙曲正切函數所有的零點和奇點。

10. 證明 tanh z = $-i$ tan(iz)。

提示：利用第 39 節的 (4) 式。

11. 導出第 39 節的微分公式 (17)。

12. 利用鏡射原理（第 29 節），證明對所有的 z 而言，

(*a*) $\overline{\sinh z}$ = sinh $\bar{z}$ (*b*) $\overline{\cosh z}$ = cosh $\bar{z}$

13. 利用習題 12 的結果，證明在 cosh $z \neq 0$ 的點，$\overline{\tanh z} = \tanh \overline{z}$。

14. 當 z 改為實變數 x 且下列恆等式成立，利用第 28 節的預備定理，證明

(a) $\cosh^2 z - \sinh^2 z = 1$ 　　　(b) $\sinh z + \cosh z = e^z$

〔與第 38 節，習題 4(b) 比較。〕

15. 為什麼 $\sinh(e^z)$ 是整函數？將其實部寫成 x 與 y 的函數，並說明何以此函數在任何點必定是調和的。

16. 利用第 39 節的 (9) 和 (10) 式其中之一，然後如第 38 節習題 15 所進行的，求出方程式

(a) $\sinh z = i$ 　　　(b) $\cosh z = \dfrac{1}{2}$

的所有根。

答案：(a) $z = \left(2n + \dfrac{1}{2}\right)\pi i$　$(n = 0, \pm 1, \pm 2, \ldots)$；

(b) $z = \left(2n \pm \dfrac{1}{3}\right)\pi i$　$(n = 0, \pm 1, \pm 2, \ldots)$。

17. 求出方程式 $\cosh z = -2$ 的所有根。（將此習題與第 38 節，習題 16 比較。）

答案：$z = \pm \ln(2 + \sqrt{3}) + (2n + 1)\pi i$　$(n = 0, \pm 1, \pm 2, \ldots)$。

40. 反三角和反雙曲函數
(INVERSE TRIGONOMETRIC AND HYPERBOLIC FUNCTIONS)

反三角和反雙曲函數可以用對數描述。

為了定義反正弦函數 $\sin^{-1} z$。我們令

$$w = \sin^{-1} z \quad \text{當} \quad z = \sin w$$

亦即，當

$$z = \frac{e^{iw} - e^{-iw}}{2i}$$

時，$w = \sin^{-1} z$，若將此方程式寫成

$$(e^{iw})^2 - 2iz(e^{iw}) - 1 = 0,$$

則此為 e^{iw} 的二次式，解 e^{iw}〔參閱第 11 節習題 8(a)〕，可得

(1) $$e^{iw} = iz + (1 - z^2)^{1/2}$$

其中 $(1 - z^2)^{1/2}$ 是 z 的雙值函數。將方程式 (1) 的兩側取對數，且因為 $w = \sin^{-1} z$，因此可得

(2) $$\sin^{-1} z = -i \log[iz + (1 - z^2)^{1/2}]$$

下面的例子強調 $\sin^{-1} z$ 是多值函數，亦即在每一點 z 有無窮多個值。

例 (2) 式告訴我們

$$\sin^{-1}(-i) = -i \log(1 \pm \sqrt{2})$$

但是

$$\log(1 + \sqrt{2}) = \ln(1 + \sqrt{2}) + 2n\pi i \qquad (n = 0, \pm 1, \pm 2, \ldots)$$

且

$$\log(1 - \sqrt{2}) = \ln(\sqrt{2} - 1) + (2n + 1)\pi i \qquad (n = 0, \pm 1, \pm 2, \ldots)$$

因為

$$\ln(\sqrt{2} - 1) = \ln \frac{1}{1 + \sqrt{2}} = -\ln(1 + \sqrt{2})$$

因此

$$(-1)^n \ln(1 + \sqrt{2}) + n\pi i \qquad (n = 0, \pm 1, \pm 2, \ldots)$$

等於 $\log(1 \pm \sqrt{2})$。以直角座標形式表示，可得

$$\sin^{-1}(-i) = n\pi + i(-1)^{n+1} \ln(1 + \sqrt{2}) \qquad (n = 0, \pm 1, \pm 2, \ldots)$$

可以利用導出 $\sin^{-1} z$ 的表示式 (2) 之技巧，證明

(3) $$\cos^{-1} z = -i \log\left[z + i(1-z^2)^{1/2}\right]$$

以及

(4) $$\tan^{-1} z = \frac{i}{2} \log \frac{i+z}{i-z}$$

$\cos^{-1} z$ 和 $\tan^{-1} z$ 亦為多值函數。當使用平方根和對數的特定分支，則此三個反函數變成單值且可解析，此乃因它們是解析函數的合成函數。

這三個函數的導數可由它們的對數表示式求得，前兩個函數的導數與所選取的平方根之值有關：

(5) $$\frac{d}{dz} \sin^{-1} z = \frac{1}{(1-z^2)^{1/2}}$$

(6) $$\frac{d}{dz} \cos^{-1} z = \frac{-1}{(1-z^2)^{1/2}}$$

可是最後一個函數並非如此，因為 $\tan^{-1} z$ 的導數是個單值函數。

(7) $$\frac{d}{dz} \tan^{-1} z = \frac{1}{1+z^2}$$

反雙曲函數可比照處理。因此，

(8) $$\sinh^{-1} z = \log\left[z + (z^2+1)^{1/2}\right]$$

(9) $$\cosh^{-1} z = \log\left[z + (z^2-1)^{1/2}\right]$$

以及

(10) $$\tanh^{-1} z = \frac{1}{2} \log \frac{1+z}{1-z}$$

最後，我們以另一個通用的符號來註記這些反函數，如 arcsin z 等等。

習題

1. 求下列各函數的所有值。

(a) $\tan^{-1}(2i)$ (b) $\tan^{-1}(1+i)$ (c) $\cosh^{-1}(-1)$ (d) $\tanh^{-1} 0$

答案：$(a)\left(n+\dfrac{1}{2}\right)\pi+\dfrac{i}{2}\ln 3\,(n=0,\pm 1,\pm 2,\ldots)$；

(d) $n\pi i\,(n=0,\pm 1,\pm 2,\ldots)$。

2. 以下列方法解方程式 $\sin z = 2$

(a) 令方程式中的實部相等，然後虛部相等；

(b) 使用第 40 節 (2) 式，$\sin^{-1} z$ 的表示式。

答案：$z=\left(2n+\dfrac{1}{2}\right)\pi \pm i\ln(2+\sqrt{3})\,(n=0,\pm 1,\pm 2,\ldots)$。

3. 解方程式 $z = \sqrt{2}$。

4. 導出 $\sin^{-1} z$ 的導數，第 40 節，(5) 式。

5. 導出 $\tan^{-1} z$ 的表示式，第 40 節，(4) 式。

6. 導出 $\tan^{-1} z$ 的導數，第 40 節，(7) 式。

7. 導出 $\cosh^{-1} z$ 的表示式，第 40 節，(9) 式。

第四章 積分

積分在學習複變函數時是極其重要的。本章所詳述的積分理論有其數學優美性。這些定理通常簡明有用，其中許多證明非常簡短。

41. 函數 $w(t)$ 的導數 (DERIVATIVES OF FUNCTIONS $w(t)$)

為了以簡單方法介紹 $f(z)$ 的積分，我們先考慮實變數 t 的複值函數 w 的導數。我們令

(1) $$w(t) = u(t) + iv(t)$$

其中 u 與 v 為 t 的實值函數。若導數 u' 與 v' 於 t 點存在，則函數 (1) 在 t 點的導數

$$w'(t), \text{ 或 } \frac{d}{dt}w(t)$$

定義為

(2) $$w'(t) = u'(t) + iv'(t)$$

在微積分所學到的各種微分規則，例如和與積的微分，是對實變數 t 之實值函數的微分而言。複值函數微分規則的證明，可用微積分中所對應的微分規則，作為證明的基礎。

例1 假設 (1) 式中的函數 $u(t)$ 和 $v(t)$ 在 t 可微，證明

(3) $$\frac{d}{dt}[w(t)]^2 = 2w(t)w'(t)$$

我們首先寫出

$$[w(t)]^2 = (u+iv)^2 = u^2 - v^2 + i2uv$$

然後有

$$\frac{d}{dt}[w(t)]^2 = (u^2 - v^2)' + i(2uv)'$$
$$= 2uu' - 2vv' + i2(uv' + u'v)$$
$$= 2(u+iv)(u' + iv')$$

此即 (3) 式。

例2 另一個我們常用的微分規則為

(4) $$\frac{d}{dt}e^{z_0 t} = z_0 e^{z_0 t}$$

其中 $z_0 = x_0 + iy_0$。欲證此，我們寫出

$$e^{z_0 t} = e^{x_0 t} e^{iy_0 t} = e^{x_0 t} \cos y_0 t + i e^{x_0 t} \sin y_0 t$$

且由定義 (2) 知

$$\frac{d}{dt}e^{z_0 t} = (e^{x_0 t} \cos y_0 t)' + i(e^{x_0 t} \sin y_0 t)'$$

應用微積分中所熟悉的規則以及一些簡單的代數，可得

$$\frac{d}{dt}e^{z_0 t} = (x_0 + iy_0)(e^{x_0 t} \cos y_0 t + i e^{x_0 t} \sin y_0 t)$$

或

$$\frac{d}{dt}e^{z_0 t} = (x_0 + iy_0)e^{x_0 t} e^{iy_0 t}$$

當然，此與方程式 (4) 相同。

不是所有微積分中的規則都適用於型 (1) 的函數，我們以下面的例子來說明。

例3 設 $w(t)$ 在區間 $a \leq t \leq b$ 連續，亦即其分量函數 $u(t)$ 和 $v(t)$ 在此區間連續。縱使 $w'(t)$ 在 $a < t < b$ 存在，但是對導數而言，均值定理不再成立。明白的說，在區間 $a < t < b$ 內，存在一數 c，使得

(5) $$w'(c) = \frac{w(b) - w(a)}{b - a}$$

此一敘述未必為真。

欲了解此點，可考慮位於區間 $0 \leq t \leq 2\pi$ 的函數 $w(t) = e^{it}$，當使用此函數時，則有 $|w'(t)| = |ie^{it}| = 1$（參閱例 2）；這表示在方程式 (5) 的左側，導數 $w'(c)$ 不為零，而在方程式 (5) 的右側，商為

$$\frac{w(b) - w(a)}{b - a} = \frac{w(2\pi) - w(0)}{2\pi - 0} = \frac{e^{i2\pi} - e^{i0}}{2\pi} = \frac{1 - 1}{2\pi} = 0$$

故不存在一數 c 使得方程式 (5) 成立。

42. 函數 $w(t)$ 的定積分
(DEFINITE INTEGRALS OF FUNCTIONS $w(t)$)

當 $w(t)$ 是實變數 t 的複值函數，且可寫成

(1) $$w(t) = u(t) + iv(t)$$

其中 u 和 v 是實值函數，又若 u 和 v 在區間 $a \leq t \leq b$ 的定積分存在，則 $w(t)$ 在區間 $a \leq t \leq b$ 的**定積分 (definite integral)** 定義為

(2) $$\int_a^b w(t)\, dt = \int_a^b u(t)\, dt + i \int_a^b v(t)\, dt$$

因此有

(3) $\quad \text{Re} \int_a^b w(t)\,dt = \int_a^b \text{Re}[w(t)]\,dt \quad 和 \quad \text{Im} \int_a^b w(t)\,dt = \int_a^b \text{Im}[w(t)]\,dt$

例 1　說明定義 (2)，

$$\int_0^{\pi/4} e^{it}\,dt = \int_0^{\pi/4} (\cos t + i \sin t)\,dt = \int_0^{\pi/4} \cos t\,dt + i \int_0^{\pi/4} \sin t\,dt$$

$$= [\sin t]_0^{\pi/4} + i[-\cos t]_0^{\pi/4} = \frac{1}{\sqrt{2}} + i\left(-\frac{1}{\sqrt{2}} + 1\right)$$

同理，可定義 $w(t)$ 在無界區間的瑕積分〔參閱習題 2(d)〕

若定義 (2) 的 u 和 v 在區間 $a \le t \le b$ 是**片段連續 (piecewise continuous)**，則它們的定積分是存在的。此種片段連續函數，在所述的區間除了有限個點外到處連續，而在不連續點處具有單側極限。當然，在 a 點僅需右側極限，在 b 點僅需左側極限。當 u 和 v 皆為片段連續，則稱函數 w 為片段連續。

實數函數的積分規則亦可適用於複常數乘以函數 $w(t)$ 的積分，例如，片段連續函數之和的積分，以及積分上下限的互換。而這些規則以及下列性質

$$\int_a^b w(t)\,dt = \int_a^c w(t)\,dt + \int_c^b w(t)\,dt$$

均可由微積分中對應的結果，獲得證明。

有關反導數的微積分基本定理，也適用於 (2) 類型的積分。具體而言，假設函數

$$w(t) = u(t) + iv(t) \quad 及 \quad W(t) = U(t) + iV(t)$$

在區間 $a \le t \le b$ 連續。若於區間 $a \le t \le b$，有 $W'(t) = w(t)$，則 $U'(t) = u(t)$ 且 $V'(t) = v(t)$。因此，由定義 (2)，可得

$$\int_a^b w(t)\,dt = [U(t)]_a^b + i[V(t)]_a^b = [U(b) + iV(b)] - [U(a) + iV(a)]$$

亦即

(4) $$\int_a^b w(t)\,dt = W(b) - W(a) = W(t)\Big]_a^b$$

我們現在以另一種方法計算例題 1 之 e^{it} 的積分。

例 2 因為（參閱第 41 節例 2）

$$\frac{d}{dt}\left(\frac{e^{it}}{i}\right) = \frac{1}{i}\frac{d}{dt}e^{it} = \frac{1}{i}ie^{it} = e^{it}$$

由此可知

$$\int_0^{\pi/4} e^{it}\,dt = \frac{e^{it}}{i}\Big]_0^{\pi/4} = \frac{e^{i\pi/4}}{i} - \frac{1}{i} = \frac{1}{i}\left(\cos\frac{\pi}{4} + i\sin\frac{\pi}{4} - 1\right)$$

$$= \frac{1}{i}\left(\frac{1}{\sqrt{2}} + \frac{i}{\sqrt{2}} - 1\right) = \frac{1}{\sqrt{2}} + \frac{1}{i}\left(\frac{1}{\sqrt{2}} - 1\right)$$

因為 $1/i = -i$，所以

$$\int_0^{\pi/4} e^{it}\,dt = \frac{1}{\sqrt{2}} + i\left(-\frac{1}{\sqrt{2}} + 1\right)$$

我們由第 41 節的例 3 知道在微積分，導數的均值定理對複值函數 $w(t)$ 並不適用。此處我們最後的例題，證明了積分的均值定理亦不適用。因此，當我們採用來自微積分的規則時，必須特別留意。

例 3 令 $w(t)$ 為定義於區間 $a \leq t \leq b$ 的連續複值函數。為了證明在區間 $a < t < b$ 內，存在一數 c，使得

(5) $$\int_a^b w(t)\,dt = w(c)(b-a)$$

的敘述未必為真。

我們令 $a = 0, b = 2\pi$，且用與第 41 節例 3 相同的函數 $w(t) = e^{it} (0 \leq t \leq 2\pi)$，可知

$$\int_a^b w(t)\,dt = \int_0^{2\pi} e^{it}\,dt = \left.\frac{e^{it}}{i}\right]_0^{2\pi} = 0$$

但是，對於任意數 $c\,(0 < c < 2\pi)$ 而言，有

$$|w(c)(b - a)| = |e^{ic}|2\pi = 2\pi$$

由此可知，方程式 (5) 的左側為零，但是右側不為零。

習題

1. 當實變數 t 的複值函數為

$$w(t) = u(t) + iv(t)$$

且 $w'(t)$ 存在時，利用微積分的規則，建立下列規則：

(a) $\dfrac{d}{dt}[z_0 w(t)] = z_0 w'(t)$，其中 $z_0 = x_0 + iy_0$ 為複常數；

(b) $\dfrac{d}{dt}w(-t) = -w'(-t)$，其中 $w'(-t)$ 表示 $w(t)$ 對 t 的導數，在 $-t$ 求值。

提示：在 (a) 部分。證明等式的每一側均可寫成

$$(x_0 u' - y_0 v') + i(y_0 u' + x_0 v')$$

2. 計算下列積分的值：

(a) $\displaystyle\int_0^1 (1 + it)^2\,dt$

(b) $\displaystyle\int_1^2 \left(\frac{1}{t} - i\right)^2 dt$

(c) $\displaystyle\int_0^{\pi/6} e^{i2t}\,dt$

(d) $\displaystyle\int_0^{\infty} e^{-zt}\,dt \quad (\operatorname{Re} z > 0)$

答案：$(a) \dfrac{2}{3} + i$；$(b) -\dfrac{1}{2} - i\ln 4$；$(c) \dfrac{\sqrt{3}}{4} + \dfrac{i}{4}$；$(d) \dfrac{1}{z}$。

3. 若 m 與 n 為整數，證明

$$\int_0^{2\pi} e^{im\theta} e^{-in\theta}\, d\theta = \begin{cases} 0 & \text{當 } m \neq n \\ 2\pi & \text{當 } m = n \end{cases}$$

4. 依據第 42 節定義 (2)，實變數之複值函數 $e^{(1+i)x}$ 的定積分

$$\int_0^\pi e^{(1+i)x}\, dx = \int_0^\pi e^x \cos x\, dx + i \int_0^\pi e^x \sin x\, dx$$

求出左式之積分值令其實部與虛部分別等於右式的兩個積分。

答案：$(a)\ -(1+e^\pi)/2$，$(1+e^\pi)/2$。

5. 令 $w(t) = u(t) + iv(t)$ 表示定義於區間 $-a \leq t \leq a$ 的連續複值函數。

(a) 設 $w(t)$ 為偶函數，亦即，對所予區間的每一點 t 而言，恆有 $w(-t) = w(t)$。證明

$$\int_{-a}^a w(t)\, dt = 2 \int_0^a w(t)\, dt$$

(b) 若 $w(t)$ 為奇函數，亦即，對所予區間的每一點 t 而言，恆有 $w(-t) = -w(t)$。證明

$$\int_{-a}^a w(t)\, dt = 0$$

提示：對 (a) 與 (b)，可利用對應的實值函數的積分性質來證明，因這些性質的圖解是明顯的。

43. 圍線 (CONTOURS)

複變數之複值函數的積分，通常定義於複數平面上的曲線，而不只是定義在實軸上的區間。本節將介紹各種適於此類積分的曲線。

若函數

(1) $\qquad\qquad x = x(t), \quad y = y(t) \qquad (a \leq t \leq b)$

為實參數 t 的連續函數，則其在複數平面上的點集 $z = (x, y)$ 稱為**弧 (arc)**。此定義建立一連續映射，從區間 $a \leq t \leq b$ 映射至 xy 平面，或 z 平面；而其像點依據 t 的增值排列。一般描述 C 的點是用方程式

(2) $$z = z(t) \quad (a \leq t \leq b)$$

其中

(3) $$z(t) = x(t) + iy(t)$$

若弧 C 本身沒有交叉點，則稱為**單弧 (simple arc)**，或 Jordan 弧[*]；亦即，當 $t_1 \neq t_2$ 有 $z(t_1) \neq z(t_2)$，則 C 是單弧。若除了 $z(b) = z(a)$ 外，C 是單弧，則稱 C 是**簡單閉曲線 (simple closed curve)** 或 Jordan 曲線。若一曲線是反時針方向，則稱此曲線為**正位向 (positively oriented)**。

特殊弧的幾何特性通常是將方程式 (2) 的參數 t 以不同的符號來表示，亦即，如下面的例題所述。

例1 由方程式

(4) $$z = \begin{cases} x + ix & \text{當 } 0 \leq x \leq 1 \\ x + i & \text{當 } 1 \leq x \leq 2 \end{cases}$$

所定義的折線（第 12 節）是從 0 到 $1 + i$ 的線段，接著由 $1 + i$ 到 $2 + i$ 的線段所組成的單弧。

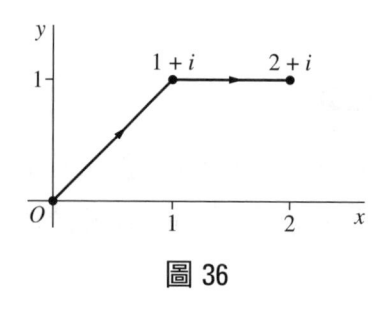

圖 36

---

[*]以 C. Jordan (1838–1922) 命名，讀作 *jor-don'*。

例 2　圓心為原點之單位圓

(5) $$z = e^{i\theta} \qquad (0 \le \theta \le 2\pi)$$

是逆時針方向的簡單閉曲線。圓心為 z_0 且半徑為 R 的圓

(6) $$z = z_0 + Re^{i\theta} \qquad (0 \le \theta \le 2\pi)$$

也是逆時針方向的簡單閉曲線。（參閱第 7 節）

　　相同的點集可構成相異的弧。

例 3　圓弧

(7) $$z = e^{-i\theta} \qquad (0 \le \theta \le 2\pi)$$

與方程式 (5) 所描述的圓弧不同，雖然兩者點集相同，但是目前的圓是順時針方向繞行。

例 4　圓弧

(8) $$z = e^{i2\theta} \qquad (0 \le \theta \le 2\pi)$$

的點與構成圓弧 (5) 和圓弧 (7) 的點相同。然而此處的圓弧與 (5) 和 (7) 的圓弧不同之處是它逆時針方向繞圓兩圈。

　　當然，對任意所予弧 C 而言，其參數表示法並非唯一。事實上，由參數範圍的改變可將一區間轉換成其他任一區間。
具體而言，設

(9) $$t = \phi(\tau) \qquad (\alpha \le \tau \le \beta)$$

其中 ϕ 是將區間 $\alpha \le \tau \le \beta$ 映射成 (2) 式之區間 $a \le t \le b$ 的實值函數（參閱圖 37）。我們假設 ϕ 為連續且具有連續導數。並假設對每一個 τ 有 $\phi'(\tau) > 0$；這表示 t 隨 τ 增加。因此以 (9) 式將 (2) 式轉換成

(10) $$z = Z(\tau) \qquad (\alpha \le \tau \le \beta)$$

其中

(11) $$Z(\tau) = z[\phi(\tau)]$$

此部分在習題 3 中會有詳述。

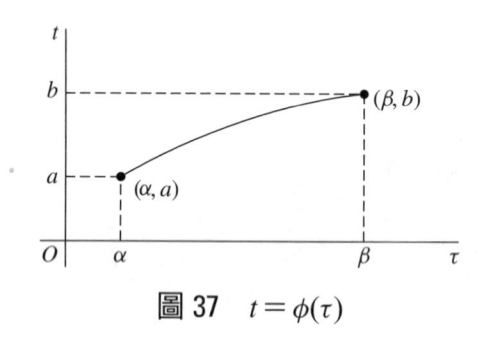

圖 37　$t = \phi(\tau)$

用來表示 C 的函數 (3) 式，其導數（第 41 節）為

(12) $$z'(t) = x'(t) + iy'(t)$$

假設分量 $x'(t)$ 和 $y'(t)$ 在整個區間 $a \leq t \leq b$ 連續，則稱 C 為**可微弧 (differentiable arc)**，且實值函數

$$|z'(t)| = \sqrt{[x'(t)]^2 + [y'(t)]^2}$$

在區間 $a \leq t \leq b$ 是可積的。事實上，依據微積分弧長的定義，C 的長度為

(13) $$L = \int_a^b |z'(t)|\, dt$$

如所預期的，即使對 C 的表示法有些改變，L 的值是不變的。更清楚的說，以 (9) 式做變數變換，可將 (13) 式變成〔參閱習題 1(b)〕

$$L = \int_\alpha^\beta |z'[\phi(\tau)]|\phi'(\tau)\, d\tau$$

若 C 的表示式為 (10) 式，導數（習題 4）

(14) $$Z'(\tau) = z'[\phi(\tau)]\phi'(\tau)$$

則 (13) 式可寫成

$$L = \int_{\alpha}^{\beta} |Z'(\tau)| \, d\tau$$

因此，若使用式 (10)，所得 C 的長度將是相同的。

若 (2) 式表示一條可微的弧線，且若在區間 $a < t < b$ 的每一點均有 $z'(t) \neq 0$，則對開區間的每一個 t 而言，具有斜角 $\arg z'(t)$ 的單位切向量 **T**，可定義如下：

$$\mathbf{T} = \frac{z'(t)}{|z'(t)|}$$

此外，當參數 t 在整個區間 $a < t < b$ 變動，而 **T** 為連續，則我們稱此種弧線為**光滑的 (smooth)**。若把 $z(t)$ 解釋成徑向量，則 **T** 就成了我們在微積分學過的式子。若導數 $z'(t)$ 在閉區間 $a \leq t \leq b$ 連續，且在開區間 $a < t < b$ 不為零，則稱 $z = z(t)$ $(a \leq t \leq b)$ 為光滑弧。

圍線 (contour)，或片段光滑弧，是有限個光滑弧以端點接著端點的方式連結而成的弧。因此，若 (2) 式代表一圍線，則雖然 $z(t)$ 是連續，但它的導數 $z'(t)$ 可能是片段連續。例如，(4) 式的折線是一條圍線。若 $z(t)$ 僅有起點和終點相同，則圍線 C 稱為**簡單閉圍線 (simple closed contour)**。例如 (5) 和 (6) 的圓，以及有特定方向的三角形或矩形的邊界均為簡單閉圍線。圍線或簡單閉圍線的長度，是指組成圍線之光滑弧長度的總和。

任一在簡單閉曲線或簡單閉圍線 C 上的點，是兩個不同的域之邊界點，其中一個域是 C 的內部，它是有界的。另一個是 C 的外部，它是無界的，此為 Jordan 曲線定理 (Jordan curve theorem)，要接受此定理並不難，因為它的幾何圖形很容易理解，但是這個定理的證明卻不是那麼容易。

習題

1. 證明若 $w(t) = u(t) + iv(t)$ 在區間 $a \leq t \leq b$ 連續，則

(a) $\displaystyle\int_{-b}^{-a} w(-t)\,dt = \int_{a}^{b} w(\tau)\,d\tau$

(b) $\displaystyle\int_{a}^{b} w(t)\,dt = \int_{\alpha}^{\beta} w[\phi(\tau)]\phi'(\tau)\,d\tau$

其中 $\phi(\tau)$ 是第 43 節方程式 (9) 的函數。

提示：這些等式可從它們對 t 的實值函數成立而得到。

2. 令 C 表示圓 $|z| = 2$ 的右半部，方向為逆時針方向，C 的兩個參數式為

$$z = z(\theta) = 2e^{i\theta} \qquad \left(-\frac{\pi}{2} \leq \theta \leq \frac{\pi}{2}\right)$$

和

$$z = Z(y) = \sqrt{4 - y^2} + iy \qquad (-2 \leq y \leq 2)$$

證明 $Z(y) = z[\phi(y)]$，其中

$$\phi(y) = \arctan \frac{y}{\sqrt{4-y^2}} \qquad \left(-\frac{\pi}{2} < \arctan t < \frac{\pi}{2}\right)$$

並證明此函數 ϕ 有正的導數，此為第 43 節方程式 (9) 所需之條件。

3. 導出在 τt 平面上，過點 (α, a) 和 (β, b) 的直線方程式，如圖 37 所示。然後利用它求出線性函數 $\phi(\tau)$，此 $\phi(\tau)$ 可用於第 43 節方程式 (9)，將 (2) 式變換為 (10) 式。

答案：$\phi(\tau) = \dfrac{b-a}{\beta-\alpha}\tau + \dfrac{a\beta - b\alpha}{\beta-\alpha}$。

4. 證明第 43 節 (14) 式，亦即證明 $Z(\tau) = z[\phi(\tau)]$ 的導數。

提示：令 $Z(\tau) = x[\phi(\tau)] + iy[\phi(\tau)]$，並應用實變數之實值函數的鏈規則。

5. 假設函數 $f(z)$ 在光滑弧 $z = z(t)$ $(a \leq t \leq b)$ 上的一點 $z_0 = z(t_0)$ 可解析。證明若 $w(t) = f[z(t)]$，則當 $t = t_0$ 時，有

$$w'(t) = f'[z(t)]z'(t)$$

提示：令 $f(z) = u(x, y) + iv(x, y)$ 且 $z(t) = x(t) + iy(t)$，則有

$$w(t) = u[x(t), y(t)] + iv[x(t), y(t)]。$$

然後使用微積分中兩個實變數函數的鏈規則，寫出

$$w' = (u_x x' + u_y y') + i(v_x x' + v_y y')$$

並使用 Cauchy–Riemann 方程式。

6. 令 $y(x)$ 為定義於區間 $0 \leq x \leq 1$ 的實值函數，其方程式為

$$y(x) = \begin{cases} x^3 \sin(\pi/x) & \text{當 } 0 < x \leq 1 \\ 0 & \text{當 } x = 0 \end{cases}$$

(a) 證明方程式

$$z = x + iy(x) \qquad (0 \leq x \leq 1)$$

表示一弧 C，而此弧與實軸之交點為 $z = 1/n$ $(n = 1, 2, \ldots)$ 以及 $z = 0$，如圖 38 所示。

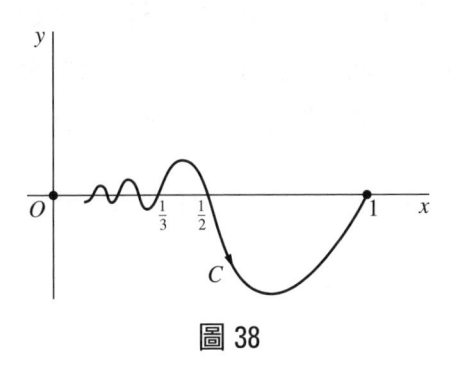

圖 38

(b) 證明 (a) 部分的弧 C 為光滑弧。

提示：欲建立 $y(x)$ 在 $x = 0$ 的連續性，觀察，當 $x > 0$ 時，有

$$0 \leq \left| x^3 \sin\left(\frac{\pi}{x}\right) \right| \leq x^3$$

同理可求出 $y'(0)$，並證明 $y'(x)$ 在 $x = 0$ 連續。

44. 圍線積分 (CONTOUR INTEGRALS)

我們現在回到具有複變數 z 的複值函數 f 的積分。此一積分是以沿著所予圍線 C 的 $f(z)$ 之值來定義，而 C 由複數平面上的點 $z = z_1$ 延伸到點 $z = z_2$。因此它是線積分，其值與圍線 C 以及函數 f 有關。我們將其寫成

$$\int_C f(z)\,dz \quad 或 \quad \int_{z_1}^{z_2} f(z)\,dz$$

當積分值與圍線的選取無關時，則採用後者的符號，它是用於兩固定端點間的積分。雖然圍線積分可以直接定義為和的極限，我們還是選擇第 42 節所介紹的定積分型式來定義它。

微積分中的定積分除了可解釋為面積，它還有其他的解釋。對於在複數平面的積分，除了某些特例，沒有對應於幾何或物理方面的相關解釋。

假設方程式

(1) $$z = z(t) \quad (a \leq t \leq b)$$

表示由點 $z_1 = z(a)$ 延伸到點 $z_2 = z(b)$ 的圍線 C。我們假設 $f[z(t)]$ 在區間 $a \leq t \leq b$ 為片段連續；亦即函數 $f(z)$ 在 C 上片段連續。則我們以參數 t 定義 f 沿著 C 的線積分，或**圍線積分** (contour integral)：

(2) $$\int_C f(z)\,dz = \int_a^b f[z(t)]z'(t)\,dt$$

注意，因為 C 是圍線，所以 $z'(t)$ 在 $a \leq t \leq b$ 亦為片段連續，故 (2) 式的積分存在。

當圍線表示式的改變是第 43 節 (11) 式的類型時，縱使圍線表示式改變而圍線積分值仍是不變。這可由第 43 節，證明弧長的不變性之相同處理方法得知。

我們在此提到圍線積分的一些重要且期待的性質；首先我們同意，若已知一圍線 C，則 $-C$ 表示與 C 的點集相同但方向與 C 相反（圖 39）。

若 C 的表示式為 (1) 式，則 $-C$ 的表示式為

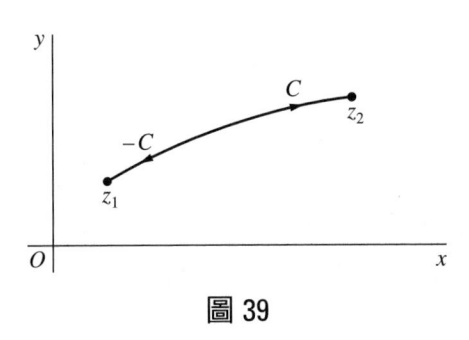

(3) $$z = z(-t) \qquad (-b \leq t \leq -a)$$

圖 39

若 C_1 為由 z_1 到 z_2 的圍線，C_2 為由 z_2 到 z_3 的圍線，兩者組成的圍線稱為**和 (sum)**，寫成 $C = C_1 + C_2$（參閱圖 40）。注意，當圍線 C_1 與 C_2 有相同的終點，則 C_1 與 C_2 的和是有定義的，記作 $C = C_1 - C_2$。

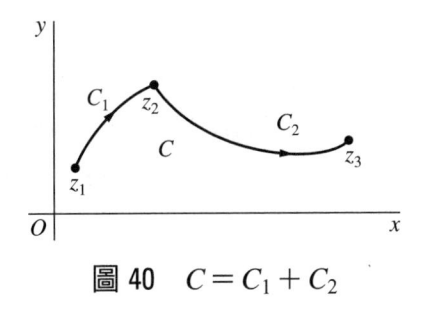

圖 40 $C = C_1 + C_2$

在敘述圍線積分的性質時，我們假設所有函數 $f(z)$ 和 $g(z)$ 在使用的任意圍線上為片段連續。

第一個性質為

(4) $$\int_C z_0 f(z) dz = z_0 \int_C f(z) dz$$

其中 z_0 為任意複常數。此式是由定義 (2) 以及第 42 節的複值函數 $w(t)$ 的積分性質推得，同理下面的性質

$$\text{(5)} \quad \int_C [f(z) + g(z)] dz = \int_C f(z) dz + \int_C g(z) dz$$

亦為真。

利用 (3) 式以及參照第 42 節習題 1(b)，可得

$$\int_{-C} f(z) \, dz = \int_{-b}^{-a} f[z(-t)] \frac{d}{dt} z(-t) \, dt = -\int_{-b}^{-a} f[z(-t)] z'(-t) \, dt$$

其中 $z'(-t)$ 表示 $z(t)$ 對 t 的導數在 $-t$ 求值。然後，以 $\tau = -t$ 代入上式最後的積分，並參照第 43 節習題 1(a)，我們得到

$$\int_{-C} f(z) \, dz = -\int_a^b f[z(\tau)] z'(\tau) \, d\tau$$

此即

$$\text{(6)} \quad \int_{-C} f(z) \, dz = -\int_C f(z) \, dz$$

最後，考慮具有表示式 (1) 的路徑 C，它是由 z_1 到 z_2 的圍線 C_1 與 z_2 到 z_3 的圍線 C_2 所組成，而 C_2 的起點是 C_1 的終點（圖 40）。由於存在 t 的一值 c，使得 $z(c) = z_2$，其中 $a < c < b$，因此，C_1 可表示為

$$z = z(t) \qquad (a \leq t \leq c)$$

而 C_2 可表示為

$$z = z(t) \qquad (c \leq t \leq b)$$

又由第 42 節，關於函數 $w(t)$ 的積分規則，則有

$$\int_a^b f[z(t)] z'(t) \, dt = \int_a^c f[z(t)] z'(t) \, dt + \int_c^b f[z(t)] z'(t) \, dt$$

此即

$$\text{(7)} \quad \int_C f(z) \, dz = \int_{C_1} f(z) \, dz + \int_{C_2} f(z) \, dz$$

45. 例題 (SOME EXAMPLES)

本節與下一節的目的是說明如何利用第 44 節的定義 (2) 來計算圍線積分，並說明第 44 節中之圍線積分的一些性質。關於反導數的探討將延至第 48 節。

例 1 計算圍線積分

$$\int_{C_1} \frac{dz}{z}$$

其中 C_1 為從 $z=1$ 到 $z=-1$ 的圓 $|z|=1$ 的上半部，（參閱圖 41），亦即

$$z = e^{i\theta} \qquad (0 \le \theta \le \pi)$$

依據第 44 節，定義 (2)，

$$(1) \qquad \int_{C_1} \frac{dz}{z} = \int_0^\pi \frac{1}{e^{i\theta}} i e^{i\theta} d\theta = i \int_0^\pi d\theta = \pi i$$

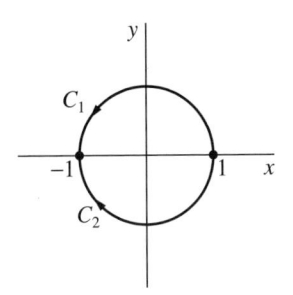

圖 41　$C = C_1 - C_2$

現在計算積分

$$\int_{C_2} \frac{dz}{z}$$

C_2 為從 $z=1$ 到 $z=-1$ 的相同圓 $|z|=1$ 的下半部，如圖 41 所示。欲求此積分，我們用圍線 $-C_2$ 的參數式

複變函數與應用 COMPLEX VARIABLES AND APPLICATIONS

$$z = e^{i\theta} \quad (\pi \leq \theta \leq 2\pi)$$

則有

(2) $\quad \displaystyle\int_{C_2} \frac{dz}{z} = -\int_{-C_2} \frac{dz}{z} = -\int_{\pi}^{2\pi} \frac{1}{e^{i\theta}} i e^{i\theta} d\theta = -i\int_{\pi}^{2\pi} d\theta = -\pi i$

注意 (1) 與 (2) 的積分值不同。且注意，若 C 為封閉曲線 $C = C_1 - C_2$，則

(3) $\quad \displaystyle\int_C \frac{dz}{z} = \int_{C_1} \frac{dz}{z} - \int_{C_2} \frac{dz}{z} = \pi i - (-\pi i) = 2\pi i$

例 2　首先我們假定 C 是由定點 z_1 到定點 z_2 的任一光滑弧（第 43 節）

$$z = z(t) \quad (a \leq t \leq b)$$

（圖 42）。欲求積分

$$\int_C z\,dz = \int_a^b z(t) z'(t)\,dt$$

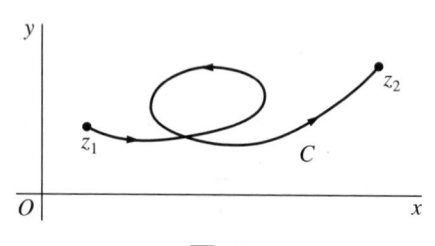

圖 42

依據第 41 節的例 1，可知

$$\frac{d}{dt} \frac{[z(t)]^2}{2} = z(t) z'(t)$$

但因為 $z(a) = z_1$，且 $z(b) = z_2$，我們有

$$\int_C z\,dz = \left.\frac{[z(t)]^2}{2}\right]_a^b = \frac{[z(b)]^2-[z(a)]^2}{2} = \frac{z_2^2-z_1^2}{2}$$

此積分的值僅與 C 的端點有關而與所選取的弧無關，我們可寫成

(4) $$\int_{z_1}^{z_2} z\,dz = \frac{z_2^2-z_1^2}{2}$$

當 C 不一定是光滑圍線時，(4) 式仍然成立，此乃因一條圍線是由有限條光滑的弧 C_k ($k = 1, 2, \ldots, n$) 以端點接端點的方式所組成。明白的說，假設每一條 C_k 由 z_k 延伸至 z_{k+1}，則有

(5) $$\int_C z\,dz = \sum_{k=1}^n \int_{C_k} z\,dz = \sum_{k=1}^n \int_{z_k}^{z_{k+1}} z\,dz = \sum_{k=1}^n \frac{z_{k+1}^2-z_k^2}{2} = \frac{z_{n+1}^2-z_1^2}{2},$$

在此，最後的和可疊縮成兩項，其中 z_1 為 C 的起點，而 z_{n+1} 為 C 的終點。

若 $f(z)$ 的形式為 $f(z) = u(x, y) + iv(x, y)$，其中 $z = x + iy$，我們有時可應用第 44 節的定義 (2)，以變數 x 和 y 的其中之一作為參數。

例3 我們首先令 C_1 為圖 43 所示的折線 OAB，並求積分

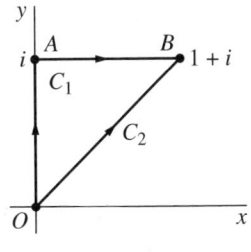

圖 43　$C = C_1 - C_2$

(6) $$I_1 = \int_{C_1} f(z)\,dz = \int_{OA} f(z)\,dz + \int_{AB} f(z)\,dz$$

其中
$$f(z) = y - x - i3x^2 \quad (z = x + iy)$$

線段 OA 的參數式為 $z = 0 + iy$ ($0 \leq y \leq 1$)，且在 OA 線段上的點其 x 座標等於 0，f 的值依據方程式 $f(z) = y$ ($0 \leq y \leq 1$) 隨著參數 y 而改變，因此有，

$$\int_{OA} f(z)\, dz = \int_0^1 yi\, dy = i\int_0^1 y\, dy = \frac{i}{2}$$

而在另一線段 AB 上的點 $z = x + i$ ($0 \leq x \leq 1$)，因為在此線段上 $y = 1$，所以

$$\int_{AB} f(z)\, dz = \int_0^1 (1 - x - i3x^2)\cdot 1\, dx = \int_0^1 (1-x)\, dx - 3i\int_0^1 x^2\, dx = \frac{1}{2} - i$$

由方程式 (6)，可知

(7) $$I_1 = \frac{1-i}{2}$$

於圖 43 中，若 C_2 表示直線 $y = x$ 的線段 OB，則其參數式為 $z = x + ix$ ($0 \leq x \leq 1$)，這是因為在 OB 上有 $y = x$，所以

$$I_2 = \int_{C_2} f(z)\, dz = \int_0^1 -i3x^2(1+i)\, dx = 3(1-i)\int_0^1 x^2\, dx = 1 - i$$

顯然，即使兩路徑 C_1 和 C_2 有相同的起點和終點，但是 f(z) 沿著此兩路徑的積分值卻不同。

注意，由上述結果可得 f(z) 在簡單閉圍線 OABO，或 $C_1 - C_2$ 的積分具有非零值

$$I_1 - I_2 = \frac{-1+i}{2}$$

第四章　積分

這三個例題說明了下列關於圍線積分的重要事實：

(a) 一所予函數由一定點到另一定點的圍線積分值可能與所選取的路徑無關（例2），但並非一定如此（例1和例3）；

(b) 一所予函數繞著每一個閉圍線的圍線積分，其值均為0（例2），但並非都如此（例1和例3）。

預測一個閉圍線積分，何時與路徑無關或其值為0的問題，將於第48、50和52節討論。

46. 關於分支切割的例子
(EXAMPLES INVOLVING BRANCH CUTS)

圍線積分的路徑可包含被積函數的分支切割上的一點。下面兩個例子說明此點。

例1　令 C 為由點 $z=3$ 到點 $z=-3$ 的半圓路徑（圖44）。雖然多值函數 $z^{1/2}$ 的分支

$$f(z) = z^{1/2} = \exp\left(\frac{1}{2}\log z\right) \quad (|z|>0, 0<\arg z<2\pi)$$

在圍線 C 的起點 $z=3$ 無定義，但是積分

(1) $$I = \int_C z^{1/2}\,dz$$

仍然存在，此乃因被積函數在 C 為片段連續。欲了解此點，我們首先觀察當 $z(\theta)=3\,e^{i\theta}$，

$$f[z(\theta)] = \exp\left[\frac{1}{2}(\ln 3 + i\theta)\right] = \sqrt{3}\,e^{i\theta/2}$$

因此函數

$$f[z(\theta)]z'(\theta) = \sqrt{3}\,e^{i\theta/2}3ie^{i\theta} = 3\sqrt{3}ie^{i3\theta/2} = -3\sqrt{3}\sin\frac{3\theta}{2} + i3\sqrt{3}\cos\frac{3\theta}{2}$$
$$(0 < \theta \leq \pi)$$

的實部與虛部在 $\theta = 0$ 的右側極限分別為 0 與 $i3\sqrt{3}$。這表示 $f[z(\theta)]z'(\theta)$ 在閉區間 $0 \leq \theta \leq \pi$ 為連續，其值在 $\theta = 0$ 時定義為 $i3\sqrt{3}$。因此

$$I = 3\sqrt{3}i\int_0^\pi e^{i3\theta/2}\,d\theta$$

因為

$$\int_0^\pi e^{i3\theta/2}\,d\theta = \frac{2}{3i}e^{i3\theta/2}\Big]_0^\pi = -\frac{2}{3i}(1+i)$$

故 (1) 式的積分值為

(2) $$I = -2\sqrt{3}(1+i)$$

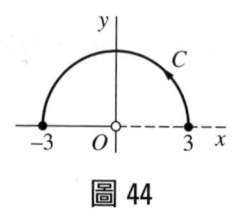

圖 44

例2 利用冪次函數 z^{-1+i} 的主支

$$f(z) = z^{-1+i} = \exp[(-1+i)\mathrm{Log}\,z] \qquad (|z| > 0,\ -\pi < \mathrm{Arg}\,z < \pi)$$

計算積分

(3) $$I = \int_C z^{-1+i}\,dz$$

其中 C 為以原點為圓心的正向單位圓（圖 45）

$$z = e^{i\theta} \qquad (-\pi \leq \theta \leq \pi)$$

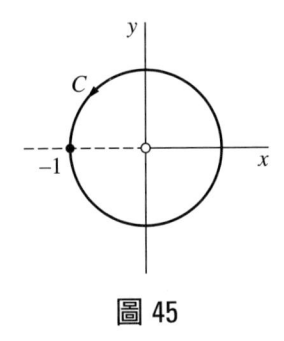

第四章　積分

圖 45

當 $z(\theta) = e^{i\theta}$，可知

(4) $$f[z(\theta)]z'(\theta) = e^{(-1+i)(\ln 1+i\theta)}ie^{i\theta} = ie^{-\theta}$$

函數 (4) 在 $-\pi < \theta < \pi$ 為片段連續，(3) 式的積分存在。事實上

$$I = i\int_{-\pi}^{\pi} e^{-\theta}d\theta = i[-e^{-\theta}]_{-\pi}^{\pi} = i(-e^{-\pi}+e^{\pi})$$

或

$$I = i2\frac{e^{\pi}-e^{-\pi}}{2} = i2\sinh\pi$$

習題

對於習題 1 到 8 的函數 f 和圍線 C，利用 C 或 C 的線段之參數式，求

$$\int_C f(z)\,dz$$

1. $f(z) = (z+2)/z$ 且 C 為

(a) 半圓 $z = 2e^{i\theta}$ $(0 \le \theta \le \pi)$；　　(b) 半圓 $z = 2e^{i\theta}$ $(\pi \le \theta \le 2\pi)$；

(c) 圓 $z = 2e^{i\theta}$ $(0 \le \theta \le 2\pi)$。

答案：$(a) -4 + 2\pi i$；$(b)\ 4 + 2\pi i$；$(c)\ 4\pi i$。

2. $f(z) = z - 1$，而 C 是由 $z = 0$ 到 $z = 2$ 的弧，且由
   (a) 半圓 $z = 1 + e^{i\theta}$ ($\pi \leq \theta \leq 2\pi$)；
   (b) 實軸的線段 $z = x$ ($0 \leq x \leq 2$)
   所構成。
   答案：(a) 0；(b) 0。

3. $f(z) = \pi \exp(\pi \bar{z})$，$C$ 是頂點為 $0, 1, 1+i, i$ 的正方形邊界，且 C 為逆時針方向。
   答案：$4(e^\pi - 1)$。

4. $f(z)$ 是以方程式
$$f(z) = \begin{cases} 1 & \text{當 } y < 0 \\ 4y & \text{當 } y > 0 \end{cases}$$
   來定義，而 C 是沿著曲線 $y = x^3$，由 $z = -1 - i$ 到 $z = 1 + i$ 的弧。
   答案：$2 + 3i$。

5. $f(z) = 1$，C 是 z 平面上由任一定點 z_1 到任一定點 z_2 的任意圍線。
   答案：$z_2 - z_1$。

6. $f(z)$ 是冪次函數 z^i 的主支
$$z^i = \exp(i \text{Log } z) \quad (|z| > 0, -\pi < \text{Arg } z < \pi)$$
   而 C 是半圓 $z = e^{i\theta}$ ($0 \leq \theta \leq \pi$)。
   答案：$-\dfrac{1 + e^{-\pi}}{2}(1 - i)$。

7. $f(z)$ 是指定冪次函數的主支
$$z^{-1-2i} = \exp[(-1-2i)\text{Log} z] \quad (|z| > 0, -\pi < \text{Arg} z < \pi)$$
   而 C 是圍線
$$z = e^{i\theta} \quad \left(0 \leq \theta \leq \frac{\pi}{2}\right)$$

答案：$i\dfrac{e^{\pi}-1}{2}$。

8. $f(z)$ 是冪次函數 z^{a-1} 的主支

$$z^{a-1} = \exp[(a-1)\text{Log} z] \quad (|z|>0, -\pi < \text{Arg} z < \pi)$$

其中 a 為非零實數，C 為以原點為圓心，半徑為 R 的正向圓。

答案：$i\dfrac{2R^a}{a}\sin a\pi$，其中 R^a 取正值。

9. 令 C 表示以原點為圓心的正向單位圓 $|z|=1$。

(a) 證明若 $f(z)$ 為 $z^{-3/4}$ 的主支

$$z^{-3/4} = \exp\left[-\dfrac{3}{4}\text{Log} z\right] \quad (|z|>0, -\pi < \text{Arg} z < \pi)$$

則

$$\int_C f(z)\,dz = 4\sqrt{2}\,i$$

(b) 證明若 $g(z)$ 為與 (a) 部分相同冪次函數的分支

$$z^{-3/4} = \exp\left[-\dfrac{3}{4}\log z\right] \quad (|z|>0, 0 < \arg z < 2\pi)$$

則

$$\int_C g(z)\,dz = -4 + 4i$$

此題描述冪次函數的積分值如何與所用的分支有關。

10. 利用第 42 節習題 3 的結果，計算積分

$$\int_C z^m \bar{z}^n\,dz$$

其中 m 與 n 為整數，而 C 是逆時針方向的單位圓 $|z|=1$。

11. 令 C 為半圓路徑，如圖 46 所示，計算函數 $f(z)=\bar{z}$ 沿著 C 的積分值，C 的參數式如下（參閱第 43 節習題 2）

(a) $z = 2e^{i\theta}$ $\left(-\dfrac{\pi}{2} \leq \theta \leq \dfrac{\pi}{2}\right)$ (b) $z = \sqrt{4-y^2} + iy$ $(-2 \leq y \leq 2)$

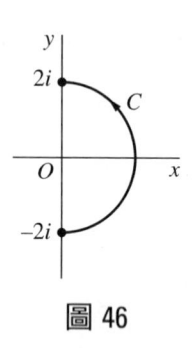

答案：$4\pi i$。

圖 46

12. (a) 設函數 $f(z)$ 在光滑弧 C 連續，C 的參數式為 $z = z(t)$ $(a \leq t \leq b)$；亦即 $f[z(t)]$ 在區間 $a \leq t \leq b$ 連續。證明若 $\phi(\tau)$ $(\alpha \leq \tau \leq \beta)$ 為第 43 節所描述的函數，則

$$\int_a^b f[z(t)]z'(t)\,dt = \int_\alpha^\beta f[Z(\tau)]Z'(\tau)\,d\tau$$

其中 $Z(\tau) = z[\phi(\tau)]$。

(b) 指出何以當 C 為任意圍線，而不必是光滑圍線，且 $f(z)$ 在 C 是片段連續時，(a) 部分所得的恆等式仍然成立。因此，證明了使用參數式 $z = Z(\tau)$ $(\alpha \leq \tau \leq \beta)$ 替代原來的參數式，則 $f(z)$ 沿著 C 的積分值不變。

提示：對於 (a) 部份，可利用第 43 節習題 1(b) 的結果，然後參照該節的 (14) 式。

13. 令 C_0 表示圓心在 z_0，半徑為 R 的圓，使用參數式

$$z = z_0 + Re^{i\theta} \quad (-\pi \leq \theta \leq \pi)$$

證明

$$\int_{C_0} (z-z_0)^{n-1} dz = \begin{cases} 0 & \text{當 } n = \pm 1, \pm 2, \ldots \\ 2\pi i & \text{當 } n = 0 \end{cases}$$

（令 $z_0 = 0$，將此結果與習題 8 之結果比較，其中常數 a 為非零整數）

47. 圍線積分的模數之上界
(UPPER BOUNDS FOR MODULI OF CONTOUR INTEGRALS)

我們現在回到在各種應用上極端重要的圍線積分不等式。我們將結果以定理的形式呈現，但在定理之前需要一個關於 $w(t)$ 的預備定理，此 $w(t)$ 就是曾在第 41 節與 42 節出現過的函數。

預備定理 若 $w(t)$ 為定義在區間 $a \leq t \leq b$ 的片段連續複值函數，則

$$(1) \qquad \left| \int_a^b w(t)\,dt \right| \leq \int_a^b |w(t)|\,dt$$

當左側積分值為零時，不等式顯然成立。因此，在證明時，我們假設其值為非零複數且令

$$(2) \qquad \int_a^b w(t)\,dt = r_0\, e^{i\theta_0}$$

解出 r_0，我們有

$$(3) \qquad r_0 = \int_a^b e^{-i\theta_0} w(t)\,dt$$

現在此方程式的左側為一實數而右側也是。因此，利用實數的實部為實數本身，可得

$$r_0 = \operatorname{Re} \int_a^b e^{-i\theta_0} w(t)\,dt$$

因此，由第 42 節性質 (3) 的第一式知

$$(4) \qquad r_0 = \int_a^b \operatorname{Re}[e^{-i\theta_0} w(t)]\,dt$$

但是

$$\text{Re}[e^{-i\theta_0}w(t)] \leq |e^{-i\theta_0}w(t)| = |e^{-i\theta_0}||w(t)| = |w(t)|$$

且由方程式 (4) 可知

$$r_0 \leq \int_a^b |w(t)|\, dt$$

最後，方程式 (2) 告訴我們，r_0 與不等式 (1) 的左側相同，此即完成了預備定理的證明。

定理 令 C 表示長度為 L 的圍線，且假設函數 $f(z)$ 在 C 為片段連續，若 $f(z)$ 定義於 C 且對 C 的所有點 z 而言，存在一非負常數 M，使得

(5) $$|f(z)| \leq M$$

則

(6) $$\left| \int_C f(z)\, dz \right| \leq ML$$

欲得不等式 (6)，我們假設不等式 (5) 成立且令

$$z = z(t) \qquad (a \leq t \leq b)$$

為 C 的參數式。依據預備定理

$$\left| \int_C f(z)\, dz \right| = \left| \int_a^b f[z(t)]z'(t)\, dt \right| \leq \int_a^b |f[z(t)]z'(t)|\, dt$$

當 $a \leq t \leq b$

$$|f[z(t)]z'(t)| = |f[z(t)]|\,|z'(t)| \leq M\,|z'(t)|$$

除了有限點外，可推得

$$\left| \int_C f(z)\, dz \right| \leq M \int_a^b |z'(t)|\, dt$$

因為右式的積分代表 C 的長度 L（參閱第 43 節），因此不等式 (6) 成

立。若 (5) 為嚴格不等式，則 (6) 當然是嚴格不等式。

注意，因為 C 是圍線且 f 在 C 上為片段連續，因此出現在不等式 (5) 的 M 是存在的。這是因為當 f 在 C 連續時，實值函數 $|f[z(t)]|$ 在有界閉區間 $a \leq t \leq b$ 連續，且此函數在該區間可達到最大值 M^*，因此當 f 在 C 連續，$|f(z)|$ 在 C 有極大值。當 f 在 C 為片段連續也會有相同的結果。

例1 令 C 為圓 $|z| = 2$ 位於第一象限的弧，從 $z = 2$ 到 $z = 2i$（圖 47）。利用不等式 (6) 證明

(7)
$$\left| \int_C \frac{z-2}{z^4+1} \, dz \right| \leq \frac{4\pi}{15}$$

欲證此，首先注意若 z 是 C 上的一點，則

$$|z - 2| = |z + (-2)| \leq |z| + |-2| = 2 + 2 = 4$$

且

$$|z^4 + 1| \geq ||z|^4 - 1| = 15$$

因此，當 z 位於 C 上，則

$$\left| \frac{z-2}{z^4+1} \right| = \frac{|z-2|}{|z^4+1|} \leq \frac{4}{15}$$

令 $M = 4/15$ 且由於 C 的長度 $L = \pi$，我們利用不等式 (6) 得到不等式 (7)。

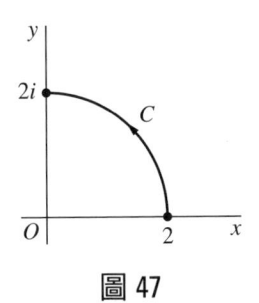

圖 47

---

*例如，參閱 A. E. Taylor 和 W. R. Mann, "*Advanced Calculus*" 第三版，pp. 86–90, 1983。

例2 令 C_R 表示由 $z = R$ 到 $z = -R$ 的半圓

$$z = Re^{i\theta} \qquad (0 \leq \theta \leq \pi)$$

其中 $R > 3$（圖 48）。不用經過實際的運算，就能輕易證明下式成立。

(8) $$\lim_{R \to \infty} \int_{C_R} \frac{(z+1)\,dz}{(z^2+4)(z^2+9)} = 0$$

欲證此，我們觀察，若 z 為 C_R 上的一點，則

$$|z+1| \leq |z| + 1 = R + 1$$
$$|z^2 + 4| \geq ||z|^2 - 4| = R^2 - 4$$

且

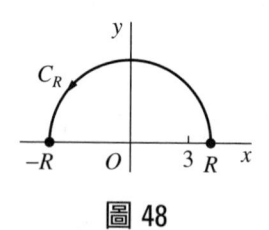

$$|z^2 + 9| \geq ||z|^2 - 9| = R^2 - 9$$

圖 48

這表示，若 z 在 C_R 上且 $f(z)$ 為 (8) 式中的積分函數，則

$$|f(z)| = \left|\frac{z+1}{(z^2+4)(z^2+9)}\right| = \frac{|z+1|}{|z^2+4||z^2+9|} \leq \frac{R+1}{(R^2-4)(R^2-9)} = M_R$$

其中 M_R 為 $|f(z)|$ 在 C_R 的上界，因半圓的長度為 πR，我們可參照本節的定理，利用

$$M_R = \frac{R+1}{(R^2-4)(R^2-9)} \qquad \text{和} \qquad L = \pi R$$

可得

(9) $$\left|\int_{C_R} \frac{(z+1)\,dz}{(z^2+4)(z^2+9)}\right| \leq M_R L$$

其中

$$M_R L = \frac{\pi(R^2 + R)}{(R^2 - 4)(R^2 - 9)} \cdot \frac{\frac{1}{R^4}}{\frac{1}{R^4}} = \frac{\pi\left(\frac{1}{R^2} + \frac{1}{R^3}\right)}{\left(1 - \frac{4}{R^2}\right)\left(1 - \frac{9}{R^2}\right)}$$

由此可知，當 $R \to \infty$ 時，$M_R L \to 0$，由不等式 (9) 可推得極限 (8) 成立。

習題

1. 不必求出積分，證明

(a) $\left| \int_C \frac{z+4}{z^3-1} dz \right| \leq \frac{6\pi}{7}$ (b) $\left| \int_C \frac{dz}{z^2-1} \right| \leq \frac{\pi}{3}$

其中 C 為第 47 節，例 1 的弧。

2. 令 C 為由 $z = i$ 到 $z = 1$ 的線段（圖 49），不必求出積分。證明

$$\left| \int_C \frac{dz}{z^4} \right| \leq 4\sqrt{2}$$

提示：線段上的中點是距離原點最近的點，其距離為 $d = \sqrt{2}/2$。

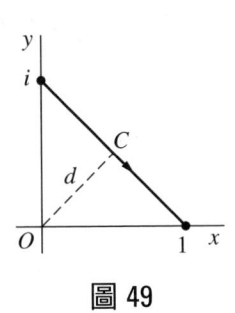

圖 49

3. 三角形的頂點為 $0, 3i, -4$，C 為三角形的邊界。方向為逆時針方向（圖 50），證明

$$\left| \int_C (e^z - \bar{z}) \, dz \right| \leq 60$$

提示：$|e^z - \bar{z}| \leq e^x + \sqrt{x^2 + y^2}$ 其中 $z = x + iy$。

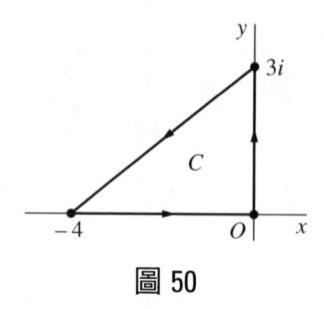

圖 50

4. 令 C_R 表示圓 $|z| = R$ $(R > 2)$ 的上半部，取逆時針方向，證明

$$\left| \int_{C_R} \frac{2z^2 - 1}{z^4 + 5z^2 + 4} \, dz \right| \leq \frac{\pi R(2R^2 + 1)}{(R^2 - 1)(R^2 - 4)}$$

然後將右式的分子與分母同除以 R^4，證明當 R 趨近於無窮大時，積分值趨近於 0。（與第 47 節的例 2 比較。）

5. 令 C_R 為圓 $|z| = R$ $(R > 1)$，取逆時針方向，證明

$$\left| \int_{C_R} \frac{\text{Log } z}{z^2} \, dz \right| < 2\pi \left(\frac{\pi + \ln R}{R} \right)$$

然後利用 l'Hospital 法則，證明當 R 趨近於無窮大時，此積分值趨近於 0。

6. 令 C_ρ 表示圓 $|z| = \rho$ $(0 < \rho < 1)$，方向為逆時針方向，假設 $f(z)$ 在圓盤 $|z| \leq 1$ 可解析。證明若 $z^{-1/2}$ 表示 z 之冪次的任一特定分支，則有一個與 ρ 無關的非負常數 M，使得

$$\left| \int_{C_\rho} z^{-1/2} f(z) \, dz \right| \leq 2\pi M \sqrt{\rho}$$

因此，證明當 ρ 趨近於 0 時，積分值趨近於 0。

提示：注意，$f(z)$ 在整個圓盤 $|z| \leq 1$ 可解析，因此是連續的，且為有界（第 18 節）。

7. 利用第 47 節的不等式 (1)，證明對所有位於區間 $-1 \leq x \leq 1$ 的 x 值而言，函數 *

$$P_n(x) = \frac{1}{\pi} \int_0^{\pi} (x + i\sqrt{1-x^2} \cos\theta)^n \, d\theta \qquad (n = 0, 1, 2, \ldots)$$

滿足不等式 $|P_n(x)| \leq 1$。

8. 令 C_N 為直線

$$x = \pm \left(N + \frac{1}{2}\right)\pi \quad \text{和} \quad y = \pm \left(N + \frac{1}{2}\right)\pi$$

所形成之正方形的邊界，其中 N 為正整數，C_N 為逆時針方向。

(a) 利用第 38 節習題 8(a) 和 9(a) 所得的不等式

$$|\sin z| \geq |\sin x| \quad \text{和} \quad |\sin z| \geq |\sinh y|$$

證明在正方形的垂直側，$|\sin z| \geq 1$，而在水平側，$|\sin z| > \sinh(\pi/2)$。因此，證明有一個與 N 無關的正數 A，使得對圍線 C_N 上的所有點 z 而言，$|\sin z| \geq A$ 恆成立。

(b) 利用 (a) 的結果，證明

$$\left| \int_{C_N} \frac{dz}{z^2 \sin z} \right| \leq \frac{16}{(2N+1)\pi A}$$

因此可得當 N 趨近於無窮大時，此積分值趨近於 0。

48. 反導數 (ANTIDERIVATIVES)

雖然函數 $f(z)$ 由一定點 z_1 到另一定點 z_2 的圍線積分值，與路徑之選取有關，但是有某些函數其由 z_1 到 z_2 的積分值**與路徑無關 (independent of path)**。

---

*這些函數確實是 x 的多項式。它們是 **Legendre 多項式 (Legendre polynomials)** 且在應用數學上頗為重要。習題 7 中的 $P_n(x)$ 有時稱為 **Laplace 第一積分分式 (Laplace's first integral form)**。

回想第 45 節末的敘述 (a) 與 (b)。這些敘述也提醒了我們，環繞封閉路徑的積分值有時為零，但並非一定為零。下面的定理有助於判斷何時積分與路徑無關，且何時環繞封閉路徑的積分值為 0。

定理包含微積分基本定理的推廣，其簡化了許多圍線積分的計算，這個推廣與連續函數 f 在域 D 的**反導數 (antiderivative)** 概念有關，亦即，對域 D 的所有 z 而言，有一函數 F(z) 使得 $F'(z) = f(z)$。注意，反導數必須是解析函數，又注意，除了一常數外，所予函數 f(z) 的反導數是唯一的。這是因為任意兩個反導數之差 $F(z) - G(z)$ 的導數為 0；且依據第 25 節的定理，若一解析函數的導數在整個域 D 為零，則此解析函數在域 D 為常數。

定理 設函數 f(z) 在域 D 連續，若下列任一敘述為真，則其餘敘述亦為真：

(a) f(z) 在 D 有反導數 F(z)；

(b) f(z) 沿著完全位於 D 內之圍線，從任一定點 z_1 到任一定點 z_2，其積分值均相同，亦即

$$\int_{z_1}^{z_2} f(z)\, dz = F(z) \Big]_{z_1}^{z_2} = F(z_2) - F(z_1)$$

其中 F(z) 為敘述 (a) 中之反導數；

(c) f(z) 沿著完全位於 D 內之閉圍線，其積分值均為 0。

必須強調的是，對所予函數 f(z) 而言，這個定理並不是針對上述某一敘述談論其真偽。它要說的是所有的三個敘述同時為真或同時為偽。在下一節，我們將專注在證明這個定理，但讀者若只想學習積分定理的其他重要性質可跳過該節。我們在此提供一些例題說明這個定理的用法。

例1 連續函數 $f(z) = e^{\pi z}$ 在整個有限平面具有反導數 $F(z) = e^{\pi z}/\pi$，因此

$$\int_i^{i/2} e^{\pi z} dz = \left.\frac{e^{\pi z}}{\pi}\right]_i^{i/2} = \frac{1}{\pi}\left(e^{i\pi/2} - e^{i\pi}\right) = \frac{1}{\pi}(i+1) = \frac{1}{\pi}(1+i)$$

例2 函數 $f(z) = 1/z^2$ 除了原點外到處連續，在域 $|z| > 0$ 具有反導數 $F(z) = -1/z$。域 $|z| > 0$ 是去除原點的整個平面所組成，當 C 是圓心為原點的正向單位圓 $z = e^{i\theta}$ $(-\pi \leq \theta \leq \pi)$，則有

$$\int_C \frac{dz}{z^2} = 0$$

注意，函數 $f(z) = 1/z$ 繞同一個圓的積分不能以類似的方法來計算。因為，雖然 $\log z$ 的任一分支 $F(z)$ 的導數為 $1/z$（第 33 節），但沿著其分支切割，$F(z)$ 是不可微或甚至無定義。特別地，若從原點開始的射線 $\theta = \alpha$ 用作形成分支切割，則 $F'(z)$ 於該射線與圓 C（圖 51）的交點不存在。因此 C 所在的域並非一定具有 $F'(z) = 1/z$，所以我們不能直接使用反導數。但在接下來的例 3，說明如何以兩個不同反導數的組合來求 $f(z) = 1/z$ 繞 C 的積分。

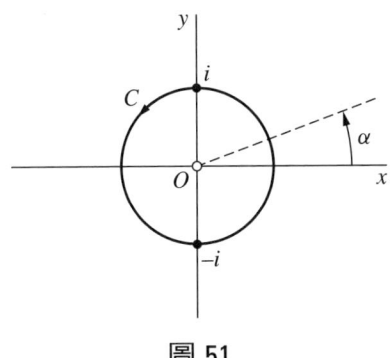

圖 51

例3 令 C_1 表示圖 51 的圓 C 之右半

$$z = e^{i\theta} \qquad \left(-\frac{\pi}{2} \leq \theta \leq \frac{\pi}{2}\right)$$

在求函數 $1/z$ 沿著 C_1 的積分（圖 52），可用對數函數的主支

$$\text{Log}\, z = \ln r + i\Theta \qquad (r > 0, -\pi < \Theta < \pi)$$

當作 $1/z$ 的反導數：

$$\int_{C_1} \frac{dz}{z} = \int_{-i}^{i} \frac{dz}{z} = \text{Log}\, z\Big]_{-i}^{i} = \text{Log}\, i - \text{Log}\, (-i)$$
$$= \left(\ln 1 + i\frac{\pi}{2}\right) - \left(\ln 1 - i\frac{\pi}{2}\right) = \pi i$$

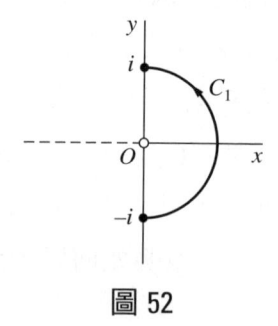

圖 52

其次，令 C_2 表示同一圓 C 的左半

$$z = e^{i\theta} \qquad \left(\frac{\pi}{2} \leq \theta \leq \frac{3\pi}{2}\right)$$

並考慮對數函數的分支（圖 53）。

$$\log z = \ln r + i\theta \qquad (r > 0, 0 < \theta < 2\pi)$$

我們可以寫出

$$\int_{C_2} \frac{dz}{z} = \int_i^{-i} \frac{dz}{z} = \log z \Big]_i^{-i} = \log(-i) - \log i$$
$$= \left(\ln 1 + i\frac{3\pi}{2}\right) - \left(\ln 1 + i\frac{\pi}{2}\right) = \pi i$$

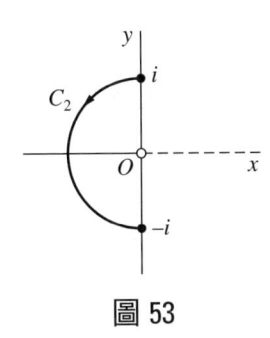

圖 53

因此 $1/z$ 繞著整個圓 $C = C_1 + C_2$ 的積分值為：

$$\int_C \frac{dz}{z} = \int_{C_1} \frac{dz}{z} + \int_{C_2} \frac{dz}{z} = \pi i + \pi i = 2\pi i$$

例4　利用反導數求積分

(1) $$\int_{C_1} z^{1/2} \, dz$$

其中被積分函數為平方根函數的分支

(2) 　$f(z) = z^{1/2} = \exp\left(\frac{1}{2} \log z\right) = \sqrt{r} e^{i\theta/2} \qquad (r > 0, 0 < \theta < 2\pi)$

而 C_1 是由 $z = -3$ 到 $z = 3$ 的任一圍線，除了端點外，皆位於 x 軸上方（圖 54）。雖然被積函數在 C_1 片段連續，因此積分存在，但 $z^{1/2}$ 的分支 (2) 在射線 $\theta = 0$ 沒有定義，特別地，在點 $z = 3$ 無定義。但另一分支

$$f_1(z) = \sqrt{r} e^{i\theta/2} \qquad \left(r > 0, -\frac{\pi}{2} < \theta < \frac{3\pi}{2}\right)$$

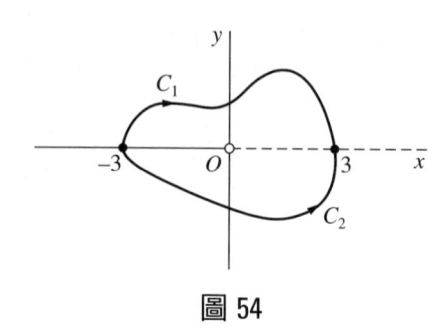

圖 54

在 C_1 到處有定義且連續。除了 $z=3$ 外，$f_1(z)$ 在 C_1 的值與被積函數 (2) 一致；因此被積函數可用 $f_1(z)$ 替代。由於 $f_1(z)$ 的反導數為

$$F_1(z) = \frac{2}{3}z^{3/2} = \frac{2}{3}r\sqrt{r}e^{i3\theta/2} \qquad \left(r>0, -\frac{\pi}{2}<\theta<\frac{3\pi}{2}\right)$$

故可算出

$$\int_{C_1} z^{1/2}\,dz = \int_{-3}^{3} f_1(z)\,dz = F_1(z)\Big]_{-3}^{3} = 2\sqrt{3}(e^{i0} - e^{i3\pi/2}) = 2\sqrt{3}(1+i)$$

（與第 46 節例題 1 比較。）

函數 (2) 對任一位於 x 軸下方，從 $z=-3$ 到 $z=3$ 之任意圍線 C_2 的積分

(3) $$\int_{C_2} z^{1/2}\,dz$$

可用類似方法求值。在此例中我們可用分支

$$f_2(z) = \sqrt{r}e^{i\theta/2} \left(r>0, \frac{\pi}{2}<\theta<\frac{5\pi}{2}\right)$$

取代被積函數，因為此函數在 $z=-3$ 以及在 C_2 的值與被積函數一致。這使我們可以用 $f_2(z)$ 的反導數求 (3) 的積分值，細節留作習題。

49. 定理的證明 (PROOF OF THE THEOREM)

欲證明第 48 節的定理，證明敘述 (a) 意含敘述 (b)，敘述 (b) 意含敘述 (c) 且敘述 (c) 意含敘述 (a)。因此如同第 48 節所指出的，敘述同時為真或同時為偽。

(a) 意含 (b)

首先假設敘述 (a) 為真，或 $f(z)$ 在域 D 有反導數 $F(z)$，欲證明如何推導出敘述 (b)，我們需要證明積分在 D 與路徑無關，且使用 $F(z)$ 將微積分基本定理延伸。若位於 D 內從 z_1 到 z_2 的圍線 C 為光滑弧，其參數式為 $z = z(t)$ $(a \leq t \leq b)$，則由第 43 節習題 5 得知

$$\frac{d}{dt} F[z(t)] = F'[z(t)]z'(t) = f[z(t)]z'(t) \quad (a \leq t \leq b)$$

因為微積分的基本定理可延伸至實變數的複值函數，所以

$$\int_C f(z)\,dz = \int_a^b f[z(t)]z'(t)\,dt = F[z(t)]\Big]_a^b = F[z(b)] - F[z(a)]$$

因為 $z(b) = z_2$ 且 $z(a) = z_1$，此圍線積分值為

$$F(z_2) - F(z_1)$$

只要由 z_1 延伸至 z_2 的圍線 C 完全位於 D 內，則此值與圍線 C 無關。亦即，當 C 為光滑弧時，

(1) $$\int_{z_1}^{z_2} f(z)\,dz = F(z_2) - F(z_1) = F(z)\Big]_{z_1}^{z_2}$$

當 C 為完全位於 D 內的任意圍線且 C 不必是光滑弧時，(1) 式仍然成立。因為，若 C 由有限個光滑弧 C_k $(k = 1, 2, \ldots, n)$ 組成，而每一個 C_k 是由點 z_k 延伸至 z_{k+1}，則

$$\int_C f(z)\,dz = \sum_{k=1}^{n} \int_{C_k} f(z)\,dz = \sum_{k=1}^{n} \int_{z_k}^{z_{k+1}} f(z)\,dz = \sum_{k=1}^{n}[F(z_{k+1}) - F(z_k)]$$

因為最後的和，疊縮成 $F(z_{n+1}) - F(z_1)$，我們得到

$$\int_C f(z)\,dz = F(z_{n+1}) - F(z_1)$$

（與第 45 節例 2 比較），此即證明了由敘述 (a) 推得敘述 (b)。

(b) 意含 (c)

要證明敘述 (b) 意含敘述 (c)，我們假設 $f(z)$ 的積分在 D 與路徑無關且證明如何由此推得 $f(z)$ 在 D 內繞著封閉圍線的積分值為 0。欲證此，我們令 z_1 和 z_2 表示完全位於 D 內的封閉圍線 C 上的兩點，且形成起點為 z_1，終點為 z_2 的兩路徑 C_1 與 C_2，使得 $C = C_1 - C_2$（圖 55）。假設積分在 D 內與路徑無關，則可寫成

(2) $$\int_{C_1} f(z)\,dz = \int_{C_2} f(z)\,dz$$

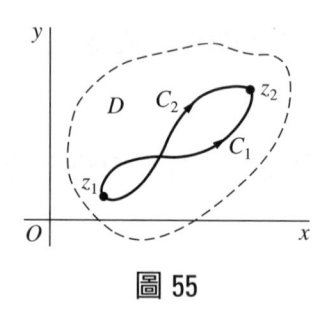

圖 55

或

(3) $$\int_{C_1} f(z)\,dz + \int_{-C_2} f(z)\,dz = 0$$

亦即，$f(z)$ 繞著閉圍線 $C = C_1 - C_2$ 的積分值為 0。

(c) 意含 (a)

剩下要證明的是若所予函數 $f(z)$ 繞著在 D 內的閉圍線其積分值為 0，則 $f(z)$ 在 D 有反導數。假設此積分的值為 0，我們開始證明積分值與 D 內的路徑無關。令 C_1 和 C_2 表示從點 z_1 到點 z_2 的任意兩條位於 D 內的圍線，因為繞著在 D 內的閉圍線其積分值為 0，方程式 (3) 成立（參閱圖 55），因此方程式 (2) 成立所以積分值與 D 內的路徑無關；我們可以在 D 定義函數

$$F(z) = \int_{z_0}^{z} f(s)\,ds$$

我們只要證明在 D 內每一點皆有 $F'(z) = f(z)$，則可完成定理的證明。令 $z + \Delta z$ 為位於 z 的某一鄰域內，異於 z 的任一點，而此鄰域小到完全包含於 D 內，則

$$F(z+\Delta z) - F(z) = \int_{z_0}^{z+\Delta z} f(s)\,ds - \int_{z_0}^{z} f(s)\,ds = \int_{z}^{z+\Delta z} f(s)\,ds$$

其中積分路徑選取線段（圖 56），因為

$$\int_{z}^{z+\Delta z} ds = \Delta z$$

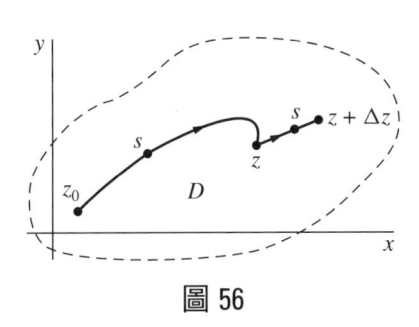

圖 56

（參閱第 46 節習題 5），我們有

$$f(z) = \frac{1}{\Delta z} \int_z^{z+\Delta z} f(z)\, ds$$

因此

$$\frac{F(z+\Delta z)-F(z)}{\Delta z} - f(z) = \frac{1}{\Delta z}\int_z^{z+\Delta z}[f(s)-f(z)]\,ds$$

但 f 在 z 點連續。因此對每一個正數 ε，存在一個正數 δ，使得當 $|s-z|<\delta$

$$|f(s)-f(z)|<\varepsilon$$

恆成立，所以，若點 $z+\Delta z$ 充分接近 z 使得 $|\Delta z|<\delta$，則

$$\left|\frac{F(z+\Delta z)-F(z)}{\Delta z}-f(z)\right| < \frac{1}{|\Delta z|}\varepsilon|\Delta z| = \varepsilon$$

亦即

$$\lim_{\Delta z \to 0} \frac{F(z+\Delta z)-F(z)}{\Delta z} = f(z)$$

或 $F'(z)=f(z)$。

習題

1. 使用反導數，證明由點 z_1 延伸到點 z_2 的任一圍線 C，

$$\int_C z^n\, dz = \frac{1}{n+1}(z_2^{n+1}-z_1^{n+1}) \qquad (n=0,1,2,\ldots)$$

2. 求出反導數以計算下列積分值，其中的路徑是積分上下限之間的任一圍線：

(a) $\displaystyle\int_0^{1+i} z^2\, dz$ (b) $\displaystyle\int_0^{\pi+2i} \cos\left(\frac{z}{2}\right) dz$ (c) $\displaystyle\int_1^3 (z-2)^3\, dz$

答案：(a) $\dfrac{2}{3}(-1+i)$；(b) $e+\dfrac{1}{e}$；(c) 0。

3. 當 C_0 為不通過 z_0 點的任一閉圍線，使用第 48 節的定理，證明

$$\int_{C_0} (z-z_0)^{n-1}\, dz = 0 \qquad (n = \pm 1, \pm 2, \ldots)$$

4. 求出第 48 節例 4 中 $z^{1/2}$ 的分支 $f_2(z)$ 的反導數 $F_2(z)$，證明 (3) 的積分值為 $2\sqrt{3}(-1+i)$。注意，在此例中，函數 (2) 繞著封閉圍線 $C_2 - C_1$ 的積分值為 $-4\sqrt{3}$。

5. 證明

$$\int_{-1}^{1} z^i\, dz = \frac{1+e^{-\pi}}{2}(1-i)$$

其中積分函數表示 z^i 的主支

$$z^i = \exp(i\, \mathrm{Log}\, z) \qquad (|z| > 0,\, -\pi < \mathrm{Arg}\, z < \pi)$$

而積分路徑是由 $z = -1$ 到 $z = 1$ 的任一圍線，除了端點外，皆位於實軸上方。（與第 46 節習題 6 比較。）

提示：利用相同冪次函數的分支

$$z^i = \exp(i\, \log z) \qquad \left(|z| > 0,\, -\frac{\pi}{2} < \arg z < \frac{3\pi}{2}\right)$$

的反導數。

50. Cauchy–Goursat 定理
(CAUCHY–GOURSAT THEOREM)

於第 48 節可知，對於一個在域 D 具有反導數的連續函數 f 而言，$f(z)$ 繞著完全位於 D 中任一封閉圍線 C 的積分值為零。本節，我們要提出一定理，此定理是對函數 f 加上某些條件，使得 $f(z)$ 繞著簡單封閉圍線（第 43 節）的積分值為零。這個定理是複變函數理論的重點，而有關的一些修改，包括某些特殊類型的域，將於第 52 和 53 節中討論。

我們令 C 為簡單封閉圍線 $z = z(t)$ $(a \leq t \leq b)$，方向為正向（逆時針方向），並假設 f 在 C 及其內部的每一點均是可解析的。依據第 44 節，

(1) $$\int_C f(z)\, dz = \int_a^b f[z(t)]z'(t)\, dt$$

且若

$$f(z) = u(x, y) + iv(x, y) \quad 和 \quad z(t) = x(t) + iy(t)$$

則 (1) 式的被積函數 $f[z(t)]z'(t)$ 為實變數 t 的函數

$$u[x(t), y(t)] + iv[x(t), y(t)], \quad x'(t) + iy'(t)$$

之積。因此

(2) $$\int_C f(z)\, dz = \int_a^b (ux' - vy')\, dt + i\int_a^b (vx' + uy')\, dt$$

以兩個實變數之實值函數的線積分表示，則有

(3) $$\int_C f(z)\, dz = \int_C u\, dx - v\, dy + i\int_C v\, dx + u\, dy$$

將 (3) 式左側的 $f(z)$ 和 dz 分別以二項式

$$u + iv \quad 和 \quad dx + i\, dy$$

取代，然後將乘積展開可得 (3) 式。當然，若 C 為任意圍線，不一定要簡單封閉圍線且 $f[z(t)]$ 在 C 為片段連續，則 (3) 式仍然成立。

其次，我們回顧微積分的結果。方程式 (3) 右側的線積分可用重積分表示，假設兩個實值函數 $P(x, y)$ 和 $Q(x, y)$ 與其一階偏導數，於簡單封閉圍線 C 所圍的封閉區域 R 到處連續，則由 Green 定理知，

$$\int_C P\, dx + Q\, dy = \iint_R (Q_x - P_y)\, dA$$

因為 f 在 R 可解析，故 f 在 R 連續。因此函數 u 和 v 在 R 亦為連續。

同樣地，若 f 的導數 f' 在 R 連續，則 u 和 v 的一階偏導數也在 R 連續。根據 Green 定理，我們可將方程式 (3) 重寫成

(4) $$\int_C f(z)\, dz = \iint_R (-v_x - u_y)\, dA + i \iint_R (u_x - v_y)\, dA$$

但是，由 Cauchy–Riemann 方程式

$$u_x = v_y, \quad u_y = -v_x$$

這兩個重積分的被積函數在整個 R 為 0，所以，當 f 在 R 可解析，且 f' 在 R 連續，則

(5) $$\int_C f(z)\, dz = 0$$

此為 Cauchy 在 19 世紀初所得之結果。

注意，一旦確定此積分值為 0，則 C 的方向並不重要，亦即，若 C 取順時針方向，(5) 式亦成立，因為

$$\int_C f(z)\, dz = -\int_{-C} f(z)\, dz = 0$$

例 若 C 為任一簡單封閉圍線，取任一方向，則

$$\int_C \sin(z^2)\, dz = 0$$

這是因為合成函數 $f(z) = \sin(z^2)$ 到處可解析且其導數 $f'(z) = 2z\cos(z^2)$ 到處連續。

Goursat[*] 是第一個證明了 f' 的連續條件是可以省略的人。這個省略是重要的，例如，它允我們不用假設 f' 的連續性，就可以證明任何解析函數 f 的導數 f' 也是可解析的。我們現在寫出 Cauchy 結果的修正版，並將

---

[*]E. Goursat (1858–1936)，念作 *gour-sah'*。

它稱為 Cauchy–Goursat 定理 (Cauchy–Goursat theorem)。

定理 若函數 f 在簡單封閉圍線 C 及其內部所有點可解析，則

$$\int_C f(z)\,dz = 0$$

在下一節，我們假設 C 是正向的曲線，然後將定理加以證明。讀者若願意不經證明就接受這個定理，可直接跳到第 52 節。

51. 定理的證明 (PROOF OF THE THEOREM)

由於 Cauchy–Goursat 定理的證明相當冗長，我們將它分成三個部分。建議讀者務必按序學習。

初步的預備定理

我們先介紹預備定理，然後利用它來證明 Cauchy–Goursat 定理。在此預備定理，我們以正向簡單封閉圍線 C 及其內部的點，來構成區域 R 的子集合。為達此目的，我們分別畫出平行於實軸和虛軸的直線，並且這些相鄰的垂直線與相鄰的水平線的距離是相等的。如此形成有限個閉方塊子區域，其中 R 的每一點至少位於此子區域中的一個且每一個子區域包含 R 的點。我們稱這些方塊子區域為方塊，要記住方塊是包含邊界及其內部的點。若一方塊包含 R 以外的點，我們去除這些點，並稱剩下的部分為**不完整方塊 (partial square)**。因此我們用有限個方塊和不完整方塊**覆蓋 (cover)** 區域 R（圖 57），我們以覆蓋作為證明下列預備定理的出發點。

第四章　積分

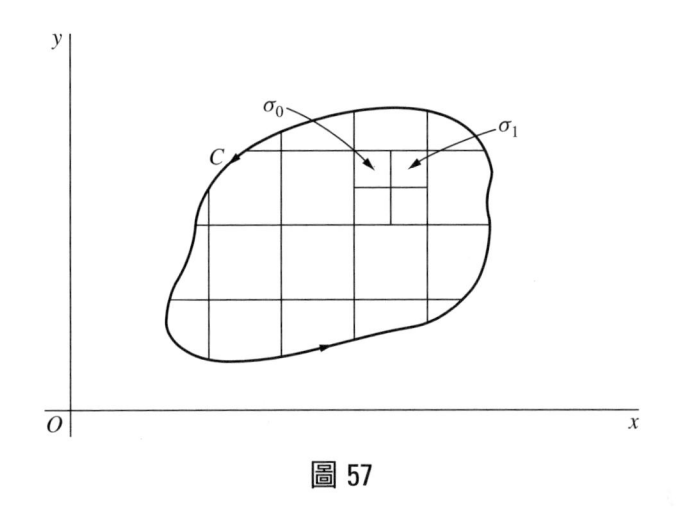

圖 57

預備定理　假設封閉區域 R 是由正向簡單封閉圍線 C 及其內部的點所組成，令 f 在 R 可解析。對任一正數 ε，可用標示為 $j = 1, 2, \ldots, n$ 的有限多個方塊和不完整方塊覆蓋 R，使得在每一方塊或不完整方塊中，存在一定點 z_j 滿足不等式

(1) $$\left| \frac{f(z) - f(z_j)}{z - z_j} - f'(z_j) \right| < \varepsilon$$

而 z 為該方塊或不完整方塊中，異於 z_j 的點。

　　開始證明時，我們考慮有一種建構覆蓋的可能性，就是在某些方塊或不完整方塊中，並無使不等式 (1) 成立的點 z_j，若子區域為方塊，我們以線段連接方塊之對邊中點形成四個小方塊（圖 57）。若子區域為不完整方塊，我們將其視為完整方塊將方塊四等分，然後將不屬於 R 的部分去掉，假如在這些較小的子區域仍然不存在使不等式 (1) 成立的點 z_j，我們就繼續分割成更小的方塊，當對每一個子區域作分割，經有限多次的分割後，可得使預備定理為真的有限多個方塊和不完整方塊覆蓋 R。

欲證明此點，我們假設原始子區域經有限多次分割後，仍無使 (1) 式成立而導致矛盾。若子區域是方塊，我們令 σ_0 表示此子區域，若是不完整方塊，我們令 σ_0 表示其完整方塊，在分割 σ_0 之後，四個小方塊之中至少有一個方塊（記作 σ_1），包含 R 的點而不含 z_j，我們再用相同的方法分割 σ_1 並繼續下去，方塊 σ_{k-1} ($k = 1, 2, \ldots$) 經分割後，或許四個較小方塊中不只一個可被選用，為了容易識別，我們選取最左下的方塊當做 σ_k。

以此方式，我們建構出方塊的巢狀無窮序列

(2) $$\sigma_0, \sigma_1, \sigma_2, \ldots, \sigma_{k-1}, \sigma_k, \ldots$$

不難證明（第 53 節習題 9）存在屬於每一個 σ_k 的點 z_0，而每一個 σ_k 皆包含 R 中異於 z_0 的點。回想方塊的大小在序列中如何遞減，並注意任一 z_0 的 δ 鄰域 $|z - z_0| < \delta$，此鄰域所包含的方塊其對角線長度小於 δ。因此每一個 δ 鄰域 $|z - z_0| < \delta$ 包含 R 中異於 z_0 的點，這表示 z_0 是 R 的聚集點。因為區域 R 是閉集合，所以 z_0 是 R 中的點（參閱第 12 節）。

由於函數 f 在 R 可解析，特別的，在 z_0 可解析，所以 $f'(z_0)$ 存在。依據導數的定義（第 19 節），對每一個正數 ε，存在一個 δ 鄰域 $|z - z_0| < \delta$，使得對鄰域中異於 z_0 的點而言，不等式

$$\left| \frac{f(z) - f(z_0)}{z - z_0} - f'(z_0) \right| < \varepsilon$$

恆成立。但只要整數 K 夠大，使得方塊 σ_K 的對角線長度小於 δ，鄰域 $|z - z_0| < \delta$ 包含 σ_K（圖 58）。因為對於由方塊 σ_K 或 σ_K 的一部分所構成的子區域而言，z_0 作為不等式 (1) 中的 z_j，與序列 (2) 的構成方式牴觸，所以不需要再分割 σ_K。因此得到矛盾，此即完成了預備定理的證明。

圖 58

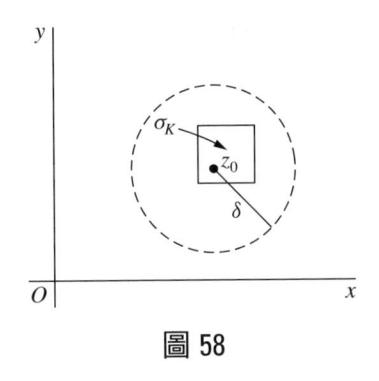

積分的模數之上界

區域 R 是由正向簡單封閉圍線 C 及其內部的點所組成，函數 f 在整個 R 可解析，我們準備證明 Cauchy–Goursat 定理，即

$$\int_C f(z)\,dz = 0 \tag{3}$$

給予任一正數 ε，考慮預備定理中之 R 的覆蓋。我們在第 j 個方塊或不完整方塊定義函數 $\delta_j(z)$ 如下；

$$\delta_j(z) = \frac{f(z) - f(z_j)}{z - z_j} - f'(z_j) \quad 當 \quad z \neq z_j \tag{4}$$

而 $\delta_j(z_j) = 0$，其中 z_j 是不等式 (1) 中的定點。
依據不等式 (1)，對子區域的每一點而言，

$$|\delta_j(z)| < \varepsilon \tag{5}$$

恆成立，而 $\delta_j(z)$ 定義於子區域中。此外，因為 $f(z)$ 連續且

$$\lim_{z \to z_j} \delta_j(z) = f'(z_j) - f'(z_j) = 0$$

所以函數 $\delta_j(z)$ 在整個子區域連續。

其次，令 C_j ($j = 1, 2, \ldots, n$) 表示上述覆蓋 R 的方塊或不完整方塊之

正向邊界。由 $\delta_j(z)$ 的定義，f 在任一特定 C_j 上的點 z 之值可以寫成

$$f(z) = f(z_j) - z_j f'(z_j) + f'(z_j)z + (z - z_j)\delta_j(z)$$

這表示

(6)
$$\int_{C_j} f(z)\,dz = [f(z_j) - z_j f'(z_j)] \int_{C_j} dz + f'(z_j) \int_{C_j} z\,dz + \int_{C_j} (z - z_j)\delta_j(z)\,dz$$

但是因為函數 1 和 z 在有限平面具有反導數，因此

$$\int_{C_j} dz = 0 \quad \text{和} \quad \int_{C_j} z\,dz = 0$$

所以方程式 (6) 可化簡為

(7)
$$\int_{C_j} f(z)\,dz = \int_{C_j} (z - z_j)\delta_j(z)\,dz \qquad (j = 1, 2, \ldots, n)$$

在方程式 (7) 左側所有 n 個積分的和，可以寫成

$$\sum_{j=1}^{n} \int_{C_j} f(z)\,dz = \int_{C} f(z)\,dz$$

在相鄰的每一對子區域，沿著共同邊界的兩積分互相抵銷，此乃因在共同邊界，兩積分路徑是相反的方向（圖 59），結果只剩下沿著路徑 C 的積分。因此，由方程式 (7)，可知

$$\int_{C} f(z)\,dz = \sum_{j=1}^{n} \int_{C_j} (z - z_j)\delta_j(z)\,dz$$

且

(8)
$$\left| \int_{C} f(z)\,dz \right| \leq \sum_{j=1}^{n} \left| \int_{C_j} (z - z_j)\delta_j(z)\,dz \right|$$

圖 59

結論

現在，我們使用第 47 節的定理，求出不等式 (8) 右側每一絕對值的上界。方法是先回想每一個 C_j 與方塊或不完整方塊的邊界一致，不論何種情況，令 s_j 表示方塊一邊的長度。因為在第 j 個積分，z 與 z_j 均位於方塊上，因此

$$|z - z_j| \leq \sqrt{2}s_j$$

由不等式 (5)，我們知道在不等式 (8) 右側的每一個被積函數均滿足條件

(9) $\quad |(z - z_j)\delta_j(z)| = |z - z_j||\delta_j(z)| < \sqrt{2}s_j\varepsilon$

若 C_j 為方塊的邊界，則路徑 C_j 的長度為 $4s_j$。於此情況，令 A_j 表示方塊的面積，且經觀察得知

(10) $\quad \left|\int_{C_j}(z - z_j)\delta_j(z)\,dz\right| < \sqrt{2}s_j\varepsilon 4s_j = 4\sqrt{2}A_j\varepsilon$

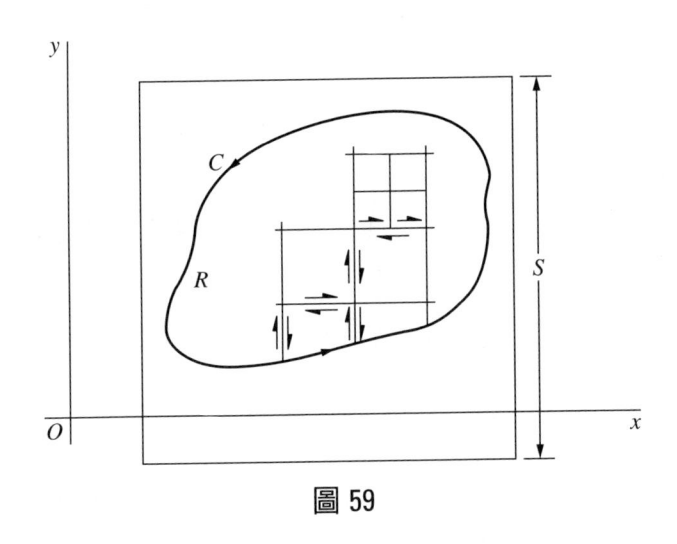

若 C_j 是不完整方塊的邊界，則其長度不超過 $4s_j + L_j$，其中 L_j 為 C_j 中屬

於 C 的部分之弧長，又令 A_j 表示完整方塊的面積，可得

(11) $\left| \int_{C_j} (z-z_j) \delta_j(z)\, dz \right| < \sqrt{2} s_j \varepsilon (4s_j + L_j) < 4\sqrt{2} A_j \varepsilon + \sqrt{2} S L_j \varepsilon$

其中 S 為方塊一邊的長度，此方塊包含整個圍線 C 以及包含原先用來覆蓋 R 的方塊（圖 59）。注意，所有 A_j 的和不超過 S^2。

若 L 表示 C 的長度，則由不等式 (8), (10), (11) 得知

$$\left| \int_C f(z)\, dz \right| < (4\sqrt{2} S^2 + \sqrt{2} SL)\varepsilon$$

因為正數 ε 的值可為任意數，我們可以選取 ε，使得上式右側之值小到如我們所願，左邊之值因與 ε 無關，因此必須等於 0；(3) 式因而成立。此即證明了 Cauchy–Goursat 定理。

52. 單連通域 (SIMPLY CONNECTED DOMAINS)

單連通 (simply connected) 域是指 D 中每一個簡單封閉圍線所圍的點均屬於 D。簡單封閉圍線之內部點的集合就是一個例子，而介於兩個同心圓之間的環狀域不是單連通的，不是單連通域將於下節中討論。

當定理採用單連通域，則 Cauchy–Goursat 定理中的封閉圍線並非一定要簡單封閉圍線，明白的說，圍線本身可交叉。下面的定理說明了這種可能性。

定理 若函數 f 在整個單連通域 D 可解析，則對每一個位於 D 內的封閉圍線 C 而言，恆有

(1) $$\int_C f(z)\, dz = 0$$

第四章 積分

　　假如 C 是簡單封閉圍線，或是本身交叉有限次的封閉圍線，則定理證明是容易的。因為若 C 為位於 D 內的簡單封閉圍線，函數 f 在 C 及其內部的每一點可解析，則由 Cauchy–Goursat 定理可知方程式 (1) 成立。此外，若 C 是本身交叉有限次的封閉圍線，則它是由有限多個簡單封閉圍線組成，則可再應用 Cauchy–Goursat 定理。如圖 60 所示，其中 C 由兩個簡單封閉圍線 C_1 與 C_2 構成。因為無論 C_1 與 C_2 的方向如何，繞著 C_1 與 C_2 的積分值為 0，所以

$$\int_C f(z)\,dz = \int_{C_1} f(z)\,dz + \int_{C_2} f(z)\,dz = 0$$

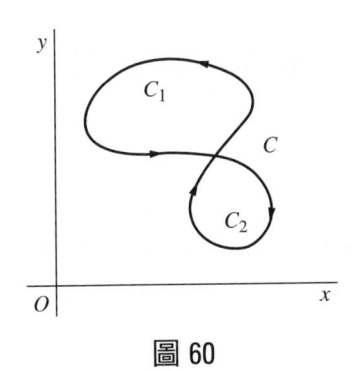

圖 60

　　若封閉圍線有無限多個本身交叉點時，難免造成一些不易理解的困難，有時可用某一種方法證明此定理仍然成立，所用的方法將於第 53 節習題 5 予以說明。

例 若 C 為位於開圓盤 $|z| < 2$ 的任意封閉圍線（圖 61），則

$$\int_C \frac{\sin z}{(z^2+9)^5}\,dz = 0$$

圖 61

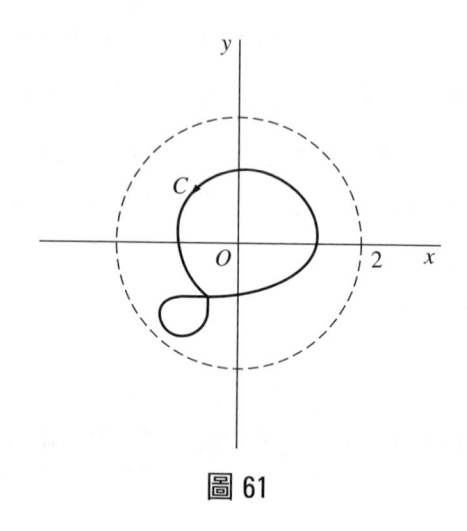

這是因為圓盤為單連通域且被積函數的兩個奇點 $z = \pm 3i$ 在圓盤外。

系理 1 若函數 f 在單連通域 D 可解析，則 f 在整個 D 有反導數。

我們開始證明這個系理，若函數 f 在域 D 可解析，則 f 在 D 連續。依據第 48 節的定理，對連續函數 f，若方程式 (1) 在 D 中的每一個封閉圍線 C 皆成立，則 f 在 D 具有反導數。

系理 2 整函數具有反導數。

此系理可由系理 1 以及有限平面為單連通的事實直接推得。

53. 多連通域 (MULTIPLY CONNECTED DOMAINS)

若一域不是單連通（第 52 節）則稱為**多連通 (multiply connected)**，下述的定理是把 Cauchy–Goursat 定理延伸到多連通域，此定理包含 n 個圍線，標記為 $C_k\,(k = 1, 2, \ldots, n)$，我們可以藉 $n = 2$，如圖 62 所示的證明，領悟其真。

定理 假設

(a) C 是逆時針方向的簡單封閉圍線；

(b) C_k ($k = 1, 2, \ldots, n$) 是 C 之內部的簡單封閉圍線，皆為順時針方向，彼此分離且其內部無共同點（圖 62）。

若函數 f 在所有這些圍線上以及由 C 的內部和每一個 C_k 的外部之點所組成的多連通域可解析，則

(1) $$\int_C f(z)\,dz + \sum_{k=1}^{n} \int_{C_k} f(z)\,dz = 0$$

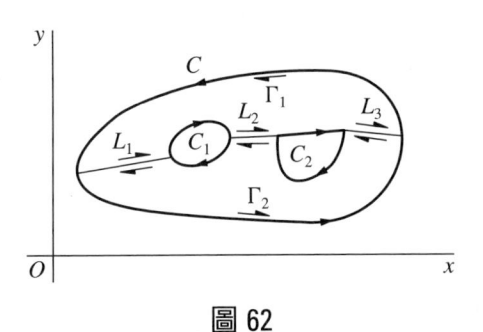

圖 62

注意，在方程式 (1) 中，每一積分路徑的方向都是使得多連通域位於該路徑左側。

欲證此定理，我們引進折線路徑 L_1，此路徑是用有限條線段，以端點接著端點的方式組成，由外圍線 C 連到內圍線 C_1。我們引進另一條折線路徑 L_2，由 C_1 連到 C_2；持續以這種方式，直到 L_{n+1}，由 C_n 連到 C。如圖 62 的半箭頭所示，形成兩個簡單封閉圍線 Γ_1 和 Γ_2，每一個是由 L_k 或 $-L_k$ 以及 C 和 C_k 的一段組成，且方向是使其所圍的點位於左側。現在可以將 Cauchy–Goursat 定理應用到 f 在 Γ_1 與 Γ_2 上的積分，而在這些圍線上積分值的和為 0。因為沿著每一條路徑 L_k 的積分，方向相反，彼此互

相抵銷，僅剩下沿著 C 和 C_k 的積分，因此可得 (1) 式。

系理 令 C_1 和 C_2 表示正向簡單封閉圍線，其中 C_1 位於 C_2 的內部（圖63）。若函數 f 在由 C_1 和 C_2 及其間之點所組成的閉區域可解析，則

(2) $$\int_{C_1} f(z)\,dz = \int_{C_2} f(z)\,dz$$

這個系理稱為路徑變形原理，因為它告訴我們，若 C_1 連續變形到 C_2，所經過的點都是 f 的解析點，則 f 沿著 C_1 的積分值保持不變。為了證明此系理，我們可由定理觀察得知

$$\int_{C_2} f(z)\,dz + \int_{-C_1} f(z)\,dz = 0$$

此與方程式 (2) 相同。

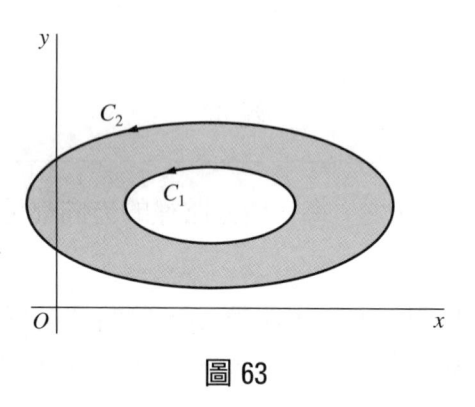

圖 63

例 當 C 是任一包圍原點的正向簡單封閉圍線，則可利用系理證明

$$\int_C \frac{dz}{z} = 2\pi i$$

我們可以建構一個以原點為圓心，小半徑的正向圓 C_0，使得 C_0 完全位於 C 的內部（圖 64）。因為（參閱第 46 節習題 13）

$$\int_{C_0} \frac{dz}{z} = 2\pi i$$

且因為 $1/z$ 除了 $z=0$ 外到處可解析，這就得到我們所要的結果。

注意：C_0 的半徑也可以大到使整個 C 位於 C_0 的內部。

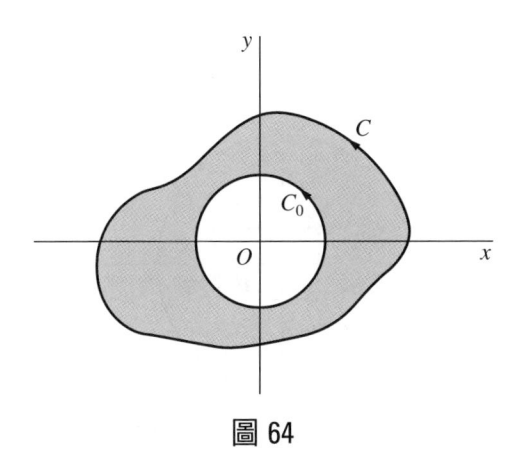

圖 64

習題

1. 應用 Cauchy–Goursat 定理，證明

$$\int_C f(z)\, dz = 0$$

其中圍線 C 為單位圓 $|z|=1$，取任一方向，且

(a) $f(z) = \dfrac{z^2}{z+3}$; (b) $f(z) = ze^{-z}$; (c) $f(z) = \dfrac{1}{z^2+2z+2}$;

(d) $f(z) = \operatorname{sech} z$; (e) $f(z) = \tan z$; (f) $f(z) = \operatorname{Log}(z+2)$.

2. 令 C_1 是由直線 $x = \pm 1$, $y = \pm 1$ 所形成的正向正方形邊界，C_2 表示正向圓 $|z| = 4$（圖 65）。當

(a) $f(z) = \dfrac{1}{3z^2 + 1}$ (b) $f(z) = \dfrac{z+2}{\sin(z/2)}$ (c) $f(z) = \dfrac{z}{1 - e^z}$

利用第 53 節的系理，指出為何

$$\int_{C_1} f(z)\, dz = \int_{C_2} f(z)\, dz$$

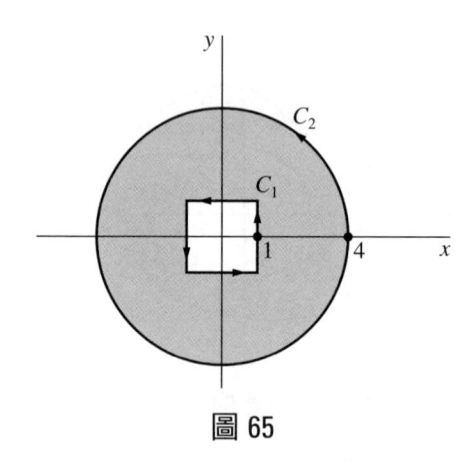

圖 65

3. 設 C_0 表示正向圓 $|z - z_0| = R$，依據第 46 節習題 13，則有

$$\int_{C_0} (z - z_0)^{n-1}\, dz = \begin{cases} 0 & \text{當 } n = \pm 1, \pm 2, \ldots \\ 2\pi i & \text{當 } n = 0 \end{cases}$$

若 C 是矩形 $0 \leq x \leq 3$, $0 \leq y \leq 2$ 的邊界，取正向，利用第 53 節的系理之結果，證明

$$\int_C (z - 2 - i)^{n-1}\, dz = \begin{cases} 0 & \text{當 } n = \pm 1, \pm 2, \ldots \\ 2\pi i & \text{當 } n = 0 \end{cases}$$

4. 使用下列方法，導出積分公式

$$\int_0^\infty e^{-x^2} \cos 2bx\, dx = \frac{\sqrt{\pi}}{2} e^{-b^2} \qquad (b > 0)$$

(a) 於圖 66 中，沿著矩形路徑的上下水平線段 e^{-z^2} 的積分和可寫成

$$2\int_0^a e^{-x^2}dx - 2e^{b^2}\int_0^a e^{-x^2}\cos 2bx\, dx$$

而沿著左右垂直線段，積分和可寫成

$$ie^{-a^2}\int_0^b e^{y^2}e^{-i2ay}dy - ie^{-a^2}\int_0^b e^{y^2}e^{i2ay}dy$$

因此利用 Cauchy–Goursat 定理，證明

$$\int_0^a e^{-x^2}\cos 2bx\, dx = e^{-b^2}\int_0^a e^{-x^2}dx + e^{-(a^2+b^2)}\int_0^b e^{y^2}\sin 2ay\, dy$$

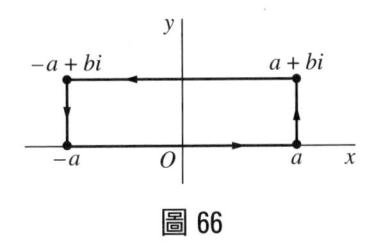

圖 66

(b) 藉著下列的事實 *

$$\int_0^\infty e^{-x^2}dx = \frac{\sqrt{\pi}}{2}$$

且注意

$$\left|\int_0^b e^{y^2}\sin 2ay\, dy\right| \leq \int_0^b e^{y^2}dy$$

令 (a) 部分的最後一個方程式的 a 趨近於無窮大，可得所求的積分公式。

---

*通常求此積分的方法，是將其平方，寫成

$$\int_0^\infty e^{-x^2}dx \int_0^\infty e^{-y^2}dy = \int_0^\infty\int_0^\infty e^{-(x^2+y^2)}dxdy$$

然後換成極座標，再求此重積分。細節部分，可參考 A. E. Taylor and W. R. Mann, "Advanced Calculus," 3d ed., pp. 680–681, 1983.

5. 依據第 43 節習題 6，沿著由方程式

$$y(x) = \begin{cases} x^3 \sin(\pi/x) & \text{當 } 0 < x \leq 1 \\ 0 & \text{當 } x = 0 \end{cases}$$

所定義的函數圖形，由原點到 $z = 1$ 的路徑 C_1，是一條與實軸相交無限多次的光滑弧。令 C_2 表示從 $z = 1$ 沿著實軸回到原點的線段，並令 C_3 表示任一由原點到 $z = 1$ 的光滑弧，但本身不交叉，且與 C_1 與 C_2 有共同端點（圖 67）。應用 Cauchy–Goursat 定理證明，若 f 是整函數，則

$$\int_{C_1} f(z)\, dz = \int_{C_3} f(z)\, dz \quad \text{且} \quad \int_{C_2} f(z)\, dz = -\int_{C_3} f(z)\, dz$$

縱使封閉圍線 $C = C_1 + C_2$ 本身交叉無限多次，

$$\int_C f(z)\, dz = 0$$

仍然成立。

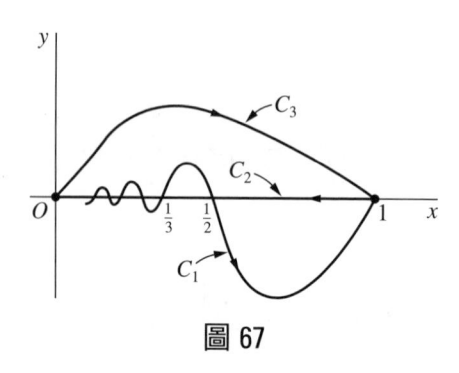

圖 67

6. 令 C 表示半圓盤 $0 \leq r \leq 1$, $0 \leq \theta \leq \pi$ 的正向邊界，並令定義在半圓盤上的連續函數 $f(z)$ 是以 $f(0) = 0$ 和多值函數 $z^{1/2}$ 的分支

$$f(z) = \sqrt{r}\, e^{i\theta/2} \quad \left(r > 0,\ -\frac{\pi}{2} < \theta < \frac{3\pi}{2} \right)$$

所定義。由求 $f(z)$ 在半圓的積分以及計算構成 C 的兩個半徑的積分，證明

$$\int_C f(z)\,dz = 0$$

為何 Cauchy–Goursat 定理在此不適用？

7. 證明若 C 是正向簡單封閉圍線，則由 C 所圍區域的面積可寫成

$$\frac{1}{2i}\int_C \bar{z}\,dz$$

提示：注意，即使函數 $f(z) = \bar{z}$ 到處不可解析，第 50 節 (4) 式在此仍然可用（參閱第 19 節例 2）。

8. 巢狀區間。用下列方法形成閉區間 $a_n \le x \le b_n$ ($n = 0, 1, 2, \ldots$) 的無窮序列。區間 $a_1 \le x \le b_1$ 是第一個區間 $a_0 \le x \le b_0$ 的左半和右半，而區間 $a_2 \le x \le b_2$ 是 $a_1 \le x \le b_1$ 的兩半之一，依此類推。證明存在點 x_0 屬於每一個閉區間 $a_n \le x \le b_n$。

提示：因為 $a_0 \le a_n \le a_{n+1} < b_0$，左端點 a_n 表示一個有界非遞減數列，因此當 n 趨近於無窮大時，有極限 A。證明端點 b_n 也有極限 B。然後證明 $A = B$，並寫成 $x_0 = A = B$。

9. 巢狀方塊。方塊 σ_0：$a_0 \le x \le b_0$, $c_0 \le y \le d_0$ 由平行於座標軸的線段分成 4 個相等的小方塊。依據某種規則由這 4 個小方塊挑出一個方塊 σ_1：$a_1 \le x \le b_1$, $c_1 \le y \le d_1$ 進行分割，再分成 4 個相等的小方塊，且挑出其中一個 σ_2，依此類推（參閱第 49 節）。證明點 (x_0, y_0) 屬於無窮序列 $\sigma_0, \sigma_1, \sigma_2, \ldots$ 的每一個封閉區域。

提示：將習題 8 的結果，應用於閉區間 $a_n \le x \le b_n$, $c_n \le y \le d_n$ ($n = 0, 1, 2, \ldots$) 的每一序列。

54. Cauchy 積分公式 (CAUCHY INTEGRAL FORMULA)

下面的定理是另一個基本的積分公式。

定理 令 f 在正向簡單封閉圍線 C 及其內部可解析。若 z_0 是 C 內部的任一點，則

(1) $$f(z_0) = \frac{1}{2\pi i} \int_C \frac{f(z)\,dz}{z - z_0}$$

(1) 式稱為 **Cauchy 積分公式 (Cauchy integral formula)**。它告訴我們，若函數 f 在簡單封閉圍線 C 及其內部可解析，則 f 在 C 內部的值可由 f 在 C 上的值完全決定。

我們開始證明定理。令 C_ρ 表示正向圓 $|z - z_0| = \rho$，其中 ρ 小到足以使 C_ρ 位於 C 的內部（參閱圖 68）。因為商 $f(z)/(z - z_0)$ 在圍線 C_ρ 和 C 以及它們之間的點可解析，因此由路徑變形原理（第 53 節）可知

$$\int_C \frac{f(z)\,dz}{z - z_0} = \int_{C_\rho} \frac{f(z)\,dz}{z - z_0}$$

此式使我們可寫出

(2) $$\int_C \frac{f(z)\,dz}{z - z_0} - f(z_0) \int_{C_\rho} \frac{dz}{z - z_0} = \int_{C_\rho} \frac{f(z) - f(z_0)}{z - z_0}\,dz$$

但是（參閱第 46 節習題 13）

$$\int_{C_\rho} \frac{dz}{z - z_0} = 2\pi i$$

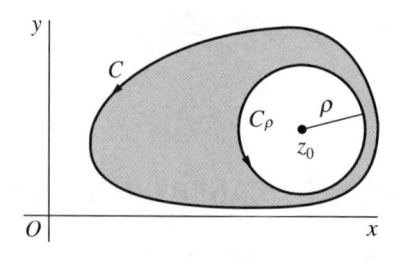

圖 68

所以 (2) 式變成

(3) $$\int_C \frac{f(z)\,dz}{z-z_0} - 2\pi i f(z_0) = \int_{C_\rho} \frac{f(z)-f(z_0)}{z-z_0}\,dz$$

由於 f 在 z_0 可解析，因此連續，而這保證對於不論多麼小的正數 ε 而言，必存在一正數 δ，使得

(4) 當 $|z-z_0| < \delta$ 時，$|f(z)-f(z_0)| < \varepsilon$ 恆成立

令圓 C_ρ 的半徑小於第一個不等式中的 δ。因為當 z 在 C_ρ 上，$|z-z_0| = \rho < \delta$，則 (4) 式的第二個不等式成立；而第 47 節的定理提供圍線積分的模數的上界，這告訴我們

$$\left| \int_{C_\rho} \frac{f(z)-f(z_0)}{z-z_0}\,dz \right| < \frac{\varepsilon}{\rho} 2\pi\rho = 2\pi\varepsilon$$

由方程式 (3)，得知，

$$\left| \int_C \frac{f(z)\,dz}{z-z_0} - 2\pi i f(z_0) \right| < 2\pi\varepsilon$$

因為此不等式左側為非負常數，其值小於任意小的正數，由此可得

$$\int_C \frac{f(z)\,dz}{z-z_0} - 2\pi i f(z_0) = 0$$

因此，方程式 (1) 成立，定理獲得證明。

當 Cauchy 積分公式寫成

(5) $$\int_C \frac{f(z)\,dz}{z-z_0} = 2\pi i f(z_0)$$

則此式可用來求某些沿著簡單封閉圍線的積分。

例 令 C 為以原點為圓心的正向圓 $|z|=1$，因為函數

$$f(z) = \frac{\cos z}{z^2+9}$$

在 C 及其內部可解析，且因為原點 $z_0=0$ 位於 C 的內部，方程式 (5) 告訴我們

$$\int_C \frac{\cos z}{z(z^2+9)}\, dz = \int_C \frac{(\cos z)/(z^2+9)}{z-0}\, dz = 2\pi i f(0) = \frac{2\pi i}{9}$$

55. Cauchy 積分公式的推廣
(AN EXTENSION OF THE CAUCHY INTEGRAL FORMULA)

在第 54 節定理中的 Cauchy 積分公式可以推廣至 f 在 z_0 的 n 次導數 $f^{(n)}(z_0)$ 的積分公式。

定理 令 f 在正向簡單封閉圍線 C 及其內部是可解析的，若 z_0 為 C 內部的任一點，則

(1) $\qquad f^{(n)}(z_0) = \dfrac{n!}{2\pi i}\displaystyle\int_C \dfrac{f(z)\,dz}{(z-z_0)^{n+1}} \quad (n=0,1,2,\ldots)$

且規定

$$f^{(0)}(z_0) = f(z_0) \quad 及 \quad 0! = 1$$

此定理包含 Cauchy 積分公式

(2) $\qquad f(z_0) = \dfrac{1}{2\pi i}\displaystyle\int_C \dfrac{f(z)\,dz}{z-z_0}$

(1) 式的證明將在第 56 節述及。

當寫成

(3)
$$\int_C \frac{f(z)\,dz}{(z-z_0)^{n+1}} = \frac{2\pi i}{n!} f^{(n)}(z_0) \qquad (n=0,1,2,\ldots)$$

之形式，其中 f 在正向簡單封閉圍線及其內部是可解析的，而 z_0 為 C 內部的任一點，則可利用 (1) 式計算某些積分值。在第 50 節已說明過 $n = 0$ 之情形。

例 1 若 C 是正向單位圓 $|z| = 1$，且
$$f(z) = \exp(2z)$$
則
$$\int_C \frac{\exp(2z)\,dz}{z^4} = \int_C \frac{f(z)\,dz}{(z-0)^{3+1}} = \frac{2\pi i}{3!} f'''(0) = \frac{8\pi i}{3}$$

例 2 令 z_0 是正向簡單封閉圍線 C 內部的任一點，當 $f(z) = 1$，由 (3) 式可知
$$\int_C \frac{dz}{z-z_0} = 2\pi i$$
且
$$\int_C \frac{dz}{(z-z_0)^{n+1}} = 0 \qquad (n=1,2,\ldots)$$
（比較第 46 節習題 13。）

將 (1) 式的符號稍微做些變更，它仍然成立。亦即，若 s 表示 C 上的點且若 z 為 C 內部的點，則

(4)
$$f^{(n)}(z) = \frac{n!}{2\pi i} \int_C \frac{f(s)\,ds}{(s-z)^{n+1}} \qquad (n=0,1,2,\ldots)$$

其中 $f^{(0)}(z) = f(z)$ 且 $0! = 1$。下例是說明將 (4) 式改成 (5) 式後，式 (5) 的用法。

(5) $$\int_C \frac{f(s)\,ds}{(s-z)^{n+1}} = \frac{2\pi i}{n!} f^{(n)}(z) \quad (n=0,1,2,\ldots)$$

其特例為

(6) $$\int_C \frac{f(s)\,ds}{s-z} = 2\pi i\, f(z)$$

例3 若 n 為非負整數且 $f(z) = (z^2-1)^n$，(4) 式變成

(7) $$\frac{d^n}{dz^n}(z^2-1)^n = \frac{n!}{2\pi i}\int_C \frac{(s^2-1)^n ds}{(s-z)^{n+1}} \quad (n=0,1,2,\ldots)$$

其中 C 為環繞 z 的任一簡單封閉圍線。由方程式 (7)，我們可將 Legendre 多項式 *

(8) $$P_n(z) = \frac{1}{n!\,2^n}\frac{d^n}{dz^n}(z^2-1)^n \quad (n=0,1,2,\ldots)$$

寫成

(9) $$P_n(z) = \frac{1}{2^{n+1}\pi i}\int_C \frac{(s^2-1)^n ds}{(s-z)^{n+1}} \quad (n=0,1,2,\ldots)$$

因為

$$\frac{(s^2-1)^n}{(s-1)^{n+1}} = \frac{(s-1)^n(s+1)^n}{(s-1)^{n+1}} = \frac{(s+1)^n}{s-1}$$

由 (9) 式可知

$$P_n(1) = \frac{1}{2^{n+1}\pi i}\int_C \frac{(s+1)^n ds}{s-1} \quad (n=0,1,2,\ldots)$$

於方程式 (6) 中，令 $f(s) = (s+1)^n$ 且 $z=1$，我們可以得到

$$P_n(1) = \frac{1}{2^{n+1}\pi i}\,2\pi i\,(1+1)^n = 1 \quad (n=0,1,2,\ldots)$$

---
*參閱第 20 節習題 10，及其附註。

以類似的方法可得 $P_n(-1) = (-1)^n$ $(n = 0, 1, 2, \ldots)$（第 57 節習題 8）。

最後，我們想要知道 (4) 式的由來。若 s 表示 C 上的點且 z 為 C 內部的點，Cauchy 積分公式為

$$(10) \qquad f(z) = \frac{1}{2\pi i} \int_C \frac{f(s)\, ds}{s - z}$$

雖然沒有嚴格的驗證，我們經由積分符號內的微分，可以得到下面的結果

$$f'(z) = \frac{1}{2\pi i} \int_C f(s) \frac{\partial}{\partial z}(s - z)^{-1} ds$$

或

$$f'(z) = \frac{1}{2\pi i} \int_C \frac{f(s)\, ds}{(s - z)^2}$$

同樣地，

$$f''(z) = \frac{(2)(1)}{2\pi i} \int_C \frac{f(s)\, ds}{(s - z)^{2+1}}$$

且

$$f'''(z) = \frac{(3)(2)(1)}{2\pi i} \int_C \frac{f(s)\, ds}{(s - z)^{3+1}}$$

由此三個特例提供了 (4) 式的由來，而於第 56 節將證明 (4) 式是成立的。讀者若只接受 (4) 式而不需要證明，可以跳至第 57 節。

56. 推廣的證明 (VERIFICATION OF THE EXTENSION)

我們現在要證明第 55 節所介紹的 Cauchy 積分公式的推廣。具體而言，我們考慮函數 f 在一個簡單封閉圍線 C 及其內部是可解析的，C 是取正的方向，且令 z 為 C 內部的任一點。由第 55 節 (10) 式的 Cauchy 積分公式：

(1) $$f(z) = \frac{1}{2\pi i} \int_C \frac{f(s)\,ds}{s-z}$$

開始，為了要證明 $f'(z)$ 存在且在第 55 節的式子

(2) $$f'(z) = \frac{1}{2\pi i} \int_C \frac{f(s)\,ds}{(s-z)^2}$$

是成立的，我們令 d 表示 z 到 C 上的點 s 之最短距離且假設 $0 < |\Delta z| < d$（參閱圖 69），則由 (1) 式可得

$$\frac{f(z+\Delta z) - f(z)}{\Delta z} = \frac{1}{2\pi i} \int_C \left(\frac{1}{s-z-\Delta z} - \frac{1}{s-z} \right) \frac{f(s)}{\Delta z} ds$$

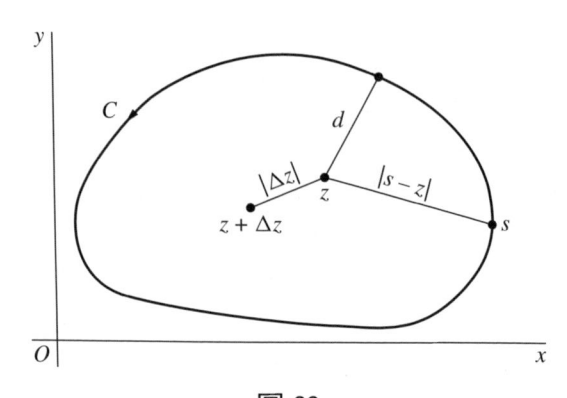

圖 69

顯然，有

$$\frac{f(z+\Delta z) - f(z)}{\Delta z} = \frac{1}{2\pi i} \int_C \frac{f(s)\,ds}{(s-z-\Delta z)(s-z)}$$

但是

$$\frac{1}{(s-z-\Delta z)(s-z)} = \frac{1}{(s-z)^2} + \frac{\Delta z}{(s-z-\Delta z)(s-z)^2}$$

這表示

(3) $$\frac{f(z+\Delta z)-f(z)}{\Delta z} - \frac{1}{2\pi i}\int_C \frac{f(s)\,ds}{(s-z)^2} = \frac{1}{2\pi i}\int_C \frac{\Delta z f(s)\,ds}{(s-z-\Delta z)(s-z)^2}$$

其次，我們令 M 表示 $|f(s)|$ 在 C 的最大值，並且觀察到，因為 $|s-z| \geq d$ 且 $|\Delta z| < d$，所以

$$|s-z-\Delta z| = |(s-z)-\Delta z| \geq ||s-z|-|\Delta z|| \geq d-|\Delta z| > 0$$

因此

$$\left|\int_C \frac{\Delta z\, f(s)\,ds}{(s-z-\Delta z)(s-z)^2}\right| \leq \frac{|\Delta z|M}{(d-|\Delta z|)d^2}L$$

其中 L 為 C 的長度。令 Δz 趨近於 0，由此不等式我們發現方程式 (3) 的右側也趨近於 0。因此

$$\lim_{\Delta z \to 0}\frac{f(z+\Delta z)-f(z)}{\Delta z} - \frac{1}{2\pi i}\int_C \frac{f(s)\,ds}{(s-z)^2} = 0$$

此即得到所欲求的 $f'(z)$ 的表示式。

同樣的技巧可用來證明

(4) $$f''(z) = \frac{1}{\pi i}\int_C \frac{f(s)\,ds}{(s-z)^3}$$

讀者欲證明 (4) 式，請參閱第 57 節習題 9 的詳細資料。利用數學歸納法可以得到以下的公式

(5) $$f^{(n)}(z) = \frac{n!}{2\pi i}\int_C \frac{f(s)\,ds}{(s-z)^{n+1}} \qquad (n=1,2,\ldots)$$

其證明比起 $n=1$ 和 $n=2$ 的證明，讀者需花費更多的心力才能達到。如同在第 55 節所指出的，當 $n=0$ 時，(5) 式亦成立，此時它僅是 Cauchy 積分公式。

57. 推廣的某些結果
(SOME CONSEQUENCES OF THE EXTENSION)

我們現在回到第 55 節 Cauchy 積分公式推廣的某些重要結果。

定理 1 若函數 f 在一所予點為可解析，則其各階的導數在該點也是可解析的。

欲證明此定理，我們假設函數 f 在點 z_0 可解析，則必有 z_0 的一個鄰域 $|z - z_0| < \varepsilon$，使得 f 在此鄰域內可解析（參閱第 25 節）。因此，存在以 z_0 為圓心，半徑為 $\varepsilon/2$ 的正向圓 C_0，使得 f 在 C_0 及其內部可解析（圖 70）。由第 55 節 (4) 式可知，對 C_0 內部的每一點 z 有

$$f''(z) = \frac{1}{\pi i} \int_{C_0} \frac{f(s)\,ds}{(s-z)^3}$$

而 $f''(z)$ 在整個鄰域 $|z - z_0| < \varepsilon/2$ 存在，表示 f' 在 z_0 可解析。同理可證，解析函數 f' 的導數 f'' 可解析，如此繼續下去，定理 1 恆成立。

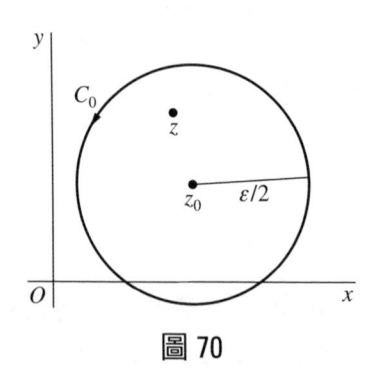

圖 70

我們因此可以得到這樣的推論，就是當函數

$$f(z) = u(x, y) + iv(x, y)$$

在點 $z = (x, y)$ 可解析，f' 的可微性保證了 f' 的連續性（第 19 節）。因為（第 21 節）

$$f'(z) = u_x + iv_x = v_y - iu_y$$

我們可以下個結論說，u 與 v 在該點的一階偏導數為連續。此外，因為 f'' 在 z 可解析且連續。且因

$$f''(z) = u_{xx} + iv_{xx} = v_{yx} - iu_{yx}$$

等等，因此我們可以得到在第 27 節中已提過的系理，那時是用調和函數。

系理 若函數 $f(z) = u(x, y) + iv(x, y)$ 在點 $z = (x, y)$ 可解析，則其分量函數 u 和 v 在該點具有各階的連續偏導數。

下一個定理的證明得歸功於 E. Morera (1856–1909)，定理證明是基於解析函數的導數也是可解析的，如定理 1 所言。

定理 2 令 f 在域 D 連續。若對 D 內的每一封閉圍線 C 而言，恆有

(1) $$\int_C f(z)\, dz = 0$$

則 f 在整個 D 為可解析。

特別地，當 D 為單連通的域時，對域 D 內的連續函數而言，第 52 節中的逆定理是成立的，這其實是對這種域內的 Cauchy–Goursat 定理的另一種表述。

欲證明定理 2，我們觀察到當假設成立時，第 48 節的定理保證 f 在 D 有反導數，亦即，在 D 的每一點存在解析函數 F 使得 $F'(z) = f(z)$。因為 f 是 F 的導數，由定理 1 可知 f 在 D 可解析。

定理 3　假設函數 f 在正向圓 C_R 及其內部可解析，其中 C_R 的圓心為 z_0，半徑為 R（圖 71）。若 M_R 表示 $|f(z)|$ 在 C_R 的最大值，則

(2) $$|f^{(n)}(z_0)| \leq \frac{n!M_R}{R^n} \quad (n = 1, 2, \ldots)$$

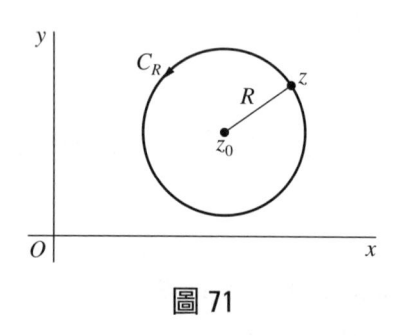

圖 71

不等式 (2) 稱為 Cauchy 不等式，當 n 為正整數時，此不等式是第 55 節定理中的式子

$$f^{(n)}(z_0) = \frac{n!}{2\pi i} \int_{C_R} \frac{f(z)\,dz}{(z-z_0)^{n+1}} \quad (n = 1, 2, \ldots)$$

直接推得的結果。我們僅需應用第 47 節的定理，給予圍線積分值之模數的上界，即可知

$$|f^{(n)}(z_0)| \leq \frac{n!}{2\pi} \cdot \frac{M_R}{R^{n+1}} 2\pi R \quad (n = 1, 2, \ldots)$$

其中 M_R 如定理 3 所述。當然，此不等式與不等式 (2) 相同。

習題

1. 令 C 是正方形的正向邊界，各邊位於直線 $x = \pm 2$ 和 $y = \pm 2$ 上，求下列各積分之值：

$(a) \int_C \dfrac{e^{-z}\,dz}{z-(\pi i/2)}$ $\qquad (b) \int_C \dfrac{\cos z}{z(z^2+8)}\,dz$ $\qquad (c) \int_C \dfrac{z\,dz}{2z+1}$

$(d) \int_C \dfrac{\cosh z}{z^4}\,dz$ $\qquad (e) \int_C \dfrac{\tan(z/2)}{(z-x_0)^2}\,dz \quad (-2 < x_0 < 2)$

答案：$(a)\ 2\pi$；$(b)\ \pi i/4$；$(c)\ -\pi i/2$；$(d)\ 0$；$(e)\ i\pi \sec^2(x_0/2)$。

2. 求 $g(z)$ 繞正向圓 $|z-i|=2$ 的積分，其中

$(a)\ g(z) = \dfrac{1}{z^2+4}$ $\qquad (b)\ g(z) = \dfrac{1}{(z^2+4)^2}$

答案：$(a)\ \pi/2$；$(b)\ \pi/16$。

3. 令 C 為正向圓 $|z|=3$。證明若

$$g(z) = \int_C \dfrac{2s^2 - s - 2}{s - z}\,ds \qquad (|z| \ne 3)$$

則 $g(2) = 8\pi i$。當 $|z| > 3$ 時 $g(z)$ 的值為何？

4. 令 C 是 z 平面的任一簡單封閉圍線，且

$$g(z) = \int_C \dfrac{s^3 + 2s}{(s-z)^3}\,ds$$

證明當 z 在 C 內部時 $g(z) = 6\pi i z$ 且 z 在 C 外部時 $g(z) = 0$。

5. 若 f 在簡單封閉圍線 C 及其內部可解析，且 z_0 不在 C 上，證明

$$\int_C \dfrac{f'(z)\,dz}{z - z_0} = \int_C \dfrac{f(z)\,dz}{(z - z_0)^2}$$

6. 令函數 f 在簡單封閉圍線 C 連續。使用第 56 節的方法，證明函數

$$g(z) = \dfrac{1}{2\pi i}\int_C \dfrac{f(s)\,ds}{s - z}$$

在 C 內部的每一點 z 皆是可解析，且在這些點，有

$$g'(z) = \dfrac{1}{2\pi i}\int_C \dfrac{f(s)\,ds}{(s - z)^2}$$

7. 令 C 為單位圓 $z = e^{i\theta}$ ($-\pi \leq \theta \leq \pi$)，首先證明對任意實常數 a，

$$\int_C \frac{e^{az}}{z} \, dz = 2\pi i$$

然後以 θ 表示此積分，導出積分公式

$$\int_0^\pi e^{a\cos\theta} \cos(a \sin \theta) \, d\theta = \pi$$

8. 證明 $P_n(-1) = (-1)^n$ ($n = 0, 1, 2, \ldots$)，其中 $P_n(z)$ 為第 55 節例 3 中的 Legendre 多項式。

提示：注意

$$\frac{(s^2 - 1)^n}{(s+1)^{n+1}} = \frac{(s-1)^n}{s+1}$$

9. 依下列步驟，證明第 56 節的表示式

$$f''(z) = \frac{1}{\pi i} \int_C \frac{f(s) \, ds}{(s - z)^3}$$

(a) 利用第 56 節 (2) 式的 $f'(z)$ 證明

$$\frac{f'(z + \Delta z) - f'(z)}{\Delta z} - \frac{1}{\pi i} \int_C \frac{f(s) \, ds}{(s-z)^3} = \frac{1}{2\pi i} \int_C \frac{3(s-z)\Delta z - 2(\Delta z)^2}{(s - z - \Delta z)^2 (s-z)^3} f(s) \, ds$$

(b) 令 D 和 d 分別表示從 z 到 C 上的點之最大和最小距離。又令 M 是 $|f(s)|$ 在 C 的最大值且 C 的長度為 L。利用三角不等式，並參照第 56 節 (2) 式 $f'(z)$ 表示式的推導過程，當 $0 < |\Delta z| < d$ 時，證明 (a) 部分右側的積分值有上界

$$\frac{(3D|\Delta z| + 2|\Delta z|^2)M}{(d - |\Delta z|)^2 d^3} L$$

(c) 使用 (a) 及 (b) 的結果，求得 $f''(z)$ 的表示式。

10. 令 f 為整函數使得對所有 z 而言，$|f(z)| \leq A|z|$，其中 A 為固定正數。證明 $f(z) = a_1 z$，其中 a_1 為複常數。

提示：利用 Cauchy 不等式（第 57 節）證明在平面上各點二階導數 $f''(z)$ 為零。注意在 Cauchy 不等式中的常數 M_R 小於或等於 $A(|z_0| + R)$。

58. Liouville 定理和代數基本定理 (LIOUVILLE'S THEOREM AND THE FUNDAMENTAL THEOREM OF ALGEBRA)

第 57 節定理 3 的 Cauchy 不等式可用來證明，除了常數外，沒有整函數在複數平面是有界的。本節的第一個定理，即為著名的 **Liouville 定理** (Liouville's theorem)，我們以稍微不同的方式陳述此結果。

定理 1 若在複數平面上，f 是整函數且為有界，則 $f(z)$ 在整個平面為一常數。

開始證明，我們假設 f 如定理所述，且注意到，因為 f 是整函數，所以第 57 節定理 3 適用於取任意的 z_0 和 R。特別地，在該定理中 Cauchy 不等式 (2) 告訴我們，當 $n = 1$ 時，

$$|f'(z_0)| \leq \frac{M_R}{R} \tag{1}$$

此外，f 為有界，此條件告訴我們存在非負常數 M，使得對所有 z 而言，$|f(z)| \leq M$ 恆成立，且因不等式 (1) 的常數 M_R 不大於 M，因此

$$|f'(z_0)| \leq \frac{M}{R} \tag{2}$$

其中 R 可取任意大。如今不等式 (2) 中的 M 與 R 的選取無關，因此只有當 $f'(z_0) = 0$ 時，上述不等式對任意大的 R 值才能成立。因為 z_0 是任意選取，這表示在整個複數平面，$f'(z) = 0$ 恆成立，依據第 25 節的定理，f 為常數。

下列定理稱為代數基本定理是由 Liouville 定理推導而得。

定理 2 任意 n $(n \geq 1)$ 次多項式

$$P(z) = a_0 + a_1 z + a_2 z^2 + \cdots + a_n z^n \qquad (a_n \neq 0)$$

至少有一零點。亦即，至少存在一點 z_0，使得 $P(z_0) = 0$。

在此用反證法證明。假設 $P(z)$ 沒有零點，則商 $1/P(z)$ 顯然是整函數，且在複數平面是有界的。欲證明其為有界，我們首先回想第 5 節 (6) 式，亦即，有一正數 R 使得

$$\left| \frac{1}{P(z)} \right| < \frac{2}{|a_n| R^n} \qquad 當\ |z| > R$$

所以 $1/P(z)$ 在圓盤 $|z| \leq R$ 的外部有界。但 $1/P(z)$ 在該閉圓盤連續，這表示 $1/P(z)$ 在閉圓盤也是有界的（第 18 節）。因此 $1/P(z)$ 在整個複數平面為有界。

現在由 Liouville 定理可推得 $1/P(z)$ 是常數，因此 $P(z)$ 也是。但 $P(z)$ 不是常數，我們得到矛盾[*]的結果。

代數基本定理告訴我們，任意 n $(n \geq 1)$ 次多項式 $P(z)$ 可以寫成線性因子的乘積：

(3) $$P(z) = c(z - z_1)(z - z_2) \cdots (z - z_n)$$

其中 c 和 z_k $(k = 1, 2, \ldots, n)$ 為複常數。明白地說，定理保證 $P(z)$ 有一個零點 z_1。然後依據第 59 節習題 8

$$P(z) = (z - z_1) Q_1(z)$$

---

[*] 關於如何使用 Cauchy–Goursat 定理證明代數基本定理，請參考 R. P. Boas, Jr., *Amer. Math. Monthly*, Vol. 71, No. 2, p. 180, 1964。

其中 $Q_1(z)$ 為 $n-1$ 次多項式。應用相同的論述於 $Q_1(z)$，顯示存在一數 z_2 使得

$$P(z) = (z - z_1)(z - z_2)Q_2(z)$$

其中 $Q_2(z)$ 為 $n-2$ 次多項式，繼續用此方法，可得 (3) 式。當然，(3) 式的某些 z_k 可以重複出現，但顯然 $P(z)$ 不可能有多於 n 個相異零點。

59. 最大模原理 (MAXIMUM MODULUS PRINCIPLE)

在本節，我們導出一個重要結果，此結果是有關解析函數之模的最大值。我們用一個必要的預備定理開始推演。

預備定理 假設在鄰域 $|z - z_0| < \varepsilon$ 的每一點 z，均滿足 $|f(z)| \le |f(z_0)|$，且 f 在此鄰域可解析，則 $f(z)$ 在整個鄰域有常數值 $f(z_0)$。

欲證此，我們假設 f 滿足所述的條件且令 z_1 為所予鄰域中異於 z_0 的任一點。然後令 ρ 為介於 z_1 與 z_0 之間的距離。若 C_ρ 表示以 z_0 為圓心，且通過 z_1 的正向圓 $|z - z_0| = \rho$（圖 72），則 Cauchy 積分公式告訴我們

(1) $$f(z_0) = \frac{1}{2\pi i} \int_{C_\rho} \frac{f(z)\, dz}{z - z_0}$$

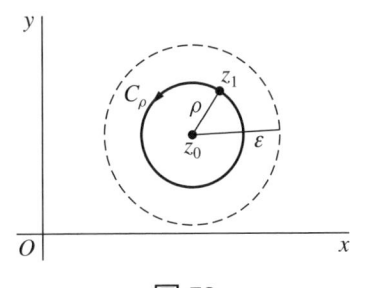

圖 72

而 C_ρ 的參數式

$$z = z_0 + \rho e^{i\theta} \qquad (0 \leq \theta \leq 2\pi)$$

使我們可以將方程式 (1) 寫成

(2) $$f(z_0) = \frac{1}{2\pi} \int_0^{2\pi} f(z_0 + \rho e^{i\theta})\, d\theta$$

由 (2) 式我們注意到，當函數在所予圓及其內部可解析，則該函數在圓心的值等於其在圓之值的算術平均。此結果稱為 **Gauss 均值定理 (Gauss's mean value theorem)**。

由方程式 (2)，我們得到不等式

(3) $$|f(z_0)| \leq \frac{1}{2\pi} \int_0^{2\pi} |f(z_0 + \rho e^{i\theta})|\, d\theta$$

另一方面，由於

(4) $$|f(z_0 + \rho e^{i\theta})| \leq |f(z_0)| \qquad (0 \leq \theta \leq 2\pi)$$

我們發現

$$\int_0^{2\pi} |f(z_0 + \rho e^{i\theta})|\, d\theta \leq \int_0^{2\pi} |f(z_0)|\, d\theta = 2\pi |f(z_0)|$$

因此

(5) $$|f(z_0)| \geq \frac{1}{2\pi} \int_0^{2\pi} |f(z_0 + \rho e^{i\theta})|\, d\theta$$

此時由不等式 (3) 和 (5) 可知

$$|f(z_0)| = \frac{1}{2\pi} \int_0^{2\pi} |f(z_0 + \rho e^{i\theta})|\, d\theta$$

或

$$\int_0^{2\pi} [|f(z_0)| - |f(z_0 + \rho e^{i\theta})|] \, d\theta = 0$$

在上述積分中，被積函數對變數 θ 是連續的；而由條件 (4)，其值在區間 $0 \leq \theta \leq 2\pi$ 大於或等於 0。因為積分值為 0，所以被積函數必須恆等於 0。亦即

(6) $\qquad |f(z_0 + \rho e^{i\theta})| = |f(z_0)| \qquad (0 \leq \theta \leq 2\pi)$

此證明在圓 $|z - z_0| = \rho$ 的每一點，皆有 $|f(z)| = |f(z_0)|$。

最後，因為 z_1 是去心鄰域 $0 < |z - z_0| < \varepsilon$ 的任一點，因此對位於任意圓 $|z - z_0| = \rho$ 的每一點 z 而言，皆有 $|f(z)| = |f(z_0)|$，其中 $0 < \rho < \varepsilon$。所以，在鄰域 $|z - z_0| < \varepsilon$ 的每一點皆有 $|f(z)| = |f(z_0)|$。但由第 26 節的例 4 可知，若一個解析函數的模在某域為常數，則此函數在該域也是常數。因此對此鄰域的每一點皆有 $f(z) = f(z_0)$，預備定理證完。

此預備定理可用來證明下列定理，它就是著名的最大模原理。

定理 若函數 f 在域 D 可解析，但不為常數，則 $|f(z)|$ 在 D 中沒有最大值，亦即，在域 D 中不存在 z_0，滿足 $|f(z)| \leq |f(z_0)|$，而 z 為域 D 的任一點。

設 f 在 D 可解析，我們將證明若 $|f(z)|$ 在 D 中的某一點 z_0 有最大值，則 $f(z)$ 在整個 D 必須是常數。

一般的證明方法是與第 28 節預備定理的證明類似。我們在 D 中畫一條由 z_0 到任一其他 P 的折線 L。且令 d 為由 L 上的點到 D 的邊界之最短距離。當 D 為整個平面時，d 可取任一正值，其次，我們觀察到，沿著 L 存在有限個點序列

$$z_0, z_1, z_2, \ldots, z_{n-1}, z_n$$

使得 z_n 為點 P，且

$$|z_k - z_{k-1}| < d \quad (k = 1, 2, \ldots, n)$$

在以 z_k 為圓心而 d 為半徑的鄰域 N_k $(k = 1, 2, \ldots, n)$ 所形成的有限個鄰域序列（圖 73），

$$N_0, N_1, N_2, \ldots, N_{n-1}, N_n$$

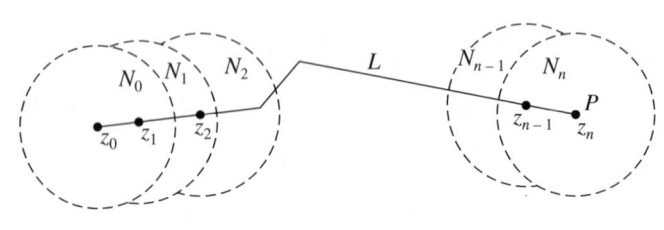

圖 73

我們知道這些鄰域皆包含於 D，且每一個鄰域 N_k 的圓心皆位於鄰域 N_{k-1} 內 $(k = 1, 2, \ldots, n)$，而 f 在這些鄰域可解析。

因為我們假設 $|f(z)|$ 在 D 中的最大值為位於 z_0，而 $|f(z)|$ 在 N_0 的最大值也是位於該點，因此依據前述的預備定理，$f(z)$ 在 N_0 為常數。特別地，$f(z_1) = f(z_0)$。這表示對 N_1 的每一點 z 皆有 $|f(z)| \leq |f(z_1)|$；再應用預備定理，可得

$$f(z) = f(z_1) = f(z_0)$$

其中 z 為 N_1 內的點。因 z_2 位於 N_1 中，所以 $f(z_2) = f(z_0)$。因此當 z 位於 N_2 中，則有 $|f(z)| \leq |f(z_2)|$，再應用預備定理，可得

$$f(z) = f(z_2) = f(z_0)$$

其中 z 為 N_2 內的點，持續此方法，我們最後可達鄰域 N_n，且得到 $f(z_n) = f(z_0)$ 的結果。

回顧 z_n 即是 P，而 P 為 D 中異於 z_0 的任一點，因此我們可以說，對

D 中的每一點 z 而言，皆有 $f(z) = f(z_0)$。此即 $f(z)$ 在整個 D 皆為常數，定理證完。

若函數 f 在封閉有界區域 R 的內部可解析，且在整個 R 連續，則模 $|f(z)|$ 在 R 有最大值（第 18 節）。亦即存在非負常數 M，使得對 R 的每一點 z 而言，皆有 $|f(z)| \leq M$，且等號至少在某一點成立。若 f 為常數函數，則對 R 的每一點 z 而言，皆有 $|f(z)| = M$。但若 $f(z)$ 不是常數函數，則根據最大模原理，對 R 內部的每一點 z 而言，皆有 $|f(z)| \neq M$。因此我們得到一個重要系理。

系理 假設 f 在封閉有界區域 R 連續，且 f 在 R 的內部可解析且不為常數，則 $|f(z)|$ 在 R 必有最大值，而且此值位於 R 的邊界而非內部。

當系理中的 f 寫成 $f(z) = u(x, y) + iv(x, y)$，分量函數 $u(x, y)$ 為調和函數（第 27 節），其在 R 也有最大值，且位於 R 的邊界而非內部。這是因為合成函數 $g(z) = \exp[f(z)]$ 在 R 連續，且在其內部為可解析而不為常數。因此模 $|g(z)| = \exp[u(x, y)]$ 在 R 連續，且其在 R 的最大值必位於 R 的邊界。由指數函數的遞增性，可知 $u(x, y)$ 在 R 的最大值也位於 R 的邊界。

至於 $|f(z)|$ 與 $u(x, y)$ 之最小值性質在習題中有類似於最大值的處理方法。

例 考慮函數 $f(z) = (z + 1)^2$ 定義於頂點為

$$z = 0, \quad z = 2, \quad 和 \quad z = i$$

的封閉三角形區域 R。
一種簡單的幾何論述可用來找出 R 中之點，而在此點之模 $|f(z)|$ 有最大與最小值。此論述是基於將 $|f(z)|$ 解釋成介於 -1 與 R 中任一點 z 之距離 d

的平方：

$$d^2 = |f(z)| = |z-(-1)|^2$$

由圖 74 可知，d 的最大與最小值，亦即 $|f(z)|$ 的最大與最小值分別位於邊界點 $z = 2$ 和 $z = 0$。

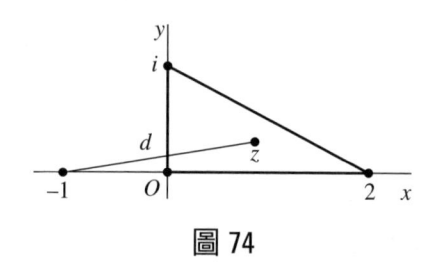

圖 74

習題

1. 假設 f 是整函數且調和函數 $u(x, y) = \text{Re}[f(z)]$ 有上界 u_0；亦即對 xy 平面上的所有點 (x, y) 而言，恆有 $u(x, y) \le u_0$。證明 $u(x, y)$ 在整個平面必為常數。

   提示：應用 Liouville 定理（第 58 節）於函數 $g(z) = \exp[f(z)]$。

2. 令函數 f 在封閉有界區域 R 連續，又令 f 在整個 R 的內部可解析且不為常數。在整個 R 中，若 $f(z) \ne 0$，證明 $|f(z)|$ 的最小值 m 存在於 R 的邊界而非內部。此證明可將最大值的對應結果（第 59 節）應用於函數 $g(z) = 1 / f(z)$。

3. 為了獲得習題 2 的結果，利用函數 $f(z) = z$，證明在整個 R 皆有 $f(z) \ne 0$ 之條件是必要的。亦即，證明當 $|f(z)|$ 的最小值為 0 時，此最小值就有可能出現在內部點。

4. 令 R 為 $0 \le x \le \pi, 0 \le y \le 1$ 之區域（圖 75）。證明整函數 $f(z) = \sin z$ 的模在 R 的邊界點 $z = (\pi/2) + i$ 有最大值。

提示：令 $|f(z)|^2 = \sin^2 x + \sinh^2 y$（參考第 37 節）且在 R 中找出使 $\sin^2 x$ 和 $\sinh^2 y$ 有最大值之點。

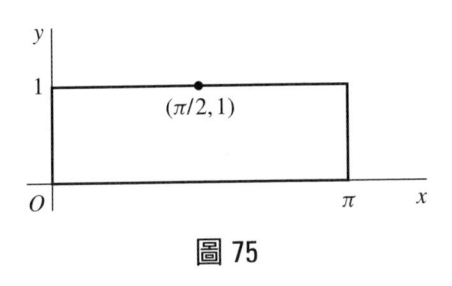

圖 75

5. 令函數 $f(z) = u(x, y) + iv(x, y)$ 在封閉有界區域 R 連續，而在整個 R 的內部，f 為可解析且不為常數。證明分量函數 $u(x, y)$ 在 R 的邊界而非內部具有最小值（參閱習題 2）。

6. 令函數 $f(z) = e^z$ 且 R 為矩形區域 $0 \leq x \leq 1, 0 \leq y \leq \pi$。藉由求出分量函數 $u(x, y) = \text{Re}[f(z)]$ 在 R 中產生最大與最小值之點，說明第 59 節與習題 5 之結果。

答案：$z = 1, z = 1 + \pi i$。

7. 令函數 $f(z) = u(x, y) + iv(x, y)$ 在封閉有界區域 R 連續，又 f 在整個 R 的內部可解析且不為常數。證明調和函數的分量函數 $v(x, y)$ 在 R 的邊界而非內部有最大值與最小值。

提示：將第 59 節及習題 5 的結果應用於函數 $g(z) = -if(z)$。

8. 令 z_0 為 n ($n \geq 1$) 次多項式

$$P(z) = a_0 + a_1 z + a_2 z^2 + \cdots + a_n z^n \quad (a_n \neq 0)$$

的零點。用下列方法證明

$$P(z) = (z - z_0) Q(z)$$

其中 $Q(z)$ 是 $n - 1$ 次多項式。

(a) 證明
$$z^k - z_0^k = (z - z_0)(z^{k-1} + z^{k-2}z_0 + \cdots + z\,z_0^{k-2} + z_0^{k-1}) \qquad (k = 2, 3, \ldots)$$

(b) 利用 (a) 部分的因式分解，證明
$$P(z) - P(z_0) = (z - z_0)Q(z)$$
其中 $Q(z)$ 是 $n - 1$ 次多項式，由此導出欲求之結果。

第 五 章　級數

本章主要專注於解析函數的級數表示式。我們會將保證這些表示式存在的定理呈現出來，並且展開處理級數的一些技巧。

60. 收斂數列 (CONVERGENCE OF SEQUENCES)

若對任一正數 ε，存在一正整數 n_0，使得

(1) $\qquad$ 當 $n > n_0$，$|z_n - z| < \varepsilon$ 恆成立

則複數的**無窮數列 (sequence)** $z_1, z_2, \ldots, z_n, \ldots$ 具有極限 z。
幾何上，這表示對足夠大的 n，點 z_n 均位於一個任意所予的 z 之 ε 鄰域內（圖 76）。因為我們可取任意小的 ε 值，因此當下標增大時，點 z_n 變得非常靠近 z。注意，一般而言，n_0 依 ε 的值而定。

一數列至多有一個極限。亦即，若極限 z 存在，則它是唯一的（第 61 節習題 5）。當極限存在，我們稱此數列**收斂 (converge)** 到 z，且寫成

(2) $$\lim_{n \to \infty} z_n = z$$

若數列無極限，則此數列**發散 (diverges)**。

圖 76

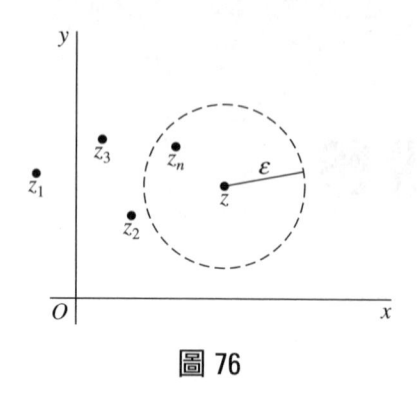

定理 假設 $z_n = x_n + iy_n\ (n = 1, 2, \ldots)$ 且 $z = x + iy$，則

(3) $$\lim_{n \to \infty} z_n = z$$

若且唯若

(4) $$\lim_{n \to \infty} x_n = x \quad 且 \quad \lim_{n \to \infty} y_n = y$$

證明此定理，我們首先假設 (4) 式成立，並由它導出 (3) 式。依據 (4) 式，對任一正數 ε，存在正整數 n_1 和 n_2，使得

$$當\ n > n_1, |x_n - x| < \frac{\varepsilon}{2}\ 恆成立$$

且

$$當\ n > n_2, |y_n - y| < \frac{\varepsilon}{2}\ 恆成立$$

因此，若 n_0 為兩整數 n_1 和 n_2 中較大者，則

$$當\ n > n_0, 恆有\ |x_n - x| < \frac{\varepsilon}{2} \quad 和 \quad |y_n - y| < \frac{\varepsilon}{2}$$

因為

$$|(x_n + iy_n) - (x + iy)| = |(x_n - x) + i(y_n - y)| \leq |x_n - x| + |y_n - y|$$

所以

$$\text{當 } n > n_0 \text{，恆有 } |z_n - z| < \frac{\varepsilon}{2} + \frac{\varepsilon}{2} = \varepsilon$$

因此 (3) 式成立。

反之，若由 (3) 式開始，我們知道對任一正數 ε，存在某一正數 n_0，使得

$$\text{當 } n > n_0 \text{，恆有 } |(x_n + iy_n) - (x + iy)| < \varepsilon$$

但

$$|x_n - x| \leq |(x_n - x) + i(y_n - y)| = |(x_n + iy_n) - (x + iy)|$$

且

$$|y_n - y| \leq |(x_n - x) + i(y_n - y)| = |(x_n + iy_n) - (x + iy)|$$

這表示

$$\text{當 } n > n_0 \text{，恆有 } |x_n - x| < \varepsilon \quad \text{和} \quad |y_n - y| < \varepsilon$$

亦即，(4) 式成立。

注意，此定理使我們可以寫出下式

$$\lim_{n \to \infty} (x_n + iy_n) = \lim_{n \to \infty} x_n + i \lim_{n \to \infty} y_n$$

只要我們知道右式的兩個極限皆存在，或左式的極限存在，則上式成立。

例 1 數列

$$z_n = -1 + i \frac{(-1)^n}{n^2} \qquad (n = 1, 2, \ldots)$$

收斂於 -1，此乃因

$$\lim_{n \to \infty} \left[-1 + i \frac{(-1)^n}{n^2} \right] = \lim_{n \to \infty} (-1) + i \lim_{n \to \infty} \frac{(-1)^n}{n^2} = -1 + i \cdot 0 = -1$$

亦可用定義 (1) 得到此結果。明白地說，

$$\text{當 } n > \frac{1}{\sqrt{\varepsilon}} \text{，恆有 } |z_n - (-1)| = \left| i\frac{(-1)^n}{n^2} \right| = \frac{1}{n^2} < \varepsilon$$

當定理採用極座標時，我們必須注意，如下例所示。

例 2　考慮與例 1 相同的數列

$$z_n = -1 + i\frac{(-1)^n}{n^2} \qquad (n = 1, 2, \ldots)$$

若我們用極座標

$$r_n = |z_n| \quad \text{和} \quad \Theta_n = \text{Arg } z_n \qquad (n = 1, 2, \ldots)$$

其中 Arg z_n 表示主幅角 ($-\pi < \Theta_n \leq \pi$)，我們可得

$$\lim_{n \to \infty} r_n = \lim_{n \to \infty} \sqrt{1 + \frac{1}{n^4}} = 1$$

但

$$\lim_{n \to \infty} \Theta_{2n} = \pi \quad \text{且} \quad \lim_{n \to \infty} \Theta_{2n-1} = -\pi \qquad (n = 1, 2, \ldots)$$

顯然，當 n 趨近於無窮大時，Θ_n 的極限不存在（參閱第 61 節習題 2）。

61. 收斂級數 (CONVERGENCE OF SERIES)

複數無窮級數

$$(1) \qquad \sum_{n=1}^{\infty} z_n = z_1 + z_2 + \cdots + z_n + \cdots$$

的**部分和 (partial sums)** 數列

$$(2) \qquad S_N = \sum_{n=1}^{N} z_n = z_1 + z_2 + \cdots + z_N \qquad (N = 1, 2, \ldots)$$

若收斂到 S，則稱此級數收斂到**和 (sum)** S；記做

$$\sum_{n=1}^{\infty} z_n = S$$

注意，因為數列最多有一個極限，所以級數最多有一個和。當級數不收斂，我們稱它為**發散 (diverges)**。

定理 假設 $z_n = x_n + iy_n$ $(n = 1, 2, \ldots)$ 且 $S = X + iY$，則

(3) $$\sum_{n=1}^{\infty} z_n = S$$

若且唯若

(4) $$\sum_{n=1}^{\infty} x_n = X \quad \text{且} \quad \sum_{n=1}^{\infty} y_n = Y$$

顯然此定理告訴我們，若已知下式中右側的兩個級數收斂或左側的級數收斂，則可以寫成

$$\sum_{n=1}^{\infty} (x_n + iy_n) = \sum_{n=1}^{\infty} x_n + i\sum_{n=1}^{\infty} y_n$$

證明此定理，我們先將部分和 (2) 寫成

(5) $$S_N = X_N + iY_N$$

其中

$$X_N = \sum_{n=1}^{N} x_n \quad \text{且} \quad Y_N = \sum_{n=1}^{N} y_n$$

此時，若且唯若

(6) $$\lim_{N \to \infty} S_N = S$$

則 (3) 式成立。並且由 (5) 式和第 60 節的定理可知，若且唯若

(7) $$\lim_{N \to \infty} X_N = X \quad 和 \quad \lim_{N \to \infty} Y_N = Y$$

則 (6) 式成立。因此 (7) 意指 (3)，反之亦然。由於 X_N 和 Y_N 是 (4) 級數的部分和，因此完成了定理的證明。

這個有用的定理說明一些在微積分中我們熟知的級數特性也可應用在複數系。為了解釋這原理，我們在下面引述兩個性質並用系理表示。

系理 1 若複數級數收斂，則當 n 趨近於無窮大時，第 n 項收斂於 0。

假設級數 (1) 收斂，由定理知，若

$$z_n = x_n + iy_n \quad (n = 1, 2, \ldots)$$

則級數

(8) $$\sum_{n=1}^{\infty} x_n \quad 和 \quad \sum_{n=1}^{\infty} y_n$$

收斂。此外由微積分可知，當 n 趨近於無窮大時，實收斂級數的第 n 項趨近於 0。因此由第 60 節的定理，

$$\lim_{n \to \infty} z_n = \lim_{n \to \infty} x_n + i \lim_{n \to \infty} y_n = 0 + 0 \cdot i = 0$$

系理 1 證完。

由此系理可知收斂級數的項是有界的。亦即，當級數 (1) 收斂，則存在一正數 M 使得對任意正整數 n 而言，$|z_n| \leq M$ 恆成立。

關於複數級數的另一個重要性質是依照微積分中級數的性質而來，若實數 $\sqrt{x_n^2 + y_n^2}$ 的級數

$$\sum_{n=1}^{\infty} |z_n| = \sum_{n=1}^{\infty} \sqrt{x_n^2 + y_n^2} \quad (z_n = x_n + iy_n)$$

收斂，則稱級數 (1) 為**絕對收斂 (absolutely convergent)**。

系理 2　絕對收斂的複數級數為收斂級數。

證明系理 2，我們假設級數 (1) 絕對收斂。因為

$$|x_n| \leq \sqrt{x_n^2 + y_n^2} \quad \text{和} \quad |y_n| \leq \sqrt{x_n^2 + y_n^2}$$

我們由微積分的比較審斂法可知，兩級數

$$\sum_{n=1}^{\infty} |x_n| \quad \text{和} \quad \sum_{n=1}^{\infty} |y_n|$$

必定收斂。此外，因為實數級數的絕對收斂表示該級數本身也收斂。因此 (8) 式的兩級數均收斂。由本節的定理可知，級數 (1) 收斂。這就完成了系理 2 的證明。

當確定級數的和為一所予數 S，我們常利用部分和 (2)，定義 N 項後的**餘項 (remainder)** ρ_N：

(9) $$\rho_N = S - S_N$$

因此 $S = S_N + \rho_N$；且因為 $|S_N - S| = |\rho_N - 0|$，可知，若且唯若餘項的數列趨近於 0，則級數收斂到 S。在處理冪級數時，我們將充分地使用這項結果。

冪級數的形式為

$$\sum_{n=0}^{\infty} a_n(z - z_0)^n = a_0 + a_1(z - z_0) + a_2(z - z_0)^2 + \cdots + a_n(z - z_0)^n + \cdots$$

其中 z_0 和係數 a_n 均為複常數，而 z 可以是包含 z_0 之區域的任一點。有關變數 z 的這些級數，我們分別以 $S(z)$、$S_N(z)$ 和 $\rho_N(z)$ 表示和、部分和及餘項。

例 利用餘項，證明

$$(10) \quad 當\ |z|<1，則\ \sum_{n=0}^{\infty} z^n = \frac{1}{1-z}$$

我們僅需使用恆等式（第 9 節習題 9）

$$1 + z + z^2 + \cdots + z^n = \frac{1-z^{n+1}}{1-z} \qquad (z \neq 1)$$

將部分和

$$S_N(z) = \sum_{n=0}^{N-1} z^n = 1 + z + z^2 + \cdots + z^{N-1} \qquad (z \neq 1)$$

寫成

$$S_N(z) = \frac{1-z^N}{1-z}$$

若

$$S(z) = \frac{1}{1-z}$$

則

$$\rho_N(z) = S(z) - S_N(z) = \frac{z^N}{1-z} \qquad (z \neq 1)$$

因此

$$|\rho_N(z)| = \frac{|z|^N}{|1-z|}$$

由此可知，當 $|z|<1$ 時，餘項 $\rho_N(z)$ 趨近於 0，但這對 $|z| \geq 1$ 則不成立。因此 (10) 式成立。

習題

1. 利用第 60 節定義 (1)，數列的極限，證明

$$\lim_{n\to\infty}\left(\frac{1}{n^2}+i\right)=i$$

2. 令 $\Theta_n\,(n=1,2,\ldots)$ 表示

$$z_n=1+i\frac{(-1)^n}{n^2}\quad(n=1,2,\ldots)$$

的主幅角，指出何以

$$\lim_{n\to\infty}\Theta_n=0$$

（與第 60 節例 2 比較。）

3. 利用不等式（參閱第 5 節）$||z_n|-|z||\le|z_n-z|$，證明

若 $\lim\limits_{n\to\infty}z_n=z$，則 $\lim\limits_{n\to\infty}|z_n|=|z|$

4. 在第 61 節公式 (10)，令 $z=re^{i\theta}$，其中 $0<r<1$，然後用第 61 節的定理，證明當 $0<r<1$ 時

$$\sum_{n=1}^{\infty}r^n\cos n\theta=\frac{r\cos\theta-r^2}{1-2r\cos\theta+r^2}\quad\text{且}\quad\sum_{n=1}^{\infty}r^n\sin n\theta=\frac{r\sin\theta}{1-2r\cos\theta+r^2}$$

（注意當 $r=0$ 時，這些公式亦成立。）

5. 相對於實數列的結果，證明收斂的複數列其極限唯一。

6. 證明

若 $\sum\limits_{n=1}^{\infty}z_n=S$，則 $\sum\limits_{n=1}^{\infty}\overline{z_n}=\overline{S}$

7. 令 c 表示任一複數，證明

若 $\sum\limits_{n=1}^{\infty}z_n=S$，則 $\sum\limits_{n=1}^{\infty}cz_n=cS$

8. 相對於實級數的結果和第 61 節的定理，證明

若 $\sum_{n=1}^{\infty} z_n = S$ 且 $\sum_{n=1}^{\infty} w_n = T$，則 $\sum_{n=1}^{\infty} (z_n + w_n) = S + T$

9. 令數列 z_n $(n = 1, 2, \ldots)$ 收斂於 z。使用下列的方法，證明存在一個正數 M 使得對所有 n 而言，不等式 $|z_n| \leq M$ 恆成立。

(a) 注意，存在正整數 n_0，使得當 $n > n_0$

$$|z_n| = |z + (z_n - z)| < |z| + 1$$

恆成立。

(b) 令 $z_n = x_n + i y_n$ 且由實數數列的理論，x_n 與 y_n 收斂表示對某些正數 M_1 和 M_2 而言，$|x_n| \leq M_1$ 且 $|y_n| \leq M_2$ $(n = 1, 2, \ldots)$ 恆成立。

62. Taylor 級數 (TAYLOR SERIES)

我們討論 Taylor 定理 (Taylor's theorem)，它是本章最重要的結果之一。

定理 假設函數 f 在整個圓盤 $|z - z_0| < R_0$ 可解析，圓盤以 z_0 為圓心且半徑為 R_0（圖 77）。則 $f(z)$ 具有冪級數表示式

(1) $$f(z) = \sum_{n=0}^{\infty} a_n (z - z_0)^n \qquad (|z - z_0| < R_0)$$

其中

(2) $$a_n = \frac{f^{(n)}(z_0)}{n!} \qquad (n = 0, 1, 2, \ldots)$$

亦即，當 z 位於開圓盤內，(1) 的級數收斂於 $f(z)$。

圖 77

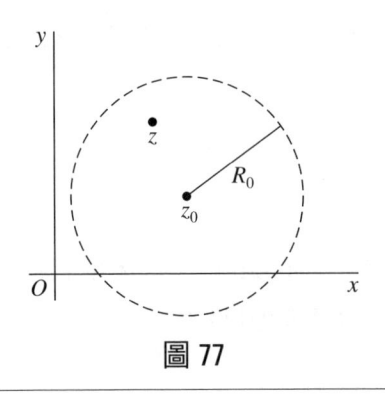

此為將 $f(z)$ 展開成關於點 z_0 的 **Taylor 級數 (Taylor series)**。它是由微積分中所熟悉的 Taylor 級數，改為複變函數的形式。按照規定

$$f^{(0)}(z_0) = f(z_0) \quad \text{和} \quad 0! = 1$$

當然，級數 (1) 可寫成

(3) $\quad f(z) = f(z_0) + \dfrac{f'(z_0)}{1!}(z-z_0) + \dfrac{f''(z_0)}{2!}(z-z_0)^2 + \cdots \quad (|z-z_0| < R_0)$

在 z_0 可解析的任一函數，一定具有關於 z_0 的 Taylor 級數。因為，若 f 在 z_0 可解析，則它在 z_0 的某一鄰域 $|z-z_0| < \varepsilon$ 可解析（第 25 節）；而 ε 可作為 Taylor 定理中的 R_0。又，若 f 為整函數，則 R_0 可取任意大的值；定理成立的條件變成 $|z-z_0| < \infty$。因此對有限平面上的每一點 z 而言，級數收斂於 $f(z)$。

若知道 f 在以 z_0 為圓心的圓內部可解析，則可保證對該圓內部的每一點 z 而言，$f(z)$ 關於 z_0 的 Taylor 級數是收斂的，無需對該級數的收斂做判定。事實上，根據 Taylor 定理，級數在某個圓內會收斂到 $f(z)$，此圓是以 z_0 為圓心，其半徑則是 z_0 到 z_1 的距離而 z_1 是最近一個使 f 無法成為解析函數的點。在第 71 節中，我們會發現這個圓其實就是以 z_0 為圓心的圓中，級數在該圓內部的每一點均收斂到 $f(z)$ 的最大圓。

在下一節，我們先證明的 Taylor 定理是當 $z_0 = 0$ 且假設 f 在整個圓

盤 $|z| < R_0$ 為可解析之情形。(1) 的級數則變成 **Maclaurin 級數 (Maclaurin series)**：

(4) $$f(z) = \sum_{n=0}^{\infty} \frac{f^{(n)}(0)}{n!} z^n \quad (|z| < R_0)$$

當 z_0 不為零的定理證明則可由此結果直接推論而得，讀者可略過 Taylor 定理的證明直接跳至第 64 節的例題。

63. Taylor 定理的證明 (PROOF OF TAYLOR'S THEOREM)

如第 62 節末所述，定理證明分為兩部分

$z_0 = 0$ 的情形

開始推導第 62 節 (4) 式。我們令 $|z| = r$ 且令 C_0 為正向圓 $|z| = r_0$，其中 $r < r_0 < R_0$（參閱圖 78）。因為 f 在圓 C_0 及其內部可解析，且因點 z 位於 C_0 的內部，因此可用 Cauchy 積分公式：

(1) $$f(z) = \frac{1}{2\pi i} \int_{C_0} \frac{f(s)\,ds}{s-z}$$

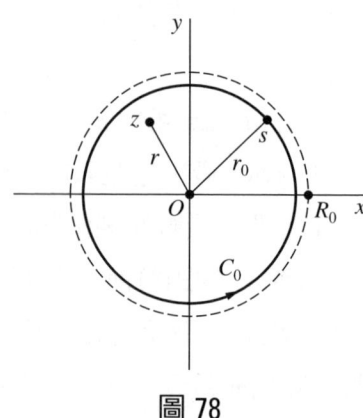

圖 78

將被積函數中的因式 $1/(s-z)$ 寫成

(2) $$\frac{1}{s-z} = \frac{1}{s} \cdot \frac{1}{1-(z/s)}$$

且由第 56 節的例題可知，當 z 不等於 1 時，

(3) $$\frac{1}{1-z} = \sum_{n=0}^{N-1} z^n + \frac{z^N}{1-z}$$

以 z/s 取代 (3) 中的 z，我們可以將方程式 (2) 改寫成

(4) $$\frac{1}{s-z} = \sum_{n=0}^{N-1} \frac{1}{s^{n+1}} z^n + z^N \frac{1}{(s-z)s^N}$$

將 $f(s)$ 乘以此方程式，並對 s 沿著 C_0 積分，可得

$$\int_{C_0} \frac{f(s)\,ds}{s-z} = \sum_{n=0}^{N-1} \int_{C_0} \frac{f(s)\,ds}{s^{n+1}} z^n + z^N \int_{C_0} \frac{f(s)\,ds}{(s-z)s^N}$$

將上式乘以 $1/(2\pi i)$，且由 (1) 式以及

$$\frac{1}{2\pi i} \int_{C_0} \frac{f(s)\,ds}{s^{n+1}} = \frac{f^{(n)}(0)}{n!} \qquad (n = 0, 1, 2, \ldots)$$

的結果（第 55 節），可得

(5) $$f(z) = \sum_{n=0}^{N-1} \frac{f^{(n)}(0)}{n!} z^n + \rho_N(z)$$

其中

(6) $$\rho_N(z) = \frac{z^N}{2\pi i} \int_{C_0} \frac{f(s)\,ds}{(s-z)s^N}$$

一旦證明了

(7) $$\lim_{N \to \infty} \rho_N(z) = 0$$

就可立即得到第 62 節的 (4) 式。要完成此一步驟，我們回顧 $|z|=r$ 且 C_0 之半徑為 r_0，其中 $r_0 > r$。因此，若 s 為 C_0 上的一點，則

$$|s-z| \geq ||s|-|z|| = r_0 - r$$

故，若 M 為 $|f(s)|$ 在 C_0 的最大值，則

$$|\rho_N(z)| \leq \frac{r^N}{2\pi} \cdot \frac{M}{(r_0-r)r_0^N} 2\pi r_0 = \frac{Mr_0}{r_0-r}\left(\frac{r}{r_0}\right)^N$$

當 $(r/r_0) < 1$ 時，(7) 式顯然成立。

$z_0 \neq 0$ 的情形

當圓心為任意點 z_0 且半徑為 R_0 的圓盤，欲證明此定理，我們假設 f 在 $|z-z_0| < R_0$ 可解析，且注意合成函數 $f(z+z_0)$ 在 $|(z+z_0)-z_0| < R_0$ 可解析，亦即在 $|z| < R_0$ 可解析；若我們令 $g(z) = f(z+z_0)$，則 g 在圓盤 $|z| < R_0$ 的解析性，保證 Maclaurin 級數表示式：

$$g(z) = \sum_{n=0}^{\infty} \frac{g^{(n)}(0)}{n!} z^n \qquad (|z| < R_0)$$

是存在的，亦即

$$f(z+z_0) = \sum_{n=0}^{\infty} \frac{f^{(n)}(z_0)}{n!} z^n \qquad (|z| < R_0)$$

以 $z-z_0$ 取代此方程式中的 z 且配合成立的條件，可得第 62 節 (1) 式的 Taylor 級數展開式。

64. 例題 (EXAMPLES)

在第 72 節，可知函數 $f(z)$ 關於已知點 z_0 的 Taylor 級數是唯一的。更明白地說，我們將證明對以 z_0 為圓心的圓內部的所有點 z 而言，若

$$f(z) = \sum_{n=0}^{\infty} a_n (z - z_0)^n$$

成立,則此冪級數一定是 f 關於 z_0 展開的 Taylor 級數,而不論這些常數是如何產生的。比起直接使用 Taylor 定理的公式 $a_n = f^{(n)}(z_0)/n!$,我們使用上述的結果將是一個更有效率的方法以求得 Taylor 級數中的係數 a_n。

本節專注於求下列六個 Maclaurin 級數展開式,其中 $z_0 = 0$,且說明如何利用它們求其他相關的展開式。

(1) $$\frac{1}{1-z} = \sum_{n=0}^{\infty} z^n = 1 + z + z^2 + \cdots \qquad (|z| < 1)$$

(2) $$e^z = \sum_{n=0}^{\infty} \frac{z^n}{n!} = 1 + \frac{z}{1!} + \frac{z^2}{2!} + \cdots \qquad (|z| < \infty)$$

(3) $$\sin z = \sum_{n=0}^{\infty} (-1)^n \frac{z^{2n+1}}{(2n+1)!} = z - \frac{z^3}{3!} + \frac{z^5}{5!} - \cdots \qquad (|z| < \infty)$$

(4) $$\cos z = \sum_{n=0}^{\infty} (-1)^n \frac{z^{2n}}{(2n)!} = 1 - \frac{z^2}{2!} + \frac{z^4}{4!} - \cdots \qquad (|z| < \infty)$$

(5) $$\sinh z = \sum_{n=0}^{\infty} \frac{z^{2n+1}}{(2n+1)!} = z + \frac{z^3}{3!} + \frac{z^5}{5!} + \cdots \qquad (|z| < \infty)$$

(6) $$\cosh z = \sum_{n=0}^{\infty} \frac{z^{2n}}{(2n)!} = 1 + \frac{z^2}{2!} + \frac{z^4}{4!} + \cdots \qquad (|z| < \infty)$$

我們將這些結果列在一起以利於將來的參考。因為展開式是將微積分中大家所熟悉的式子,以 z 代替 x,讀者應該很容易記得。

除了將展開式 (1) 到 (6) 列在一起外,我們在例 1 至例 6 會有這些展開式的推導,以及由這些結果得到其他級數,讀者對下列事項應牢記在心,

(a) 收斂區域可在求得正確級數之前決定。

(b) 或許有許多種合理的方法求得級數。

例1 在第 61 節所得的 (1) 式並未使用 Taylor 定理，為了得知如何使用 Taylor 定理，我們首先注意在有限平面上，點 $z = 1$ 為函數

$$f(z) = \frac{1}{1-z}$$

唯一的奇異點。故當 $|z| < 1$ 時，所欲求的 Maclaurin 級數收斂於 $f(z)$。

$f(z)$ 的導數為

$$f^{(n)}(z) = \frac{n!}{(1-z)^{n+1}} \qquad (n = 1, 2, \ldots)$$

因此若我們同意 $f^{(0)}(z) = f(z)$ 且 $0! = 1$，則當 $n = 0, 1, 2, \ldots$；可得 $f^{(n)}(0) = n!$，於是

$$f(z) = \sum_{n=0}^{\infty} \frac{f^{(n)}(0)}{n!} z^n = \sum_{n=0}^{\infty} z^n$$

我們得到級數表示式 (1)。

若我們在方程式 (1) 中，以 $-z$ 取代 z，並注意 $|-z| < 1$ 與 $|z| < 1$ 是相同的條件，則有

$$\frac{1}{1+z} = \sum_{n=0}^{\infty} (-1)^n z^n \qquad (|z| < 1)$$

另一方面，若我們在方程式 (1) 中，以 $1-z$ 取代 z，因條件 $|1-z| < 1$ 與 $|z-1| < 1$ 相同，故有 Taylor 級數表示式

$$\frac{1}{z} = \sum_{n=0}^{\infty} (-1)^n (z-1)^n \qquad (|z-1| < 1)$$

針對展開式 (1) 的另一個應用，我們目前要找函數

$$f(z) = \frac{1}{1-z}$$

關於點 $z_0 = i$ 的 Taylor 級數表示式。因為 z_0 與奇異點 $z = 1$ 的距離為 $|1 - i| = \sqrt{2}$，級數成立的條件為 $|z - i| < \sqrt{2}$（參閱圖 79）。欲求 $z - i$ 冪次的級數，我們首先寫出

$$\frac{1}{1-z} = \frac{1}{(1-i)-(z-i)} = \frac{1}{1-i} \cdot \frac{1}{1 - \left(\dfrac{z-i}{1-i}\right)}$$

因為當 $|z - i| < \sqrt{2}$，

$$\left|\frac{z-i}{1-i}\right| = \frac{|z-i|}{|1-i|} = \frac{|z-i|}{\sqrt{2}} < 1$$

展開式 (1) 告訴我們

$$\frac{1}{1 - \left(\dfrac{z-i}{1-i}\right)} = \sum_{n=0}^{\infty} \left(\frac{z-i}{1-i}\right)^n \qquad (|z-i| < \sqrt{2})$$

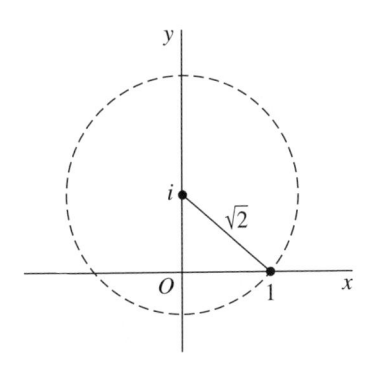

圖 79 $|z - i| < \sqrt{2}$

我們得到 Taylor 級數展開式

$$\frac{1}{1-z} = \frac{1}{1-i} \sum_{n=0}^{\infty} \left(\frac{z-i}{1-i}\right)^n = \sum_{n=0}^{\infty} \frac{(z-i)^n}{(1-i)^{n+1}} \qquad (|z-i| < \sqrt{2})$$

例2 因為 $f(z) = e^z$ 是整函數，所以對每一點 z 而言，$f(z)$ 有 Maclaurin 級數表示式。由於 $f^{(n)}(z) = e^z$ $(n = 0, 1, 2, \ldots)$，且 $f^{(n)}(0) = 1$ $(n = 0, 1, 2, \ldots)$，因此可得展開式 (2)。注意，若 $z = x + i0$，則展開式變成

$$e^x = \sum_{n=0}^{\infty} \frac{x^n}{n!} \quad (-\infty < x < \infty)$$

整函數 $z^3 e^{2z}$ 亦可用 Maclaurin 級數表示。最簡單的方法是將 (2) 式中的 z 以 $2z$ 取代，然後乘以 z^3：

$$z^3 e^{2z} = \sum_{n=0}^{\infty} \frac{2^n}{n!} z^{n+3} \quad (|z| < \infty)$$

最後，以 $n - 3$ 取代 n，可得

$$z^3 e^{2z} = \sum_{n=3}^{\infty} \frac{2^{n-3}}{(n-3)!} z^n \quad (|z| < \infty)$$

例3 可以利用展開式 (2) 和定義（第 37 節）

$$\sin z = \frac{e^{iz} - e^{-iz}}{2i}$$

求出整函數 $f(z) = \sin z$ 的 Maclaurin 級數。詳細步驟如下，由展開式 (1) 可得

$$\sin z = \frac{1}{2i} \left[\sum_{n=0}^{\infty} \frac{(iz)^n}{n!} - \sum_{n=0}^{\infty} \frac{(-iz)^n}{n!} \right] = \frac{1}{2i} \sum_{n=0}^{\infty} [1 - (-1)^n] \frac{i^n z^n}{n!} \quad (|z| < \infty)$$

當 n 為偶數時，$1 - (-1)^n = 0$，因此我們可以將上式中最後的級數以 $2n + 1$ 取代 n：

$$\sin z = \frac{1}{2i} \sum_{n=0}^{\infty} [1 - (-1)^{2n+1}] \frac{i^{2n+1} z^{2n+1}}{(2n+1)!} \quad (|z| < \infty)$$

由於

$$1-(-1)^{2n+1}=2 \quad 且 \quad i^{2n+1}=(i^2)^n i=(-1)^n i$$

此級數簡化為展開式 (3)。

例 4 使用第 71 節所談論的逐項微分,將方程式 (3) 的兩側微分,可得

$$\cos z = \sum_{n=0}^{\infty} \frac{(-1)^n}{(2n+1)!} \frac{d}{dz} z^{2n+1} = \sum_{n=0}^{\infty} (-1)^n \frac{2n+1}{(2n+1)!} z^{2n} = \sum_{n=0}^{\infty} (-1)^n \frac{z^{2n}}{(2n)!}$$
$$(|z|<\infty)$$

(4) 式得證。

例 5 由第 39 節可知 $\sinh z = -i \sin(iz)$,我們僅需利用 $\sin z$ 的展開式 (3) 而寫成

$$\sinh z = -i \sum_{n=0}^{\infty} (-1)^n \frac{(iz)^{2n+1}}{(2n+1)!} \qquad (|z|<\infty)$$

此即

$$\sinh z = \sum_{n=0}^{\infty} \frac{z^{2n+1}}{(2n+1)!} \qquad (|z|<\infty)$$

例 6 依據第 39 節,因為 $\cosh z = \cos(iz)$,由 $\cos z$ 的 Maclaurin 級數可得

$$\cosh z = \sum_{n=0}^{\infty} (-1)^n \frac{(iz)^{2n}}{(2n)!} \qquad (|z|<\infty)$$

亦即

$$\cosh z = \sum_{n=0}^{\infty} \frac{z^{2n}}{(2n)!} \qquad (|z|<\infty)$$

cosh z 關於點 $z_0 = -2\pi i$ 的 Taylor 級數，可用 $z + 2\pi i$ 取代上式兩側的 z，並利用 $\cosh(z+2\pi i) = \cosh z$（第 39 節）的事實得到：

$$\cosh z = \sum_{n=0}^{\infty} \frac{(z+2\pi i)^{2n}}{(2n)!} \qquad (|z| < \infty)$$

65. $(z - z_0)$ 的負冪次 (NEGATIVE POWERS OF $(z - z_0)$)

若函數 f 在點 z_0 不可解析，則不能在該點使用 Taylor 定理。通常可求得同時含有 $z - z_0$ 的正負冪次方的 $f(z)$ 級數表示式。這種級數是極端重要的，我們將在下一節中討論。我們可利用一個或多個列在第 64 節的六個 Maclaurin 級數來得到這些級數。為了讓讀者更熟悉這些關於 $z - z_0$ 的負冪次級數，我們在探索一般的理論之前，先用幾個例子說明。

例 1　用所熟悉的 Maclaurin 級數

$$e^z = 1 + \frac{z}{1!} + \frac{z^2}{2!} + \frac{z^3}{3!} + \frac{z^4}{4!} + \cdots \qquad (|z| < \infty)$$

當 $0 < |z| < \infty$ 時，可得

$$\frac{e^{-z}}{z^2} = \frac{1}{z^2}\left(1 - \frac{z}{1!} + \frac{z^2}{2!} - \frac{z^3}{3!} + \frac{z^4}{4!} - \cdots\right) = \frac{1}{z^2} - \frac{1}{z} + \frac{1}{2!} - \frac{z}{3!} + \frac{z^2}{4!} - \cdots$$

例 2　由 Maclaurin 級數

$$\cosh z = \sum_{n=0}^{\infty} \frac{z^{2n}}{(2n)!} \qquad (|z| < \infty)$$

當 $0 < |z| < \infty$，可得

$$z^3 \cosh\left(\frac{1}{z}\right) = z^3 \sum_{n=0}^{\infty} \frac{1}{(2n)! z^{2n}} = \sum_{n=0}^{\infty} \frac{1}{(2n)! z^{2n-3}}$$

當 $n=0$ 或 1 時，$2n-3<0$，但當 $n\geq 2$ 時，$2n-3>0$。因此上式可重寫成

$$z^3\cosh\left(\frac{1}{z}\right)=z^3+\frac{z}{2}+\sum_{n=2}^{\infty}\frac{1}{(2n)!z^{2n-3}}\qquad(0<|z|<\infty)$$

在下一節我們會對此展開式提出一個標準式，上式中以 $n+1$ 取代 n 可得

$$z^3\cosh\left(\frac{1}{z}\right)=\frac{z}{2}+z^3+\sum_{n=1}^{\infty}\frac{1}{(2n+2)!}\cdot\frac{1}{z^{2n-1}}\qquad(0<|z|<\infty)$$

例 3　這個例子是將函數

$$f(z)=\frac{1+2z^2}{z^3+z^5}=\frac{1}{z^3}\cdot\frac{2(1+z^2)-1}{1+z^2}=\frac{1}{z^3}\left(2-\frac{1}{1+z^2}\right)$$

展開成 z 的冪級數。因為 $f(z)$ 在 $z=0$ 不可解析，故我們無法求得 $f(z)$ 的 Maclaurin 級數，但是我們知道

$$\frac{1}{1-z}=1+z+z^2+z^3+z^4+\cdots\qquad(|z|<1)$$

將式中的 z 以 $-z^2$ 取代，可得

$$\frac{1}{1+z^2}=1-z^2+z^4-z^6+z^8-\cdots\qquad(|z|<1)$$

故當 $0<|z|<1$ 時，

$$f(z)=\frac{1}{z^3}(2-1+z^2-z^4+z^6-z^8+\cdots)=\frac{1}{z^3}+\frac{1}{z}-z+z^3-z^5+\cdots$$

我們稱形如 $1/z^3$ 和 $1/z$ 的項為 z 的負冪次，此乃因它們可分別寫成 z^{-3} 和 z^{-1}。如在本節一開始所提到的，關於 $z-z_0$ 的負冪次展開式的理論將於下一節討論。

讀者應注意到在例 1 和例 3 所得的級數中，負冪次先出現，而在例 2 中正冪次先出現。在往後的應用上，不論正或負冪次何者先出現通常並不

重要。此外，這三個例題所含 $z-z_0$ 冪次是當 $z_0=0$ 的情形。我們最後的例題，是關於 $z_0 \neq 0$ 的情形。

例 4 將函數

$$\frac{e^z}{(z+1)^2}$$

展開成 $z+1$ 的冪次，我們由 Maclaurin 級數開始

$$e^z = \sum_{n=0}^{\infty} \frac{z^n}{n!} \qquad (|z|<\infty)$$

以 $z+1$ 取代 z

$$e^{z+1} = \sum_{n=0}^{\infty} \frac{(z+1)^n}{n!} \qquad (|z+1|<\infty)$$

將此方程式除以 $e(z+1)^2$，可得

$$\frac{e^z}{(z+1)^2} = \sum_{n=0}^{\infty} \frac{(z+1)^{n-2}}{n!\,e}$$

因此我們有

$$\frac{e^z}{(z+1)^2} = \frac{1}{e}\left[\frac{1}{(z+1)^2} + \frac{1}{z+1} + \sum_{n=2}^{\infty} \frac{(z+1)^{n-2}}{n!}\right] \qquad (0<|z+1|<\infty)$$

此式與下式相同

$$\frac{e^z}{(z+1)^2} = \frac{1}{e}\left[\sum_{n=0}^{\infty} \frac{(z+1)^n}{(n+2)!} + \frac{1}{z+1} + \frac{1}{(z+1)^2}\right] \qquad (0<|z+1|<\infty)$$

習題

1. 求 Maclaurin 級數表示式

$$z \cosh(z^2) = \sum_{n=0}^{\infty} \frac{z^{4n+1}}{(2n)!} \qquad (|z| < \infty)$$

2. 分別使用 (a) $f^{(n)}(1)$ ($n = 0, 1, 2, \ldots$)；(b) $e^z = e^{z-1}e$

求 $f(z) = e^z$ 的 Taylor 級數。

$$e^z = e \sum_{n=0}^{\infty} \frac{(z-1)^n}{n!} \qquad (|z-1| < \infty)$$

3. 求函數

$$f(z) = \frac{z}{z^4 + 4} = \frac{z}{4} \cdot \frac{1}{1 + (z^4/4)}$$

的 Maclaurin 級數展開式。

答案：$f(z) = \sum_{n=0}^{\infty} \frac{(-1)^n}{2^{2n+2}} z^{4n+1}$ $(|z| < \sqrt{2})$。

4. 利用恆等式（參考第 37 節）

$$\cos z = -\sin\left(z - \frac{\pi}{2}\right)$$

將 $\cos z$ 展開成關於 $z_0 = \pi/2$ 的 Taylor 級數。

5. 利用第 39 節習題 7(a) 所證明的恆等式 $\sinh(z + \pi i) = -\sinh z$，以及 $\sinh z$ 是週期函數其週期為 $2\pi i$ 的事實，求 $\sinh z$ 關於 $z_0 = \pi i$ 的 Taylor 級數。

答案：$-\sum_{n=0}^{\infty} \frac{(z - \pi i)^{2n+1}}{(2n+1)!}$ $(|z - \pi i| < \infty)$

6. 函數 $\tanh z$ 的 Maclaurin 級數收斂於 $\tanh z$ 的最大圓為何？寫出該級數的前兩個非零項。

---

*有關級數的展開，在這些與接下來的習題，建議讀者盡量使用第 64 節 (1) 至 (6) 的式子。

7. 證明若 $f(z) = \sin z$，則

$$f^{(2n)}(0) = 0 \quad 且 \quad f^{(2n+1)}(0) = (-1)^n \qquad (n = 0, 1, 2, \ldots)$$

由此可得第 64 節 (3) 式，$\sin z$ 的 Maclaurin 級數的另一種推導方法。

8. 再導出第 64 節 (4) 式，函數 $f(z) = \cos z$ 的 Maclaurin 級數。

(a) 利用第 37 節的定義

$$\cos z = \frac{e^{iz} + e^{-iz}}{2}$$

且利用第 64 節 (2) 式，e^z 的 Maclaurin 級數。

(b) 證明

$$f^{(2n)}(0) = (-1)^n \quad 和 \quad f^{(2n+1)}(0) = 0 \qquad (n = 0, 1, 2, \ldots)$$

9. 利用第 64 節 (3) 式，寫出函數

$$f(z) = \sin(z^2)$$

的 Maclaurin 級數，從而推導出

$$f^{(4n)}(0) = 0 \quad 和 \quad f^{(2n+1)}(0) = 0 \qquad (n = 0, 1, 2, \ldots)$$

10. 導出展開式

(a) $\dfrac{\sinh z}{z^2} = \dfrac{1}{z} + \sum_{n=0}^{\infty} \dfrac{z^{2n+1}}{(2n+3)!} \quad (0 < |z| < \infty)$

(b) $\dfrac{\sin(z^2)}{z^4} = \dfrac{1}{z^2} - \dfrac{z^2}{3!} + \dfrac{z^6}{5!} - \dfrac{z^{10}}{7!} + \cdots \quad (0 < |z| < \infty)$

11. 證明當 $0 < |z| < 4$ 時

$$\frac{1}{4z - z^2} = \frac{1}{4z} + \sum_{n=0}^{\infty} \frac{z^n}{4^{n+2}}$$

66. Laurent 級數 (LAURENT SERIES)

現在我們要來敘述 **Laurent 定理 (Laurent's theorem)**，當函數 $f(z)$ 在 z_0 不可解析時，這個定理可使我們將函數 $f(z)$ 展開成含有 $z - z_0$ 的正冪次與負冪次的級數。

定理 假定函數 f 在整個以 z_0 為中心的環狀區域 $R_1 < |z - z_0| < R_2$ 可解析，且令 C 表示位於此域內環繞 z_0 的任一正向簡單封閉圍線（圖 80）。則在此域中的每一點。$f(z)$ 有級數表示式

$$(1) \quad f(z) = \sum_{n=0}^{\infty} a_n(z - z_0)^n + \sum_{n=1}^{\infty} \frac{b_n}{(z - z_0)^n} \qquad (R_1 < |z - z_0| < R_2)$$

其中

$$(2) \quad a_n = \frac{1}{2\pi i} \int_C \frac{f(z)\, dz}{(z - z_0)^{n+1}} \qquad (n = 0, 1, 2, \ldots)$$

且

$$(3) \quad b_n = \frac{1}{2\pi i} \int_C \frac{f(z)\, dz}{(z - z_0)^{-n+1}} \qquad (n = 1, 2, \ldots)$$

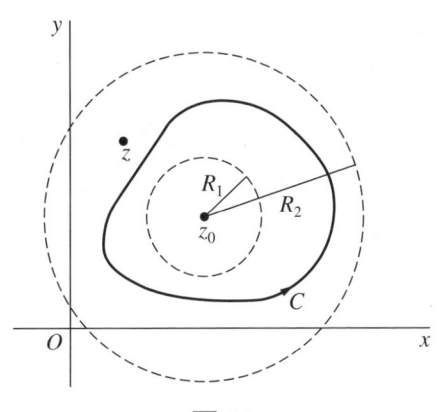

圖 80

將 (1) 式第二個級數中 n 的 $-n$ 以取代，可得

$$\sum_{n=-\infty}^{-1} \frac{b_{-n}}{(z-z_0)^{-n}}$$

其中

$$b_{-n} = \frac{1}{2\pi i} \int_C \frac{f(z)\,dz}{(z-z_0)^{n+1}} \quad (n = -1, -2, \ldots)$$

因此

$$f(z) = \sum_{n=-\infty}^{-1} b_{-n}(z-z_0)^n + \sum_{n=0}^{\infty} a_n(z-z_0)^n \quad (R_1 < |z-z_0| < R_2)$$

若

$$c_n = \begin{cases} b_{-n} & \text{當 } n \leq -1 \\ a_n & \text{當 } n \geq 0 \end{cases}$$

則

(4) $$f(z) = \sum_{n=-\infty}^{\infty} c_n(z-z_0)^n \quad (R_1 < |z-z_0| < R_2)$$

其中

(5) $$c_n = \frac{1}{2\pi i} \int_C \frac{f(z)\,dz}{(z-z_0)^{n+1}} \quad (n = 0, \pm 1, \pm 2, \ldots)$$

$f(z)$ 的表示式 (1) 或 (4) 均稱為 **Laurent 級數 (Laurent series)**。

由觀察知，(3) 式的被積函數可以寫成 $f(z)(z-z_0)^{-n-1}$。因此，當 f 在整個圓盤 $|z-z_0| < R_2$ 可解析，則此被積函數也是可解析的。因此所有係數 b_n 均為 0，且因為（第 55 節）

$$\frac{1}{2\pi i} \int_C \frac{f(z)\,dz}{(z-z_0)^{n+1}} = \frac{f^{(n)}(z_0)}{n!} \quad (n = 0, 1, 2, \ldots)$$

(1) 式簡化成關於 z_0 的 Taylor 級數。

但是，若函數 f 在點 z_0 不可解析，但在圓盤 $|z - z_0| < R_2$ 的其他點可解析，則半徑 R_1 可以取成任意小。則 (1) 式在有孔圓盤 $0 < |z - z_0| < R_2$ 成立。同理，若 f 在圓 $|z - z_0| = R_1$ 外部的有限平面可解析，則 R_2 可取成任意大。(1) 式成立的條件為 $R_1 < |z - z_0| < \infty$。若 f 在點 z_0 以外的整個有限平面可解析。則級數 (1) 在其可解析處成立，或在 $0 < |z - z_0| < \infty$ 成立。

我們將先證明當 $z_0 = 0$ 時 Laurent 定理成立，這表示環狀域的中心為原點。而當 z_0 不為 0 的定理證明則很容易推得，且如同 Taylor 定理，讀者可略過整個定理證明，繼續往下閱讀。

67. Laurent 定理的證明 (PROOF OF LAURENT'S THEOREM)

如同 Taylor 定理的證明，此處我們將證明分成兩部分，第一部分是當 $z_0 = 0$ 時而第二部分是當 z_0 為任意非零點。

$z_0 = 0$ 的情況

證明的開始，我們先建構包含於 $R_1 < |z| < R_2$ 的封閉環狀區域 $r_1 \leq |z| \leq r_2$，而其內部包含點 z 及圍線 C（圖 81）。令 C_1 與 C_2 分別表示圓 $|z| = r_1$ 和 $|z| = r_2$，且指定此二圓為正向。注意，f 在 C_1 和 C_2 及介於其間的環狀域可解析。

其次，我們建構一個以 z 為圓心的正向圓 γ，此圓要小到可以使整個圓位於環狀域 $r_1 \leq |z| \leq r_2$ 的內部，如圖 81 所示。然後由 Cauchy–Goursat 定理，解析函數沿著多連通域的有向邊界積分（第 53 節）為

$$\int_{C_2} \frac{f(s)\,ds}{s - z} - \int_{C_1} \frac{f(s)\,ds}{s - z} - \int_{\gamma} \frac{f(s)\,ds}{s - z} = 0$$

但依據 Cauchy 積分公式（第 54 節），第三個積分的值為 $2\pi i f(z)$。因此

(1) $$f(z) = \frac{1}{2\pi i}\int_{C_2} \frac{f(s)\,ds}{s-z} + \frac{1}{2\pi i}\int_{C_1} \frac{f(s)\,ds}{z-s}$$

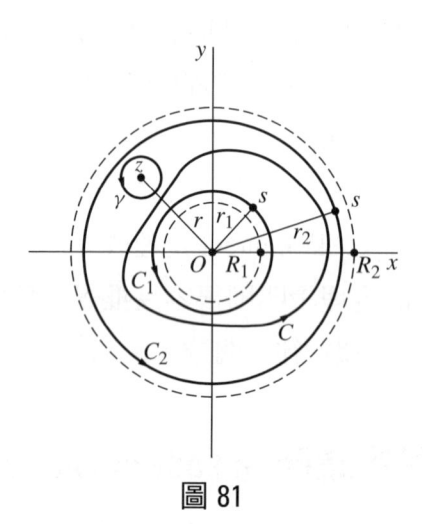

圖 81

現在，第一個積分中的因式 $1/(s-z)$ 與第 63 節 (1) 式相同，該節是 Taylor 定理的證明，在此我們需要展開式

(2) $$\frac{1}{s-z} = \sum_{n=0}^{N-1} \frac{1}{s^{n+1}} z^n + z^N \frac{1}{(s-z)s^N}$$

上式在該節使用過。至於第二個積分中的因式 $1/(z-s)$，將方程式 (2) 的 s 和 z 互換，可得

$$\frac{1}{z-s} = \sum_{n=0}^{N-1} \frac{1}{s^{-n}} \cdot \frac{1}{z^{n+1}} + \frac{1}{z^N} \cdot \frac{s^N}{z-s}$$

若我們將累加式中的 n 改成 $n-1$，則此展開式變成

(3) $$\frac{1}{z-s} = \sum_{n=1}^{N} \frac{1}{s^{-n+1}} \cdot \frac{1}{z^n} + \frac{1}{z^N} \cdot \frac{s^N}{z-s}$$

此式在後續的討論中是有用的。

將 $f(s)/(2\pi i)$ 乘以方程式 (2) 和 (3)，且分別沿著 C_2 和 C_1 將所產生的方程式的每一邊對 s 積分，則 (1) 式變成

$$(4) \quad f(z) = \sum_{n=0}^{N-1} a_n z^n + \rho_N(z) + \sum_{n=1}^{N} \frac{b_n}{z^n} + \sigma_N(z)$$

其中 a_n ($n=0, 1, 2, \ldots, N-1$) 和 b_n ($n = 1, 2, \ldots, N$) 分別為

$$(5) \quad a_n = \frac{1}{2\pi i} \int_{C_2} \frac{f(s)\, ds}{s^{n+1}}, \quad b_n = \frac{1}{2\pi i} \int_{C_1} \frac{f(s)\, ds}{s^{-n+1}}$$

且

$$\rho_N(z) = \frac{z^N}{2\pi i} \int_{C_2} \frac{f(s)\, ds}{(s-z)s^N}, \quad \sigma_N(z) = \frac{1}{2\pi i\, z^N} \int_{C_1} \frac{s^N f(s)\, ds}{z-s}$$

只要

$$(6) \quad \lim_{N \to \infty} \rho_N(z) = 0 \quad \text{且} \quad \lim_{N \to \infty} \sigma_N(z) = 0$$

當 N 趨近於 ∞，(4) 式顯然就是在域 $R_1 < |z| < R_2$ 中的 Laurent 級數之標準式。這些極限可由第 63 節 Taylor 定理的證明中所使用過的方法求得。我們令 $|z| = r$，使得 $r_1 < r < r_2$，並令 M 為 $|f(s)|$ 在 C_1 和 C_2 的最大值。又若 s 為 C_2 上的點，則 $|s - z| \geq r_2 - r$；若 s 在 C_1 上，則 $|z - s| \geq r - r_1$。這使我們可寫成

$$|\rho_N(z)| \leq \frac{Mr_2}{r_2 - r} \left(\frac{r}{r_2}\right)^N \quad \text{和} \quad |\sigma_N(z)| \leq \frac{Mr_1}{r - r_1} \left(\frac{r_1}{r}\right)^N$$

因為 $(r/r_2) < 1$ 且 $(r_1/r) < 1$，顯然當 N 趨近於無窮大時，$\rho_N(z)$ 和 $\sigma_N(z)$ 均趨近於 0。

最後，我們僅需回顧第 53 節的系理，將 (5) 中積分之圍線以圍線 C 取代，因為將 (5) 式中的 a_n 與 b_n 的變數 s 改為 z，所得與第 66 節 (2) 與 (3) 在 $z_0 = 0$ 是相同的表示式，因此證明了 Laurent 定理在 $z_0 = 0$ 的情況。

$z_0 \neq 0$ 之情況

將證明擴充到一般情況，即 z_0 為有限平面上之任一點，我們令 f 為滿足定理中之條件的函數；正如我們在 Taylor 定理證明中相同的作法，令 $g(z) = f(z + z_0)$。因為 $f(z)$ 在環狀域 $R_1 < |z - z_0| < R_2$ 可解析，因此函數 $f(z + z_0)$ 在 $R_1 < |(z + z_0) - z_0| < R_2$ 可解析。亦即 g 在圓心為原點的環狀域 $R_1 < |z| < R_2$ 可解析。如今假設定理所述的簡單封閉圍線 C 的參數式為 $z = z(t)$ $(a \leq t \leq b)$，其中，對區間 $a \leq t \leq b$ 的所有 t 而言，皆有

$$(7) \qquad R_1 < |z(t) - z_0| < R_2$$

因此，若 Γ 表示路徑

$$(8) \qquad z = z(t) - z_0 \qquad (a \leq t \leq b)$$

則 Γ 不僅是簡單封閉圍線，且由不等式 (7) 可知，它位於環狀域 $R_1 < |z| < R_2$ 之內部。因此 $g(z)$ 具有 Laurent 級數表示式

$$(9) \qquad g(z) = \sum_{n=0}^{\infty} a_n z^n + \sum_{n=1}^{\infty} \frac{b_n}{z^n} \qquad (R_1 < |z| < R_2)$$

其中

$$(10) \qquad a_n = \frac{1}{2\pi i} \int_\Gamma \frac{g(z)\, dz}{z^{n+1}} \qquad (n = 0, 1, 2, \ldots)$$

$$(11) \qquad b_n = \frac{1}{2\pi i} \int_\Gamma \frac{g(z)\, dz}{z^{-n+1}} \qquad (n = 1, 2, \ldots)$$

若我們以 $f(z + z_0)$ 取代方程式 (9) 中的 $g(z)$，然後以 $z - z_0$ 取代 z，且在 $R_1 < |z| < R_2$ 成立的條件下，可得第 66 節 (1) 式。(10) 式中的係數 a_n 與第 66 節的 (2) 式是相同的，此乃因

$$\int_\Gamma \frac{g(z)\, dz}{z^{n+1}} = \int_a^b \frac{f[z(t)] z'(t)}{[z(t) - z_0]^{n+1}}\, dt = \int_C \frac{f(z)\, dz}{(z - z_0)^{n+1}}$$

同理，在 (11) 式中的係數 b_n 與第 66 節的 (3) 式是相同的。

68. 例題 (EXAMPLES)

Laurent 級數中的係數，通常不是直接由 Laurent 定理（第 66 節）中的積分表示式求出，此在第 65 節已經說明過，而求出的級數確實是 Laurent 級數。為了瞭解 Laurent 定理如何使級數在去心平面或圓盤成立，建議讀者回顧第 65 節以及該節的習題 10 和 11。此外，我們假設讀者已熟悉第 64 節的 Maclaurin 級數展開式 (1) 至 (6)，這是因為我們常需要利用它們求 Laurent 級數。如同 Taylor 級數的情況，我們將 Laurent 級數之唯一性的證明延至第 72 節。

例1 函數

$$f(z) = \frac{1}{z(1+z^2)} = \frac{1}{z} \cdot \frac{1}{1+z^2}$$

有奇點 $z = 0$ 與 $z = \pm i$。求 $f(z)$ 的 Laurent 級數表示式，而此級數在去心圓盤 $0 < |z| < 1$ 成立（參閱圖 82）。

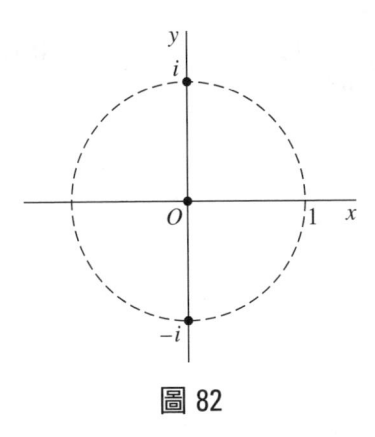

圖 82

當 $|z| < 1$ 時，因為 $|-z^2| < 1$，在 Maclaurin 級數展開式

(1) $$\frac{1}{1-z} = \sum_{n=0}^{\infty} z^n \qquad (|z| < 1)$$

我們以 $-z^2$ 取代 z，可得

$$\frac{1}{1+z^2} = \sum_{n=0}^{\infty}(-1)^n z^{2n} \qquad (|z|<1)$$

因此

$$f(z) = \frac{1}{z}\sum_{n=0}^{\infty}(-1)^n z^{2n} = \sum_{n=0}^{\infty}(-1)^n z^{2n-1} \qquad (0<|z|<1)$$

亦即

$$f(z) = \frac{1}{z} + \sum_{n=1}^{\infty}(-1)^n z^{2n-1} \qquad (0<|z|<1)$$

以 $n+1$ 取代 n，可得

$$f(z) = \frac{1}{z} + \sum_{n=0}^{\infty}(-1)^{n+1} z^{2n+1} \qquad (0<|z|<1)$$

寫成標準式，則有

(2) $$f(z) = \sum_{n=0}^{\infty}(-1)^{n+1} z^{2n+1} + \frac{1}{z} \qquad (0<|z|<1)$$

（參閱習題 3。）

例 2 函數

$$f(z) = \frac{z+1}{z-1}$$

有奇點 $z=1$，且在域（圖 83）

$$D_1: |z|<1 \quad 和 \quad D_2: 1<|z|<\infty$$

可解析。$f(z)$ 在這些域皆有 z 的冪級數表示式。在例 1 之展開式 (1) 中，藉由對 z 做適當的置換，可以得到兩個級數。

第五章　級數

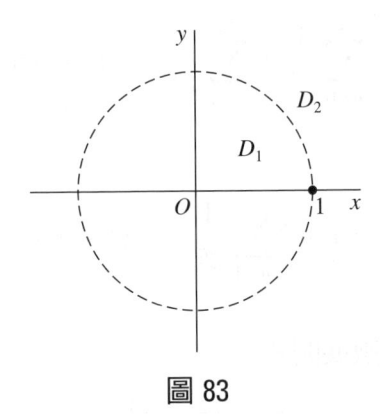

圖 83

我們首先考慮域 D_1，然後就會發現所求得的級數其實就是一個 Maclaurin 級數。為了要應用級數 (1)，我們將 $f(z)$ 寫成

$$f(z) = -(z+1)\frac{1}{1-z} = -z\frac{1}{1-z} - \frac{1}{1-z}$$

因此

$$f(z) = -z\sum_{n=0}^{\infty} z^n - \sum_{n=0}^{\infty} z^n = -\sum_{n=0}^{\infty} z^{n+1} - \sum_{n=0}^{\infty} z^n \quad (|z| < 1)$$

將第一個級數的 n 以 $n-1$ 取代，可得 Maclaurin 級數：

(3) $$f(z) = -\sum_{n=1}^{\infty} z^n - \sum_{n=0}^{\infty} z^n = -1 - 2\sum_{n=1}^{\infty} z^n \quad (|z| < 1)$$

$f(z)$ 在無界域 D_2 的表示式是 Laurent 級數。當 z 為 D_2 中的一點，則有 $|1/z| < 1$，為了要應用級數 (1)，我們將 $f(z)$ 寫成

$$f(z) = \frac{1+\dfrac{1}{z}}{1-\dfrac{1}{z}} = \left(1+\frac{1}{z}\right)\frac{1}{1-\dfrac{1}{z}} = \left(1+\frac{1}{z}\right)\sum_{n=0}^{\infty}\frac{1}{z^n} = \sum_{n=0}^{\infty}\frac{1}{z^n} + \sum_{n=0}^{\infty}\frac{1}{z^{n+1}}$$

$$(1 < |z| < \infty)$$

將最後一個級數的 n 以 $n-1$ 取代，可得

$$f(z) = \sum_{n=0}^{\infty} \frac{1}{z^n} + \sum_{n=1}^{\infty} \frac{1}{z^n} \qquad (1 < |z| < \infty)$$

亦即得到 Laurent 級數

(4) $$f(z) = 1 + 2\sum_{n=1}^{\infty} \frac{1}{z^n} \qquad (1 < |z| < \infty)$$

例3 將 Maclaurin 級數展開式

$$e^z = \sum_{n=0}^{\infty} \frac{z^n}{n!} = 1 + \frac{z}{1!} + \frac{z^2}{2!} + \frac{z^3}{3!} + \cdots \qquad (|z| < \infty)$$

中的 z 以 $1/z$ 取代。我們得到 Laurent 級數

$$e^{1/z} = \sum_{n=0}^{\infty} \frac{1}{n!\, z^n} = 1 + \frac{1}{1!z} + \frac{1}{2!z^2} + \frac{1}{3!z^3} + \cdots \qquad (0 < |z| < \infty)$$

注意，此式沒有 z 的正冪次，這是因為正冪次的係數皆為 0。另外也要注意，$1/z$ 的係數為 1；依據第 66 節的 Laurent 定理，其係數為

$$b_1 = \frac{1}{2\pi i} \int_C e^{1/z}\, dz$$

其中 C 為任一圍繞著原點的正向簡單封閉圍線。因為 $b_1 = 1$，因此

$$\int_C e^{1/z}\, dz = 2\pi i$$

此種沿著簡單封閉圍線計算某些積分的方法，其更多的細節將在第 6 章詳加討論而其應用將呈現於第 7 章。

例4 函數 $f(z) = 1/(z-i)^2$ 已經是 Laurent 級數的形式，其中 $z_0 = i$，亦即

$$\frac{1}{(z-i)^2} = \sum_{n=-\infty}^{\infty} c_n (z-i)^n \qquad (0 < |z-i| < \infty)$$

其中 $c_{-2}=1$，而其餘係數為零。由第 66 節 (5) 式，Laurent 級數之係數表示式，可知

$$c_n = \frac{1}{2\pi i}\int_C \frac{dz}{(z-i)^{n+3}} \qquad (n=0,\pm 1,\pm 2,\ldots)$$

其中 C 為任一圍繞著 $z_0=i$ 的正向圓 $|z-i|=R$。因此（與第 46 節習題 13 比較）

$$\int_C \frac{dz}{(z-i)^{n+3}} = \begin{cases} 0 & \text{當 } n\neq -2 \\ 2\pi i & \text{當 } n=-2 \end{cases}$$

習題

1. 求函數

$$f(z) = z^2 \sin\left(\frac{1}{z^2}\right)$$

在域 $0<|z|<\infty$ 的 Laurent 級數

答案：$1+\sum_{n=1}^{\infty}\frac{(-1)^n}{(2n+1)!}\cdot\frac{1}{z^{4n}}$。

2. 求函數

$$f(z) = \frac{1}{1+z} = \frac{1}{z}\cdot\frac{1}{1+(1/z)}$$

在 $1<|z|<\infty$ 之 z 的負冪次表示式。

答案：$\sum_{n=1}^{\infty}\frac{(-1)^{n+1}}{z^n}$。

3. 求第 68 節例 1 中之函數 $f(z)$ 在 $1<|z|<\infty$ 的 Laurent 級數。

答案：$\sum_{n=1}^{\infty}\frac{(-1)^{n+1}}{z^{2n+1}}$。

4. 將函數

$$f(z) = \frac{1}{z^2(1-z)}$$

展開成兩個以 z 的冪次表示的 Laurent 級數，並寫出這些展開式成立的特定區域。

答案：$\sum_{n=0}^{\infty} z^n + \frac{1}{z} + \frac{1}{z^2} \ (0 < |z| < 1)$；$-\sum_{n=3}^{\infty} \frac{1}{z^n} \ (1 < |z| < \infty)$。

5. 函數

$$f(z) = \frac{-1}{(z-1)(z-2)} = \frac{1}{z-1} - \frac{1}{z-2}$$

有兩個奇點 $z = 1$ 和 $z = 2$，而於域（圖 84）

$$D_1 : |z| < 1, \quad D_2 : 1 < |z| < 2, \quad D_3 : 2 < |z| < \infty$$

可解析。求 $f(z)$ 在每一個域的冪級數表示式。

答案：$\sum_{n=0}^{\infty}(2^{-n-1} - 1)z^n$ 在 D_1；$\sum_{n=0}^{\infty} \frac{z^n}{2^{n+1}} + \sum_{n=1}^{\infty} \frac{1}{z^n}$ 在 D_2；$\sum_{n=1}^{\infty} \frac{1 - 2^{n-1}}{z^n}$ 在 D_3。

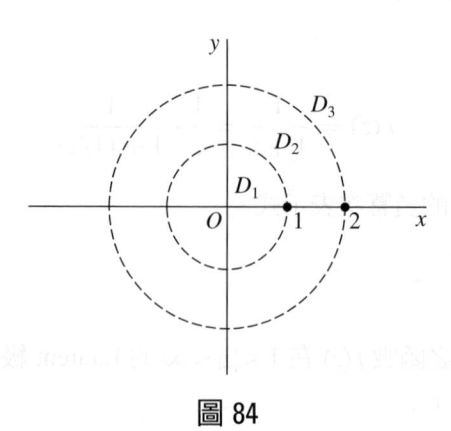

圖 84

6. 在 $0 < |z - 1| < 2$，證明

$$\frac{z}{(z-1)(z-3)} = -3 \sum_{n=0}^{\infty} \frac{(z-1)^n}{2^{n+2}} - \frac{1}{2(z-1)}$$

7. (a) 令 a 為實數，其中 $-1 < a < 1$，導出 Laurent 級數表示式

$$\frac{a}{z-a} = \sum_{n=1}^{\infty} \frac{a^n}{z^n} \qquad (|a| < |z| < \infty)$$

(b) 在 (a) 部分所得的方程式中，令 $z = e^{i\theta}$，並使等號的左右兩邊的實數與虛數部分各自相等，從而導出下面的累加公式

$$\sum_{n=1}^{\infty} a^n \cos n\theta = \frac{a\cos\theta - a^2}{1 - 2a\cos\theta + a^2} \quad \text{和} \quad \sum_{n=1}^{\infty} a^n \sin n\theta = \frac{a\sin\theta}{1 - 2a\cos\theta + a^2}$$

其中 $-1 < a < 1$（與第 61 節習題 4 比較）。

8. 假設級數

$$\sum_{n=-\infty}^{\infty} x[n] z^{-n}$$

在環狀域 $R_1 < |z| < R_2$ 收斂於解析函數 $X(z)$。$X(z)$ 稱為 $x[n]$ ($n = 0, \pm 1, \pm 2, \ldots$) 的 **z 變換 (z-transform)**[*]。利用第 66 節 (5) 式，即利用 Laurent 級數的係數，證明若環狀域包含單位圓 $|z| = 1$，則 $X(z)$ 的反 z 變換 (inverse z-transform) 可寫成

$$x[n] = \frac{1}{2\pi} \int_{-\pi}^{\pi} X(e^{i\theta}) e^{in\theta} \, d\theta \qquad (n = 0, \pm 1, \pm 2, \ldots)$$

9. (a) 令 z 為任意複數，且令 C 表示 w 平面的單位圓

$$w = e^{i\phi} \qquad (-\pi \leq \phi \leq \pi)$$

然後將第 66 節 (5) 的圍線積分，Laurent 級數之係數表示式用於 w 平面上關於原點展開的級數，由此證明

---

[*] z 變換起源於學習離散時間線性系統。

$$\exp\left[\frac{z}{2}\left(w-\frac{1}{w}\right)\right] = \sum_{n=-\infty}^{\infty} J_n(z)w^n \qquad (0 < |w| < \infty)$$

其中

$$J_n(z) = \frac{1}{2\pi}\int_{-\pi}^{\pi}\exp[-i(n\phi - z\sin\phi)]\,d\phi \qquad (n = 0, \pm 1, \pm 2, \ldots)$$

(b) 利用第 42 節習題 5，關於實變數的複值偶函數與奇函數的定積分，證明 (a) 部分的係數可以寫成 *

$$J_n(z) = \frac{1}{\pi}\int_0^{\pi}\cos(n\phi - z\sin\phi)\,d\phi \qquad (n = 0, \pm 1, \pm 2, \ldots)$$

10. (a) 令 $f(z)$ 是一個以原點為中心，且包含單位圓 $z = e^{i\phi}$ ($-\pi \leq \phi \leq \pi$) 的環狀域上的解析函數。取該圓為第 66 節 (2) 與 (3) 式的積分路徑，即 Laurent 級數中的係數 a_n 與 b_n 的積分路徑，證明當 z 為環狀域的任一點時

$$f(z) = \frac{1}{2\pi}\int_{-\pi}^{\pi} f(e^{i\phi})\,d\phi + \frac{1}{2\pi}\sum_{n=1}^{\infty}\int_{-\pi}^{\pi} f(e^{i\phi})\left[\left(\frac{z}{e^{i\phi}}\right)^n + \left(\frac{e^{i\phi}}{z}\right)^n\right]d\phi$$

(b) 令 $u(\theta) = \text{Re}[f(e^{i\theta})]$ 由 (a) 部分的展開式，證明

$$u(\theta) = \frac{1}{2\pi}\int_{-\pi}^{\pi} u(\phi)\,d\phi + \frac{1}{\pi}\sum_{n=1}^{\infty}\int_{-\pi}^{\pi} u(\phi)\cos[n(\theta - \phi)]\,d\phi$$

此為實值函數 $u(\theta)$ 在區間 $-\pi \leq \theta \leq \pi$ 的 **Fourier 級數 (Fourier series)** 型式之一。關於 $u(\theta)$ 的限制條件比它可以用 Fourier 級數表示時的必要條件還要嚴苛。[†]

---

*這些係數 $J_n(z)$ 通常稱為第一類 **Bessel 函數 (Bessel functions)**。它們在應用數學的某些領域扮演一個顯著的角色。這部分請參考作者的另一著作："*Fourier Series and Boundary Value Problems*," 8th ed., Chap. 9, 2012。

[†] 其他充分條件，請參閱習題 9 的註腳所引用的書的第 12 和 13 節。

69. 冪級數的絕對收斂與均勻收斂
(ABSOLUTE AND UNIFORM CONVERGENCE OF POWER SERIES)

本節與接續的三個章節將專注於討論冪級數的各種性質。讀者若能在這些章節中單純地接受這些定理和系理，可跳過證明的部分，直接閱讀第 73 節。

回顧第 61 節，若複數之絕對值的級數收斂，則此複數級數絕對收斂。下列定理是有關冪級數的絕對收斂。

定理 1 若冪級數

$$(1) \qquad \sum_{n=0}^{\infty} a_n (z - z_0)^n$$

在 $z = z_1$ ($z_1 \neq z_0$) 收斂，則它在開圓盤 $|z - z_0| < R_1$ 的每一點絕對收斂，其中 $R_1 = |z_1 - z_0|$（圖 85）。

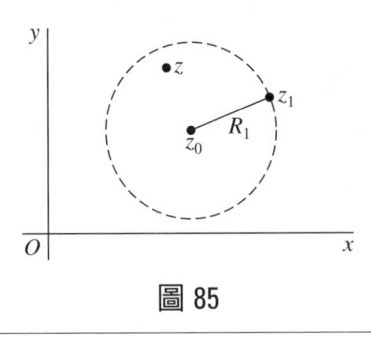

圖 85

這個定理可以從假設級數

$$\sum_{n=0}^{\infty} a_n (z_1 - z_0)^n \quad (z_1 \neq z_0)$$

是收斂的開始，則 $a_n (z_1 - z_0)^n$ 有界，亦即，對某正數 M 而言（參閱第 61 節），

$$|a_n(z_1-z_0)^n| \le M \quad (n=0,1,2,\ldots)$$

恆成立。

若 $|z-z_0|<R_1$，並令

$$\rho = \frac{|z-z_0|}{|z_1-z_0|}$$

則有

$$|a_n(z-z_0)^n| = |a_n(z_1-z_0)^n|\left(\frac{|z-z_0|}{|z_1-z_0|}\right)^n \le M\rho^n \quad (n=0,1,2,\ldots)$$

級數

$$\sum_{n=0}^{\infty} M\rho^n$$

為幾何級數，當 $\rho<1$ 時，此級數收斂，因此，由實級數的比較審斂法，

$$\sum_{n=0}^{\infty} |a_n(z-z_0)^n|$$

在開圓盤 $|z-z_0|<R_1$ 收斂，定理證完。

這個定理告訴我們，只要冪級數 (1) 在 z_0 以外的某一點收斂，則它收斂的區域是以 z_0 為圓心的某個圓內部。以 z_0 為圓心使得級數 (1) 在圓內部的每一點均收斂的最大圓，稱為級數 (1) 的**收斂圓 (circle of convergence)**。依據本定理，級數不能在收斂圓外的任一點 z_2 收斂；因為如果收斂，則它將在以 z_0 為圓心且通過 z_2 之圓內部的每一點收斂。如此，原先的圓就不再代表收斂圓。

我們要談的下一個定理因牽涉到術語，必須事先加以定義。假設冪級數 (1) 的收斂圓為 $|z-z_0|=R$，且令 $S(z)$ 與 $S_N(z)$ 分別表示和與部分和：

$$S(z) = \sum_{n=0}^{\infty} a_n(z-z_0)^n, \quad S_N(z) = \sum_{n=0}^{N-1} a_n(z-z_0)^n \qquad (|z-z_0|<R)$$

令餘項函數（參閱第 61 節）為

(2) $$\rho_N(z) = S(z) - S_N(z) \qquad (|z - z_0| < R)$$

因為此冪級數在 $|z - z_0| < R$ 的任一定值 z 收斂，因此對任一 z 而言，當 N 趨近於無窮大時，餘項 $\rho_N(z)$ 趨近於 0。依據第 60 節定義 (1)，即數列極限之定義，這表示對每一個正數 ε，存在正整數 N_ε，使得

(3) $$\text{當 } N > N_\varepsilon \text{，恆有 } |\rho_N(z)| < \varepsilon$$

當 N_ε 的選取僅與 ε 有關，而與收斂圓內部的點 z 無關，則稱此收斂在該區域為**均勻 (uniform)** 收斂。

定理 2　若 z_1 是冪級數

(4) $$\sum_{n=0}^{\infty} a_n (z - z_0)^n$$

的收斂圓 $|z - z_0| = R$ 內部的一點，則此級數在封閉圓盤 $|z_1 - z_0| \leq R_1$，必定是均勻收斂，其中 $R_1 = |z_1 - z_0|$（圖 86）。

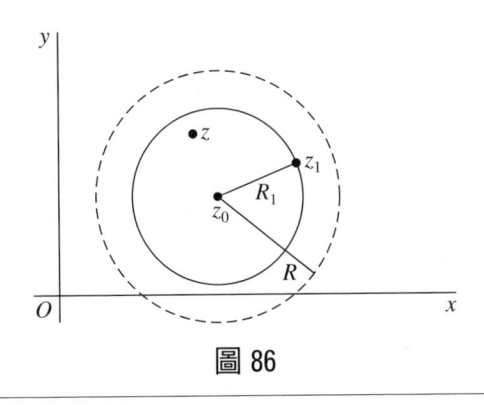

圖 86

此定理的證明與定理 1 有關。已知 z_1 是位於級數 (4) 的收斂圓內部的一點，那麼存在收斂點其與 z_0 之距離大於 z_1 與 z_0 之距離。根據定理 1，

(5) $$\sum_{n=0}^{\infty} |a_n(z_1-z_0)^n|$$

收斂。令 m 和 N 為正整數，其中 $m > N$，則我們可將級數 (4) 和 (5) 的餘項分別寫成

(6) $$\rho_N(z) = \lim_{m\to\infty} \sum_{n=N}^{m} a_n(z-z_0)^n$$

和

(7) $$\sigma_N = \lim_{m\to\infty} \sum_{n=N}^{m} |a_n(z_1-z_0)^n|$$

由第 61 節習題 3 可知

$$|\rho_N(z)| = \lim_{m\to\infty} \left|\sum_{n=N}^{m} a_n(z-z_0)^n\right|$$

且當 $|z-z_0| \leq |z_1-z_0|$ 時，

$$\left|\sum_{n=N}^{m} a_n(z-z_0)^n\right| \leq \sum_{n=N}^{m} |a_n||z-z_0|^n \leq \sum_{n=N}^{m} |a_n||z_1-z_0|^n = \sum_{n=N}^{m} |a_n(z_1-z_0)^n|$$

因此，

(8) 當 $|z-z_0| \leq R_1$，$|\rho_N(z)| \leq \sigma_N$

由於 σ_N 是收斂級數的餘項，當 N 趨近於無窮大時，它們趨近於 0。亦即，對每一個正數 ε，存在正整數 N_ε，使得

(9) 當 $N > N_\varepsilon$，恆有 $\sigma_N < \varepsilon$

因為條件 (8) 和 (9)，因此對圓盤 $|z-z_0| \leq R_1$ 的每一點 z，條件 (3) 成立；而且 N_ε 的值與 z 的選取無關。因此級數 (4) 在此圓盤均勻收斂。

70. 冪級數和的連續性
(CONTINUITY OF SUMS OF POWER SERIES)

下一個定理是第 69 節曾討論過的關於均勻收斂的重要結果。

定理 冪級數

(1) $$\sum_{n=0}^{\infty} a_n(z-z_0)^n$$

在其收斂圓 $|z-z_0|=R$ 內部的每一點，是一個連續函數 $S(z)$。

此定理有另一種說法就是，若 $S(z)$ 表示 (1) 在其收斂圓 $|z-z_0|=R$ 內的級數和，且若 z_1 是該圓內部的一點，則對每一個正數 ε，存在一個正數 δ，使得

(2) $\qquad$ 當 $|z-z_1|<\delta$，恆有 $|S(z)-S(z_1)|<\varepsilon$

〔參閱有關連續性的第 18 節定義 (4)。〕而 δ 小到足以使 z 完全位於 $S(z)$ 的定義域 $|z-z_0|<R$ 內。

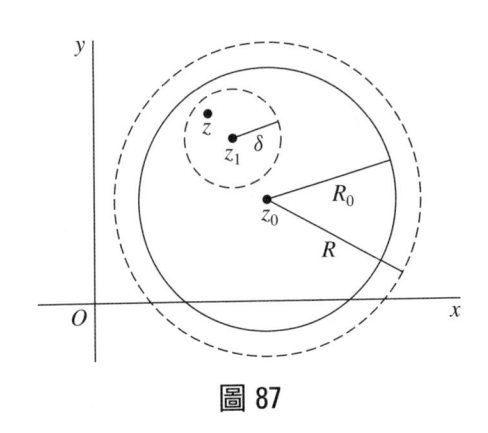

圖 87

欲證此定理，我們令 $S_n(z)$ 表示級數 (1) 的前 N 項和，而餘項函數記作

$$\rho_N(z) = S(z) - S_N(z) \qquad (|z-z_0| < R)$$

則，因為

$$S(z) = S_N(z) + \rho_N(z) \qquad (|z-z_0| < R)$$

可得

$$|S(z) - S(z_1)| = |S_N(z) - S_N(z_1) + \rho_N(z) - \rho_N(z_1)|$$

或

(3) $\qquad |S(z) - S(z_1)| \leq |S_N(z) - S_N(z_1)| + |\rho_N(z)| + |\rho_N(z_1)|$

若 z 為封閉圓盤 $|z-z_0| \leq R_0$ 上的任一點，圓盤半徑 R_0 大於 $|z_1 - z_0|$，但小於級數 (1) 的收斂圓之半徑 R（參閱圖 87），則由第 69 節定理 2，級數 (1) 均勻收斂，故存在正整數 N_ε，使得

(4) $\qquad$ 當 $N > N_\varepsilon$，恆有 $|\rho_N(z)| < \dfrac{\varepsilon}{3}$

特別地，對位於 z_1 的某一鄰域 $|z-z_1| < \delta$ 的每一點 z 而言，只要該鄰域小到完全位於圓盤 $|z-z_0| \leq R_0$ 之內，則 (4) 式成立。

部分和 $S_N(z)$ 為一多項式，因此對每個 N 而言，$S_N(z)$ 在 z_1 連續。特別地，當 $N = N_\varepsilon + 1$，我們可以選取足夠小的 δ，使得

(5) $\qquad$ 當 $|z-z_1| < \delta$，恆有 $|S_N(z) - S_N(z_1)| < \dfrac{\varepsilon}{3}$

於不等式 (3)，令 $N = N_\varepsilon + 1$，且利用 (4) 和 (5) 式在 $N = N_\varepsilon + 1$ 成立的事實，我們發現

$$\text{當 } |z-z_1| < \delta\text{，恆有 } |S(z) - S(z_1)| < \frac{\varepsilon}{3} + \frac{\varepsilon}{3} + \frac{\varepsilon}{3}$$

此即 (2) 式，定理因此成立。

令 $w = 1/(z-z_0)$，我們可以將上一節的兩個定理加上這一節所提的定理加以修改，使得它們可以應用到形如

(6)
$$\sum_{n=1}^{\infty} \frac{b_n}{(z-z_0)^n}$$

這種類型的級數。例如，當

(7)
$$|w| < \frac{1}{|z_1 - z_0|}$$

若級數 (6) 在點 z_1 $(z_1 \neq z_0)$ 收斂，則級數

$$\sum_{n=1}^{\infty} b_n w^n$$

必定絕對收斂到連續函數。因為不等式 (7) 與 $|z-z_0| > |z_1-z_0|$ 相同，因此級數 (6) 在圓 $|z-z_0| = R_1$ 的外部必定絕對收斂到連續函數，其中 $R_1 = |z_1-z_0|$。而且若以下式表示的 Laurent 級數

$$f(z) = \sum_{n=0}^{\infty} a_n(z-z_0)^n + \sum_{n=1}^{\infty} \frac{b_n}{(z-z_0)^n}$$

在圓環 $R_1 < |z-z_0| < R_2$ 內可以成立，則右式中的兩個級數在任一封閉圓環內均勻收斂，此封閉圓環與原圓環同心且在其內部。

71. 冪級數的積分與微分
(INTEGRATION AND DIFFERENTIATION OF POWER SERIES)

我們已知冪級數

(1)
$$S(z) = \sum_{n=0}^{\infty} a_n(z-z_0)^n$$

在其收斂圓內部的每一點是連續函數。本節我們將證明級數和 $S(z)$ 在該圓內部確實是可解析的，其證明與下面的定理有密切關係。

定理 1　令 C 為冪級數 (1) 的收斂圓內部的任一圍線，且令 $g(z)$ 為 C 上的任一連續函數，則以 $g(z)$ 乘以此冪級數的每一項所得的級數，在 C 上可以逐項積分。亦即

$$(2) \quad \int_C g(z)S(z)\,dz = \sum_{n=0}^{\infty} a_n \int_C g(z)(z-z_0)^n\,dz$$

證明此定理。因為 $g(z)$ 與冪級數和 $S(z)$ 在 C 上是連續的，所以乘積

$$g(z)S(z) = \sum_{n=0}^{N-1} a_n\, g(z)(z-z_0)^n + g(z)\rho_N(z)$$

在 C 上的積分存在，其中 $\rho_N(z)$ 為所予級數在 N 項後的餘項。有限項的和在圍線 C 也是連續的，因此它們在 C 上的積分存在。所以 $g(z)\rho_N(z)$ 的積分必定存在，我們可寫成

$$(3) \quad \int_C g(z)S(z)\,dz = \sum_{n=0}^{N-1} a_n \int_C g(z)(z-z_0)^n\,dz + \int_C g(z)\rho_N(z)\,dz$$

令 M 為 $|g(z)|$ 在 C 的最大值，且令 L 表示 C 的長度。由所予冪級數的均勻收斂（第 69 節）可知，對每個正數 ε，存在正數 N_ε，使得對 C 上的任一點 z

$$\text{當 } N > N_\varepsilon\text{，恆有 } |\rho_N(z)| < \varepsilon$$

因為 N_ε 與 z 無關，因此

$$\text{當 } N > N_\varepsilon\text{，恆有 } \left|\int_C g(z)\rho_N(z)\,dz\right| < M\varepsilon L$$

亦即，

$$\lim_{N\to\infty} \int_C g(z)\rho_N(z)\,dz = 0$$

因此由方程式 (3) 可知

$$\int_C g(z)S(z)\,dz = \lim_{N\to\infty}\sum_{n=0}^{N-1}a_n\int_C g(z)(z-z_0)^n\,dz$$

此與方程式 (2) 相同，定理 1 得證

若冪級數 (1) 的收斂圓所界定開圓盤內的每一點 z，皆有 $|g(z)|=1$，則由 $(z-z_0)^n$ $(n=0,1,2,\ldots)$ 為整函數的事實，對位於該域內的每一條封閉圍線 C，有

$$\int_C g(z)(z-z_0)^n\,dz = \int_C (z-z_0)^n\,dz = 0 \quad (n=0,1,2,\ldots)$$

依據方程式 (2)，對每一條此種圍線均有

$$\int_C S(z)\,dz = 0$$

而由 Morera 定理（第 57 節），函數 $S(z)$ 在整個域是可解析的。我們將此結果敘述成一個系理。

系理 冪級數 (1) 的和 $S(z)$ 在其收斂圓內部的每一點都是可解析的。

此系理對於建立函數的解析性與計算極限值是有幫助的。

例1 為了方便說明，我們先證明下列的函數

$$f(z) = \begin{cases} (\sin z)/z & \text{當 } z \neq 0 \\ 1 & \text{當 } z = 0 \end{cases}$$

為整函數。因為 Maclaurin 級數

(4) $$\sin z = \sum_{n=0}^{\infty}(-1)^n\frac{z^{2n+1}}{(2n+1)!}$$

對 z 的每一個值均成立，將方程式 (4) 除以 z 所得的級數

(5) $$\sum_{n=0}^{\infty}(-1)^n\frac{z^{2n}}{(2n+1)!}=1-\frac{z^2}{3!}+\frac{z^4}{5!}-\cdots$$

在 $z \neq 0$ 時，收斂到 $f(z)$。而且，當 $z=0$ 時，級數 (5) 收斂到 $f(0)$。因此對所有 z 而言，$f(z)$ 可由收斂級數 (5) 來表示，那麼 f 就是整函數。

注意，因為在 $z \neq 0$ 時，$(\sin z)/z = f(z)$ 且 f 在 $z=0$ 連續，因此

$$\lim_{z\to 0}\frac{\sin z}{z}=\lim_{z\to 0}f(z)=f(0)=1$$

就是一個已知的結果，因為此極限為 $\sin z$ 在 $z=0$ 之導數的定義。亦即，

$$\lim_{z\to 0}\frac{\sin z}{z}=\lim_{z\to 0}\frac{\sin z-\sin 0}{z-0}=\cos 0=1$$

在第 62 節中，我們得知函數 f 對 z_0 所展開的 Taylor 級數，在圓內部的每一點會收斂到 $f(z)$，此圓是以 z_0 為圓心，且通過與 z_0 最近之 f 的非解析點 z_1。由系理到定理 1 可知，以 z_0 為圓心，沒有一個比上述更大的圓，使得 Taylor 級數在圓內部每一點皆收斂到 $f(z)$。如果有這種圓，則 f 將會在 z_1 可解析；但是 f 在 z_1 不可解析。

以下我們將敘述一個與定理 1 搭配的定理。

定理 2 冪級數 (1) 可以逐項微分。亦即，對該級數的收斂圓內部的每一點 z，

(6) $$S'(z)=\sum_{n=1}^{\infty}na_n(z-z_0)^{n-1}$$

證明此定理，令 z 表示級數 (1) 之收斂圓內部的任一點，並令 C 為收斂圓內部某一圍繞 z 的正向簡單封閉圍線。此外，在 C 上的每一點 s，定義函數

(7)
$$g(s) = \frac{1}{2\pi i} \cdot \frac{1}{(s-z)^2}$$

因為 $g(s)$ 在 C 連續，定理 1 告訴我們

(8)
$$\int_C g(s)S(s)\,ds = \sum_{n=0}^{\infty} a_n \int_C g(s)(s-z_0)^n\,ds$$

$S(z)$ 在 C 及其內部可解析，由第 55 節之導數的積分表示式，使我們可寫出

$$\int_C g(s)S(s)\,ds = \frac{1}{2\pi i}\int_C \frac{S(s)\,ds}{(s-z)^2} = S'(z)$$

此外，

$$\int_C g(s)(s-z_0)^n\,ds = \frac{1}{2\pi i}\int_C \frac{(s-z_0)^n}{(s-z)^2}\,ds = \frac{d}{dz}(z-z_0)^n \quad (n=0,1,2,\ldots)$$

因此方程式 (8) 化簡為

$$S'(z) = \sum_{n=0}^{\infty} a_n \frac{d}{dz}(z-z_0)^n$$

此方程式與 (6) 式相同，定理得證。

例 2　由第 64 節例 1 可知

$$\frac{1}{z} = \sum_{n=0}^{\infty}(-1)^n(z-1)^n \qquad (|z-1|<1)$$

將此方程式微分可得

$$-\frac{1}{z^2} = \sum_{n=1}^{\infty}(-1)^n n(z-1)^{n-1} \qquad (|z-1|<1)$$

或

$$\frac{1}{z^2} = \sum_{n=0}^{\infty} (-1)^n (n+1)(z-1)^n \qquad (|z-1| < 1)$$

72. 級數表示式的唯一性
(UNIQUENESS OF SERIES REPRESENTATIONS)

在第 64 節與第 68 節我們分別提到 Taylor 和 Laurent 級數的唯一性，這點我們可以根據第 71 節的定理 1 推得。我們先討論 Taylor 級數表示式的唯一性。

定理 1 若級數

(1) $$\sum_{n=0}^{\infty} a_n (z-z_0)^n$$

在某一圓 $|z-z_0| = R$ 內部的每一點皆收斂到 $f(z)$，則此級數是 f 的 Taylor 級數展開式。

開始證明，我們以指標 m 將定理中所假設的級數

(2) $$f(z) = \sum_{n=0}^{\infty} a_n (z-z_0)^n \qquad (|z-z_0| < R)$$

改為

$$f(z) = \sum_{m=0}^{\infty} a_m (z-z_0)^m \qquad (|z-z_0| < R)$$

然後，由第 71 節的定理 1，可寫成

(3) $$\int_C g(z) f(z)\, dz = \sum_{m=0}^{\infty} a_m \int_C g(z)(z-z_0)^m\, dz$$

其中 $g(z)$ 為函數

(4) $$g(z) = \frac{1}{2\pi i} \cdot \frac{1}{(z-z_0)^{n+1}} \qquad (n = 0, 1, 2, \ldots)$$

的任一個，而 C 是以 z_0 為圓心，半徑小於 R 的圓。

由 Cauchy 積分公式的廣義形式，第 55 節 (3) 式（參閱第 71 節的系理），可得

(5) $$\int_C g(z)f(z)\,dz = \frac{1}{2\pi i}\int_C \frac{f(z)\,dz}{(z-z_0)^{n+1}} = \frac{f^{(n)}(z_0)}{n!}$$

且因（參閱第 46 節習題 13）

(6) $$\int_C g(z)(z-z_0)^m\,dz = \frac{1}{2\pi i}\int_C \frac{dz}{(z-z_0)^{n-m+1}} = \begin{cases} 0 & \text{當 } m \neq n \\ 1 & \text{當 } m = n \end{cases}$$

顯然

(7) $$\sum_{m=0}^{\infty} a_m \int_C g(z)(z-z_0)^m\,dz = a_n$$

由方程式 (5) 和 (7)，方程式 (3) 現在化簡為

$$\frac{f^{(n)}(z_0)}{n!} = a_n$$

此即證明了級數 (2) 事實上就是 f 在 z_0 的 Taylor 級數。

注意，若級數 (1) 在 z_0 的某一鄰域均收斂於 0，則由定理 1 可知係數 a_n 必定皆為 0。

本節第二個定理是關於 Laurent 級數表示式的唯一性。

定理 2　若級數

(8) $$\sum_{n=-\infty}^{\infty} c_n(z-z_0)^n = \sum_{n=0}^{\infty} a_n(z-z_0)^n + \sum_{n=1}^{\infty} \frac{b_n}{(z-z_0)^n}$$

在關於 z_0 的環狀域內的所有點均收斂到 $f(z)$，則在該域中，此級數是 f 關於 z_0 的 Laurent 級數展開式。

證明此定理的方法與證明定理 1 所用的方法類似。由此定理的假設可知，存在關於 z_0 的環狀域，使得對域中的每一點 z 而言，

$$f(z) = \sum_{n=-\infty}^{\infty} c_n (z-z_0)^n$$

恆成立。令 $g(z)$ 如方程式 (4) 所定義，但此時 n 亦可為負整數。又令 C 為任一以 z_0 為圓心，位於環狀域的正向圓。以 m 當做級數和的指標，並調整第 71 節定理 1 的級數，使 $z - z_0$ 的冪次包含非負冪與負冪

$$\int_C g(z) f(z) \, dz = \sum_{m=-\infty}^{\infty} c_m \int_C g(z)(z-z_0)^m \, dz$$

或

(9) $$\frac{1}{2\pi i} \int_C \frac{f(z) \, dz}{(z-z_0)^{n+1}} = \sum_{m=-\infty}^{\infty} c_m \int_C g(z)(z-z_0)^m \, dz$$

因為方程式 (6) 在整數 m 和 n 為負時亦成立，因此方程式 (9) 化簡為

$$\frac{1}{2\pi i} \int_C \frac{f(z) \, dz}{(z-z_0)^{n+1}} = c_n \qquad (n = 0, \pm 1, \pm 2, \ldots)$$

此為第 66 節 (5) 式，亦即 f 在環狀域之 Laurent 級數的係數 c_n。

習題

1. 將 Maclaurin 係數

$$\frac{1}{1-z} = \sum_{n=0}^{\infty} z^n \qquad (|z| < 1)$$

微分，以得到展開式

$$\frac{1}{(1-z)^2} = \sum_{n=0}^{\infty}(n+1)\,z^n \qquad (|z|<1)$$

和

$$\frac{2}{(1-z)^3} = \sum_{n=0}^{\infty}(n+1)(n+2)\,z^n \qquad (|z|<1)$$

2. 於習題 1 所得的展開式

$$\frac{1}{(1-z)^2} = \sum_{n=0}^{\infty}(n+1)\,z^n \qquad (|z|<1)$$

以 $1/(1-z)$ 取代 z，導出 Laurent 級數

$$\frac{1}{z^2} = \sum_{n=2}^{\infty}\frac{(-1)^n(n-1)}{(z-1)^n} \qquad (1<|z-1|<\infty)$$

（與第 71 節例 2 比較。）

3. 求函數

$$\frac{1}{z} = \frac{1}{2+(z-2)} = \frac{1}{2}\cdot\frac{1}{1+(z-2)/2}$$

在 $z_0 = 2$ 的 Taylor 級數。然後將該級數逐項微分，證明

$$\frac{1}{z^2} = \frac{1}{4}\sum_{n=0}^{\infty}(-1)^n(n+1)\left(\frac{z-2}{2}\right)^n \qquad (|z-2|<2)$$

4. 證明由方程式

$$f(z) = \begin{cases}(1-\cos z)/z^2 & \text{當 } z \neq 0 \\ 1/2 & \text{當 } z = 0\end{cases}$$

所定義之函數 f 為整函數。（參閱第 71 節例 1。）

5. 證明若
$$f(z) = \begin{cases} \dfrac{\cos z}{z^2 - (\pi/2)^2} & \text{當 } z \neq \pm\pi/2 \\ -\dfrac{1}{\pi} & \text{當 } z = \pm\pi/2 \end{cases}$$

則 f 為整函數。

6. 在 w 平面，從 $w = 1$ 到 $w = z$ 沿著收斂圓內部的圍線，將 Taylor 級數展開式（參閱第 64 節例 1）

$$\frac{1}{w} = \sum_{n=0}^{\infty} (-1)^n (w-1)^n \qquad (|w-1| < 1)$$

積分以得到

$$\text{Log } z = \sum_{n=1}^{\infty} \frac{(-1)^{n+1}}{n}(z-1)^n \qquad (|z-1| < 1)$$

7. 利用習題 6 的結果，證明若

$$f(z) = \frac{\text{Log } z}{z - 1} \qquad \text{當 } z \neq 1$$

且 $f(1) = 1$，則 f 在域

$$0 < |z| < \infty, \; -\pi < \text{Arg } z < \pi$$

是可解析的。

8. 證明若 f 在 z_0 可解析，且 $f(z_0) = f'(z_0) = \cdots = f^{(m)}(z_0) = 0$，則由方程式

$$g(z) = \begin{cases} \dfrac{f(z)}{(z-z_0)^{m+1}} & \text{當 } z \neq z_0 \\ \dfrac{f^{(m+1)}(z_0)}{(m+1)!} & \text{當 } z = z_0 \end{cases}$$

所定義的函數 g，在 z_0 可解析。

9. 假設函數 $f(z)$ 在某一圓 $|z - z_0| = R$ 內部，具有冪級數

$$f(z) = \sum_{n=0}^{\infty} a_n (z - z_0)^n$$

利用第 71 節定理 2 將此級數逐項微分，且利用數學歸納法，證明

$$f^{(n)}(z) = \sum_{k=0}^{\infty} \frac{(n+k)!}{k!} a_{n+k} (z - z_0)^k \qquad (n = 0, 1, 2, \ldots)$$

其中 $|z - z_0| < R$。證明係數 a_n $(n = 0, 1, 2, \ldots)$ 為 f 在 z_0 的 Taylor 級數之係數。此為第 72 節定理 1 的另一證明。

10. 考慮兩個級數

$$S_1(z) = \sum_{n=0}^{\infty} a_n (z - z_0)^n \quad \text{和} \quad S_2(z) = \sum_{n=1}^{\infty} \frac{b_n}{(z - z_0)^n}$$

它們在某一以 z_0 為中心的環狀域收斂。令 C 表示位於該環狀域內的任一圍線，且令 $g(z)$ 為 C 上的連續函數。第 71 節定理 1 告訴我們

$$\int_C g(z) S_1(z)\, dz = \sum_{n=0}^{\infty} a_n \int_C g(z)(z - z_0)^n\, dz$$

將其證明加以修改，證明

$$\int_C g(z) S_2(z)\, dz = \sum_{n=1}^{\infty} b_n \int_C \frac{g(z)}{(z - z_0)^n}\, dz$$

由這些結果可知，若

$$S(z) = \sum_{n=-\infty}^{\infty} c_n (z - z_0)^n = \sum_{n=0}^{\infty} a_n (z - z_0)^n + \sum_{n=1}^{\infty} \frac{b_n}{(z - z_0)^n}$$

則

$$\int_C g(z) S(z)\, dz = \sum_{n=-\infty}^{\infty} c_n \int_C g(z)(z - z_0)^n\, dz$$

11. 證明函數

$$f_2(z) = \frac{1}{z^2+1} \qquad (z \neq \pm i)$$

為函數

$$f_1(z) = \sum_{n=0}^{\infty} (-1)^n z^{2n} \qquad (|z| < 1)$$

到不含 $z = \pm i$ 之 z 平面的解析延拓（第 28 節）。

12. 證明函數 $f_2(z) = 1/z^2$ $(z \neq 0)$ 為函數

$$f_1(z) = \sum_{n=0}^{\infty} (n+1)(z+1)^n \qquad (|z+1| < 1)$$

到不含 $z = 0$ 之 z 平面的解析延拓。

73. 冪級數的乘法與除法
(MULTIPLICATION AND DIVISION OF POWER SERIES)

假設冪級數

(1) $\qquad \sum_{n=0}^{\infty} a_n(z-z_0)^n \quad$ 和 $\quad \sum_{n=0}^{\infty} b_n(z-z_0)^n$

在某一圓 $|z - z_0| = R$ 內收斂，則其和 $f(z)$ 與 $g(z)$ 為開圓盤 $|z - z_0| < R$ 上的解析函數（第 71 節），且這些和的積在該圓盤有 Taylor 級數展開式：

(2) $\qquad f(z)g(z) = \sum_{n=0}^{\infty} c_n(z-z_0)^n \qquad (|z-z_0| < R)$

依據第 72 節的定理 1，級數 (1) 本身為 Taylor 級數。因此級數 (2) 的前三項係數為

$$c_0 = f(z_0)g(z_0) = a_0 b_0$$

$$c_1 = \frac{f(z_0)g'(z_0) + f'(z_0)g(z_0)}{1!} = a_0 b_1 + a_1 b_0$$

和

$$c_2 = \frac{f(z_0)g''(z_0) + 2f'(z_0)g'(z_0) + f''(z_0)g(z_0)}{2!} = a_0 b_2 + a_1 b_1 + a_2 b_0$$

任一係數 c_n 的通式，可由兩個可微函數乘積的 n 階導數的 **Leibniz 法則 (Leibniz's rule)**（習題 7）

(3) $\qquad [f(z)g(z)]^{(n)} = \sum_{k=0}^{n} \binom{n}{k} f^{(k)}(z) g^{(n-k)}(z) \qquad (n = 1, 2, \ldots)$

求得，其中

$$\binom{n}{k} = \frac{n!}{k!(n-k)!} \qquad (k = 0, 1, 2, \ldots, n)$$

如同一般慣例，$f^{(0)}(z) = f(z)$ 且 $0! = 1$，顯然，

$$c_n = \sum_{k=0}^{n} \frac{f^{(k)}(z_0)}{k!} \cdot \frac{g^{(n-k)}(z_0)}{(n-k)!} = \sum_{k=0}^{n} a_k b_{n-k}$$

因此展開式 (2) 可寫成

(4) $\quad f(z)g(z) = a_0 b_0 + (a_0 b_1 + a_1 b_0)(z - z_0)$
$\qquad\qquad\qquad + (a_0 b_2 + a_1 b_1 + a_2 b_0)(z - z_0)^2 + \cdots$
$\qquad\qquad\qquad + \left(\sum_{k=0}^{n} a_k b_{n-k} \right)(z - z_0)^n + \cdots \qquad (|z - z_0| < R)$

將 (1) 的兩個級數逐項乘開後，再將 $z - z_0$ 之冪次方相同的項合併，所得的結果與級數 (4) 相同；(4) 式稱為兩個已知級數的 **Cauchy 積 (Cauchy product)**。

例1 函數

$$f(z) = \frac{\sinh z}{1+z}$$

在 $z = -1$ 有奇點，因此它在開圓盤 $|z| < 1$ 有 Maclaurin 級數。由

$$(\sinh z)\left(\frac{1}{1+z}\right) = \left(z + \frac{1}{6}z^3 + \frac{1}{120}z^5 + \cdots\right)(1 - z + z^2 - z^3 + \cdots)$$

並逐項將兩級數乘開，可求得前四個非零項。明白地說，我們可以將第一個級數的每一項乘以 1，然後將第一個級數的每一項乘以 $-z$ 等等。下列提出有系統的算法，將 z 的相同冪次項垂直排列，以便將它們的係數相加：

$$\begin{aligned}
& z \quad\quad + \frac{1}{6}z^3 \quad\quad + \frac{1}{120}z^5 + \cdots \\
& -z^2 \quad\quad - \frac{1}{6}z^4 \quad\quad - \frac{1}{120}z^6 - \cdots \\
& \quad\quad\quad z^3 \quad\quad + \frac{1}{6}z^5 \quad\quad + \cdots \\
& \quad\quad\quad -z^4 \quad\quad\quad\quad + \frac{1}{6}z^6 - \cdots \\
& \quad\quad\quad\quad\quad \vdots
\end{aligned}$$

包含前四個非零項的結果為

(5) $\quad\quad \dfrac{\sinh z}{1+z} = z - z^2 + \dfrac{7}{6}z^3 - \dfrac{7}{6}z^4 + \cdots \quad\quad (|z| < 1)$

令 $f(z)$ 與 $g(z)$ 表示級數 (1) 的和，假設在 $|z - z_0| < R$ 時，$g(z) \neq 0$。因為 $f(z)/g(z)$ 在圓盤 $|z - z_0| < R$ 是可解析的，所以它有 Taylor 級數

(6) $\quad\quad \dfrac{f(z)}{g(z)} = \displaystyle\sum_{n=0}^{\infty} d_n (z - z_0)^n \quad\quad (|z - z_0| < R)$

其中係數 d_n 可由逐次將 $f(z)/g(z)$ 微分，然後求其在 $z = z_0$ 的值而得。此

結果與由 (1) 的第一個級數除以第二個級數所得之結果相同。因為實際上所需要的，通常只是前幾項，所以此方法並不困難。

例 2 如第 39 節所示，整函數 $\sinh z$ 的零點為 $z = n\pi i$ ($n = 0, \pm 1, \pm 2, \ldots$)。所以

$$\frac{1}{\sinh z} = \frac{1}{z + \dfrac{z^3}{3!} + \dfrac{z^5}{5!} + \cdots}$$

可寫成

(7) $$\frac{1}{\sinh z} = \frac{1}{z}\left(\frac{1}{1 + \dfrac{z^2}{3!} + \dfrac{z^4}{5!} + \cdots}\right)$$

其在去心圓盤 $0 < |z| < \pi$ 有 Laurent 級數。括號內的分式可由 1 除以分母為級數的數而得：

$$
\begin{array}{r}
1 - \dfrac{1}{3!}z^2 + \left[\dfrac{1}{(3!)^2} - \dfrac{1}{5!}\right]z^4 + \cdots \\
1 + \dfrac{1}{3!}z^2 + \dfrac{1}{5!}z^4 + \cdots \overline{\smash{\big)}\, 1 } \\
\underline{1 + \dfrac{1}{3!}z^2 + \dfrac{1}{5!}z^4 + \cdots} \\
-\dfrac{1}{3!}z^2 - \dfrac{1}{5!}z^4 + \cdots \\
\underline{-\dfrac{1}{3!}z^2 - \dfrac{1}{(3!)^2}z^4 - \cdots} \\
\left[\dfrac{1}{(3!)^2} - \dfrac{1}{5!}\right]z^4 + \cdots \\
\underline{\left[\dfrac{1}{(3!)^2} - \dfrac{1}{5!}\right]z^4 + \cdots} \\
\vdots
\end{array}
$$

此即

$$\frac{1}{1+\dfrac{z^2}{3!}+\dfrac{z^4}{5!}+\cdots} = 1 - \frac{1}{3!}z^2 + \left[\frac{1}{(3!)^2} - \frac{1}{5!}\right]z^4 + \cdots \qquad (|z| < \pi)$$

或

(8) $$\frac{1}{1+\dfrac{z^2}{3!}+\dfrac{z^4}{5!}+\cdots} = 1 - \frac{1}{6}z^2 + \frac{7}{360}z^4 + \cdots \qquad (|z| < \pi)$$

由方程式 (7)，可得

(9) $$\frac{1}{\sinh z} = \frac{1}{z} - \frac{1}{6}z + \frac{7}{360}z^3 + \cdots \qquad (0 < |z| < \pi)$$

雖然我們只求出其 Laurent 級數的前三個非零項，但只要繼續進行除法運算，則可得任意多個項。

習題

1. 使用級數的乘法，證明

$$\frac{e^z}{z(z^2+1)} = \frac{1}{z} + 1 - \frac{1}{2}z - \frac{5}{6}z^2 + \cdots \qquad (0 < |z| < 1)$$

2. 將兩個 Maclaurin 級數逐項相乘，證明

   (a) $e^z \sin z = z + z^2 + \dfrac{1}{3}z^3 + \cdots \qquad (|z| < \infty)$

   (b) $\dfrac{e^z}{1+z} = 1 + \dfrac{1}{2}z^2 - \dfrac{1}{3}z^3 + \cdots \qquad (|z| < 1)$

3. 令 csc $z = 1/\sin z$，然後使用除法，證明

$$\csc z = \frac{1}{z} + \frac{1}{3!}z + \left[\frac{1}{(3!)^2} - \frac{1}{5!}\right]z^3 + \cdots \qquad (0 < |z| < \pi)$$

4. 使用除法以求得 Laurent 級數

$$\frac{1}{e^z-1} = \frac{1}{z} - \frac{1}{2} + \frac{1}{12}z - \frac{1}{720}z^3 + \cdots \qquad (0 < |z| < 2\pi)$$

5. 由第 73 節的 (8) 式可知

$$\frac{1}{z^2 \sinh z} = \frac{1}{z^3} - \frac{1}{6}\cdot\frac{1}{z} + \frac{7}{360}z + \cdots \qquad (0 < |z| < \pi)$$

利用第 68 節例 4 的方法，證明

$$\int_C \frac{dz}{z^2 \sinh z} = -\frac{\pi i}{3}$$

其中 C 為正向單位圓 $|z|=1$。

6. 下列步驟是說明另一種方式的除法以得到第 73 節例 2 的方程式 (8)

(a) 令

$$\frac{1}{1+z^2/3!+z^4/5!+\cdots} = d_0 + d_1 z + d_2 z^2 + d_3 z^3 + d_4 z^4 + \cdots$$

其中右式冪級數的係數是將方程式

$$1 = \left(1 + \frac{1}{3!}z^2 + \frac{1}{5!}z^4 + \cdots\right)(d_0 + d_1 z + d_2 z^2 + d_3 z^3 + d_4 z^4 + \cdots)$$

的兩個級數乘開求得。完成此一乘法，證明當 $|z|<\pi$ 時，

$$(d_0 - 1) + d_1 z + \left(d_2 + \frac{1}{3!}d_0\right)z^2 + \left(d_3 + \frac{1}{3!}d_1\right)z^3 \\ + \left(d_4 + \frac{1}{3!}d_2 + \frac{1}{5!}d_0\right)z^4 + \cdots = 0$$

(b) 令 (a) 部分的最後一個級數的係數等於 0，求 d_0, d_1, d_2, d_3 及 d_4 之值，有了這些值，(a) 部分的第一個方程式即為第 73 節的方程式 (8)。

7. 使用數學歸納法證明兩個可微函數 $f(z)$ 與 $g(z)$ 之乘積的 n 階導數公式，即證明 Leibniz 法則（第 73 節）

$$(fg)^{(n)} = \sum_{k=0}^{n} \binom{n}{k} f^{(k)} g^{(n-k)} \qquad (n = 1, 2, \ldots)$$

提示：當 $n=1$ 時，此式成立。假設當 $n=m$（m 為正整數）時，此式成立，證明

$$(fg)^{(m+1)} = (fg')^{(m)} + (f'g)^{(m)}$$
$$= fg^{(m+1)} + \sum_{k=1}^{m} \left[\binom{m}{k} + \binom{m}{k-1} \right] f^{(k)} g^{(m+1-k)} + f^{(m+1)} g$$

最後利用第 3 節習題 8 的恆等式

$$\binom{m}{k} + \binom{m}{k-1} = \binom{m+1}{k}$$

證明

$$(fg)^{(m+1)} = fg^{(m+1)} + \sum_{k=1}^{m} \binom{m+1}{k} f^{(k)} g^{(m+1-k)} + f^{(m+1)} g$$
$$= \sum_{k=0}^{m+1} \binom{m+1}{k} f^{(k)} g^{(m+1-k)}$$

8. 令 $f(z)$ 是由級數

$$f(z) = z + a_2 z^2 + a_3 z^3 + \cdots \qquad (|z| < \infty)$$

所表示的整函數。

(a) 逐次將合成函數 $g(z) = f[f(z)]$ 微分，求出 $g(z)$ 的 Maclaurin 級數前三個非零項，以此證明

$$f[f(z)] = z + 2 a_2 z^2 + 2 (a_2^2 + a_3) z^3 + \cdots \qquad (|z| < \infty)$$

(b) 令

$$f[f(z)] = f(z) + a_2 [f(z)]^2 + a_3 [f(z)]^3 + \cdots$$

將 $f(z)$ 的級數表示式代入上式右側的 $f(z)$，並合併 z 的相同冪次，由此可得 (a) 部分的結果。

(c) 應用 (a) 部分的結果於函數 $f(z) = \sin z$，證明

$$\sin(\sin z) = z - \frac{1}{3}z^3 + \cdots \qquad (|z| < \infty)$$

9. **Euler 數 (Euler numbers)** 為 Maclaurin 級數

$$\frac{1}{\cosh z} = \sum_{n=0}^{\infty} \frac{E_n}{n!} z^n \qquad (|z| < \pi/2)$$

的 E_n ($n = 0, 1, 2, \ldots$)

指出何以此級數在所示的圓盤成立以及何以

$$E_{2n+1} = 0 \qquad (n = 0, 1, 2, \ldots)$$

然後證明

$$E_0 = 1, \quad E_2 = -1, \quad E_4 = 5, \quad 和 \quad E_6 = -61$$

第六章　留數與極點

Cauchy–Goursat 定理（第 50 節）是說，若函數在簡單封閉圍線 C 及其內部可解析，則此函數繞著圍線 C 的積分值為 0。由本章可看出，若函數在 C 內部的有限個點不可解析，則對每一個不可解析的點均有一個特定的數，稱為留數，它們分別對積分值提出貢獻。在這一章，我們闡述關於留數的理論，而在第 7 章，我們將說明留數在應用數學領域的某些應用。

74. 孤立奇點 (ISOLATED SINGULAR POINTS)

由第 25 節可知，若函數 f 在 z_0 的某個鄰域內的每一個點均有導數則 f 在點 z_0 為可解析的。另一方面，若 f 在 z_0 不可解析，但在 z_0 每一個鄰域皆有解析點，則由第 25 節可知 z_0 為 f 的奇點。

本章留數的理論主要是討論特殊形式的奇點。亦即，若 f 在 z_0 的某個去心鄰域 $0 < |z - z_0| < \varepsilon$ 可解析，則奇點 z_0 稱為**孤立 (isolated)** 奇點。

例1　函數

$$f(z) = \frac{z - 1}{z^5(z^2 + 9)}$$

有 $z=0$ 和 $z=\pm 3i$ 三個孤立奇點。事實上，有理函數或兩個多項式之商的奇點是孤立奇點。這是因為分母為多項式其零點的個數為有限。

例2 原點 $z=0$ 是對數函數

$$F(z) = \text{Log}\, z = \ln r + i\Theta \qquad (r>0,\, -\pi < \Theta < \pi)$$

之主支的奇點，可是它不是孤立奇點，此乃因任一個去心 ε 鄰域皆包含負實軸的點（參閱圖 88），而此分支在該處無定義。相同的論述可應用於對數函數

$$f(z) = \log z = \ln z + i\theta \qquad (r>0,\, \alpha < \theta < \alpha + 2\pi)$$

的任一分支。

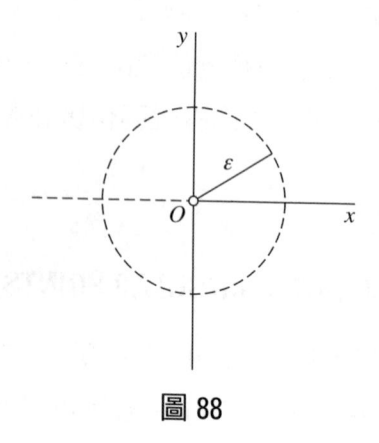

圖 88

例3 函數

$$f(z) = \frac{1}{\sin(\pi/z)}$$

在原點 $z=0$ 顯然無導數；且當 $\pi/z = n\pi\,(n=\pm 1, \pm 2, \ldots)$ 時，$\sin(\pi/z)=0$，故在 $z=1/n\,(n=\pm 1, \pm 2, \ldots)$ 的每一個點，f 的導數亦不存在。f 的導數存在於不在實軸上的每一點，故 f 在點

(1) $\qquad z=0$ 和 $z=1/n$ $(n=\pm 1, \pm 2, \ldots)$

的每一個鄰域的某些點是可解析的。因此 (1) 式的每一個點為 f 的奇點。奇點 $z=0$ 不是孤立的，此乃因其任一個去心 ε 鄰域皆包含其他的奇點。明白地說，給予一個正數 ε，則對任一正整數 $m>1/\varepsilon$，由 $0<1/m<\varepsilon$ 之事實可知奇點 $z=1/m$ 位於去心鄰域 $0<|z|<\varepsilon$ 之內。

其餘 $z=1/n$ $(n=\pm 1, \pm 2, \ldots)$ 為孤立奇點。欲了解此點，令 m 表示任一固定正整數而 f 在 $z=1/m$ 的去心鄰域可解析，此去心鄰域的半徑為

$$\varepsilon = \frac{1}{m} - \frac{1}{m+1} = \frac{1}{m(m+1)}$$

（參閱圖 89。）當 m 為負整數時，可以得到類似的結果。

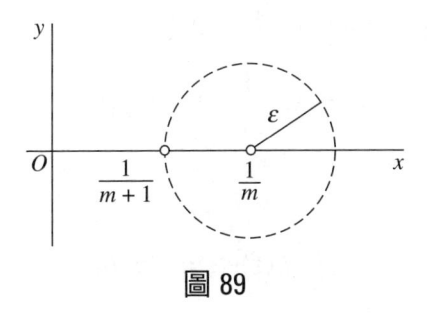

圖 89

在這一章，請牢記一個重點就是，除了在有限個奇點 $z_1, z_2, \ldots, z_n$ 外，若一函數在簡單封閉圍線 C 內可解析，則這些奇點必須都是孤立奇點，且可使它們的去心鄰域小到完全位於 C 的內部。為了瞭解這點，考慮任一點 z_k，去心鄰域的半徑 ε 可為任意正數，此正數小於 z_k 至其他奇點的距離且小於由 z_k 至 C 上離 z_k 最近之奇點的距離。

最後，我們將無窮遠點（第 17 節）視為孤立奇點，具體而言，若存在一正數 R_1 使得對 $R_1<|z|<\infty$，f 是可解析的，則 f 稱為**在 $z_0=\infty$ 有孤立奇點 (isolated singular point at $z_0=\infty$)**。此奇點將於第 77 節用到。

75. 留數 (RESIDUES)

當 z_0 為函數 f 的孤立奇點，則存在正數 R_2，使得 f 在 $0 < |z - z_0| < R_2$ 的每一點 z 是可解析的。因此，$f(z)$ 有 Laurent 級數

(1) $$f(z) = \sum_{n=0}^{\infty} a_n(z-z_0)^n + \frac{b_1}{z-z_0} + \frac{b_2}{(z-z_0)^2} + \cdots + \frac{b_n}{(z-z_0)^n} + \cdots$$
$$(0 < |z - z_0| < R_2)$$

其中係數 a_n 與 b_n 有其積分表示式（第 66 節）。特別地，

$$b_n = \frac{1}{2\pi i} \int_C \frac{f(z)\,dz}{(z-z_0)^{-n+1}} \qquad (n = 1, 2, \ldots)$$

其中 C 為位於去心圓盤 $0 < |z - z_0| < R_2$ 內，任一繞 z_0 的正向簡單封閉圍線（圖 90）。當 $n = 1$，則 b_n 的表示式為

$$b_1 = \frac{1}{2\pi i} \int_C f(z)\,dz$$

或

(2) $$\int_C f(z)\,dz = 2\pi i b_1$$

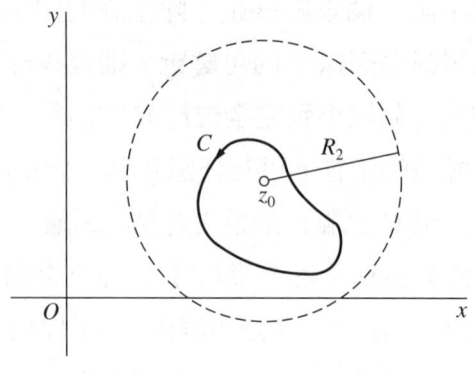

圖 90

複數 b_1，亦即展開式 (1) 的 $1/(z-z_0)$ 之係數，稱為 f 在孤立奇點 z_0 的**留數 (residue)**，通常寫成

$$b_1 = \operatorname*{Res}_{z=z_0} f(z)$$

方程式 (2) 則可寫成

(3) $$\int_C f(z)\,dz = 2\pi i \operatorname*{Res}_{z=z_0} f(z)$$

有時當函數 f 與點 z_0 已經清楚的標示，則我們僅以 B 表示留數。

對於繞著簡單封閉圍線以計算某些積分值，方程式 (3) 提供了一個絕佳的方法。

例1 考慮積分

(4) $$\int_C \frac{e^z - 1}{z^4}\,dz$$

其中 C 為正向單位圓 $|z|=1$（圖 91）。因為被積函數除了 $z=0$ 外，在有限平面到處可解析，且在 $0<|z|<\infty$ 具有 Laurent 級數，因此依據方程式 (3)，(4) 的積分值為 $2\pi i$ 乘以被積函數在 $z=0$ 的留數。

為了求留數，我們回顧（第 64 節）Maclaurin 級數

$$e^z = \sum_{n=0}^{\infty} \frac{z^n}{n!} \quad (|z| < \infty)$$

並利用它算出

$$\frac{e^z - 1}{z^5} = \frac{1}{z^5} \sum_{n=1}^{\infty} \frac{z^n}{n!} = \sum_{n=1}^{\infty} \frac{z^{n-5}}{n!} \quad (0 < |z| < \infty)$$

在上式的最後級數，$1/z$ 的係數是當 $n-5=-1$，即當 $n=4$ 產生的，因此

$$\operatorname*{Res}_{z=0} \frac{e^z-1}{z^5} = \frac{1}{4!} = \frac{1}{24}$$

而
$$\int_C \frac{e^z - 1}{z^4} dz = 2\pi i \left(\frac{1}{24}\right) = \frac{\pi i}{12}$$

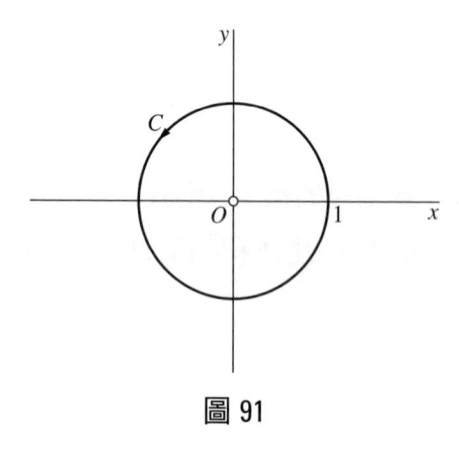

圖 91

例 2 證明

(5) $$\int_C \cosh\left(\frac{1}{z^2}\right) dz = 0$$

其中 C 與例 1 的正向單位圓 |z| = 1 相同，因為 $1/z^2$ 除了原點外到處是可解析的且因為 cosh z 為整函數，因此合成函數 $\cosh(1/z^2)$ 除了原點外到處是可解析的。孤立奇點 z = 0 位於 C 的內部而例 1 的圖 91 亦可用於此處。利用 Maclaurin 級數展開式（第 64 節）

$$\cosh z = 1 + \frac{z^2}{2!} + \frac{z^4}{4!} + \frac{z^6}{6!} + \cdots \quad (|z| < \infty)$$

我們可以寫出 Laurent 級數展開式

$$\cosh\left(\frac{1}{z}\right) = 1 + \frac{1}{2!} \cdot \frac{1}{z^2} + \frac{1}{4!} \cdot \frac{1}{z^4} + \frac{1}{6!} \cdot \frac{1}{z^6} \cdots \quad (0 < |z| < \infty)$$

被積函數在其孤立奇點 $z=0$ 的留數為 0 ($b_1=0$)，而 (5) 式的積分值就此確定。

由此例提醒我們，雖然函數在一簡單封閉圍線 C 及其內部可解析是繞 C 積分值為 0 的充分條件，但並非必要條件。

例3　留數可用來求積分

(6) $$\int_C \frac{dz}{z(z-2)^5}$$

其中 C 是正向圓 $|z-2|=1$（圖 92）。因為被積函數除了 $z=0$ 與 $z=2$ 外，在有限平面到處可解析，所以它在去心圓盤 $0<|z-2|<2$（如圖 92 所示）具有 Laurent 級數。因此，依據方程式 (3)，(6) 式的積分值為 $2\pi i$ 乘以被積函數在 $z=2$ 的留數。由被積函數的本質提醒我們可以利用幾何級數（第 64 節）

$$\frac{1}{1-z} = \sum_{n=0}^{\infty} z^n \qquad (|z|<1)$$

來計算留數。我們寫出如下的式子

$$\frac{1}{z(z-2)^5} = \frac{1}{(z-2)^5} \cdot \frac{1}{2+(z-2)} = \frac{1}{2(z-2)^5} \cdot \frac{1}{1-\left(-\frac{z-2}{2}\right)}$$

然後利用幾何級數

$$\frac{1}{z(z-2)^5} = \frac{1}{2(z-2)^5} \sum_{n=0}^{\infty} \left(-\frac{z-2}{2}\right)^n = \sum_{n=0}^{\infty} \frac{(-1)^n}{2^{n+1}} (z-2)^{n-5}$$

$$(0<|z-2|<2)$$

此 Laurent 級數可寫成如 (1) 的形式，$1/(z-2)$ 的係數即為所求之留數，其值為 $1/32$。因此可得，

$$\int_C \frac{dz}{z(z-2)^5} = 2\pi i \left(\frac{1}{32}\right) = \frac{\pi i}{16}$$

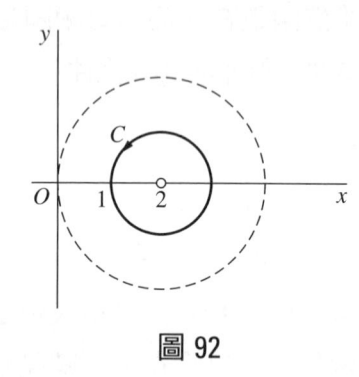

圖 92

76. Cauchy 留數定理 (CAUCHY'S RESIDUE THEOREM)

若除了有限個奇點外，函數 f 在簡單封閉圍線 C 之內部可解析，則這些奇點必為孤立奇點（第 74 節）。下列定理是有名的 **Cauchy 留數定理 (Cauchy's residue theorem)**，其敘述為：

若 f 在 C 亦為可解析且 C 為正向則 f 繞 C 的積分值為 $2\pi i$ 乘以 f 在 C 內部奇點之留數的和。

定理 令 C 為正向簡單封閉圍線。若除了 z_k $(k=1, 2, \ldots, n)$ 等有限個奇點外，函數 f 在 C 及其內部可解析（圖 93），則

(1) $$\int_C f(z)\, dz = 2\pi i \sum_{k=1}^{n} \operatorname*{Res}_{z=z_k} f(z)$$

圖 93

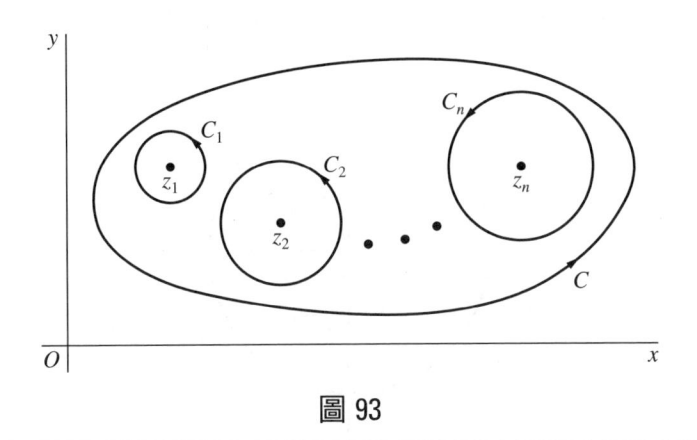

證明此定理，令點 z_k ($k = 1, 2, \ldots, n$) 為正向圓 C_k 的圓心，而這些圓均位於 C 的內部，並且小到彼此之間沒有交集。圓 C_k 與簡單封閉圍線 C 形成封閉區域的邊界，f 在此區域是可解析的且此區域內部是由 C 的內部與 C_k 的外部之點所構成的多連通域。因此，對此種域，依據 Cauchy–Goursat 定理（第 53 節），可得

$$\int_C f(z)\,dz - \sum_{k=1}^{n} \int_{C_k} f(z)\,dz = 0$$

此式可化簡成方程式 (1)，此乃因（第 75 節）

$$\int_{C_k} f(z)\,dz = 2\pi i \operatorname*{Res}_{z=z_k} f(z) \quad (k = 1, 2, \ldots, n)$$

定理得證。

例 利用定理來計算積分

(2) $$\int_C \frac{4z-5}{z(z-1)}\,dz$$

其中 C 是正向圓 $|z| = 2$（圖 94）。被積函數有兩個孤立奇點 $z = 0$ 和 $z = 1$，兩者均位於 C 的內部。利用 Maclaurin 級數（第 64 節）

圖 94

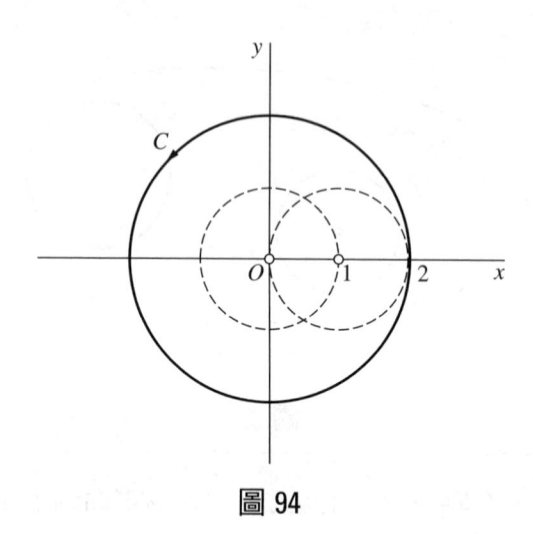

$$\frac{1}{1-z} = 1 + z + z^2 + \cdots \qquad (|z| < 1)$$

可求出在 $z=0$ 的留數 B_1 以及在 $z=1$ 的留數 B_2。由觀察可知，當 $0 < |z| < 1$ 時，

$$\frac{4z-5}{z(z-1)} = \frac{4z-5}{z} \cdot \frac{-1}{1-z} = \left(4 - \frac{5}{z}\right)(-1 - z - z^2 - \cdots)$$

並且由辨識右式乘積中 $1/z$ 的係數，可得

(3) $\qquad\qquad\qquad B_1 = 5$

又，當 $0 < |z-1| < 1$ 時，因為

$$\frac{4z-5}{z(z-1)} = \frac{4(z-1)-1}{z-1} \cdot \frac{1}{1+(z-1)}$$
$$= \left(4 - \frac{1}{z-1}\right)[1 - (z-1) + (z-1)^2 - \cdots]$$

可得

(4) $\qquad\qquad\qquad B_2 = -1$

因此

(5) $$\int_C \frac{4z-5}{z(z-1)} dz = 2\pi i(B_1 + B_2) = 8\pi i$$

在此例，若將 (2) 式被積函數寫成部分分式的和：

$$\frac{4z-5}{z(z-1)} = \frac{5}{z} + \frac{-1}{z-1}$$

則由於 $5/z$ 已經是 $0<|z|<1$ 時的 Laurent 級數，而 $-1/(z-1)$ 是 $0<|z-1|<1$ 時的 Laurent 級數，由此可知 (5) 式為真。

77. 無窮遠點的留數 (RESIDUE AT INFINITY)

假設函數 f 除了正向簡單封閉圍線 C 內部的有限多個奇點外，在整個有限平面可解析。其次，令 R_1 為正數，其值大到足以使 C 位於圓 $|z| = R_1$ 的內部（參閱圖 95）。如第 74 節末所提過的，函數 f 顯然在 $R_1 < |z| < \infty$ 可解析，無窮遠點則稱為 f 的孤立奇點。

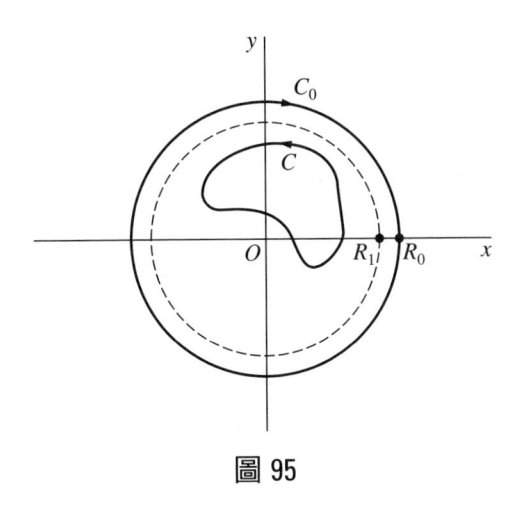

圖 95

令 C_0 表示順時針方向的圓 $|z| = R_0$，其中 $R_0 > R_1$。f 在無窮遠點的留

數定義為

(1) $$\int_{C_0} f(z)\,dz = 2\pi i \operatorname*{Res}_{z=\infty} f(z)$$

注意，圓 C_0 使無窮遠點位於其左側，如同第 75 節方程式 (3)，在有限平面上的奇點是位於 C 的左側。因為 f 在整個 C 和 C_0 之間的閉區域可解析，由路徑變形原理（第 53 節）可知

$$\int_C f(z)\,dz = \int_{-C_0} f(z)\,dz = -\int_{C_0} f(z)\,dz$$

故由定義 (1)

(2) $$\int_C f(z)\,dz = -2\pi i \operatorname*{Res}_{z=\infty} f(z)$$

欲求此留數，寫出 Laurent 級數（參閱第 66 節）

(3) $$f(z) = \sum_{n=-\infty}^{\infty} c_n z^n \quad (R_1 < |z| < \infty)$$

其中

(4) $$c_n = \frac{1}{2\pi i} \int_{-C_0} \frac{f(z)\,dz}{z^{n+1}} \quad (n = 0, \pm 1, \pm 2, \ldots)$$

在方程式 (3) 以 $1/z$ 取代 z，然後乘以 $1/z^2$，可得

$$\frac{1}{z^2} f\left(\frac{1}{z}\right) = \sum_{n=-\infty}^{\infty} \frac{c_n}{z^{n+2}} = \sum_{n=-\infty}^{\infty} \frac{c_{n-2}}{z^n} \quad \left(0 < |z| < \frac{1}{R_1}\right)$$

而且

$$c_{-1} = \operatorname*{Res}_{z=0} \left[\frac{1}{z^2} f\left(\frac{1}{z}\right)\right]$$

在 (4) 式中，令 $n = -1$，則有

第六章　留數與極點

$$c_{-1} = \frac{1}{2\pi i} \int_{-C_0} f(z)\, dz$$

或

(5) $\displaystyle\int_{C_0} f(z)\, dz = -2\pi i \operatorname*{Res}_{z=0}\left[\frac{1}{z^2} f\left(\frac{1}{z}\right)\right]$

由 (5) 及定義 (1)，可得

(6) $\displaystyle\operatorname*{Res}_{z=\infty} f(z) = -\operatorname*{Res}_{z=0}\left[\frac{1}{z^2} f\left(\frac{1}{z}\right)\right]$

由方程式 (2) 與 (6) 可導出下面的定理，此定理有時比第 76 節的 Cauchy 留數定理更為快速好用，此乃因其僅含一個留數。

定理　若函數 f 除了正向簡單封閉圍線 C 內部的有限多個奇點外，在整個有限平面可解析，則

(7) $\displaystyle\int_C f(z)\, dz = 2\pi i \operatorname*{Res}_{z=0}\left[\frac{1}{z^2} f\left(\frac{1}{z}\right)\right]$

例　這是容易理解的，函數

$$f(z) = \frac{z^3(1-3z)}{(1+z)(1+2z^4)}$$

的奇點均位於以原點為圓心，半徑為 3 之正向圓 C 的內部。為了使用本節的定理，我們寫成

(8) $\displaystyle\frac{1}{z^2} f\left(\frac{1}{z}\right) = \frac{1}{z} \cdot \frac{z-3}{(z+1)(z^4+2)}$

分式

$$\frac{z-3}{(z+1)(z^4+2)}$$

在原點是可解析的，其 Maclaurin 級數的首項為 $-3/2$。因此，由 (8) 式可知，對某些去心圓盤 $0<|z|<R_0$ 內的所有 z 而言，則有

$$\frac{1}{z^2}f\left(\frac{1}{z}\right)=\frac{1}{z}\left(-\frac{3}{2}+a_1z+a_2z^2+a_3z^3+\cdots\right)=-\frac{3}{2}\cdot\frac{1}{z}+a_1+a_2z+a_3z^2+\cdots$$

由此可得

$$\operatorname*{Res}_{z=0}\left[\frac{1}{z^2}f\left(\frac{1}{z}\right)\right]=-\frac{3}{2}$$

故

(9) $$\int_C \frac{z^3(1-3z)}{(1+z)(1+2z^4)}dz=2\pi i\left(-\frac{3}{2}\right)=-3\pi i$$

習題

1. 求下列函數在 $z=0$ 的留數：

(a) $\dfrac{1}{z+z^2}$ (b) $z\cos\left(\dfrac{1}{z}\right)$ (c) $\dfrac{z-\sin z}{z}$ (d) $\dfrac{\cot z}{z^4}$ (e) $\dfrac{\sinh z}{z^4(1-z^2)}$

答案：(a)1；(b)$-1/2$；(c)0；(d)$-1/45$；(e)$7/6$。

2. 使用 Cauchy 留數定理（第 76 節），求下列每一個函數正向繞圓 $|z|=3$ 的積分值，

(a) $\dfrac{\exp(-z)}{z^2}$ (b) $\dfrac{\exp(-z)}{(z-1)^2}$ (c) $z^2\exp\left(\dfrac{1}{z}\right)$ (d) $\dfrac{z+1}{z^2-2z}$

答案：(a) $-2\pi i$；(b) $-2\pi i/e$；(c) $\pi i/3$；(d) $2\pi i$。

3. 在第 76 節的例題，利用兩個留數計算下列積分之值

$$\int_C \frac{4z-5}{z(z-1)}dz$$

其中 C 為正向圓 $|z|=2$。再利用第 77 節的定理以一個留數，求此積分值。

4. 使用第 77 節僅含有單一留數的定理，求下列每一個函數繞正向圓 $|z|=2$ 的

積分值

(a) $\dfrac{z^5}{1-z^3}$ (b) $\dfrac{1}{1+z^2}$ (c) $\dfrac{1}{z}$

答案：(a) $-2\pi i$；(b) 0；(c) $2\pi i$。

5. 令 C 為反時針方向的圓 $|z|=1$，使用下列步驟證明

$$\int_C \exp\left(z+\frac{1}{z}\right)dz = 2\pi i \sum_{n=0}^{\infty}\frac{1}{n!(n+1)!}$$

(a) 使用 e^z 的 Maclaurin 級數並參考第 71 節的定理 1，使我們可以合理地使用逐項積分，將上述積分寫成

$$\sum_{n=0}^{\infty}\frac{1}{n!}\int_C z^n \exp\left(\frac{1}{z}\right)dz$$

(b) 應用第 76 節的定理，計算 (a) 部分的積分，以得到欲求的結果。

6. 假設函數 f 除了有限多個奇點 $z_1, z_2, \ldots, z_n$ 外，在整個有限平面可解析，證明

$$\operatorname*{Res}_{z=z_1}f(z) + \operatorname*{Res}_{z=z_2}f(z) + \cdots + \operatorname*{Res}_{z=z_n}f(z) + \operatorname*{Res}_{z=\infty}f(z) = 0$$

7. 令多項式

$$P(z) = a_0 + a_1 z + a_2 z^2 + \cdots + a_n z^n \qquad (a_n \neq 0)$$

和

$$Q(z) = b_0 + b_1 z + b_2 z^2 + \cdots + b_m z^m \qquad (b_m \neq 0)$$

的次數滿足 $m \geq n+2$，使用第 77 節的定理，證明若 $Q(z)$ 的所有零點位於簡單封閉圍線 C 的內部，則

$$\int_C \frac{P(z)}{Q(z)}dz = 0$$

〔與習題 4(b) 比較。〕

78. 孤立奇點的三種類型
(THE THREE TYPES OF ISOLATED SINGULAR POINTS)

我們在第 75 節看到，留數的理論是基於若 f 有孤立奇點 z_0，則在去心圓盤 $0 < |z-z_0| < R_2$，$f(z)$ 可表示成 Laurent 級數

$$(1) \quad f(z) = \sum_{n=0}^{\infty} a_n(z-z_0)^n + \frac{b_1}{z-z_0} + \frac{b_2}{(z-z_0)^2} + \cdots + \frac{b_n}{(z-z_0)^n} + \cdots$$

而此級數含 $z-z_0$ 的負冪次部分，

$$(2) \quad \frac{b_1}{z-z_0} + \frac{b_2}{(z-z_0)^2} + \cdots + \frac{b_n}{(z-z_0)^n} + \cdots$$

稱為 f 在 z_0 的**主部 (principal part)**。我們現在利用主部將孤立奇點 z_0 分成三種特殊類型。這種分類將有助於下面數節有關留數理論的擴展。

有兩種極端狀況，一種是主部 (2) 的每一個係數都是 0，另外一種是主部有無限個不為 0 的係數。

(a) 可移除奇點

當每一個 b_n 均為 0，使得

$$(3) \quad f(z) = \sum_{n=0}^{\infty} a_n(z-z_0)^n = a_0 + a_1(z-z_0) + a_2(z-z_0)^2 + \cdots$$

$$(0 < |z-z_0| < R_2)$$

則稱 z_0 為**可移除奇點 (removable singular point)**。注意，在可移除奇點的留數恆為 0。若我們定義 f 在 z_0 的值為 $f(z_0) = a_0$，則展開式 (3) 在整個圓盤 $|z-z_0| < R_2$ 成立。因為冪級數在其收斂圓內部是解析函數（第 71 節），所以，若指定 f 在 z_0 的值是 a_0，則 f 在 z_0 可解析。因此，z_0 的奇性是可以移除的。

(b) 本質奇點

當主部 (2) 有無限多個 b_n 不為 0，則 z_0 稱為 f 的**本質奇點** (essential singular point)。

(c) m 階極點

若 f 在 z_0 的主部至少包含一個非零項，但此非零項的個數為有限，則存在一個正整數 m ($m \geq 1$) 使得

$$b_m \neq 0 \quad \text{且} \quad b_{m+1} = b_{m+2} = \cdots = 0$$

亦即，展開式 (1) 取成下列形式

$$(4) \quad f(z) = \sum_{n=0}^{\infty} a_n(z - z_0)^n + \frac{b_1}{z - z_0} + \frac{b_2}{(z - z_0)^2} + \cdots + \frac{b_m}{(z - z_0)^m}$$

$$(0 < |z - z_0| < R_2)$$

其中 $b_m \neq 0$。在此情況下，孤立奇點 z_0 稱為 **m 階極點** (pole of order m)。$m = 1$ 的極點通常稱為**單極點** (simple pole)。

在下一節，我們將用一些例子來說明孤立奇點之三種類型。在本章剩下的章節裡，我們將更深入地探討上面所描述的三種類型孤立奇點的理論，重點在於使用有用且有效的方法去辨識極點並找出對應的留數。

在本章的最後一節（第 84 節）將討論三個定理，並說明函數在這三種不同孤立奇點的差異。

79. 例題 (EXAMPLES)

本節的例子是用來說明第 78 節所述的三種孤立奇點。

例1 $z_0 = 0$ 是函數

(1) $$f(z) = \frac{1 - \cosh z}{z^2}$$

的可移除奇點。此乃因

$$f(z) = \frac{1}{z^2}\left[1 - \left(1 + \frac{z^2}{2!} + \frac{z^4}{4!} + \frac{z^6}{6!} + \cdots\right)\right] = -\frac{1}{2!} - \frac{z^2}{4!} - \frac{z^4}{6!} - \cdots$$
$$(0 < |z| < \infty)$$

若指定 $f(0) = -1/2$，則 f 變成整函數。

例2 我們回顧第 68 節的例 3，

(2) $$e^{1/z} = \sum_{n=0}^{\infty} \frac{1}{n!} \cdot \frac{1}{z^n} = 1 + \frac{1}{1!} \cdot \frac{1}{z} + \frac{1}{2!} \cdot \frac{1}{z^2} + \cdots \quad (0 < |z| < \infty)$$

可知 $e^{1/z}$ 具有本質奇點 $z_0 = 0$，其留數 $b_1 = 1$。

此例題可用來說明重要的 **Picard 定理 (Picard's theorem)**。此定理是關於函數在本質奇點附近的性質。Picard 定理是說在本質奇點的任一鄰域中，除了一個可能的例外值，對任意非無窮大的複數值 α，有無窮多個 z 使得 $f(z) = \alpha$。

這是容易理解的，例如，在原點的任一鄰域（$e^{1/z} = -1$，有無窮多解）。明白地說，因為

$$z = (2n+1)\pi i \quad (n = 0, \pm 1, \pm 2, \ldots)$$

滿足 $e^z = -1$（參閱第 30 節），這表示，當

$$z = \frac{1}{(2n+1)\pi i} \cdot \frac{i}{i} = -\frac{i}{(2n+1)\pi} \quad (n = 0, \pm 1, \pm 2, \ldots)$$

滿足 $e^{1/z} = -1$。因此若 n 足夠大，則有無窮多個如此的點均位於原點的任一鄰域。零顯然是 Picard 定理應用於 $e^{1/z}$ 的例外值。

例3 由

(3) $$f(z) = \frac{1}{z^2(1-z)} = \frac{1}{z^2}(1 + z + z^2 + z^3 + z^4 + \cdots)$$
$$= \frac{1}{z^2} + \frac{1}{z} + 1 + z + z^2 + \cdots \quad (0 < |z| < 1)$$

可知 f 在原點有 $m = 2$ 階極點且

$$\operatorname*{Res}_{z=0} f(z) = 1$$

由極限

$$\lim_{z \to 0} \frac{1}{f(z)} = \lim_{z \to 0}[z^2(1-z)] = 0$$

可得（參閱第 17 節）

(4) $$\lim_{z \to 0} f(z) = \infty$$

像這樣的極限總是存在於極點，第 84 節將有更詳細的說明。

例4 最後，我們觀察函數

$$f(z) = \frac{z^2 + z - 2}{z + 1} = \frac{z(z+1) - 2}{z + 1} = z - \frac{2}{z + 1} = -1 + (z+1) - \frac{2}{z+1}$$
$$(0 < |z + 1| < \infty)$$

在 $z_0 = -1$ 有單一極點，其留數為 -2。此外，因為

$$\lim_{z \to -1} \frac{1}{f(z)} = \lim_{z \to -1} \frac{z+1}{z^2 + z - 2} = \frac{0}{-2} = 0$$

我們求得

(5) $$\lim_{z \to -1} f(z) = \infty$$

〔與例 3 的極限 (4) 比較。〕

習題

1. 在下列各題，寫出函數在其孤立奇點的主部，並判斷該奇點何者是可移除奇點、本質奇點或極點：

(a) $z \exp\left(\dfrac{1}{z}\right)$ (b) $\dfrac{z^2}{1+z}$ (c) $\dfrac{\sin z}{z}$ (d) $\dfrac{\cos z}{z}$ (e) $\dfrac{1}{(2-z)^3}$

2. 證明下列每一個函數的奇點皆為極點。判斷極點的階數 m 以及對應的留數 B。

(a) $\dfrac{1-\cosh z}{z^3}$ (b) $\dfrac{1-\exp(2z)}{z^4}$ (c) $\dfrac{\exp(2z)}{(z-1)^2}$

答案：(a) $m=1$, $B=-1/2$；(b) $m=3$, $B=-4/3$；(c) $m=2$, $B=2e^2$。

3. 設函數 f 在 z_0 可解析，且令 $g(z)=f(z)/(z-z_0)$。證明

(a) 若 $f(z_0) \neq 0$，則 z_0 是 g 的單極點，其留數為 $f(z_0)$。

(b) 若 $f(z_0) = 0$，則 z_0 是 g 的可移除奇點。

提示：如第 62 節所指出，因為 f 在 z_0 可解析，所以存在 $f(z)$ 關於 z_0 的 Taylor 級數。對此題的每一部分，由寫出此級數的前幾項開始。

4. 將函數

$$f(z) = \frac{8a^3 z^2}{(z^2+a^2)^3} \qquad (a>0)$$

寫成

$$f(z) = \frac{\phi(z)}{(z-ai)^3} \quad \text{其中} \quad \phi(z) = \frac{8a^3 z^2}{(z+ai)^3}$$

指出為何 $\phi(z)$ 具有關於 $z=ai$ 的 Taylor 級數，然後利用它證明 f 在 $z=ai$ 的主部為

$$\frac{\phi''(ai)/2}{z-ai} + \frac{\phi'(ai)}{(z-ai)^2} + \frac{\phi(ai)}{(z-ai)^3} = -\frac{i/2}{z-ai} - \frac{a/2}{(z-ai)^2} - \frac{a^2 i}{(z-ai)^3}$$

80. 極點的留數 (RESIDUES AT POLES)

當函數 f 具有孤立奇點 z_0 時，辨識 z_0 為極點並計算留數的基本方法，就是寫出適當的 Laurent 級數，然後找出 $1/(z-z_0)$ 的係數。下列的定理提供極點的另一個特徵以及一個更方便去求其對應留數的方法。

定理 令 z_0 為函數 f 的孤立奇點。下列兩個敘述是

(a) z_0 為 f 的 m $(m=1,2,\ldots)$ 階極點；

(b) $f(z)$ 可寫成

$$f(z) = \frac{\phi(z)}{(z-z_0)^m} \qquad (m=1,2,\ldots)$$

其中 $\phi(z)$ 在 z_0 可解析且不為 0。

此外，若敘述 (a) 與 (b) 為真，則

$$\text{當 } m=1\text{，} \operatorname*{Res}_{z=z_0} f(z) = \phi(z_0)$$

且

$$\text{當 } m=2,3,\ldots\text{，} \operatorname*{Res}_{z=z_0} f(z) = \frac{\phi^{(m-1)}(z_0)}{(m-1)!}$$

注意這兩個關於留數的式子可以不必分開寫，此乃因有 $\phi^{(0)}(z_0) = \phi(z_0)$ 和 $0!=1$ 的規定，當 $m=1$ 時，第二個式子可以簡化為第一個式子。

欲證明此定理，我們首先假設敘述 (a) 為真。亦即，$f(z)$ 在去心圓盤 $0 < |z-z_0| < R_2$ 具有 Laurent 級數

$$f(z) = \sum_{n=0}^{\infty} a_n(z-z_0)^n + \frac{b_1}{z-z_0} + \frac{b_2}{(z-z_0)^2} + \cdots + \frac{b_{m-1}}{(z-z_0)^{m-1}} + \frac{b_m}{(z-z_0)^m}$$

$$(b_m \neq 0)$$

函數 $\phi(z)$ 定義為

$$\phi(z) = \begin{cases} (z-z_0)^m f(z) & \text{當 } z \neq z_0 \\ b_m & \text{當 } z = z_0 \end{cases}$$

顯然 $\phi(z)$ 在整個圓盤 $|z - z_0| < R_2$ 具有冪級數

$$\phi(z) = b_m + b_{m-1}(z-z_0) + \cdots + b_2(z-z_0)^{m-2} + b_1(z-z_0)^{m-1}$$
$$+ \sum_{n=0}^{\infty} a_n(z-z_0)^{m+n}$$

所以 $\phi(z)$ 在該圓盤可解析（第 71 節），特別地，在 z_0 可解析。由於 $\phi(z_0) = b_m \neq 0$，敘述 (b) 中之 $f(z)$ 的式子因此成立。

另一方面，假設 $f(z)$ 具有定理中的 (b) 之形式，且回顧（第 62 節）因為 $\phi(z)$ 在 z_0 可解析，所以它在 z_0 的某個鄰域 $|z - z_0| < \varepsilon$，有 Taylor 級數

$$\phi(z) = \phi(z_0) + \frac{\phi'(z_0)}{1!}(z-z_0) + \frac{\phi''(z_0)}{2!}(z-z_0)^2 + \cdots + \frac{\phi^{(m-1)}(z_0)}{(m-1)!}(z-z_0)^{m-1}$$
$$+ \sum_{n=m}^{\infty} \frac{\phi^{(n)}(z_0)}{n!}(z-z_0)^n$$

由 (b) 式告訴我們，當 $0 < |z - z_0| < \varepsilon$，則

$$f(z) = \frac{\phi(z_0)}{(z-z_0)^m} + \frac{\phi'(z_0)/1!}{(z-z_0)^{m-1}} + \frac{\phi''(z_0)/2!}{(z-z_0)^{m-2}} + \cdots + \frac{\phi^{(m-1)}(z_0)/(m-1)!}{z-z_0}$$
$$+ \sum_{n=m}^{\infty} \frac{\phi^{(n)}(z_0)}{n!}(z-z_0)^{n-m}$$

此 Laurent 級數與 $\phi(z_0) \neq 0$ 的事實說明了 z_0 確實是 $f(z)$ 的 m 階極點。當然，$1/(z - z_0)$ 的係數告訴我們，$f(z)$ 在 z_0 的留數就如同定理所述。定理證完。

81. 例題 (EXAMPLES)

以下的例題是用來說明第 80 節之定理的用法。

例 1　函數

$$f(z) = \frac{z+4}{z^2+1}$$

具有孤立奇點 $z = i$，而且可以寫成

$$f(z) = \frac{\phi(z)}{z-i} \quad \text{其中} \quad \phi(z) = \frac{z+4}{z+i}$$

因為 $\phi(z)$ 在 $z = i$ 可解析且 $\phi(i) \neq 0$，所以該點為 f 的單一極點，且 f 在該點的留數為

$$B_1 = \phi(i) = \frac{i+4}{2i} \cdot \frac{i}{i} = \frac{-1+4i}{-2} = \frac{1}{2} - 2i$$

點 $z = -i$ 亦為 f 的單一極點，其留數為

$$B_2 = \frac{1}{2} + 2i$$

例 2　若

$$f(z) = \frac{z^3 + 2z}{(z-i)^3}$$

則

$$f(z) = \frac{\phi(z)}{(z-i)^3} \quad \text{其中} \quad \phi(z) = z^3 + 2z$$

因為 $\phi(z)$ 是整函數且 $\phi(i) = i \neq 0$。因此 f 在 $z = i$ 有 3 階極點，其留數為

$$B = \frac{\phi''(i)}{2!} = \frac{6i}{2!} = 3i$$

此定理當然也可以用於多值函數的分支。

例3 假設

$$f(z) = \frac{(\log z)^3}{z^2 + 1}$$

其中使用對數函數的分支

$$\log z = \ln r + i\theta \qquad (r > 0, 0 < \theta < 2\pi)$$

欲求 f 在奇點 $z = i$ 的留數，我們令

$$f(z) = \frac{\phi(z)}{z - i} \quad 其中 \quad \phi(z) = \frac{(\log z)^3}{z + i}$$

顯然，函數 $\phi(z)$ 在 $z = i$ 可解析，而且因為

$$\phi(i) = \frac{(\log i)^3}{2i} = \frac{(\ln 1 + i\pi/2)^3}{2i} = -\frac{\pi^3}{16} \neq 0$$

f 在該點有單一極點。留數為

$$B = \phi(i) = -\frac{\pi^3}{16}$$

雖然第 80 節的定理十分有用，但是往往直接使用 Laurent 級數來辨識孤立奇點為某階的極點是最有效的。

例4 欲求函數

$$f(z) = \frac{1 - \cos z}{z^3}$$

在奇點 $z = 0$ 的留數，如果令

$$f(z) = \frac{\phi(z)}{z^3} \quad 其中 \quad \phi(z) = 1 - \cos z$$

然後應用第 80 節的定理，這種作法是不正確的。因為使用該定理時必須滿足 $\phi(0) \neq 0$ 的條件。於此例中，欲求留數最簡單的求法就是寫出 $f(z)$ 的 Laurent 級數的前幾項

$$f(z) = \frac{1}{z^3}\left[1 - \left(1 - \frac{z^2}{2!} + \frac{z^4}{4!} - \frac{z^6}{6!} + \cdots\right)\right] = \frac{1}{z^3}\left(\frac{z^2}{2!} - \frac{z^4}{4!} + \frac{z^6}{6!} - \cdots\right)$$

$$= \frac{1}{2!} \cdot \frac{1}{z} - \frac{z}{4!} + \frac{z^3}{6!} - \cdots \qquad (0 < |z| < \infty)$$

此即證明 $f(z)$ 在 $z=0$ 有單一極點而非三階極點，在 $z=0$ 的留數為 $B = 1/2$。

例 5　因為 $z^2 \sinh z$ 為整函數，且其零點為（第 39 節）

$$z = n\pi i \qquad (n = 0, \pm 1, \pm 2, \ldots)$$

顯然，$z = 0$ 是函數

$$f(z) = \frac{1}{z^2 \sinh z}$$

的孤立奇點。

若利用第 80 節的定理，其中 $m = 2$，將上式寫成

$$f(z) = \frac{\phi(z)}{z^2} \quad \text{其中} \quad \phi(z) = \frac{1}{\sinh z}$$

是錯誤的。這是因為函數中 $f(z)$ 在 $z = 0$ 無定義。欲求的留數為 $B = -1/6$，可由第 73 節習題 5 中的 Laurent 級數

$$\frac{1}{z^2 \sinh z} = \frac{1}{z^3} - \frac{1}{6} \cdot \frac{1}{z} + \frac{7}{360}z + \cdots \qquad (0 < |z| < \pi)$$

求得。當然，在 $z = 0$ 的奇點是三階極點而非二階極點。

習題

1. 下列各題中，證明函數的任一奇點皆為極點。求每一個極點的階數 m，並求其對應的留數 B。

(a) $\dfrac{z+1}{z^2+9}$ (b) $\dfrac{z^2+2}{z-1}$ (c) $\left(\dfrac{z}{2z+1}\right)^3$ (d) $\dfrac{e^z}{z^2+\pi^2}$

答案：(a) $m=1, B=\dfrac{3\pm i}{6}$；(b) $m=1, B=3$；(c) $m=3, B=-\dfrac{3}{16}$；

(d) $m=1, B=\pm\dfrac{i}{2\pi}$。

2. 證明

(a) $\operatorname*{Res}\limits_{z=-1}\dfrac{z^{1/4}}{z+1}=\dfrac{1+i}{\sqrt{2}}$ ($|z|>0, 0<\arg z<2\pi$)

(b) $\operatorname*{Res}\limits_{z=i}\dfrac{\operatorname{Log} z}{(z^2+1)^2}=\dfrac{\pi+2i}{8}$

(c) $\operatorname*{Res}\limits_{z=i}\dfrac{z^{1/2}}{(z^2+1)^2}=\dfrac{1-i}{8\sqrt{2}}$ ($|z|>0, 0<\arg z<2\pi$)

3. 下列各題中在奇點 $z=0$，求極點的階數 m 以及所對應的留數 B：

(a) $\dfrac{\sinh z}{z^4}$ (b) $\dfrac{1}{z(e^z-1)}$

答案：(a) $m=3, B=\dfrac{1}{6}$；(b) $m=2, B=-\dfrac{1}{2}$。

4. 求積分

$$\int_C \dfrac{3z^3+2}{(z-1)(z^2+9)}\,dz$$

之值，取逆時針方向，繞圓 (a) $|z-2|=2$；(b) $|z|=4$。

答案：(a) πi；(b) $6\pi i$。

5. 求積分

$$\int_C \dfrac{dz}{z^3(z+4)}$$

之值，取逆時針方向，繞圓 (a) $|z|=2$；(b) $|z+2|=3$。

答案：(a) $\pi i/32$；(b) 0。

6. 計算積分

$$\int_C \frac{\cosh \pi z}{z(z^2+1)}\,dz$$

其中 C 為正向圓 $|z|=2$。

答案：$4\pi i$。

7. 利用第 77 節關於單一留數的定理，計算 $f(z)$ 繞正向圓 $|z|=3$ 的積分，其中

(a) $f(z) = \dfrac{(3z+2)^2}{z(z-1)(2z+5)}$ (b) $f(z) = \dfrac{z^3 e^{1/z}}{1+z^3}$

答案：(a) $9\pi i$；(b) $2\pi i$。

8. 令 z_0 為函數 f 的孤立奇點，假設

$$f(z) = \frac{\phi(z)}{(z-z_0)^m}$$

其中 m 為正整數，$\phi(z)$ 在 z_0 可解析且不為 0。應用第 55 節的 (3) 式，Cauchy 積分公式於 $\phi(z)$，證明如第 80 節定理所述的

$$\operatorname*{Res}_{z=z_0} f(z) = \frac{\phi^{(m-1)}(z_0)}{(m-1)!}$$

提示：因為 $\phi(z)$ 在整個鄰域 $|z-z_0|<\varepsilon$ 可解析（參閱第 25 節），所以正向圓 $|z-z_0|=\varepsilon/2$ 可作為 Cauchy 積分公式的圍線。

82. 解析函數的零點 (ZEROS OF ANALYTIC FUNCTIONS)

函數的零點與極點是有緊密關連的。事實上，在下一節我們將明白零點如何成為極點的來源。無論如何，我們需要一些有關解析函數零點的預先結果。

假設函數 f 在點 z_0 可解析。由第 57 節，我們知道各階導數 $f^{(n)}(z)$ ($n=1, 2, \ldots$) 在 z_0 均存在。若 $f(z_0)=0$ 且存在一個正整數 m，使得

(1) $f(z_0) = f'(z_0) = f''(z_0) = \cdots = f^{(m-1)}(z_0) = 0$ 且 $f^{(m)}(z_0) \neq 0$

其中 m 為正整數,則稱 f 在 z_0 有 **m 階零點 (zero of order m)**。當然,當 $m = 1$ 時,$f^{(0)}(z_0) = f(z_0)$。我們第一個定理提供 m 階零點另一個有用的解釋。

定理 1 令函數 f 在 z_0 可解析。下列兩個敘述是相當的:

(a) f 在 z_0 有 m 階零點;

(b) 存在一個函數 g,它在 z_0 可解析且不為 0,使得

$$f(z) = (z - z_0)^m g(z)$$

此定理的證明有兩部分。首先,我們要證明若敘述 (a) 為真則敘述 (b) 為真,然後再證明若敘述 (b) 為真,則敘述 (a) 亦為真。兩部分的證明皆用到以下的事實(第 62 節),若函數在點 z_0 可解析,則它必有以 $z - z_0$ 的冪次表示 Taylor 級數,而此級數在 z_0 的某一鄰域 $|z - z_0| < \varepsilon$ 恆成立。

(a) 意含 (b)

我們以假設 f 在 z_0 有 m 階零點開始第一部分的證明,然後證明如何推得敘述 (b)。f 在 z_0 可解析以及條件 (1) 告訴我們,在 z_0 的某一鄰域 $|z - z_0| < \varepsilon$ 有 Taylor 級數

$$\begin{aligned}f(z) &= \frac{f^{(m)}(z_0)}{m!}(z-z_0)^m + \frac{f^{(m+1)}(z_0)}{(m+1)!}(z-z_0)^{m+1} + \frac{f^{(m+2)}(z_0)}{(m+2)!}(z-z_0)^{m+2} + \cdots \\ &= (z-z_0)^m \left[\frac{f^{(m)}(z_0)}{m!} + \frac{f^{(m+1)}(z_0)}{(m+1)!}(z-z_0) + \frac{f^{(m+2)}(z_0)}{(m+2)!}(z-z_0)^2 + \cdots \right]\end{aligned}$$

所以,$f(z)$ 具有敘述 (b) 的形式,其中

$$g(z) = \frac{f^{(m)}(z_0)}{m!} + \frac{f^{(m+1)}(z_0)}{(m+1)!}(z-z_0) + \frac{f^{(m+2)}(z_0)}{(m+2)!}(z-z_0)^2 + \cdots$$

$$(|z - z_0| < \varepsilon)$$

當 $|z - z_0| < \varepsilon$，上述級數收斂，因此 g 在 $|z - z_0| < \varepsilon$ 可解析，特別地，g 在 z_0 可解析。此外，

$$g(z_0) = \frac{f^{(m)}(z_0)}{m!} \neq 0$$

定理的第一部分得證。

(b) 意含 (a)

此處我們假設 $f(z)$ 在 (b) 部分中的式子是成立的；因為函數 $g(z)$ 在 z_0 可解析，所以它在 z_0 的某一鄰域 $|z - z_0| < \varepsilon$ 有 Taylor 級數

$$g(z) = g(z_0) + \frac{g'(z_0)}{1!}(z - z_0) + \frac{g''(z_0)}{2!}(z - z_0)^2 + \cdots$$

因此當 $|z - z_0| < \varepsilon$，(b) 部分中的 $f(z)$ 可寫成

$$f(z) = g(z_0)(z - z_0)^m + \frac{g'(z_0)}{1!}(z - z_0)^{m+1} + \frac{g''(z_0)}{2!}(z - z_0)^{m+2} + \cdots$$

此即 $f(z)$ 的 Taylor 級數展開式，依據第 72 節定理 1，(1) 式成立，特別地，

$$f^{(m)}(z_0) = m!g(z_0) \neq 0$$

因此 z_0 為 f 的 m 階零點。定理證完。

例 多項式 $f(z) = z^3 - 1$ 有一階零點 $z_0 = 1$，此乃因

$$f(z) = (z - 1)g(z)$$

其中 $g(z) = z^2 + z + 1$，且因 f 與 g 為整函數，$g(1) = 3 \neq 0$。注意，$z_0 = 1$ 是 f 的一階零點亦可由

$$f(1) = 0 \quad \text{和} \quad f'(1) = 3 \neq 0$$

得知。

下一個定理是說解析函數的零點是孤立的。這表示，若 z_0 為函數 $f(z)$ 的零點，則 $f(z)$ 在 z_0 的去心鄰域 $0 < |z - z_0| < \varepsilon$ 不為 0。（與第 74 節孤立奇點的定義比較。）

定理 2　給予函數 f 和點 z_0，假設

(a) f 在 z_0 可解析；

(b) $f(z_0) = 0$，但 $f(z)$ 在 z_0 的任一鄰域不全為 0。

則 $f(z_0)$ 在 z_0 的某個去心鄰域 $0 < |z - z_0| < \varepsilon$ 滿足 $f(z) \neq 0$。

欲證明此定理，令 f 如定理所述，且 f 在 z_0 的各階導數不全為 0。因為若 f 在 z_0 的各階導數均為 0，則 f 關於 z_0 之 Taylor 級數的所有係數將會是 0，這表示 $f(z)$ 在 z_0 的某個鄰域恆等於 0。故由 m 階零點的定義，z_0 必為 f 的某一 m 階零點。依據定理 1，則有

$$(2) \qquad f(z) = (z - z_0)^m g(z)$$

其中 $g(z)$ 在 z_0 可解析且不為 0。

由於 g 在 z_0 可解析且不為 0，所以 g 在 z_0 連續。因此存在 z_0 的某個鄰域 $|z - z_0| < \varepsilon$ 使得方程式 (2) 成立且在此鄰域 $g(z) \neq 0$（參閱第 18 節）。所以 $f(z)$ 在 z_0 的無心鄰域 $0 < |z - z_0| < \varepsilon$ 滿足 $f(z) \neq 0$，定理證完。

本節最後的定理是討論零點不全為孤立的函數。參照第 28 節並與定理 2 做對照。

定理 3　已知函數 f 和點 z_0，假設

(a) f 在 z_0 的鄰域 N_0 可解析；

(b) 在域 D 的每一點或包含 z_0 的線段 L，恆有 $f(z) = 0$（圖 96）。

則在 N_0 有 $f(z) \equiv 0$；亦即 $f(z)$ 在整個 N_0 皆為 0。

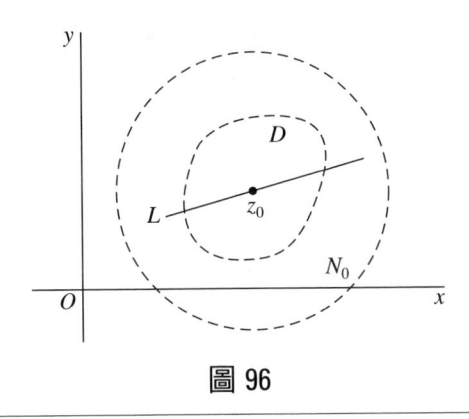

圖 96

我們開始證明。由所給的條件可知存在 z_0 的某個鄰域 N 使得 $f(z) \equiv 0$，否則，根據定理 2，存在 z_0 的去心鄰域使得 $f(z)$ 在此鄰域滿足 $f(z) \neq 0$；而此與域 D 的每一點或包含 z_0 的線段 L，恆有 $f(z) = 0$ 矛盾。因為在鄰域 N 有 $f(z) \equiv 0$，故 $f(z)$ 關於 z_0 的 Taylor 級數之係數

$$a_n = \frac{f^{(n)}(z_0)}{n!} \qquad (n = 0, 1, 2, \ldots)$$

必須為 0。因為在 N_0 此 Taylor 級數也是 $f(z)$ 的表示式，因此在鄰域 N_0 有 $f(z) \equiv 0$。定理證完。

83. 零點與極點 (ZEROS AND POLES)

下列定理建立了 m 階零點與 m 階極點之間的關連。

定理 1 假設
(a) 函數 p 與 q 在 z_0 可解析；
(b) $p(z_0) \neq 0$ 且 q 在 z_0 有 m 階零點。
則 $p(z)/q(z)$ 在 z_0 有 m 階極點。

證明並不難。令 p 與 q 如定理所述。因為 q 在 z_0 有 m 階零點，由第 82 節定理 2，存在 z_0 的某個去心鄰域，使得 $q(z) \neq 0$；因此 z_0 為 $p(z)/q(z)$ 的孤立奇點。此外，由第 82 節定理 1，可知

$$q(z) = (z - z_0)^m g(z)$$

其中 $g(z)$ 在 z_0 可解析且不為 0。因此

(1) $$\frac{p(z)}{q(z)} = \frac{\phi(z)}{(z - z_0)^m} \quad \text{其中} \quad \phi(z) = \frac{p(z)}{g(z)}$$

因為 $\phi(z)$ 在 z_0 可解析且不為 0，因此由第 80 節的定理可推得 z_0 為 $p(z)/q(z)$ 的 m 階極點。

例1 函數

$$p(z) = 1 \quad \text{和} \quad q(z) = 1 - \cos z$$

為整函數，且由習題 2 $q(z)$ 在點 $z_0 = 0$ 有 $m = 2$ 階零點。因此由定理 1 可知 $z_0 = 0$ 是

$$\frac{p(z)}{q(z)} = \frac{1}{1 - \cos z}$$

的 2 階極點。

定理 1 引導我們另一種辨識單一極點以及求出對應留數的方法。此法即下列定理 2 所述之方法，它有時比第 80 節的定理易於使用。

定理2 令函數 p 和 q 在 z_0 可解析。若

$$p(z_0) \neq 0, \quad q(z_0) = 0, \quad \text{且} \quad q'(z_0) \neq 0$$

則 z_0 為 $p(z)/q(z)$ 的單一極點，且

(2) $$\operatorname*{Res}_{z=z_0} \frac{p(z)}{q(z)} = \frac{p(z_0)}{q'(z_0)}$$

欲證明此定理，我們假設 p 和 q 如定理所述，並觀察到 q 的條件表示 z_0 為 q 的 1 階零點。依據第 82 節定理 1，則有

(3) $$q(z) = (z - z_0)g(z)$$

其中 $g(z)$ 在 z_0 可解析且不為 0。此外，本節定理 1 告訴我們，z_0 為 $p(z)/q(z)$ 的單一極點，且 (1) 式可寫成

$$\frac{p(z)}{q(z)} = \frac{\phi(z)}{z - z_0} \quad \text{其中} \quad \phi(z) = \frac{p(z)}{g(z)}$$

由於 $\phi(z)$ 在 z_0 可解析且不為 0，因此由第 80 節的定理可知

(4) $$\operatorname*{Res}_{z=z_0} \frac{p(z)}{q(z)} = \frac{p(z_0)}{g(z_0)}$$

將方程式 (3) 的兩側微分且令 $z = z_0$ 可得 $g(z_0) = q'(z_0)$。因此 (4) 式可寫成 (2) 式。

例 2 考慮函數

$$f(z) = \cot z = \frac{\cos z}{\sin z}$$

它是整函數 $p(z) = \cos z$ 與 $q(z) = \sin z$ 的商。此商的奇點是 q 的零點

$$z = n\pi \quad (n = 0, \pm 1, \pm 2, \ldots)$$

由於

$$p(n\pi) = (-1)^n \neq 0, \quad q(n\pi) = 0, \quad \text{且} \quad q'(n\pi) = (-1)^n \neq 0$$

定理 2 告訴我們 f 的每一個奇點 $z = n\pi$ 均為單一極點，且其留數為

$$B_n = \frac{p(n\pi)}{q'(n\pi)} = \frac{(-1)^n}{(-1)^n} = 1$$

例3 函數

$$f(z) = \frac{z - \sinh z}{z^2 \sinh z}$$

在 $\sinh z$ 的零點 $z = \pi i$（參閱第 39 節）之留數，可由令

$$p(z) = z - \sinh z \quad 且 \quad q(z) = z^2 \sinh z$$

求得，此乃因

$$p(\pi i) = \pi i \neq 0, \quad q(\pi i) = 0, \quad 以及 \quad q'(\pi i) = \pi^2 \neq 0$$

定理 2 告訴我們，$z = \pi i$ 是 f 的單一極點，且在該點的留數為

$$B = \frac{p(\pi i)}{q'(\pi i)} = \frac{\pi i}{\pi^2} = \frac{i}{\pi}$$

例4 點

$$z_0 = \sqrt{2} e^{i\pi/4} = 1 + i$$

為多項式 $z^4 + 4$ 的零點（參閱第 11 節習題 6），亦為函數

$$f(z) = \frac{z}{z^4 + 4}$$

的孤立奇點。令 $p(z) = z$ 且 $q(z) = z^4 + 4$，可得

$$p(z_0) = z_0 \neq 0, \quad q(z_0) = 0, \quad 以及 \quad q'(z_0) = 4z_0^3 \neq 0$$

由定理 2 可知 z_0 為 f 的單一極點。其留數為

$$B_0 = \frac{p(z_0)}{q'(z_0)} = \frac{z_0}{4z_0^3} = \frac{1}{4z_0^2} = \frac{1}{8i} = -\frac{i}{8}$$

雖然此留數亦可由第 80 節的方法求得，但是在計算上會稍微複雜些。

對高階極點的留數，也有類似於 (2) 式的式子，只是比較冗長，一般而言，並不實用。

第六章 留數與極點

習題

1. 使用第 83 節定理 2（與第 73 節習題 3 中之 csc z 的 Laurent 級數比較），證明 $z = 0$ 是函數

$$f(z) = \csc z = \frac{1}{\sin z}$$

的單一極點，且在該點的留數為 1。

2. 利用第 82 節條件 (1)，證明函數

$$q(z) = 1 - \cos z$$

在 $z_0 = 0$ 有 2 階零點。

3. 證明

(a) $\displaystyle\operatorname*{Res}_{z=\pi i/2} \frac{\sinh z}{z^2 \cosh z} = -\frac{4}{\pi^2}$

(b) $\displaystyle\operatorname*{Res}_{z=\pi i} \frac{\exp(zt)}{\sinh z} + \operatorname*{Res}_{z=-\pi i} \frac{\exp(zt)}{\sinh z} = -2\cos(\pi t)$

4. 證明

(a) $\displaystyle\operatorname*{Res}_{z=z_n}(z \sec z) = (-1)^{n+1} z_n$ 其中 $z_n = \dfrac{\pi}{2} + n\pi$ $(n = 0, \pm 1, \pm 2, \ldots)$

(b) $\displaystyle\operatorname*{Res}_{z=z_n}(\tanh z) = 1$ 其中 $z_n = \left(\dfrac{\pi}{2} + n\pi\right)i$ $(n = 0, \pm 1, \pm 2, \ldots)$

5. 令 C 表示正向圓 $|z| = 2$，求下列積分之值

(a) $\displaystyle\int_C \tan z\, dz$ 　　(b) $\displaystyle\int_C \frac{dz}{\sinh 2z}$

答案：(a) $-4\pi i$；(b) $-\pi i$。

6. 令 C_N 表示正方形的正向邊界，此邊界位於直線

$$x = \pm\left(N + \frac{1}{2}\right)\pi \quad \text{和} \quad y = \pm\left(N + \frac{1}{2}\right)\pi$$

之上，其中 N 為正整數。證明

$$\int_{C_N} \frac{dz}{z^2 \sin z} = 2\pi i \left[\frac{1}{6} + 2 \sum_{n=1}^{N} \frac{(-1)^n}{n^2 \pi^2} \right]$$

然後利用當 N 趨近於無窮大時，此積分值趨近於 0 的事實（第 47 節習題 8），指出如何求得

$$\sum_{n=1}^{\infty} \frac{(-1)^{n+1}}{n^2} = \frac{\pi^2}{12}$$

7. 證明

$$\int_{C} \frac{dz}{(z^2-1)^2 + 3} = \frac{\pi}{2\sqrt{2}}$$

其中 C 是矩形的正向邊界，此邊界位於直線 $x = \pm 2$, $y = 0$ 和 $y = 1$ 之上。

提示：多項式 $q(z) = (z^2-1)^2 + 3$ 的 4 個零點為 $1 \pm \sqrt{3}i$ 的平方根，證明 $1/q(z)$ 除了

$$z_0 = \frac{\sqrt{3}+i}{\sqrt{2}} \quad \text{和} \quad -\overline{z_0} = \frac{-\sqrt{3}+i}{\sqrt{2}}$$

此外，在 C 及其內部可解析。然後使用第 83 節定理 2。

8. 考慮函數

$$f(z) = \frac{1}{[q(z)]^2}$$

其中 q 在 z_0 可解析，$q(z_0) = 0$ 且 $q'(z_0) \neq 0$。證明 z_0 是 f 的 2 階極點，且其留數為

$$B_0 = -\frac{q''(z_0)}{[q'(z_0)]^3}$$

提示：注意，z_0 是 q 的單一極點，因此有

$$q(z) = (z - z_0)g(z)$$

其中 $g(z)$ 在 z_0 可解析且不為 0。然後令

$$f(z) = \frac{\phi(z)}{(z-z_0)^2} \quad \text{其中} \quad \phi(z) = \frac{1}{[g(z)]^2}$$

而留數 $B_0 = \phi'(z_0)$ 可由證明

$$q'(z_0) = g(z_0) \quad \text{和} \quad q''(z_0) = 2g'(z_0)$$

之後改為所要的形式。

9. 利用習題 7 的結果，求下列函數在 $z = 0$ 的留數。

   (a) $f(z) = \csc^2 z$ 　　　　　　(b) $f(z) = \dfrac{1}{(z+z^2)^2}$

   答案：(a) 0；(b) -2。

10. 令函數 p 和 q 在 z_0 可解析，其中 $p(z_0) \neq 0$ 且 $q(z_0) = 0$。證明若 $p(z)/q(z)$ 在 z_0 有 m 階極點，則 z_0 為 q 的 m 階零點。（與第 83 節定理 1 比較。）

    提示：注意，第 80 節的定理，使我們可以令

    $$\frac{p(z)}{q(z)} = \frac{\phi(z)}{(z-z_0)^m}$$

    其中 $\phi(z)$ 在 z_0 可解析且不為 0。然後解出 $q(z)$。

11. 回想（第 12 節）點 z_0 為集合 S 的聚點，表示 z_0 的每一個去心鄰域皆至少含有 S 的一點。Bolzano–Weierstrass 定理可敘述為：一個具有無窮多點的集合，若完全位於封閉且有界的區域 R 中，則此集合必有聚點位於 R* 中。令 R 是簡單封閉圍線 C 及其內部所有點組成的區域，利用此定理及第 82 節定理 2，證明若函數 f 除了在 C 的內部的極點外，在 R 是可解析的，又若 f 在 R 的所有零點均位於 C 的內部，且為有限階，則這些零點的個數必為有限。

12. 令 R 是由簡單封閉圍線 C 及其內部所有點組成的區域。用 Bolzano–Weierstrass 定理（參閱習題 11）和極點為孤立奇點的事實，證明若 f 除了在 C 之內部的極點外，在 R 是可解析的，則這些極點的個數必為有限。

---

*例如，參閱 A. E. Taylor and W. R. Mann。"*Advanced Calculus*," 3d ed., pp. 517 and 521, 1983。

84. 函數在孤立奇點附近的性質
(BEHAVIOR OF FUNCTIONS NEAR ISOLATED SINGULAR POINTS)

函數 f 在孤立奇點 z_0 附近的性質與 z_0 是否為可移除奇點、本質奇點或 m 階極點有關。本節我們將討論各點的差異。因為此處的結果在本書的其他部分並不會用到，讀者可直接跳到第 7 章研讀留數理論的應用。

(a) 可移除奇點

我們由兩個有關可移除奇點的定理開始。

定理 1　若 z_0 為函數 f 的可移除奇點，則 f 在 z_0 的某個去心鄰域 $0 < |z - z_0| < \varepsilon$ 可解析且有界。

易證得此定理，若適當的定義 $f(z_0)$，則 f 在圓盤 $|z - z_0| < R_2$ 可解析，且在任意閉圓盤 $|z - z_0| \le \varepsilon$ 連續，其中 $\varepsilon < R_2$。因此，依據第 18 節定理 4，f 在閉圓盤 $|z - z_0| < \varepsilon$ 有界，這表示 f 在去心鄰域 $0 < |z - z| < \varepsilon$ 可解析且有界。

下面的定理是 **Riemann 定理 (Riemann's theorem)**，它與定理 1 是有關連的。

定理 2　假設函數 f 在 z_0 的某個無心鄰域 $0 < |z - z_0| < \varepsilon$ 可解析且有界。若 f 在 z_0 不可解析，則 z_0 為 f 的可移除奇點。

證明此定理，我們假設 f 在 z_0 不可解析。因此 z_0 必定是 f 的孤立奇點，且 $f(z)$ 在整個去心鄰域 $0 < |z - z_0| < \varepsilon$ 可表示成 Laurent 級數

$$(1) \quad f(z) = \sum_{n=0}^{\infty} a_n (z - z_0)^n + \sum_{n=1}^{\infty} \frac{b_n}{(z - z_0)^n}$$

若 C 表示正向圓 $|z - z_0| = \rho$，其中 $\rho < \varepsilon$（圖 97），則由第 66 節，我們知道 (1) 式的係數 b_n 可以寫成

(2) $$b_n = \frac{1}{2\pi i} \int_C \frac{f(z)\,dz}{(z - z_0)^{-n+1}} \qquad (n = 1, 2, \ldots)$$

如今，由於 f 是有界的，故存在正的常數 M，使得當 $0 < |z - z_0| < \varepsilon$ 時，$|f(z)| \leq M$ 恆成立。因此，由 (2) 式可知

$$|b_n| \leq \frac{1}{2\pi} \cdot \frac{M}{\rho^{-n+1}} 2\pi\rho = M\rho^n \qquad (n = 1, 2, \ldots)$$

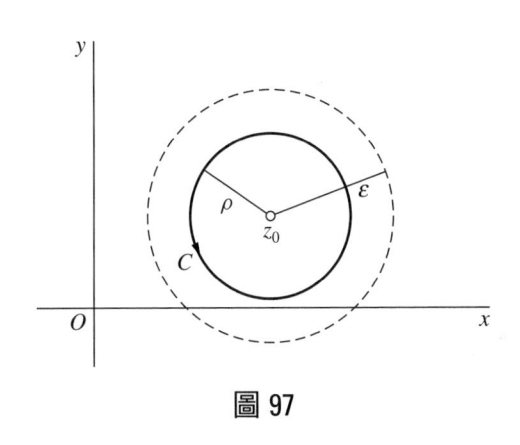

圖 97

由於係數 b_n 為常數，且 ρ 可選取為任意小的正數，因此我們可以確定 (1) 的 Laurent 級數之 $b_n = 0$ ($n = 1, 2, \ldots$)。這告訴我們 z_0 為 f 的可移除奇點，定理 2 證完。

(b) 本質奇點

由第 79 節例 2，我們知道函數在本質奇點附近之性質非常不規則。下面的定理是有關函數在本質奇點之性質的定理，與之前的 Picard 定理有關，通常稱為 **Casorati–Weierstrass 定理 (Casorati–Weierstrass theorem)**。此定理是說：在一個本質奇點的每一個去心鄰域中，函數值可

任意接近任何已知數。

定理3 假設 z_0 為函數 f 的本質奇點，且令 w_0 為任一複數，則對任一正數 ε，z_0 的每一個去心鄰域 $0<|z-z_0|<\delta$（圖 98）皆存在某些點 z 滿足不等式

(3) $$|f(z)-w_0|<\varepsilon$$

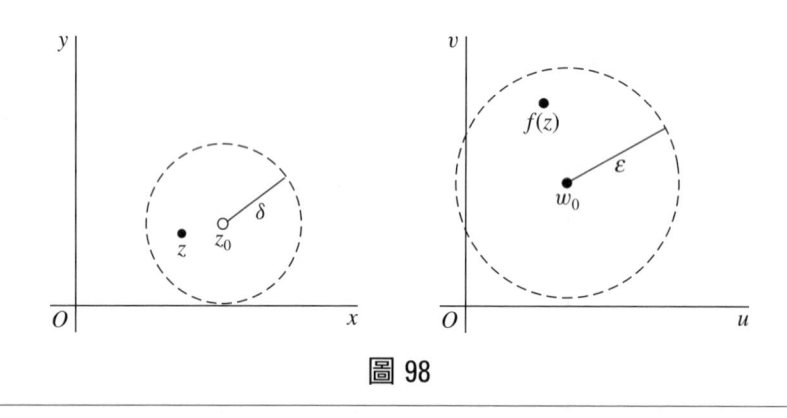

圖 98

使用歸謬法證明。因為 z_0 為 f 的孤立奇點，因此存在去心鄰域 $0<|z-z_0|<\delta$，f 在此鄰域可解析；而我們假設對此鄰域的任一點 z，(3) 式皆不成立。因此，當 $0<|z-z_0|<\delta$，有 $|f(z)-w_0|\geq\varepsilon$，故函數

(4) $$g(z)=\frac{1}{f(z)-w_0} \qquad (0<|z-z_0|<\delta)$$

在其定義域可解析且有界。依據定理 2，z_0 為 g 的可移除奇點；我們可定義 $g(z_0)$ 使得 g 在 z_0 可解析。

若 $g(z_0)\neq 0$，當 $0<|z-z_0|<\delta$，函數 $f(z)$ 可寫成

(5) $$f(z)=\frac{1}{g(z)}+w_0$$

當在 z_0 定義為

$$f(z_0) = \frac{1}{g(z_0)} + w_0$$

則 f 在 z_0 變成可解析，但這表示 z_0 為 f 的可移除奇點，並非本質奇點，與定理的假設不合。

若 $g(z_0) = 0$，因為 $g(z)$ 在 $|z - z_0| < \delta$ 不恆為 0，因此 z_0 必為函數 g 的有限階零點（第 82 節）。由方程式 (5) 可知 z_0 為 f 的有限階極點（參閱第 83 節定理 1）。此亦為不合。定理 3 證完。

(c) m 階極點

下面的定理顯示函數在極點附近的性質與在可移除奇點和本質奇點附近的性質之差異*。

定理 4 若 z_0 為函數 f 的極點，則

(6)
$$\lim_{z \to z_0} f(z) = \infty$$

欲證明 (6) 式，我們假設 f 有 m 階極點在 z_0，且利用第 80 節的定理。可知

$$f(z) = \frac{\phi(z)}{(z - z_0)^m}$$

其中 $\phi(z)$ 在 z_0 可解析且不為 0。由於

$$\lim_{z \to z_0} \frac{1}{f(z)} = \lim_{z \to z_0} \frac{(z - z_0)^m}{\phi(z)} = \frac{\lim_{z \to z_0}(z - z_0)^m}{\lim_{z \to z_0} \phi(z)} = \frac{0}{\phi(z_0)} = 0$$

因此，依據第 17 節關於無窮遠點之極限的定理，(6) 式成立。

---

*如第 78 節註腳中所提到的兩本書指出，此定理告訴我們當 z 趨近於 z_0，模數 $|f(z)|$ 無界遞增。

第七章 留數的應用

我們現在要探討第 6 章所講的留數理論之一些重要應用。這些應用包含實變數分析及應用數學中，特定類型的定積分與瑕積分的計算。許多篇幅是使用留數方法來求出函數的零點，及使用留數和求得 Laplace 逆轉換。

85. 瑕積分的計算 (EVALUATION OF IMPROPER INTEGRALS)

在微積分中，連續函數 $f(x)$ 在半無限區間 $0 \leq x < \infty$ 的瑕積分定義為

(1) $$\int_0^\infty f(x)\,dx = \lim_{R \to \infty} \int_0^R f(x)\,dx$$

當右式的極限存在，則稱瑕積分收斂於該極限。若 $f(x)$ 對所有 x 皆連續，則它在無限區間 $-\infty < x < \infty$ 的瑕積分定義為

(2) $$\int_{-\infty}^\infty f(x)\,dx = \lim_{R_1 \to \infty} \int_{-R_1}^0 f(x)\,dx + \lim_{R_2 \to \infty} \int_0^{R_2} f(x)\,dx$$

當兩個極限都存在，(2) 的積分收斂到它們的和。積分 (2) 式還有另一個常用的值，稱為 Cauchy 主值 (Cauchy principal value) (P.V.)

(3) $$\text{P.V.} \int_{-\infty}^\infty f(x)\,dx = \lim_{R \to \infty} \int_{-R}^R f(x)\,dx$$

在此假設 (3) 式的極限存在。

若 (2) 的積分收斂，則其 Cauchy 主值 (3) 存在；且其值為 (2) 式積分的收斂值。此乃因

$$\lim_{R \to \infty} \int_{-R}^{R} f(x)\,dx = \lim_{R \to \infty} \left[\int_{-R}^{0} f(x)\,dx + \int_{0}^{R} f(x)\,dx \right]$$
$$= \lim_{R \to \infty} \int_{-R}^{0} f(x)\,dx + \lim_{R \to \infty} \int_{0}^{R} f(x)\,dx$$

上式中最後兩個極限與方程式 (2) 右側的極限相同。

可是，當 Cauchy 主值存在時，(2) 式之積分值並不一定會收斂，如下個例子所示。

例 觀察

(4) $\quad$ P.V. $\displaystyle\int_{-\infty}^{\infty} x\,dx = \lim_{R \to \infty} \int_{-R}^{R} x\,dx = \lim_{R \to \infty} \left[\frac{x^2}{2} \right]_{-R}^{R} = \lim_{R \to \infty} 0 = 0$

另一方面，

(5) $\quad \displaystyle\int_{-\infty}^{\infty} x\,dx = \lim_{R_1 \to \infty} \int_{-R_1}^{0} x\,dx + \lim_{R_2 \to \infty} \int_{0}^{R_2} x\,dx$
$\qquad\qquad = \lim_{R_1 \to \infty} \left[\frac{x^2}{2} \right]_{-R_1}^{0} + \lim_{R_2 \to \infty} \left[\frac{x^2}{2} \right]_{0}^{R_2}$
$\qquad\qquad = -\lim_{R_1 \to \infty} \frac{R_1^2}{2} + \lim_{R_2 \to \infty} \frac{R_2^2}{2}$

由於最後兩個極限均不存在，因此 (5) 式的瑕積分不存在。

但假設 $f(x)$ $(-\infty < x < \infty)$ 為偶函數，即對所有的 x 而言，

$$f(-x) = f(x)$$

且假設 Cauchy 主值 (3) 存在，則由 $y = f(x)$ 之圖形對稱於 y 軸，告訴我們

$$\int_{-R_1}^{0} f(x)\,dx = \frac{1}{2}\int_{-R_1}^{R_1} f(x)\,dx$$

且

$$\int_{0}^{R_2} f(x)\,dx = \frac{1}{2}\int_{-R_2}^{R_2} f(x)\,dx$$

因此

$$\int_{-R_1}^{0} f(x)\,dx + \int_{0}^{R_2} f(x)\,dx = \frac{1}{2}\int_{-R_1}^{R_1} f(x)\,dx + \frac{1}{2}\int_{-R_2}^{R_2} f(x)\,dx$$

若令 R_1 與 R_2 趨近於 ∞，則右式的極限存在表示左式的極限也是存在。事實上，

(6) $$\int_{-\infty}^{\infty} f(x)\,dx = \text{P.V.} \int_{-\infty}^{\infty} f(x)\,dx$$

此外，由於

$$\int_{0}^{R} f(x)\,dx = \frac{1}{2}\int_{-R}^{R} f(x)\,dx$$

因此

(7) $$\int_{0}^{\infty} f(x)\,dx = \frac{1}{2}\left[\text{P.V.} \int_{-\infty}^{\infty} f(x)\,dx\right]$$

亦為真。

現在，我們描述一個含有留數和的方法，而下一節會有說明這個方法的例子，此法常用於計算有理函數 $f(x) = p(x)/q(x)$ 的瑕積分，其中 $p(x)$ 與 $q(x)$ 為無共同因式的實係數多項式。此外，我們假設 $q(z)$ 無實零點，但至少有一個零點位於實軸上方。

首先，我們找出多項式 $q(z)$ 位於實軸上方的所有相異零點。當然，這些零點是有限多個(參閱第58節)，以 $z_1, z_2, \ldots, z_n$ 表示，其中 n 不大

於 $q(z)$ 的次數。然後，我們以逆時針方向繞著圖 99 所示的半圓區域的邊界，對函數

(8) $$f(z) = \frac{p(z)}{q(z)}$$

積分。這個簡單封閉圍線是由實軸上的線段 $z=-R$ 到 $z=R$，以及圓 $|z|=R$ 的上半部組成，而我們以 C_R 表示逆時針方向的上半圓。正數 R 必須足夠大，以使得 $z_1, z_2, \ldots, z_n$ 全部位於封閉路徑之內部。

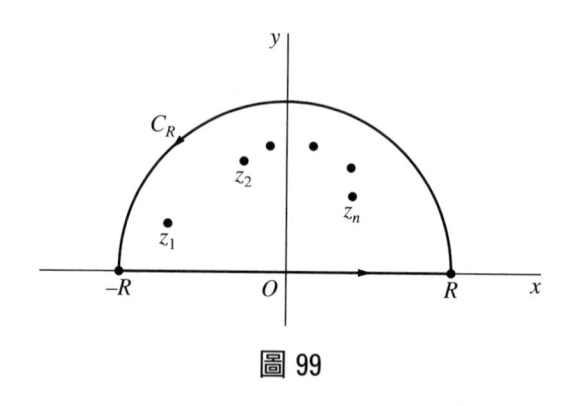

圖 99

由實軸上之線段的參數式 $z=x$ ($-R \leq x \leq R$) 以及第 76 節的 Cauchy 留數定理，我們可將積分寫成

$$\int_{-R}^{R} f(x)\,dx + \int_{C_R} f(z)\,dz = 2\pi i \sum_{k=1}^{n} \operatorname*{Res}_{z=z_k} f(z)$$

或

(9) $$\int_{-R}^{R} f(x)\,dx = 2\pi i \sum_{k=1}^{n} \operatorname*{Res}_{z=z_k} f(z) - \int_{C_R} f(z)\,dz$$

若

$$\lim_{R \to \infty} \int_{C_R} f(z)\,dz = 0$$

則可推得

(10) $$\text{P.V.} \int_{-\infty}^{\infty} f(x)\,dx = 2\pi i \sum_{k=1}^{n} \operatorname*{Res}_{z=z_k} f(z)$$

且若 $f(x)$ 為偶函數，則由方程式 (6) 和 (7) 告訴我們

(11) $$\int_{-\infty}^{\infty} f(x)\,dx = 2\pi i \sum_{k=1}^{n} \operatorname*{Res}_{z=z_k} f(z)$$

和

(12) $$\int_{0}^{\infty} f(x)\,dx = \pi i \sum_{k=1}^{n} \operatorname*{Res}_{z=z_k} f(z)$$

86. 例題 (EXAMPLE)

我們現在說明第 85 節中所描述的計算瑕積分的方法。為了計算積分

$$\int_{0}^{\infty} \frac{dx}{x^6 + 1}$$

由觀察可知，函數

$$f(z) = \frac{1}{z^6 + 1}$$

的孤立奇點為 $z^6 + 1$ 的零點，即 -1 的六次方根，而在其餘各點，此函數是可解析的。由第 10 節求複數方根的方法，可得 -1 的六次方根為

$$c_k = \exp\left[i\left(\frac{\pi}{6} + \frac{2k\pi}{6}\right)\right] \qquad (k = 0, 1, 2, \ldots, 5)$$

顯然這些根不在實軸上。前三個根，

$$c_0 = e^{i\pi/6}, \quad c_1 = i, \quad \text{和} \quad c_2 = e^{i5\pi/6}$$

位於上半平面（圖 100），而其餘三個根位於下半平面。當 $R > 1$，點 c_k ($k = 0, 1, 2$) 位於半圓區域的內部，而此半圓區域是由實軸的線段 $z = x$ ($-R \leq x \leq R$) 與由 $z = R$ 到 $z = -R$ 的正向圓 $|z| = R$ 之上半部 C_R 所包圍。以逆時針方向繞著半圓區域之邊界，將 $f(z)$ 積分，可得

$$(1) \qquad \int_{-R}^{R} f(x)\,dx + \int_{C_R} f(z)\,dz = 2\pi i(B_0 + B_1 + B_2)$$

其中 B_k 是 $f(z)$ 在 c_k ($k = 0, 1, 2$) 的留數。

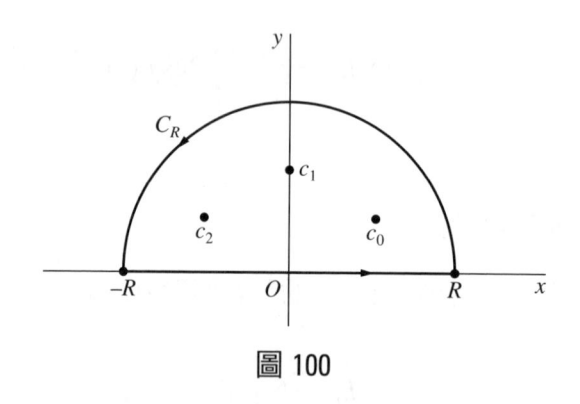

圖 100

第 83 節定理 2 告訴我們，c_k 是 f 的單一極點，且

$$B_k = \operatorname*{Res}_{z=c_k} \frac{1}{z^6 + 1} = \frac{1}{6c_k^5} \cdot \frac{c_k}{c_k} = \frac{c_k}{6c_k^6} = -\frac{c_k}{6} \qquad (k = 0, 1, 2)$$

因此

$$(2) \qquad B_0 + B_1 + B_2 = -\frac{1}{6}(c_0 + c_1 + c_2)$$

若我們將 $c_2 = e^{i5\pi/6}$ 視為單位圓 $|z| = 1$ 上的點，則 c_2 亦可寫成 $c_2 = -e^{-i\pi/6}$，又由第 37 節 $\sin z$ 的定義可知

$$e^{i\pi/6} - e^{-i\pi/6} = 2i\sin\frac{\pi}{6} = i$$

此時我們可將方程式 (2) 寫成

$$B_0 + B_1 + B_2 = -\frac{1}{6}(e^{i\pi/6} + i - e^{-i\pi/6}) = -\frac{i}{3}$$

方程式 (1) 則變成

(3) $$\int_{-R}^{R} f(x)dx = \frac{2\pi}{3} - \int_{C_R} f(z)\,dz$$

此式對 $R > 1$ 皆成立。

其次，我們要證明當 R 趨近 ∞，方程式 (3) 右式的積分值趨近於 0。觀察當 $R > 1$ 時，我們有

$$|z^6 + 1| \geq ||z|^6 - 1| = R^6 - 1$$

因此，若 z 是 C_R 上的任一點，則

$$|f(z)| = \frac{1}{|z^6 + 1|} \leq M_R \quad \text{其中} \quad M_R = \frac{1}{R^6 - 1}$$

這表示

(4) $$\left|\int_{C_R} f(z)\,dz\right| \leq M_R \pi R$$

πR 是半圓 C_R 的長度（參閱第 47 節）。因為

$$M_R \pi R = \frac{\pi R}{R^6 - 1}$$

是 R 的有理函數，且分子的次數小於分母的次數，當 R 趨近於 ∞ 時，此有理函數趨近於 0。明白的說，若我們將分子與分母同除以 R^6，寫成

$$M_R \pi R = \frac{\dfrac{\pi}{R^5}}{1 - \dfrac{1}{R^6}}$$

顯然 $M_R \pi R$ 趨近於 0。因此，由不等式 (4)，可得

$$\lim_{R \to \infty} \int_{C_R} f(z)\, dz = 0$$

由方程式 (3) 可知

$$\lim_{R \to \infty} \int_{-R}^{R} \frac{dx}{x^6 + 1} = \frac{2\pi}{3}$$

或

$$\text{P.V.} \int_{-R}^{R} \frac{dx}{x^6 + 1} = \frac{2\pi}{3}$$

因為被積函數是偶函數，由第 85 節方程式 (7) 我們得到

(5) $$\int_{0}^{\infty} \frac{dx}{x^6 + 1} = \frac{\pi}{3}$$

習題

利用留數導出第 1 題至第 6 題的積分公式。

1. $\displaystyle\int_{0}^{\infty} \frac{dx}{x^2 + 1} = \frac{\pi}{2}$

2. $\displaystyle\int_{0}^{\infty} \frac{dx}{(x^2 + 1)^2} = \frac{\pi}{4}$

3. $\displaystyle\int_{0}^{\infty} \frac{dx}{x^4 + 1} = \frac{\pi}{2\sqrt{2}}$

4. $\displaystyle\int_{0}^{\infty} \frac{x^2\, dx}{x^6 + 1} = \frac{\pi}{6}$

5. $\displaystyle\int_{0}^{\infty} \frac{x^2\, dx}{(x^2 + 1)(x^2 + 4)} = \frac{\pi}{6}$

6. $\displaystyle\int_{0}^{\infty} \frac{x^2\, dx}{(x^2 + 9)(x^2 + 4)^2} = \frac{\pi}{200}$

使用留數求第 7 題與第 8 題之積分的 Cauchy 主值。

7. $\int_{-\infty}^{\infty} \dfrac{dx}{x^2 + 2x + 2}$

8. $\int_{-\infty}^{\infty} \dfrac{x\,dx}{(x^2+1)(x^2+2x+2)}$

答案：$-\pi/5$。

9. 利用留數以及圖 101 所示之圍線，其中 $R > 1$，證明下列積分公式成立。

$$\int_0^{\infty} \dfrac{dx}{x^3 + 1} = \dfrac{2\pi}{3\sqrt{3}}$$

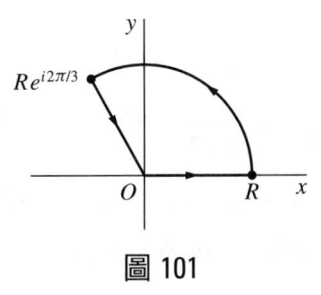

圖 101

10. 令 m 和 n 為整數，其中 $0 \leq m < n$。依照下列步驟導出積分公式

$$\int_0^{\infty} \dfrac{x^{2m}}{x^{2n} + 1}\,dx = \dfrac{\pi}{2n}\csc\left(\dfrac{2m+1}{2n}\pi\right)$$

(a) 證明多項式 $z^{2n} + 1$ 位於實軸上方的零點為

$$c_k = \exp\left[i\dfrac{(2k+1)\pi}{2n}\right] \qquad (k = 0, 1, 2, \ldots, n-1)$$

並且在實軸上沒有零點。

(b) 利用第 83 節定理 2，證明

$$\operatorname*{Res}_{z=c_k} \dfrac{z^{2m}}{z^{2n} + 1} = -\dfrac{1}{2n} e^{i(2k+1)\alpha} \qquad (k = 0, 1, 2, \ldots, n-1)$$

其中 c_k 為 (a) 部分的零點，而

$$\alpha = \frac{2m+1}{2n}\pi$$

然後利用級數和公式

$$\sum_{k=0}^{n-1} z^k = \frac{1-z^n}{1-z} \qquad (z \neq 1)$$

（參閱第 9 節習題 9）求得

$$2\pi i \sum_{k=0}^{n-1} \operatorname*{Res}_{z=c_k} \frac{z^{2m}}{z^{2n}+1} = \frac{\pi}{n \sin \alpha}$$

(c) 使用 (b) 部分最後的結果完成積分公式的推導。

11. 積分公式

$$\int_0^\infty \frac{dx}{[(x^2-a)^2+1]^2} = \frac{\pi}{8\sqrt{2}A^3}[(2a^2+3)\sqrt{A+a} + a\sqrt{A-a}]$$

其中 a 為任一正數，且 $A = \sqrt{a^2+1}$，這個來自於用射頻加熱的方法去處理鋼鐵表面硬化的理論。依照下列步驟推導出此公式。

(a) 指出何以多項式

$$q(z) = (z^2-a)^2 + 1$$

的 4 個零點是 $a \pm i$ 的平方根。然後利用

$$z_0 = \frac{1}{\sqrt{2}}(\sqrt{A+a} + i\sqrt{A-a})$$

和 $-z_0$ 是 $a+i$ 的平方根之事實（參閱第 11 節例題 3），證明 $\pm \bar{z}_0$ 是 $a-i$ 的平方根，因此 z_0 和 $-\bar{z}_0$ 為 $q(z)$ 在上半平面 $\operatorname{Im} z \geq 0$ 僅有的零點。

(b) 利用第 83 節習題 8 所導出的方法，且在化簡時要牢記 $z_0^2 = a+i$，證明 (a) 部分的 z_0 是函數 $f(z) = 1/[q(z)]^2$ 的 2 階極點，而其在 z_0 的留數 B_1 為

$$B_1 = -\frac{q''(z_0)}{[q'(z_0)]^3} = \frac{a - i(2a^2+3)}{16A^2 z_0}$$

由觀察 $q'(-\bar{z}) = -\overline{q'(z)}$ 和 $q''(-\bar{z}) = \overline{q''(z)}$ 之後，使用相同方法證明 (a) 部分的 $-\bar{z}_0$ 是函數 $f(z)$ 的 2 階極點，而其留數為

$$B_2 = \overline{\left\{\frac{q''(z_0)}{[q'(z_0)]^3}\right\}} = -\overline{B_1}$$

因此這兩個留數的和為

$$B_1 + B_2 = \frac{1}{8A^2 i} \operatorname{Im}\left[\frac{-a + i(2a^2 + 3)}{z_0}\right]$$

(c) 參照 (a) 部分並證明若 $|z| = R$，則 $|q(z)| \geq (R - |z_0|)^4$，其中 $R > |z_0|$。然後利用 (b) 部分的最後結果，完成積分公式的推導。

87. Fourier 分析中的瑕積分
(IMPROPER INTEGRALS FROM FOURIER ANALYSIS)

留數理論在計算形如

(1) $$\int_{-\infty}^{\infty} f(x) \sin ax \, dx \quad 或 \quad \int_{-\infty}^{\infty} f(x) \cos ax \, dx$$

之收斂瑕積分是有用的，其中 a 為正的常數。如第 85 節，我們假設 $f(x) = p(x)/q(x)$，其中 $p(x)$ 與 $q(x)$ 為實係數多項式且兩者無共同因式。而且 $q(x)$ 在實軸上無零點且至少有一零點在實軸上方。(1) 類型的積分出現在 Fourier 積分之理論及應用[*]。

在第 85 節所描述且於第 86 節使用的方法，不可直接用於此處，這是因為（參閱第 39 節）

$$|\sin az|^2 = \sin^2 ax + \sinh^2 ay$$

且

---

[*] 參閱作者的 *Fourier Series and Boundary Value Problems*, 8th ed., Chap. 6, 2012。

$$|\cos az|^2 = \cos^2 ax + \sinh^2 ay$$

明白的說,因為

$$\sinh ay = \frac{e^{ay} - e^{-ay}}{2}$$

所以當 y 趨近於無窮大時,$|\sin az|$ 和 $|\cos az|$ 遞增的情況如同 e^{ay} 一樣。下面的例子是基於

$$\int_{-R}^{R} f(x)\cos ax\, dx + i\int_{-R}^{R} f(x)\sin ax\, dx = \int_{-R}^{R} f(x)e^{iax}\, dx$$

的事實以及

$$|e^{iaz}| = |e^{ia(x+iy)}| = |e^{-ay}e^{iax}| = e^{-ay}$$

在上半平面 $y \geq 0$ 有界的事實。

例 證明

(2) $$\int_{0}^{\infty} \frac{\cos 2x}{(x^2+4)^2}\, dx = \frac{5\pi}{32e^4}$$

令函數

(3) $$f(z) = \frac{1}{(z^2+4)^2}$$

並觀察到 $f(z)e^{i2z}$ 除了 $z = 2i$ 外,在實軸上方到處可解析,而奇點 $z = 2i$ 位於半圓區域的內部。此半圓區域的邊界由實軸之線段 $-R \leq x \leq R$ 和正向圓 $|z| = R\ (R > 2)$ 之上半部 C_R 所組成(圖 102)。$f(z)e^{i2z}$ 繞著邊界積分可得方程式

(4) $$\int_{-R}^{R} \frac{e^{i2x}}{(x^2+4)^2}\, dx = 2\pi i B - \int_{C_R} f(z)e^{i2z}\, dz$$

其中

$$B = \operatorname*{Res}_{z=2i}[f(z)e^{i2z}]$$

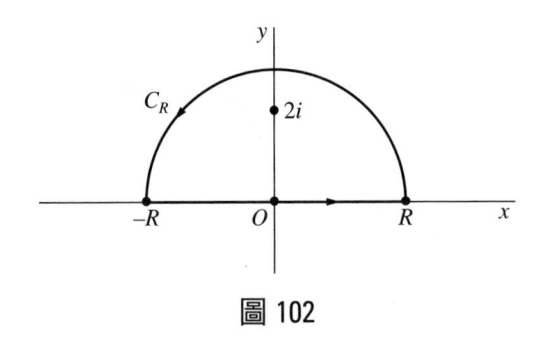

图 102

由於

$$f(z) = \frac{\phi(z)}{(z-2i)^2} \quad \text{其中} \quad \phi(z) = \frac{e^{i2z}}{(z+2i)^2}$$

顯然，$z = 2i$ 為 $f(z)e^{i2z}$ 的 2 階極點，並且可直接證得

$$B = \phi'(2i) = \frac{5}{32e^4 i}$$

令方程式 (4) 等號左右兩側的實部相等，可得

(5) $$\int_{-R}^{R} \frac{\cos 2x}{(x^2+4)^2} dx = \frac{5\pi}{16e^4} - \operatorname{Re} \int_{C_R} f(z)e^{i2z} dz$$

最後，我們觀察到，當 z 是 C_R 上的一點，則有

$$|f(z)| \leq M_R \quad \text{其中} \quad M_R = \frac{1}{(R^2-4)^2}$$

以及 $|e^{i2z}| = e^{-2y} \leq 1$。因此，由複數的性質 $|\operatorname{Re} z| \leq |z|$，可得

(6) $$\left| \operatorname{Re} \int_{C_R} f(z)e^{i2z} dz \right| \leq \left| \int_{C_R} f(z)e^{i2z} dz \right| \leq M_R \pi R$$

由於 R 趨近於無窮大時，

$$M_R \pi R = \frac{\pi R}{(R^2-4)^2} \cdot \frac{\dfrac{1}{R^4}}{\dfrac{1}{R^4}} = \frac{\dfrac{\pi}{R^3}}{\left(1-\dfrac{4}{R^2}\right)^2}$$

趨近於 0，又由於不等式 (6) 成立，因此當方程式 (5) 的 R 趨近於無窮大時，可得方程式

$$\text{P.V.} \int_{-\infty}^{\infty} \frac{\cos 2x}{(x^2+4)^2} dx = \frac{5\pi}{16e^4}$$

因為被積函數是偶數，故上式為方程式 (2) 的另一形式。

88. Jordan 預備定理 (JORDAN'S LEMMA)

在計算第 87 節所處理的積分類型，有時需用到 Jordan 預備定理[*]，我們將它敘述成下面的定理。

定理 假設

(a) 函數 $f(z)$ 在上半平面 $y \geq 0$ 的所有點可解析，且上半平面位於圓 $|z| = R_0$ 的外部。

(b) C_R 表示上半圓 $z = Re^{i\theta}$ $(0 \leq \theta \leq \pi)$，其中 $R > R_0$（圖 103）；

(c) 對 C_R 的所有點，存在正數 M_R，使得

$$|f(z)| \leq M_R \quad \text{且} \quad \lim_{R \to \infty} M_R = 0$$

則對每一個正的常數 a，恆有

$$\lim_{R \to \infty} \int_{C_R} f(z) e^{iaz} \, dz = 0$$

---

[*] 參閱第 43 節第一個註腳。

圖 103

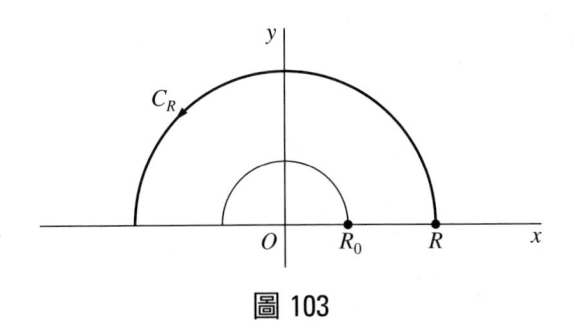

證明是基於 Jordan 不等式 (Jordan's inequality)：

(1) $$\int_0^\pi e^{-R\sin\theta}\,d\theta < \frac{\pi}{R} \quad (R > 0)$$

欲證明不等式 (1)，首先我們由函數

$$y = \sin\theta \quad \text{和} \quad y = \frac{2\theta}{\pi}$$

的圖形（圖 104）得知，

當 $0 \leq \theta \leq \dfrac{\pi}{2}$ 時，$\sin\theta \geq \dfrac{2\theta}{\pi}$

因此，由於 $R > 0$，則有

當 $0 \leq \theta \leq \dfrac{\pi}{2}$ 時，$e^{-R\sin\theta} \leq e^{-2R\theta/\pi}$

故

$$\int_0^{\pi/2} e^{-R\sin\theta}\,d\theta \leq \int_0^{\pi/2} e^{-2R\theta/\pi}\,d\theta = \frac{\pi}{2R}(1 - e^{-R}) \quad (R > 0)$$

因此

(2) $$\int_0^{\pi/2} e^{-R\sin\theta}\,d\theta \leq \frac{\pi}{2R} \quad (R > 0)$$

此為不等式 (1) 的另一形式，因為 $y = \sin\theta$ 的圖形在區間 $0 \leq \theta \leq \pi$ 對稱於

垂直線 $\theta = \pi/2$。

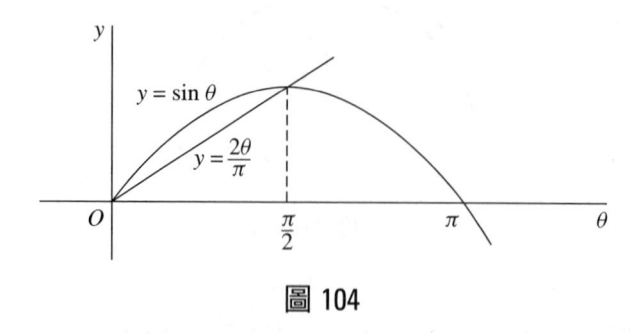

圖 104

現在來到定理的證明，且要記住定理中 (a)-(b) 的假設，我們寫出

$$\int_{C_R} f(z)e^{iaz}\,dz = \int_0^\pi f(Re^{i\theta}) \exp(iaRe^{i\theta}) Rie^{i\theta}\,d\theta$$

由於

$$\left|f(Re^{i\theta})\right| \le M_R \quad 且 \quad \left|\exp(iaRe^{i\theta})\right| \le e^{-aR\sin\theta}$$

以及 Jordan 不等式 (1)，可推得

$$\left|\int_{C_R} f(z)e^{iaz}\,dz\right| \le M_R R \int_0^\pi e^{-aR\sin\theta}\,d\theta < \frac{M_R \pi}{a}$$

因為當 $R \to \infty$ 時 $M_R \to 0$，所以定理中最後的極限式顯然成立。

例 求瑕積分

$$(3) \qquad \int_0^\infty \frac{x \sin 2x}{x^2 + 3}\,dx$$

通常我們以實際求出積分值來證明積分的存在性。類似於第 87 節的方法，我們繼續使用封閉半圓路徑（圖 105）。

我們令

$$f(z) = \frac{z}{z^2 + 3} = \frac{z}{(z - \sqrt{3}i)(z + \sqrt{3}i)}$$

第七章 留數的應用

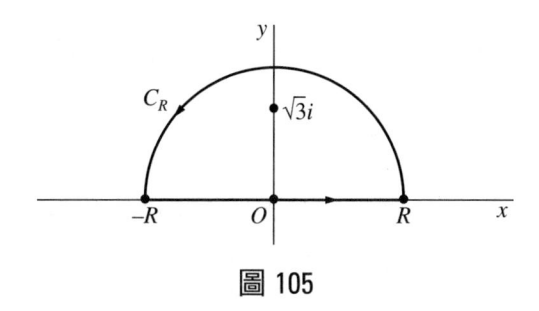

圖 105

於圖 105 中假設 $R > \sqrt{3}$。而奇點 $z = \sqrt{3}i$ 在封閉路徑內部,且為函數

$$f(z)e^{i2z} = \frac{\phi(z)}{z - \sqrt{3}i} \quad \text{其中} \quad \phi(z) = \frac{z\exp(i2z)}{z + \sqrt{3}i}$$

的單一極點,因為 $\phi(z)$ 在 $z = \sqrt{3}i$ 可解析且

$$\phi(\sqrt{3}i) = \frac{1}{2}\exp(-2\sqrt{3}) \neq 0$$

另一奇點 $z = -\sqrt{3}i$ 在路徑外部。

在 $z = \sqrt{3}i$ 的留數為

$$B = \phi(\sqrt{3}\,i) = \frac{1}{2}\exp(-2\sqrt{3})$$

依據 Cauchy 留數定理,我們有

(4) $$\int_{-R}^{R} \frac{xe^{i2x}}{x^2+3}\,dx = i\pi\exp(-2\sqrt{3}) - \int_{C_R} f(z)e^{i2z}\,dz$$

其中 C_R 為圖 105 中的封閉半圓路徑。令方程式 (4) 等號左右兩側的虛部相等,可得

(5) $$\int_{-R}^{R} \frac{x\sin 2x}{x^2+3}\,dx = \pi\exp(-2\sqrt{3}) - \text{Im}\int_{C_R} f(z)e^{i2z}\,dz$$

又由複數的性質 $|\text{Im}z| \leq |z|$ 告訴我們

(6) $$\left| \operatorname{Im} \int_{C_R} f(z)e^{i2z}\,dz \right| \leq \left| \int_{C_R} f(z)e^{i2z}\,dz \right|$$

並注意到，當 z 是 C_R 的點，有

$$|f(z)| \leq M_R \quad \text{其中} \quad M_R = \frac{R}{R^2 - 3}$$

以及 $|e^{i2z}| = e^{-2y} \leq 1$。

如同第 87 節所述，我們不得下這樣的結論：當 R 趨近於 ∞ 時，不等式 (6) 的右式趨近於 0。此乃因

$$M_R \pi R = \frac{\pi R^2}{R^2 - 3} = \frac{\pi}{1 - \dfrac{3}{R^2}}$$

不趨近於 0。

但在本節一開始的定理，提供了所需的極限：

$$\lim_{R \to \infty} \int_{C_R} f(z)e^{i2z}\,dz = 0$$

這是因為

$$M_R = \frac{\dfrac{1}{R}}{1 - \dfrac{3}{R^2}} \to 0 \quad \text{當} \quad R \to \infty$$

實際上，由不等式 (6) 可推得，當 R 趨近於無窮大，(6) 的左式趨近於 0。由於方程式 (5) 左側的被積函數為偶函數，我們得到

$$\int_{-\infty}^{\infty} \frac{x \sin 2x}{x^2 + 3}\,dx = \pi \exp(-2\sqrt{3})$$

或

$$\int_{0}^{\infty} \frac{x \sin 2x}{x^2 + 3}\,dx = \frac{\pi}{2} \exp(-2\sqrt{3})$$

習題

使用留數導出習題 1 到 5 的積分公式。

1. $\int_{-\infty}^{\infty} \frac{\cos x \, dx}{(x^2+a^2)(x^2+b^2)} = \frac{\pi}{a^2-b^2}\left(\frac{e^{-b}}{b} - \frac{e^{-a}}{a}\right) \quad (a > b > 0)$

2. $\int_{0}^{\infty} \frac{\cos ax}{x^2+1} \, dx = \frac{\pi}{2} e^{-a} \quad (a > 0)$

3. $\int_{0}^{\infty} \frac{\cos ax}{(x^2+b^2)^2} \, dx = \frac{\pi}{4b^3}(1+ab)e^{-ab} \quad (a > 0, b > 0)$

4. $\int_{-\infty}^{\infty} \frac{x \sin ax}{x^4+4} \, dx = \frac{\pi}{2} e^{-a} \sin a \quad (a > 0)$

5. $\int_{-\infty}^{\infty} \frac{x^3 \sin ax}{x^4+4} \, dx = \pi e^{-a} \cos a \quad (a > 0)$

使用留數計算習題 6 和 7 的積分。

6. $\int_{-\infty}^{\infty} \frac{x \sin x \, dx}{(x^2+1)(x^2+4)}$

7. $\int_{0}^{\infty} \frac{x^3 \sin x \, dx}{(x^2+1)(x^2+9)}$

使用留數，求習題 8 到 11 的瑕積分之 Cauchy 主值。

8. $\int_{-\infty}^{\infty} \frac{\sin x \, dx}{x^2+4x+5}$

    答案：$-\dfrac{\pi}{e} \sin 2$。

9. $\int_{-\infty}^{\infty} \frac{x \sin x \, dx}{x^2+2x+2}$

    答案：$\dfrac{\pi}{e}(\sin 1 + \cos 1)$。

10. $\int_{-\infty}^{\infty} \frac{(x+1) \cos x}{x^2+4x+5} \, dx$

    答案：$\dfrac{\pi}{e}(\sin 2 - \cos 2)$。

11. $\int_{-\infty}^{\infty} \dfrac{\cos x \, dx}{(x+a)^2 + b^2}$ $(b > 0)$

12. 依照下列步驟計算 Fresnel 積分 (Fresnel integrals)：

$$\int_0^\infty \cos(x^2)\, dx = \int_0^\infty \sin(x^2)\, dx = \frac{1}{2}\sqrt{\frac{\pi}{2}}$$

此為繞射理論的重要積分。

(a) 繞扇形 $0 \le r \le R,\ 0 \le \theta \le \pi/4$（圖 106）的正向邊界，將函數 $\exp(iz^2)$ 積分，並使用 Cauchy–Goursat 定理，證明

$$\int_0^R \cos(x^2)\, dx = \frac{1}{\sqrt{2}} \int_0^R e^{-r^2}\, dr - \operatorname{Re} \int_{C_R} e^{iz^2}\, dz$$

和

$$\int_0^R \sin(x^2)\, dx = \frac{1}{\sqrt{2}} \int_0^R e^{-r^2}\, dr - \operatorname{Im} \int_{C_R} e^{iz^2}\, dz$$

其中 C_R 為圓弧 $z = Re^{i\theta}\ (0 \le \theta \le \pi/4)$。

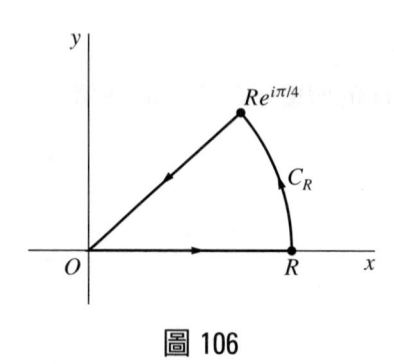

圖 106

(b) 導出不等式

$$\left| \int_{C_R} e^{iz^2}\, dz \right| \le \frac{R}{2} \int_0^{\pi/2} e^{-R^2 \sin \phi}\, d\phi$$

並參照第 88 節 Jordan 不等式，證明當 R 趨近於無窮大時，(a) 部分中沿著圓弧 C_R 的積分值趨近於 0。

(c) 利用 (a)、(b) 部分所得的結果，以及積分公式 *

$$\int_0^\infty e^{-x^2}\,dx = \frac{\sqrt{\pi}}{2}$$

完成本習題。

89. 凹痕路徑 (AN INDENTED PATH)

本節以及下一節，我們將說明凹痕路徑的用法。一開始，我們敘述一個重要的極限定理，它將用於本節的例題中。

定理 假設

(a) 函數 $f(z)$ 在實軸上有一個單一極點 $z = x_0$，且在去心圓盤 $0 < |z - x_0| < R_2$（圖 107），具有留數為 B_0 的 Laurent 級數；

(b) C_ρ 表示圓 $|z - x_0| = \rho$ 的上半部，其中 $\rho < R_2$，且方向取順時針方向。

則

$$\lim_{\rho \to 0} \int_{C_\rho} f(z)\,dz = -B_0 \pi i$$

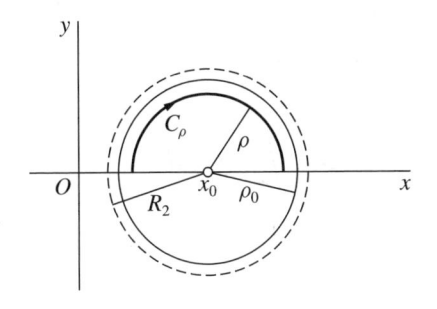

圖 107

---

*參閱第 53 節習題 4 的註腳。

開始證明定理。假設在 (a)、(b) 部分的條件都成立，將 (a) 部分中的 Laurent 級數寫成

$$f(z) = g(z) + \frac{B_0}{z - x_0} \quad (0 < |z - x_0| < R_2)$$

其中

$$g(z) = \sum_{n=0}^{\infty} a_n (z - x_0)^n \quad (|z - x_0| < R_2)$$

因此

(1) $$\int_{C_\rho} f(z)\, dz = \int_{C_\rho} g(z)\, dz + B_0 \int_{C_\rho} \frac{dz}{z - x_0}$$

依據第 70 節的定理，函數 $g(z)$ 在 $|z-x_0| < R_2$ 連續。因此，若我們選取 ρ_0 使得 $\rho < \rho_0 < R_2$（參閱圖 107），則依據第 18 節，$g(z)$ 必須在閉圓盤 $|z - x_0| \leq \rho_0$ 有界。亦即，存在非負常數 M 使得

$$\text{當 } |z - x_0| \leq \rho_0 \text{，恆有 } |g(z)| \leq M$$

又由於路徑 C_ρ 的長度 $L = \pi\rho$，可得

$$\left| \int_{C_\rho} g(z)\, dz \right| \leq ML = M\pi\rho$$

因此

(2) $$\lim_{\rho \to 0} \int_{C_\rho} g(z)\, dz = 0$$

由於半圓 $-C_\rho$ 具有參數式

$$z = x_0 + \rho e^{i\theta} \quad (0 \leq \theta \leq \pi)$$

方程式 (1) 右側的第二個積分，其值為

$$\int_{C_\rho} \frac{dz}{z - x_0} = -\int_{-C_\rho} \frac{dz}{z - x_0} = -\int_0^\pi \frac{1}{\rho e^{i\theta}} \rho i e^{i\theta}\, d\theta = -i \int_0^\pi d\theta = -i\pi$$

因此

(3) $$\lim_{\rho \to 0} \int_{C_\rho} \frac{dz}{z - x_0} = -i\pi$$

令方程式 (1) 兩側的 ρ 趨近於 0，且由 (2) 和 (3) 的兩個極限，可得定理結論中的極限式。

例 我們藉由繞著簡單封閉圍線（圖 108），將 e^{iz}/z 積分，以求得 **Dirichlet 積分 (Dirichlet's integral)**[*]

(4) $$\int_0^\infty \frac{\sin x}{x} dx = \frac{\pi}{2}$$

在圖 108，ρ 和 R 表示正實數，其中 $\rho < R$；而 L_1 與 L_2 分別代表實軸上的區間 $\rho \leq x \leq R$ 和 $-R \leq x \leq -\rho$。半圓 C_ρ 與 C_R 如圖所示。此處引進半圓 C_ρ 是避免積分路徑會通過 e^{iz}/z 的奇點。

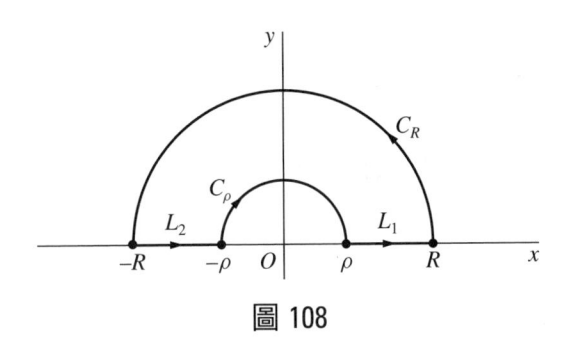

圖 108

Cauchy–Goursat 定理告訴我們

$$\int_{L_1} \frac{e^{iz}}{z} dz + \int_{C_R} \frac{e^{iz}}{z} dz + \int_{L_2} \frac{e^{iz}}{z} dz + \int_{C_\rho} \frac{e^{iz}}{z} dz = 0$$

---

[*]此積分在應用數學有其重要性，特別是在 Fourier 積分理論。參閱作者的 *Fourier Series and Boundary Value Problems*, 8th ed., pp. 163–165, 2012，書中是以完全不同的方法求得積分值。

或

(5) $$\int_{L_1} \frac{e^{iz}}{z} dz + \int_{L_2} \frac{e^{iz}}{z} dz = -\int_{C_\rho} \frac{e^{iz}}{z} dz - \int_{C_R} \frac{e^{iz}}{z} dz$$

此外，因為 L_1 和 $-L_2$ 的參數式分別為

(6) $\quad z = re^{i0} = r \ (\rho \le r \le R) \quad$ 和 $\quad z = re^{i\pi} = -r \ (\rho \le r \le R)$

所以方程式 (5) 的左式可以寫成

$$\int_{L_1} \frac{e^{iz}}{z} dz - \int_{-L_2} \frac{e^{iz}}{z} dz = \int_\rho^R \frac{e^{ir}}{r} dr - \int_\rho^R \frac{e^{-ir}}{r} dr = \int_\rho^R \frac{e^{ir} - e^{-ir}}{r} dr$$

$$= 2i \int_\rho^R \frac{e^{ir} - e^{-ir}}{2ir} dr = 2i \int_\rho^R \frac{\sin r}{r} dr$$

因此，方程式 (5) 化簡為

(7) $$2i \int_\rho^R \frac{\sin r}{r} dr = -\int_{C_\rho} \frac{e^{iz}}{z} dz - \int_{C_R} \frac{e^{iz}}{z} dz$$

由 Laurent 級數

$$\frac{e^{iz}}{z} = \frac{1}{z}\left[1 + \frac{(iz)}{1!} + \frac{(iz)^2}{2!} + \frac{(iz)^3}{3!} + \cdots\right] = \frac{1}{z} + \frac{i}{1!} + \frac{i^2}{2!}z + \frac{i^3}{3!}z^2 + \cdots$$

$$(0 < |z| < \infty)$$

可知 e^{iz}/z 在原點有單一極點，其留數為 1。故，依據本節一開始的定理，

$$\lim_{\rho \to 0} \int_{C_\rho} \frac{e^{iz}}{z} dz = -\pi i$$

又，當 z 是 C_R 的點時，有

$$\left|\frac{1}{z}\right| = \frac{1}{|z|} = \frac{1}{R}$$

由第 88 節的 Jordan 預備定理，可知

$$\lim_{R\to\infty}\int_{C_R}\frac{e^{iz}}{z}\,dz=0$$

因此，令方程式 (7) 的 ρ 趨近於 0，然後令 R 趨近於 ∞，可得

$$2i\int_0^\infty\frac{\sin r}{r}\,dr=\pi i$$

此即方程式 (4)。

90. 繞著分支點的凹痕
(AN INDENTATION AROUND A BRANCH POINT)

在第 89 節所用的凹痕路徑是用來避開分支點（第 33 節）以及孤立奇點。

例 導出積分式

$$(1)\qquad\int_0^\infty\frac{x^a}{(x^2+1)^2}\,dx=\frac{(1-a)\pi}{4\cos(a\pi/2)}\qquad(-1<a<3)$$

其中 a 為實數且當 $x > 0$ 時，$x^a = \exp(a \ln x)$。我們可以利用以原點和負虛軸為分支切割的函數

$$f(z)=\frac{z^a}{(z^2+1)^2}=\frac{\exp(a\log z)}{(z^2+1)^2}\qquad\left(|z|>0,\ -\frac{\pi}{2}<\arg z<\frac{3\pi}{2}\right)$$

來求此積分。積分路徑如圖 109 所示，其中 $\rho < 1 < R$ 且分支切割以空心點和虛線表示。

由 Cauchy 留數定理開始，

$$(2)\quad\int_{L_1}f(z)\,dz+\int_{L_2}f(z)\,dz=2\pi i\operatorname*{Res}_{z=i}f(z)-\int_{C_\rho}f(z)\,dz-\int_{C_R}f(z)\,dz$$

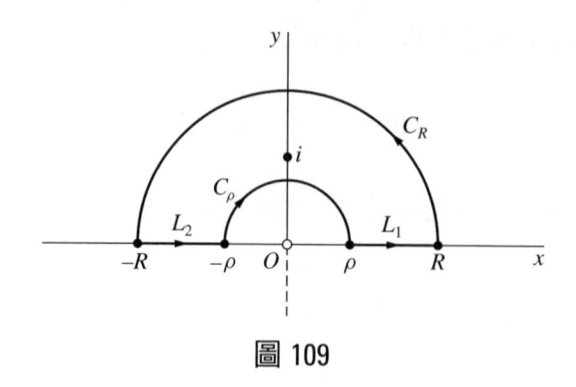

若分別利用 L_1 和 $-L_2$ 的參數方程式

$$z = re^{i0} = r \ (\rho \leq r \leq R) \quad 和 \quad z = re^{i\pi} = -r \ (\rho \leq r \leq R)$$

我們可將方程式 (2) 的左式寫成

$$\int_{L_1} f(z)\,dz - \int_{-L_2} f(z)\,dz = \int_\rho^R \frac{\exp[a(\ln r + i0)]}{(r^2+1)^2}\,dr + \int_\rho^R \frac{\exp[a(\ln r + i\pi)]}{(r^2+1)^2}\,dr$$

$$= \int_\rho^R \frac{r^a}{(r^2+1)^2}\,dr + e^{ia\pi} \int_\rho^R \frac{r^a}{(r^2+1)^2}\,dr$$

因此

(3) $$\int_{L_1} f(z)\,dz + \int_{L_2} f(z)\,dz = (1 + e^{ia\pi}) \int_\rho^R \frac{r^a}{(r^2+1)^2}\,dr$$

又

(4) $$\operatorname*{Res}_{z=i} f(z) = \phi'(i) \quad 其中 \quad \phi(z) = \frac{z^a}{(z+i)^2}$$

此乃因 $z = i$ 是 $f(z)$ 的 2 階極點。直接微分可得

$$\phi'(z) = e^{(a-1)\log z} \left[\frac{(a-2)z + ai}{(z+i)^3} \right]$$

因此

第七章 留數的應用

(5) $$\operatorname*{Res}_{z=i} f(z) = -i e^{i a\pi/2} \left(\frac{1-a}{4} \right)$$

將 (3) 式和 (5) 式代入方程式 (2)，我們有

(6) $$(1 + e^{i a\pi}) \int_\rho^R \frac{r^a}{(r^2+1)^2} \, dr = \frac{\pi(1-a)}{2} e^{i a\pi/2} - \int_{C_\rho} f(z)\,dz - \int_{C_R} f(z)\,dz$$

一旦我們證明了

(7) $$\lim_{\rho \to 0} \int_{C_\rho} f(z)\,dz = 0 \quad \text{和} \quad \lim_{R \to \infty} \int_{C_R} f(z)\,dz = 0$$

則欲求的積分式 (1) 可由方程式 (6) 以不同的積分變數求得

$$\begin{aligned}
\int_0^\infty \frac{r^a}{(r^2+1)^2}\,dr &= \frac{\pi(1-a)}{2} \cdot \frac{e^{i a\pi/2}}{1+e^{i a\pi}} \cdot \frac{e^{-i a\pi/2}}{e^{-i a\pi/2}} \\
&= \frac{\pi(1-a)}{4} \cdot \frac{2}{e^{i a\pi/2} + e^{-i a\pi/2}} = \frac{(1-a)\pi}{4\cos(a\pi/2)}
\end{aligned}$$

現在證明極限 (7) 成立。首先注意，當 $z = re^{i\theta}$ 是圖 109 中封閉圍線上的任一點則 $|z^a| = r^a$。又當 z 是 C_ρ 上的點，則

$$|z^2 + 1| \geq ||z|^2 - 1| = 1 - \rho^2$$

當 z 在 C_ρ 上，則

$$|z^2 + 1| \geq ||z|^2 - 1| = R^2 - 1$$

故 (7) 式的第一個極限成立，此乃因

$$\left| \int_{C_\rho} \frac{z^a}{(z^2+1)^2}\,dz \right| \leq \frac{\rho^a}{(1-\rho^2)^2} \pi\rho = \frac{\pi \rho^{a+1}}{(1-\rho^2)^2}$$

而當 $\rho \to 0$ 時，$\rho^{a+1} \to 0$（因為 $a+1 > 0$）。(7) 式的第二個極限亦成立，這是因為

$$\left|\int_{C_R} \frac{z^a}{(z^2+1)^2}\,dz\right| \le \frac{R^a}{(R^2-1)^2}\pi R = \frac{\pi R^{a+1}}{(R^2-1)^2} \cdot \frac{\dfrac{1}{R^4}}{\dfrac{1}{R^4}} = \frac{\pi \dfrac{1}{R^{3-a}}}{\left(1-\dfrac{1}{R^2}\right)^2}$$

而當 $R \to \infty$ 時，$1/R^{3-a} \to 0$（因為 $3-a>0$）。

91. 沿著分支切割的積分
(INTEGRATION ALONG A BRANCH CUT)

Cauchy 留數定理在計算瑕積分是有用的，而當此定理應用於函數 $f(z)$ 時，有一部分積分路徑是位於沿著該函數的分支切割。

例 令 x^{-a} 表示 x 之冪函數的主值，其中 $x>0$，且 $0<a<1$；亦即 x^{-a} 為正實數 $\exp(-a\ln x)$。我們將計算瑕積分

$$(1) \qquad \int_0^\infty \frac{x^{-a}}{x+1}\,dx \qquad (0<a<1)$$

這個積分對學習 **gamma 函數 (gamma function)** 有其重要性。注意，積分 (1) 是瑕積分，其原因不僅因其積分上限，且因其被積函數在 $x=0$ 有無窮大的不連續。當 $0<a<1$，此積分收斂，這是因為被積函數在鄰近 $x=0$ 處，其性質像 x^{-a}，而當 x 趨近於無窮大時，其性質像 x^{-a-1}。但是我們不需要分別確定其收斂性，因為它將包含在積分的計算過程中。

首先，我們令 C_ρ 和 C_R 分別表示圓 $|z|=\rho$ 和 $|z|=R$，其中 $\rho<1<R$；其方向如圖 110 所示。然後繞著圖 110 所示的簡單封閉圍線，將多值函數 $z^{-a}/(z+1)$ 的分支

$$(2) \qquad f(z) = \frac{z^{-a}}{z+1} \qquad (|z|>0, 0<\arg z<2\pi)$$

積分，而分支切割為 $\arg z = 0$。此圍線由 ρ 沿著分支切割的上緣到 R，其

次繞 C_R 回到 R，然後沿著分支切割的下緣到 ρ，最後繞 C_ρ 回到 ρ。

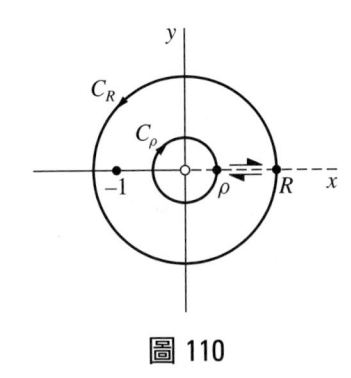

圖 110

由於 $\theta = 0$ 和 $\theta = 2\pi$ 分別沿著圓環切開處的上緣和下緣。又由於

$$f(z) = \frac{\exp(-a \log z)}{z+1} = \frac{\exp[-a(\ln r + i\theta)]}{re^{i\theta}+1}$$

其中 $z = re^{i\theta}$，因此在上緣，$z = re^{i0}$，有

$$f(z) = \frac{\exp[-a(\ln r + i0)]}{r+1} = \frac{r^{-a}}{r+1}$$

而在下緣，$z = re^{i2\pi}$，有

$$f(z) = \frac{\exp[-a(\ln r + i2\pi)]}{r+1} = \frac{r^{-a}e^{-i2a\pi}}{r+1}$$

由留數定理可得

(3) $\quad \displaystyle\int_\rho^R \frac{r^{-a}}{r+1} dr + \int_{C_R} f(z)\, dz - \int_\rho^R \frac{r^{-a}e^{-i2a\pi}}{r+1} dr + \int_{C_\rho} f(z)\, dz$
$\quad = 2\pi i \operatorname*{Res}_{z=-1} f(z)$

當然，方程式 (3) 的導出僅是形式上的，此乃因 $f(z)$ 在分支切割並不可解析，甚至沒有定義。然而，它仍然是成立的，其論證可見諸於本節的習題 6。

欲求方程式 (3) 的留數，我們注意函數

$$\phi(z) = z^{-a} = \exp(-a \log z) = \exp[-a(\ln r + i\theta)] \quad (r > 0, 0 < \theta < 2\pi)$$

在 $z = -1$ 可解析，且

$$\phi(-1) = \exp[-a(\ln 1 + i\pi)] = e^{-ia\pi} \neq 0$$

這證明了點 $z = -1$ 是函數 (2) 的單一極點，並且

$$\operatorname*{Res}_{z=-1} f(z) = e^{-ia\pi}$$

因此，方程式 (3) 可寫成

(4) $\quad (1 - e^{-i2a\pi}) \int_{\rho}^{R} \dfrac{r^{-a}}{r+1} dr = 2\pi i e^{-ia\pi} - \int_{C_\rho} f(z)\, dz - \int_{C_R} f(z)\, dz$

依照 $f(z)$ 的定義 (2)，我們有

$$\left| \int_{C_\rho} f(z)\, dz \right| \leq \dfrac{\rho^{-a}}{1-\rho} 2\pi\rho = \dfrac{2\pi}{1-\rho} \rho^{1-a}$$

和

$$\left| \int_{C_R} f(z)\, dz \right| \leq \dfrac{R^{-a}}{R-1} 2\pi R = \dfrac{2\pi R}{R-1} \cdot \dfrac{1}{R^a}$$

因為 $0 < a < 1$，所以當 ρ 和 R 分別趨近於 0 和 ∞ 時，這兩個積分的值顯然趨近於 0。因此，若我們令方程式 (4) 的 ρ 趨近於 0，然後令 R 趨近於 ∞，則有

$$(1 - e^{-i2a\pi}) \int_0^\infty \dfrac{r^{-a}}{r+1} dr = 2\pi i e^{-ia\pi}$$

或

$$\int_0^\infty \dfrac{r^{-a}}{r+1} dr = 2\pi i \dfrac{e^{-ia\pi}}{1 - e^{-i2a\pi}} \cdot \dfrac{e^{ia\pi}}{e^{ia\pi}} = \pi \dfrac{2i}{e^{ia\pi} - e^{-ia\pi}}$$

以積分變數 x 取代 r，以及利用

$$\sin a\pi = \frac{e^{ia\pi} - e^{-ia\pi}}{2i}$$

可得

(5) $$\int_0^\infty \frac{x^{-a}}{x+1} dx = \frac{\pi}{\sin a\pi} \qquad (0 < a < 1)$$

習題

1. 利用函數 $f(z) = (e^{iaz} - e^{ibz})/z^2$ 以及如圖 108（第 89 節）的凹痕圍線導出積分式

$$\int_0^\infty \frac{\cos(ax) - \cos(bx)}{x^2} dx = \frac{\pi}{2}(b-a) \qquad (a \geq 0, b \geq 0)$$

然後利用三角恆等式 $1 - \cos(2x) = 2\sin^2 x$，指出如何求得

$$\int_0^\infty \frac{\sin^2 x}{x^2} dx = \frac{\pi}{2}$$

2. 繞著如圖 109（第 90 節）的凹痕圍線，將函數

$$f(z) = \frac{z^{-1/2}}{z^2+1} = \frac{e^{(-1/2)\log z}}{z^2+1} \qquad \left(|z| > 0, -\frac{\pi}{2} < \arg z < \frac{3\pi}{2}\right)$$

積分，由此導出積分式

$$\int_0^\infty \frac{dx}{\sqrt{x}(x^2+1)} = \frac{\pi}{\sqrt{2}}$$

3. 繞著如圖 110（第 91 節）的封閉圍線，將多值函數 $z^{-1/2}/(z^2+1)$ 的分支

$$f(z) = \frac{z^{-1/2}}{z^2+1} = \frac{e^{(-1/2)\log z}}{z^2+1} \qquad (|z| > 0, 0 < \arg z < 2\pi)$$

積分，由此導出習題 2 所得的積分式。

4. 使用函數

$$f(z) = \frac{z^{1/3}}{(z+a)(z+b)} = \frac{e^{(1/3)\log z}}{(z+a)(z+b)} \qquad (|z| > 0, 0 < \arg z < 2\pi)$$

以及類似於圖 110（第 91 節）的封閉圍線，其中

$$\rho < b < a < R$$

由此導出積分式

$$\int_0^\infty \frac{\sqrt[3]{x}}{(x+a)(x+b)} \, dx = \frac{2\pi}{\sqrt{3}} \cdot \frac{\sqrt[3]{a} - \sqrt[3]{b}}{a-b} \qquad (a > b > 0)$$

5. beta 函數 (beta function) 為雙變數函數

$$B(p,q) = \int_0^1 t^{p-1}(1-t)^{q-1} \, dt \qquad (p > 0, q > 0)$$

利用代換 $t = 1/(x+1)$，並利用第 91 節例題所得的結果，證明

$$B(p, 1-p) = \frac{\pi}{\sin(p\pi)} \qquad (0 < p < 1)$$

6. 考慮圖 111 所示的兩個簡單封閉圍線，它是由圖 110（第 91 節）中的圓 C_ρ 和 C_R 所形成的圓環分成兩塊而得。圍線中的 L 和 $-L$ 是沿著任一射線 $\arg z = \theta_0$ 的有向線段，其中 $\pi < \theta_0 < 3\pi/2$。此外當 Γ_ρ 和 γ_R 組成 Γ_R 時，則 Γ_ρ 和 γ_ρ 組成 C_ρ。

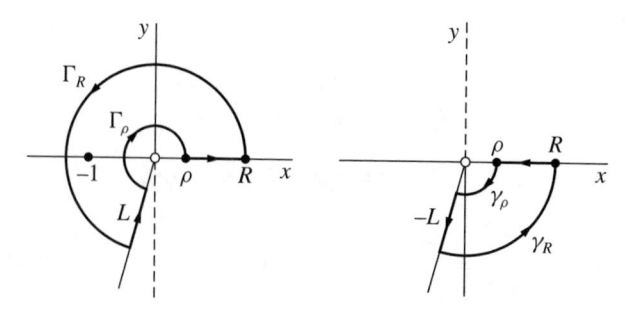

圖 111

(a) 說明如何由 Cauchy 留數定理推得：當繞著圖 111 左邊的封閉圍線，將多值函數 $z^{-a}/(z+1)$ 的分支

$$f_1(z) = \frac{z^{-a}}{z+1} \qquad \left(|z| > 0, -\frac{\pi}{2} < \arg z < \frac{3\pi}{2}\right)$$

積分，可得

$$\int_\rho^R \frac{r^{-a}}{r+1} dr + \int_{\Gamma_R} f_1(z)\, dz + \int_L f_1(z)\, dz + \int_{\Gamma_\rho} f_1(z)\, dz = 2\pi i \operatorname*{Res}_{z=-1} f_1(z)$$

(b) 應用 Cauchy–Goursat 於 $z^{-a}/(z+1)$ 的分支

$$f_2(z) = \frac{z^{-a}}{z+1} \qquad \left(|z| > 0, \frac{\pi}{2} < \arg z < \frac{5\pi}{2}\right)$$

將 $f_2(z)$ 繞著圖 111 右邊的閉圍線積分，證明

$$-\int_\rho^R \frac{r^{-a} e^{-i2a\pi}}{r+1} dr + \int_{\gamma_\rho} f_2(z)\, dz - \int_L f_2(z)\, dz + \int_{\gamma_R} f_2(z)\, dz = 0$$

(c) 指出為什麼在 (a) 和 (b) 部分的最後一行，$z^{-a}/(z+1)$ 的分支 $f_1(z)$ 和 $f_2(z)$ 可用分支

$$f(z) = \frac{z^{-a}}{z+1} \qquad (|z| > 0, 0 < \arg z < 2\pi)$$

取代。然後，將這兩行的對應邊相加，導出第 91 節中僅為形式上推得的方程式 (3)。

92. 正弦與餘弦的定積分
(DEFINITE INTEGRALS INVOLVING SINES AND COSINES)

留數方法亦有助於計算形如

(1) $$\int_0^{2\pi} F(\sin\theta, \cos\theta)\, d\theta$$

的定積分。θ 由 0 變化到 2π，我們可將 θ 視為 z 的幅角，而 z 是以原點為圓心的正向圓 C 上的點。取半徑為 1，我們用參數式

(2) $$z = e^{i\theta} \qquad (0 \leq \theta \leq 2\pi)$$

來描述 C（圖 112）。然後利用第 41 節的微分公式 (4)，寫出

$$\frac{dz}{d\theta} = ie^{i\theta} = iz$$

且由回顧（第 37 節）得知

$$\sin\theta = \frac{e^{i\theta} - e^{-i\theta}}{2i} \qquad 和 \qquad \cos\theta = \frac{e^{i\theta} + e^{-i\theta}}{2}$$

由這些關係式可產生下列的代換式

(3) $$\sin\theta = \frac{z - z^{-1}}{2i}, \qquad \cos\theta = \frac{z + z^{-1}}{2}, \qquad d\theta = \frac{dz}{iz}$$

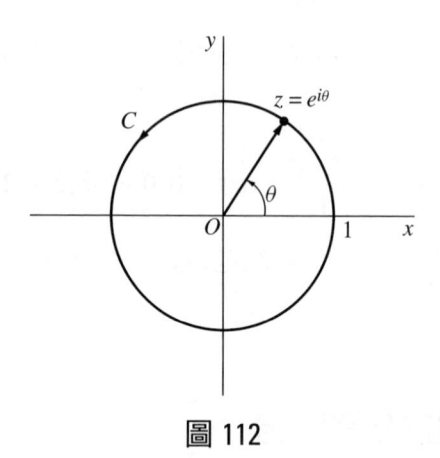

圖 112

(3) 式將 (1) 式的積分，變換成圍線積分

(4) $$\int_c F\left(\frac{z - z^{-1}}{2i}, \frac{z + z^{-1}}{2}\right) \frac{dz}{iz}$$

此為 z 的函數繞著圓 C 的積分。依據第 44 節 (2) 式，可知 (1) 式只是 (4)

式的參數式。當 (4) 式的被積函數是 z 的有理函數時，一旦找出分母的零點且零點都不在 C 上，我們就可用 Cauchy 留數定理求出積分值。

例1 證明

(5) $$\int_0^{2\pi} \frac{d\theta}{1 + a\sin\theta} = \frac{2\pi}{\sqrt{1-a^2}} \qquad (-1 < a < 1)$$

當 $a = 0$，此積分式顯然成立。因此在推導過程中排除此一情況。用 (3) 的代換式，將此積分改為

(6) $$\int_C \frac{2/a}{z^2 + (2i/a)z - 1} dz$$

其中 C 為正向圓 $|z| = 1$。由二次式公式可知，被積函數的分母具有純虛零點

$$z_1 = \left(\frac{-1 + \sqrt{1-a^2}}{a}\right)i, \quad z_2 = \left(\frac{-1 - \sqrt{1-a^2}}{a}\right)i$$

因此，若 $f(z)$ 表示 (6) 的被積函數，則

$$f(z) = \frac{2/a}{(z - z_1)(z - z_2)}$$

注意，因為 $|a| < 1$，所以

$$|z_2| = \frac{1 + \sqrt{1-a^2}}{|a|} > 1$$

又因為 $|z_1 z_2| = 1$，故可推得 $|z_1| < 1$。因此沒有奇點在 C 上，而且僅 z_1 在 C 的內部。欲求留數 B_1，可令

$$f(z) = \frac{\phi(z)}{z - z_1} \quad \text{其中} \quad \phi(z) = \frac{2/a}{z - z_2}$$

此說明了 z_1 是單一極點，且

$$B_1 = \phi(z_1) = \frac{2/a}{z_1 - z_2} = \frac{1}{i\sqrt{1-a^2}}$$

因此，

$$\int_C \frac{2/a}{z^2 + (2i/a)z - 1} \, dz = 2\pi i B_1 = \frac{2\pi}{\sqrt{1-a^2}}$$

此即積分式 (5)。

剛才所採用的方法，同樣適用於當正弦和餘弦的幅角是 θ 的整數倍之情況。例如，我們可以用方程式 (2) 令

(7) $$\cos 2\theta = \frac{e^{i2\theta} + e^{-i2\theta}}{2} = \frac{(e^{i\theta})^2 + (e^{i\theta})^{-2}}{2} = \frac{z^2 + z^{-2}}{2}$$

例 2　證明

(8) $$\int_0^\pi \frac{\cos 2\theta \, d\theta}{1 - 2a\cos\theta + a^2} = \frac{a^2\pi}{1-a^2} \qquad (-1 < a < 1)$$

如同例 1，當 $a = 0$ 時，方程式 (8) 顯然成立。因為

$$\cos(2\pi - \theta) = \cos\theta \quad 且 \quad \cos 2(2\pi - \theta) = \cos 2\theta$$

所以被積函數的圖形對稱於 $\theta = \pi$。又利用方程式 (3) 與 (7) 可得

$$\int_0^\pi \frac{\cos 2\theta \, d\theta}{1 - 2a\cos\theta + a^2} = \frac{1}{2}\int_0^{2\pi} \frac{\cos 2\theta \, d\theta}{1 - 2a\cos\theta + a^2} = \frac{i}{4}\int_C \frac{z^4 + 1}{(z-a)(az-1)z^2} \, dz$$

其中 C 為如圖 112 的正向圓。顯然，

(9) $$\int_0^\pi \frac{\cos 2\theta \, d\theta}{1 - 2a\cos\theta + a^2} = \frac{i}{4} 2\pi i (B_1 + B_2)$$

其中 B_1 與 B_2 分別為函數

$$f(z) = \frac{z^4 + 1}{(z-a)(az-1)z^2}$$

在 a 與 0 的留數。當然，奇點 $z = 1/a$ 在圓 C 的外部，這是因為 $|a| < 1$。

由

$$f(z) = \frac{\phi(z)}{z-a} \quad \text{其中} \quad \phi(z) = \frac{z^4+1}{(az-1)z^2}$$

易知

(10) $$B_1 = \phi(a) = \frac{a^4+1}{(a^2-1)a^2}$$

欲求留數 B_2，則令

$$f(z) = \frac{\phi(z)}{z^2} \quad \text{其中} \quad \phi(z) = \frac{z^4+1}{(z-a)(az-1)}$$

由直接微分可得

(11) $$B_2 = \phi'(0) = \frac{a^2+1}{a^2}$$

最後，將留數 (10) 與 (11) 代入 (9) 式，我們求出積分式 (8)。

習題

使用留數計算下列積分式：

1. $\int_0^{2\pi} \dfrac{d\theta}{5+4\sin\theta} = \dfrac{2\pi}{3}$

2. $\int_{-\pi}^{\pi} \dfrac{d\theta}{1+\sin^2\theta} = \sqrt{2}\pi$

3. $\int_0^{2\pi} \dfrac{\cos^2 3\theta \, d\theta}{5-4\cos 2\theta} = \dfrac{3\pi}{8}$

4. $\int_0^{2\pi} \dfrac{d\theta}{1+a\cos\theta} = \dfrac{2\pi}{\sqrt{1-a^2}} \quad (-1 < a < 1)$

5. $\int_0^{\pi} \dfrac{d\theta}{(a+\cos\theta)^2} = \dfrac{a\pi}{\left(\sqrt{a^2-1}\right)^3} \quad (a > 1)$

6. $\int_0^\pi \sin^{2n}\theta \, d\theta = \dfrac{(2n)!}{2^{2n}(n!)^2}\pi \quad (n=1, 2, \ldots)$

93. 幅角原理 (ARGUMENT PRINCIPLE)

假如一解析函數 f 在域 D 中只有極點作為奇點，則稱 f 在 D 中為**半純 (meromorphic)**。現在假設 f 在域 D 中為半純的，D 是正向簡單封閉圍線 C 的內部，而 f 在 C 可解析且不為 0，則 C 經 $w = f(z)$ 之變換後，其像 Γ 是 w 平面的封閉圍線，但不一定是簡單封閉圍線（圖 113）。當點 z 以正向沿 C 移動，其像 w 以某特定方向 Γ 移動，此方向確定了 Γ 的位向。注意，因為 f 在 C 沒有零點，所以圍線 Γ 沒有通過 w 平面的原點。

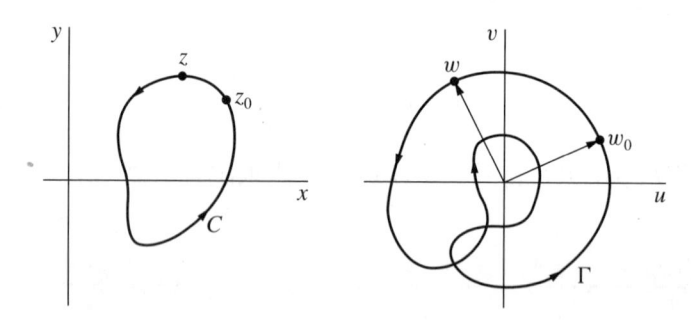

圖 113

令 w_0 與 w 為 Γ 上的點，其中 w_0 固定，而 ϕ_0 為 $\arg w_0$ 的一值。當 w 以 w_0 為起點繞 Γ 一圈，其中 Γ 的方向由映射 $w = f(z)$ 所確定，則 $\arg w$ 以 ϕ_0 為起始值而連續變化。當 w 回到起點 w_0，$\arg w$ 假設為 $\arg w_0$ 的某一特定值，記做 ϕ_1。因此，當 w 以 Γ 的方向繞 Γ 一周，$\arg w$ 的變化量為 $\phi_1 - \phi_0$。當然，此一變化量與 w_0 的選取無關。因為 $w = f(z)$，當 z 以 z_0 為起點正向繞 C 一周，$\phi_1 - \phi_0$ 事實上就是 $f(z)$ 的幅角變化量，記做

$$\Delta_C \arg f(z) = \phi_1 - \phi_0$$

顯然，$\Delta_C \arg f(z)$ 是 2π 的整數倍，而整數

$$\frac{1}{2\pi}\Delta_C \arg f(z)$$

表示在 w 平面上，點 w 環繞原點的次數。由於這個原因，此整數有時稱為 Γ 對原點 $w = 0$ 的**繞數 (winding number)**。若 Γ 以逆時針方向環繞原點，則取正；若順時針環繞原點則取負。若 Γ 沒有圍住原點，則繞數為 0。有關特殊情況的驗證留給讀者（第 94 節習題 3）。

繞數可由 f 在 C 內部的零點與極點之個數來決定。依據第 83 節習題 12，極點的個數必須是有限。同樣地，當 $f(z)$ 在 C 內部不全為 0，則易證得（第 94 節習題 4）f 在 C 內部的零點個數為有限多個且均為有限階。假設 f 在 C 內部有 Z 個零點與 P 個極點，我們認為若 z_0 為 f 的 m_0 階零點，則 f 在 z_0 有 m_0 個零點；若 f 在 z_0 有 m_p 階極點，則此極點必須重複算 m_p 次。下列的定理稱為**幅角原理 (argument principle)**，敘述繞數等於 $Z - P$ 之值。

定理　令 C 為正向簡單封閉圍線，且假設

(a) 函數 $f(z)$ 在 C 的內部半純；

(b) $f(z)$ 在 C 可解析且不為零；

(c) $f(z)$ 在 C 內部有 Z 個零點與 P 個極點，各依其階數予以重複計數 (*counting multiplicities*)。

則

$$\frac{1}{2\pi}\Delta_C \arg f(z) = Z - P$$

證明此定理。我們以兩種不同的方法計算 $f'(z)/f(z)$ 繞著 C 的積分。首先，令 $z = z(t)$ ($a \le t \le b$) 為 C 的參數式，因此

(1) $$\int_C \frac{f'(z)}{f(z)}\,dz = \int_a^b \frac{f'[z(t)]z'(t)}{f[z(t)]}\,dt$$

因為在 $w=f(z)$ 的變換下，C 的像 Γ 從未通過 w 平面的原點，所以 C 上任一點 $z=z(t)$ 的像皆可表成指數式 $w=\rho(t)\exp[i\phi(t)]$。因此

(2) $$f[z(t)] = \rho(t)e^{i\phi(t)} \qquad (a \leq t \leq b)$$

且沿著圍線 Γ 上的每一段光滑弧線，皆有（參閱第 43 節習題 5）

(3) $$f'[z(t)]z'(t) = \frac{d}{dt}f[z(t)] = \frac{d}{dt}[\rho(t)e^{i\phi(t)}] = \rho'(t)e^{i\phi(t)} + i\rho(t)e^{i\phi(t)}\phi'(t)$$

由於 $\rho'(t)$ 與 $\phi'(t)$ 在區間 $a \leq t \leq b$ 為片段連續，因此可用 (2) 和 (3) 式將 (1) 的積分寫成：

$$\int_C \frac{f'(z)}{f(z)}\,dz = \int_a^b \frac{\rho'(t)}{\rho(t)}\,dt + i\int_a^b \phi'(t)\,dt = \ln\rho(t)\Big]_a^b + i\phi(t)\Big]_a^b$$

但是

$$\rho(b) = \rho(a) \quad 且 \quad \phi(b) - \phi(a) = \Delta_C \arg f(z)$$

因此

(4) $$\int_C \frac{f'(z)}{f(z)}\,dz = i\Delta_C \arg f(z)$$

另一種求積分 (4) 的方法是利用 Cauchy 留數定理。具體而言，我們觀察到，除了 f 在 C 內的零點與極點外，被積函數 $f'(z)/f(z)$ 在 C 及其內部可解析。若 f 在 z_0 有 m_0 階零點，則（第 82 節）

(5) $$f(z) = (z - z_0)^{m_0} g(z)$$

其中 $g(z)$ 在 z_0 可解析且不為 0。因此

$$f'(z_0) = m_0(z - z_0)^{m_0-1} g(z) + (z - z_0)^{m_0} g'(z)$$

或

(6) $$\frac{f'(z)}{f(z)} = \frac{m_0}{z - z_0} + \frac{g'(z)}{g(z)}$$

因為 $g'(z)/g(z)$ 在 z_0 可解析，所以它在該點有 Taylor 級數表示式，因此方程式 (6) 告訴我們 $f'(z)/f(z)$ 在 z_0 有單一極點，其留數為 m_0。另一方面，若 f 在 z_0 有 m_p 階極點，由第 80 節的定理，可知

$$(7) \qquad f(z) = (z - z_0)^{-m_p} \phi(z)$$

其中 $\phi(z)$ 在 z_0 可解析且不為 0。若將方程式 (5) 的正整數 m_0 以 $-m_p$ 取代，則 (7) 式與 (5) 式具有相同的形式，由方程式 (6) 得知，$f'(z)/f(z)$ 在 z_0 有單一極點，其留數為 $-m_p$。應用留數定理，可得

$$(8) \qquad \int_C \frac{f'(z)}{f(z)}\, dz = 2\pi i (Z - P)$$

令方程式 (4) 和 (8) 的右側相等，就可以得到定理中的結論。

例 函數

$$f(z) = \frac{z^3 + 2}{z} = z^2 + \frac{2}{z}$$

的零點位於圓 $|z|=1$ 的外部，這些零點是 -2 的立方根，此函數在有限平面上的唯一奇點是位於原點的單一極點。因此，若 C 表示正向圓 $|z|=1$，則定理告訴我們

$$\Delta_C \arg f(z) = 2\pi (0 - 1) = -2\pi$$

亦即，C 在 $w = f(z)$ 的變換下的像 Γ，以順時針方向繞原點 $w = 0$ 一次。

94. Rouché 定理 (ROUCHÉ'S THEOREM)

本節的主要結果是討論 Rouché 定理，它是第 93 節所述的幅角原理之結論，此定理可以用來找出複數平面上已知的解析函數之零點所存在之區域。

定理 令 C 表示簡單封閉圍線，假設

(a) 兩函數 $f(z)$ 和 $g(z)$ 在 C 及其內部可解析：

(b) 在 C 上的每一點均滿足 $|f(z)| > |g(z)|$

則 $f(z)$ 和 $f(z) + g(z)$ 在 C 內部有相同個數的零點（包括重複點）。

於此定理中，C 的方向顯然無關緊要。因此，在這裡的證明，我們可以假設方向是正的，亦即反時針方向。首先注意到，函數 $f(z)$ 和 $f(z) + g(z)$ 在 C 皆不為 0，此乃因，當 z 在 C 上，則有

$$|f(z)| > |g(z)| \geq 0 \quad 且 \quad |f(z) + g(z)| \geq ||f(z)| - |g(z)|| > 0$$

若 Z_f 和 Z_{f+g} 分別表示 $f(z)$ 和 $f(z) + g(z)$ 在 C 內部的零點個數，則由第 93 節的定理可知

$$Z_f = \frac{1}{2\pi} \Delta_C \arg f(z) \quad 且 \quad Z_{f+g} = \frac{1}{2\pi} \Delta_C \arg[f(z) + g(z)]$$

因為

$$\Delta_C \arg[f(z) + g(z)] = \Delta_C \arg\left\{ f(z) \left[1 + \frac{g(z)}{f(z)} \right] \right\}$$

$$= \Delta_C \arg f(z) + \Delta_C \arg\left[1 + \frac{g(z)}{f(z)} \right]$$

顯然

(1) $$Z_{f+g} = Z_f + \frac{1}{2\pi} \Delta_C \arg F(z)$$

其中

$$F(z) = 1 + \frac{g(z)}{f(z)}$$

但

$$|F(z) - 1| = \frac{|g(z)|}{|f(z)|} < 1$$

這表示，在 $w = F(z)$ 的變換下，C 的像位於開圓盤 $|w - 1| < 1$ 之內，所以此像並未圍繞原點 $w = 0$。因此 $\Delta_C \arg F(z) = 0$，方程式 (1) 簡化成 $Z_{f+g} = Z_f$，Rouché 定理得證。

例 1 為了求方程式

(2) $$z^4 + 3z^3 + 6 = 0$$

在圓 $|z| = 2$ 內部之根的個數，令

$$f(z) = 3z^3 \quad 且 \quad g(z) = z^4 + 6$$

觀察到，當 $|z|=2$，

$$|f(z)| = 3|z|^3 = 24 \quad 且 \quad |g(z)| \leq |z|^4 + 6 = 22$$

因此滿足 Rouché 定理的條件。因為 $f(z)$ 在圓 $|z| = 2$ 內部有 3 個零點（包括重複點），所以 $f(z) + g(z)$ 在圓 $|z| = 2$ 內部也是有 3 個零點。亦即，方程式 (2) 在圓 $|z| = 2$ 內部有 3 個根（包括重根）。

例 2 利用 Rouché 定理可得到代數基本定理的另一證明（第 58 節定理 2）。考慮 n ($n \geq 1$) 次多項式

(3) $$P(z) = a_0 + a_1 z + a_2 z^2 + \cdots + a_n z^n \quad (a_n \neq 0)$$

證明它恰有 n 個零點（包括重複點），我們令

$$f(z) = a_n z^n, \quad g(z) = a_0 + a_1 z + a_2 z^2 + \cdots + a_{n-1} z^{n-1}$$

且令 z 為圓 $|z| = R$ 上的任一點，其中 $R > 1$。對此 z 點而言，則有

$$|f(z)| = |a_n| R^n$$

又

$$|g(z)| \leq |a_0| + |a_1| R + |a_2| R^2 + \cdots + |a_{n-1}| R^{n-1}$$

因為 $R > 1$，所以

$$|g(z)| \leq |a_0|R^{n-1} + |a_1|R^{n-1} + |a_2|R^{n-1} + \cdots + |a_{n-1}|R^{n-1}$$

因此

$$\frac{|g(z)|}{|f(z)|} \leq \frac{|a_0| + |a_1| + |a_2| + \cdots + |a_{n-1}|}{|a_n|R} < 1$$

除了 $R > 1$ 以外，若

(4) $$R > \frac{|a_0| + |a_1| + |a_2| + \cdots + |a_{n-1}|}{|a_n|}$$

亦即，當 $R > 1$，且滿足不等式 (4) 則 $|f(z)| > |g(z)|$。Rouché 定理告訴我們 $f(z)$ 和 $f(z) + g(z)$ 在 C 內部有相同個數的零點，此個數為 n。因此 $P(z)$ 在平面上恰有 n 個零點（包括重複點）。

注意：第 58 節所述的 Liouville 定理保證一個多項式至少有一個零點，但事實上，Rouché 定理確認若將重複點一併計算在內，則 n 次多項式有 n 個零點。

習題

1. 令 C 表示正向單位圓 $|z| = 1$。使用第 93 節的定理，求下列各題的 $\Delta_C \arg f(z)$
   (a) $f(z) = z^2$ (b) $f(z) = 1/z^2$ (c) $f(z) = (2z - 1)^7/z^3$
   答案：(a) 4π；(b) -4π；(c) 8π。

2. 令函數 f 在正向簡單封閉圍線 C 及其內部可解析，並假定 $f(z)$ 在 C 上沒有零點。令 C 在 $w = f(z)$ 的變換下，其像為圖 114 所示的封閉圍線 Γ。由該圖求 $\Delta_C \arg f(z)$ 之值；並且由第 93 節定理，在重數列入計算下，求 f 在 C 內部的零點個數。

第七章 留數的應用

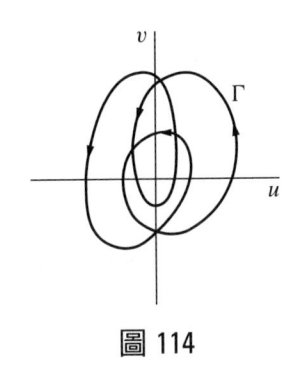

圖 114

3. 使用第 93 節的符號，假設 Γ 沒有包圍原點 $w = 0$，並且存在以原點為起點而與 Γ 無交點的射線。由觀察，當點 z 繞 C 一圈，$\Delta_C \arg f(z)$ 的絕對值小於 2π，並回顧 $\Delta_C \arg f(z)$ 是 2π 的整數倍，指出何以 Γ 對原點 $w = 0$ 的繞數必為 0。

4. 令域 D 為簡單封閉圍線 C 的內部，設函數 f 在 D 半純，並在 C 可解析且不為 0，令 D_0 表示 D 去掉 f 的極點後所得的域。指出如何由第 28 節的預備定理以及第 83 節習題 11 推得；若 f 在 D_0 不恆為 0，則 f 在 D 的零點均為有限階且其個數為有限多個。

  提示：注意，若 z_0 是 f 在 D 的零點，但不是有限階，則必存在 z_0 的鄰域，使得 f 在此鄰域恆為零。

5. 假設函數 f 在正向簡單封閉圍線 C 及其內部可解析，並且 f 在 C 沒有零點。證明若 f 在 C 內部有 n 個零點 z_k ($k = 1, 2, \ldots, n$)，其中每個 z_k 的重數為 m_k，則

$$\int_C \frac{zf'(z)}{f(z)}\, dz = 2\pi i \sum_{k=1}^{n} m_k z_k$$

〔與第 93 節方程式 (8) 比較，其中 $P = 0$。〕

6. 包括重複點在內，求下列多項式在圓 $|z| = 1$ 內部的零點個數。

  (a) $z^6 - 5z^4 + z^3 - 2z$ (b) $2z^4 - 2z^3 + 2z^2 - 2z + 9$ (c) $z^7 - 4z^3 + z - 1$

  答案：(a) 4；(b) 0；(c) 3。

7. 包括重複點在內，求下列多項式在圓 $|z| = 2$ 內部的零點個數。

(a) $z^4 - 2z^3 + 9z^2 + z - 1$ (b) $z^5 + 3z^3 + z^2 + 1$

答案：(a) 2；(b) 5。

8. 包括重根在內，求方程式

$$2z^5 - 6z^2 + z + 1 = 0$$

在圓環 $1 \leq |z| < 2$ 的根的個數。

答案：3。

9. 證明若 c 是複數並滿足 $|c| > e$，則方程式 $cz^n = e^z$ 在圓 $|z| = 1$ 內部具有 n 個根（包括重根）。

10. 令函數 f 和 g 如第 94 節 Rouché 定理所述，且令圍線 C 的方向為正的方向。定義函數

$$\Phi(t) = \frac{1}{2\pi i} \int_C \frac{f'(z) + tg'(z)}{f(z) + tg(z)} \, dz \qquad (0 \leq t \leq 1)$$

導循下列步驟，以另一種方式證明 Rouché 定理。

(a) 指出何以在 $\Phi(t)$ 中，被積函數的分母在 C 不為零。這保證了此積分是存在的。

(b) 令 t 和 t_0 是區間 $0 \leq t \leq 1$ 的任意兩點，證明

$$|\Phi(t) - \Phi(t_0)| = \frac{|t - t_0|}{2\pi} \left| \int_C \frac{fg' - f'g}{(f + tg)(f + t_0 g)} \, dz \right|$$

指出何以在 C 上的點滿足

$$\left| \frac{fg' - f'g}{(f + tg)(f + t_0 g)} \right| \leq \frac{|fg' - f'g|}{(|f| - |g|)^2}$$

證明存在與 t 和 t_0 無關之正的常數 A，使得

$$|\Phi(t) - \Phi(t_0)| \leq A|t - t_0|$$

由此不等式可斷定 $\Phi(t)$ 在區間 $0 \leq t \leq 1$ 連續。

(c) 參照第 93 節方程式 (8)，說明何以對區間 $0 \leq t \leq 1$ 的每一個 t，函數 Φ 的值為整數，此整數代表 $f(z) + tg(z)$ 在 C 內部的零點個數。然後由 (b) 部分所示，$\Phi(t)$ 為連續之事實，可知 $f(z)$ 和 $f(z) + g(z)$ 在 C 內部有相同個數的零點（包括重複點）。

95. 反 Laplace 變換 (INVERSE LAPLACE TRANSFORMS)

假設複變數 s 的函數 F，除了有限多個孤立奇點外，在整個有限 s 平面可解析。令 L_R 表示從 $s = \gamma - iR$ 到 $s = \gamma + iR$ 的垂直線段，其中常數 γ 為正，並且大到足以使 F 的所有奇點均位於 L_R 的左方（圖 115）。當極限存在時，實變數 $t\,(t > 0)$ 的新函數 f，可用方程式

(1) $$f(t) = \frac{1}{2\pi i} \lim_{R \to \infty} \int_{L_R} e^{st} F(s)\, ds \qquad (t > 0)$$

來定義。(1) 式通常寫成

(2) $$f(t) = \frac{1}{2\pi i} \text{ P.V.} \int_{\gamma - i\infty}^{\gamma + i\infty} e^{st} F(s)\, ds \qquad (t > 0)$$

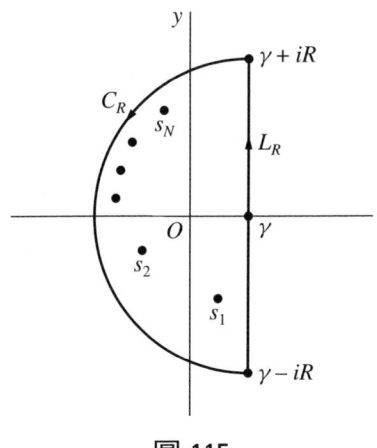

圖 115

〔與第 85 節方程式 (3) 比較〕，此積分有時稱為 **Bromwich 積分 (Bromwich integral)**。

我們可以證明當一般普通的條件加諸於函數 $f(t)$。上述方程式 (2) 的函數 $f(t)$ 是函數

$$\text{(3)} \qquad F(s) = \int_0^\infty e^{-st} f(t)\, dt$$

的**反 Laplace 變換 (inverse Laplace transform)**，而 $F(s)$ 是 $f(t)$ 的 Laplace 變換。亦即，$F(s)$ 是 $f(t)$ 的 Laplace 變換，則 $f(t)$ 可由方程式 (2) 反求而得[*]。此可借助 Cauchy 留數定理來達成，Cauchy 留數定理告訴我們

$$\text{(4)} \qquad \int_{L_R} e^{st} F(s)\, ds = 2\pi i \sum_{n=1}^{N} \operatorname*{Res}_{s=s_n} [e^{st} F(s)] - \int_{C_R} e^{st} F(s)\, ds$$

其中 C_R 為半圓，如圖 115 所示。若我們假設

$$\text{(5)} \qquad \lim_{R \to \infty} \int_{C_R} e^{st} F(s)\, ds = 0$$

則由方程式 (1) 可知

$$\text{(6)} \qquad f(t) = \sum_{n=1}^{N} \operatorname*{Res}_{s=s_n} [e^{st} F(s)] \qquad (t > 0)$$

Laplace 變換有許多應用，諸如在研究熱傳導和機械震盪中，均需用到 Laplace 變換求解偏微分方程。函數 $F(s)$ 除了在某垂直線 $\operatorname{Re} s = \gamma$ 的左側的無窮多孤立奇點 s_n ($n = 1, 2, \ldots$) 外，在整個有限平面可解析。剛才所述求 $f(t)$ 的方法通常可做修正，由留數的無窮級數

$$\text{(7)} \qquad f(t) = \sum_{n=1}^{\infty} \operatorname*{Res}_{s=s_n} [e^{st} F(s)] \qquad (t > 0)$$

---

[*] 對本章節的內容，讀者若欲尋求更進一步的討論，請參閱 *Operational Mathematics*, 3rd ed., 1972, by R. V. Churchill 的第 6 章，同時，在 *Complex Variables with Applications*, 3rd ed., 2005, by A. D. Wunsch 的第 7 章，也有極為詳盡清晰的說明。

取代 (6) 式的有限和。

在此我們的目的是要讀者瞭解留數的使用，以及如何由 (6) 式求得反 Laplace 變換。我們的討論是簡短的，而有關方程式 (1) 確實可以求出反變換 $f(t)$ 或描述使 (5) 式的極限存在，$F(s)$ 必須滿足的條件，我們均未提出驗證。以下例子的說明是精簡的，而比較正式的處理則留待習題之中。

例 函數

$$F(s) = \frac{s}{s^2 + 4} = \frac{s}{(s+2i)(s-2i)}$$

有孤立奇點在 $s = \pm 2i$。依據 (6) 式，則有

$$f(t) = \operatorname*{Res}_{s=2i}\left[\frac{e^{st}s}{(s+2i)(s-2i)}\right] + \operatorname*{Res}_{s=-2i}\left[\frac{e^{st}s}{(s+2i)(s-2i)}\right]$$

兩奇點均為單一極點，若令

$$f(t) = \operatorname*{Res}_{s=2i}\left[\frac{\phi_1(s)}{s-2i}\right] + \operatorname*{Res}_{s=-2i}\left[\frac{\phi_2(s)}{s+2i}\right]$$

其中

$$\phi_1(s) = \frac{e^{st}s}{s+2i} \quad \text{且} \quad \phi_2(s) = \frac{e^{st}s}{s-2i}$$

則可得

$$f(t) = \phi_1(2i) + \phi_2(-2i) = \frac{e^{2it}(2i)}{4i} + \frac{e^{-2it}(-2i)}{-4i} = \frac{e^{i2t} + e^{-i2t}}{2} = \cos 2t$$

習題

在習題 1 到 3，用正規的方法，使用留數求所予函數 $F(s)$ 之反 Laplace 變換 $f(t)$。

1. $F(s) = \dfrac{2s^3}{s^4 - 4}$

答案：$f(t) = \cosh\sqrt{2}t + \cos\sqrt{2}t$。

2. $F(s) = \dfrac{2s-2}{(s+1)(s^2+2s+5)}$

   答案：$f(t) = e^{-t}(\cos 2t + \sin 2t - 1)$。

3. $F(s) = \dfrac{12}{s^3+8}$

   提示：求得 –8 的三個立方根 –2 和 $1 \pm \sqrt{3}\,i$ 之後，請注意複數 $z + \bar{z} = 2\,\mathrm{Re}\,z$ 的特性，可簡化

   $$\dfrac{e^{i\sqrt{3}t}}{-1+i\sqrt{3}} + \dfrac{e^{-i\sqrt{3}t}}{-1-i\sqrt{3}} = 2\,\mathrm{Re}\left[\dfrac{e^{i\sqrt{3}t}}{-1+i\sqrt{3}}\right]$$

   答案：$f(t) = e^{-2t} + e^{t}(\sqrt{3}\sin\sqrt{3}t - \cos\sqrt{3}t)$。

4. 當

$$F(s) = \dfrac{1}{s^2} - \dfrac{1}{s\sinh s}$$

依照下列步驟，求 $f(t)$

觀察 $F(s)$ 的孤立奇點為

$$s_0 = 0, \quad s_n = n\pi i, \quad \overline{s_n} = -n\pi i \quad (n = 1, 2, \ldots)$$

(a) 利用第 73 節習題 5 的 Laurent 級數，證明函數 $e^{st}F(s)$ 在 $s = s_0$ 有可移除奇點，其留數為 0。

(b) 利用第 83 節定理 2，證明

$$\operatorname*{Res}_{s=s_n}\left[e^{st}F(s)\right] = \dfrac{(-1)^n i \exp(in\pi t)}{n\pi}$$

和

$$\operatorname*{Res}_{s=\overline{s_n}}\left[e^{st}F(s)\right] = \dfrac{-(-1)^n i \exp(-in\pi t)}{n\pi}$$

(c) 由 (a) 與 (b) 加上第 95 節的級數 (7) 證明下式成立

$$f(t) = \sum_{n=1}^{\infty}\left\{\operatorname*{Res}_{s=s_n}\left[e^{st}F(s)\right] + \operatorname*{Res}_{s=\overline{s_n}}\left[e^{st}F(s)\right]\right\} = \dfrac{2}{\pi}\sum_{n=1}^{\infty}\dfrac{(-1)^{n+1}}{n}\sin n\pi t$$

第 八 章　初等函數的映射

在第 2 章的第 13 與 14 節，我們已介紹過有關複變函數的映射或變換的幾何詮釋。我們看到，在某種程度上，如何藉由映射某些曲線和區域，以幾何的形式來呈現此類函數的本質。

在本章中，我們將提供更多的例子來觀察初等解析函數所映射的圖形與區域。這種結果在物理問題上的應用，將會在第 10 和 11 章說明。

96. 線性變換 (LINEAR TRANSFORMATIONS)

為了研究映射

(1) $$w = Az$$

其中 A 為非零複常數且 $z \neq 0$，我們將 A 和 z 寫成指數形式：

$$A = a\exp(i\alpha), \quad z = r\exp(i\theta)$$

因此

(2) $$w = (ar)\exp[i(\alpha + \theta)]$$

而且由方程式 (2)，我們看到變換式 (1) 以 a 因子膨脹或收縮 z 的徑向量，且將 z 繞著原點旋轉 α 角。因此，對一所予之區域，其像在幾何上會相似於區域本身。

如果 B 是一個複數常數,

(3) $$w = z + B$$

的映射,相當於平移一個 B 向量。

亦即,若

$$w = u + iv, \quad z = x + iy, \quad 且 \quad B = b_1 + ib_2$$

則 z 平面的任一點 (x, y) 之像為 w 平面的點

(4) $$(u, v) = (x + b_1, y + b_2)$$

因為 z 平面的任一所予區域的每一點皆以此種方式映至 w 平面,所以某區域的像在幾何上會全等於原來的區域。

一般(非常數)線性變換

(5) $$w = Az + B \quad (A \neq 0)$$

為變換

$$Z = Az \quad (A \neq 0) \quad 和 \quad w = Z + B$$

的合成,顯然,當 $z \neq 0$ 時,它是膨脹或收縮並且旋轉,然後平移。

例 映射

(6) $$w = (1 + i)z + 2$$

將圖 116 的 $z = (x, y)$ 平面之矩形區域變換成 $w = (u, v)$ 平面的矩形區域。此可將其寫成變換

(7) $$Z = (1 + i)z \quad 和 \quad w = Z + 2$$

的合成而看出。

令

$$1 + i = \sqrt{2}\exp\left(i\frac{\pi}{4}\right) \quad 且 \quad z = r\exp(i\theta)$$

第八章 初等函數的映射

則式 (7) 的第一個變換可寫成

$$Z = (\sqrt{2}r) \exp\left[i\left(\theta + \frac{\pi}{4}\right)\right]$$

因此第一個變換是將非零點 z 的徑向量膨脹 $\sqrt{2}$ 倍並且對原點以反時針方向旋轉 $\pi/4$ 弳。式 (7) 的第二個變換是向右平移 2 單位。

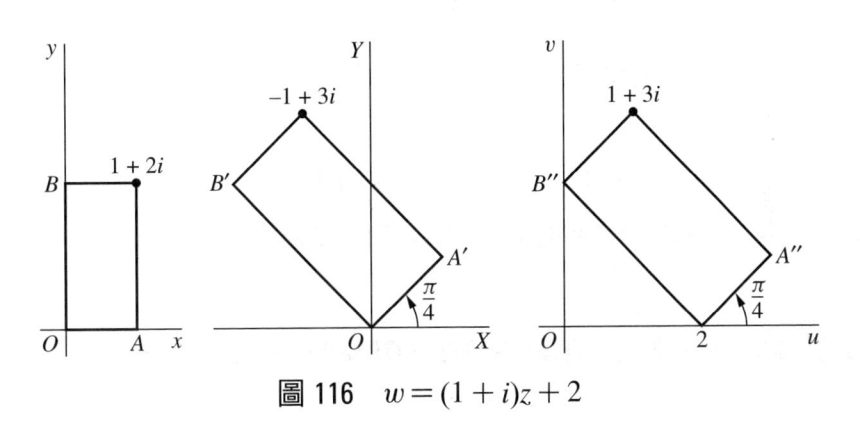

圖 116　$w = (1+i)z + 2$

習題

1. 說明為什麼 $w = iz$ 是 z 平面上旋轉 $\pi/2$ 角度的變換，然後求無窮帶狀區域 $0 < x < 1$ 的像。

   答案：$0 < v < 1$。

2. 證明 $w = iz + i$ 的變換是將半平面 $x > 0$ 映至半平面 $v > 1$。

3. 求一線性變換可將帶狀區域 $x > 0$，$0 < y < 2$ 映至帶狀區域 $-1 < u < 1$，$v > 0$，如圖 117 所示。

   答案：$w = iz + 1$。

圖 117

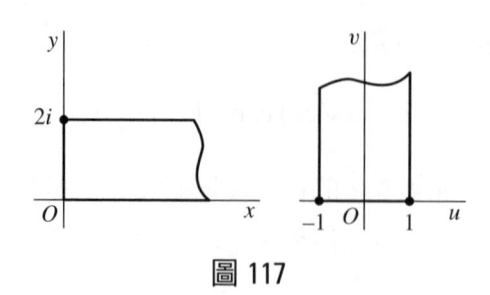

4. 在 $w = (1 + i)z$ 之變換下，求半平面 $y > 0$ 的像。並繪出像的圖形。

   答案：$v > u$。

5. 在 $w = (1 - i)z$ 的變換下，求半平面 $y > 1$ 的像。

6. 給予 $w = A(z + B)$ 的幾何描述，其中 A 和 B 是複常數且 $A \neq 0$。

97. 變換 $w = 1/z$ (THE TRANSFORMATION $w = 1/z$)

方程式

(1) $$w = \frac{1}{z}$$

構成 z 平面與 w 平面非零點間一對一的對應。因為 $|z|^2 = z\bar{z}$，所以此映射可由接續變換

(2) $$Z = \frac{z}{|z|^2}, \quad w = \bar{Z}$$

來描述。第一個變換是對單位圓 $|z| = 1$ 的反轉。亦即，非零點 z 的像 Z 具有性質

$$|Z| = \frac{1}{|z|} \quad \text{和} \quad \arg Z = \arg z$$

因此在有限平面上位於圓 $|z| = 1$ 的外部點映射至非零的內部點（圖 118）。反之，圓非零的內部點映射至外部點。(2) 的第二個變換僅為對實

軸的反射。

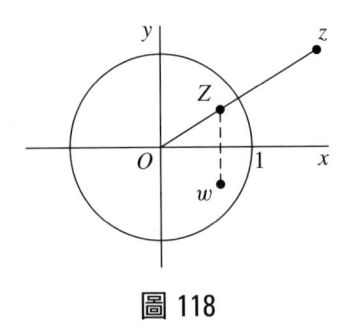

圖 118

若將變換 (1) 寫成

(3) $$T(z) = \frac{1}{z} \quad (z \neq 0)$$

則可定義 T 在原點和無窮遠點之值，使得它在擴張的複數平面連續。欲達此目的，我們僅需參照第 17 節而得知

(4) 因為 $\lim_{z \to 0} \frac{1}{T(z)} = \lim_{z \to 0} z = 0$，所以 $\lim_{z \to 0} T(z) = \infty$

且

(5) 因為 $\lim_{z \to 0} T\left(\frac{1}{z}\right) = \lim_{z \to 0} z = 0$，所以 $\lim_{z \to \infty} T(z) = 0$

為了使 T 在擴張平面連續，則令

(6) $$T(z) = \begin{cases} \infty, & z = 0 \\ 0, & z = \infty \\ 1/z, & \text{其餘的} z \end{cases}$$

明白的說，極限 (4) 和 (5) 表示在擴張 z 平面的任一點 z_0，包括 $z_0 = 0$ 和 $z_0 = \infty$，均有

(7) $$\lim_{z \to z_0} T(z) = T(z_0)$$

因此 T 在擴張 z 平面到處連續的事實是 (7) 的結果（參閱第 18 節）。因為連續的特性，我們考量將無窮遠點包含在內，使得 $T(z) = \dfrac{1}{z}$ 有意義。

98. $1/z$ 的映射 (MAPPINGS BY $1/z$)

非零點 $z = x + iy$ 在 $w = 1/z$ 變換後的像 $w = u + iv$ 可寫成

$$w = \frac{\bar{z}}{z\bar{z}} = \frac{\bar{z}}{|z|^2}$$

顯示

(1) $$u = \frac{x}{x^2 + y^2}, \quad v = \frac{-y}{x^2 + y^2}$$

又，因為

$$z = \frac{1}{w} = \frac{\bar{w}}{w\bar{w}} = \frac{\bar{w}}{|w|^2}$$

可得

(2) $$x = \frac{u}{u^2 + v^2}, \quad y = \frac{-v}{u^2 + v^2}$$

基於這些座標間的關係，下列討論，證明了映射 $w = 1/z$ 將圓與直線變換為圓與直線。當 A, B, C 和 D 皆為實數，並滿足

(3) $$B^2 + C^2 > 4AD$$

則方程式

(4) $$A(x^2 + y^2) + Bx + Cy + D = 0$$

代表任一圓或直線，其中 $A \neq 0$ 則為圓，而 $A = 0$ 為直線。當 $A \neq 0$ 時，以配方法將方程式 (4) 重寫成

$$\left(x+\frac{B}{2A}\right)^2+\left(y+\frac{C}{2A}\right)^2=\left(\frac{\sqrt{B^2+C^2-4AD}}{2A}\right)^2$$

當 $A=0$，條件 (3) 變成 $B^2+C^2>0$，這表示 B 與 C 不全為 0，回到楷體字敘述的證明，我們觀察到，若 x 與 y 滿足方程式 (4)，則我們可以利用 (2) 式將 x,y 換成 u,v。經過化簡後，我們發現 u 和 v 滿足方程式（參閱習題 14）

(5) $$D(u^2+v^2)+Bu-Cv+A=0$$

上式亦代表一個圓或直線。反之，若 u 和 v 滿足方程式 (5)，則由 (1) 可推得 x 和 y 滿足方程式 (4)。

現在，由方程式 (4) 和 (5) 可以清楚地得知：

(a) 在 z 平面不過原點 ($D\neq 0$) 的圓 ($A\neq 0$)，變換到 w 平面後，也是不過原點的圓。

(b) 在 z 平面過原點 ($D=0$) 的圓 ($A\neq 0$)，變換到 w 平面後，會變成不過原點的直線。

(c) 在 z 平面不過原點 ($D\neq 0$) 的直線 ($A=0$)，變換到 w 平面後，會變成過原點的圓。

(d) 在 z 平面過原點 ($D=0$) 的直線 ($A=0$)，變換到 w 平面後，也是過原點的直線。

例1 依據方程式 (4) 和 (5)，垂直線 $x=c_1$ ($c_1\neq 0$) 被 $w=1/z$ 變換成圓 $-c_1(u^2+v^2)+u=0$，或

(6) $$\left(u-\frac{1}{2c_1}\right)^2+v^2=\left(\frac{1}{2c_1}\right)^2$$

此為圓心在 u 軸，並與 v 軸相切的圓。由方程式 (1)，直線上一個典型的點 (c_1,y) 之像為

$$(u, v) = \left(\frac{c_1}{c_1^2 + y^2}, \frac{-y}{c_1^2 + y^2}\right)$$

若 $c_1 > 0$，則 (6) 式的圓顯然在 v 軸的右側。當點 (c_1, y) 沿著整條直線向上移動，所造成的像會順時針繞圓一圈，而擴張 z 平面的無窮遠點對應到 w 平面的原點。如圖 119 所示，其中 $c_1 = 1/3$，這是因為若 $y < 0$，則 $v > 0$，且當 y 由負值遞增到 0，u 從 0 遞增到 $1/c_1$，然後，當 y 由正值遞增時，v 為負且 u 遞減到 0。

另一方面，若 $c_1 < 0$，則圓位於 v 軸的左側。當點 (c_1, y) 向上移動，所造成的像是以逆時針方向形成一圓。如圖 119，其中 $c_1 = -1/2$。

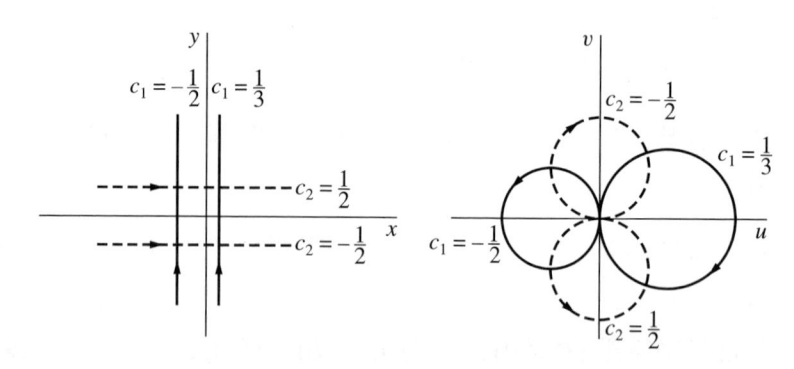

圖 119　$w = 1/z$

例2　水平線 $y = c_2$ $(c_2 \neq 0)$ 被 $w = 1/z$ 變換成圓

$$(7) \qquad u^2 + \left(v + \frac{1}{2c_2}\right)^2 = \left(\frac{1}{2c_2}\right)^2$$

此為圓心在 v 軸，並與 u 軸相切的圓。圖 119 顯示兩個特例，其中也標示了直線與圓的對應方向。

例3　當 $w = 1/z$，半平面 $x \geq c_1$ $(c_1 > 0)$ 被映成圓盤

第八章 初等函數的映射

(8)
$$\left(u - \frac{1}{2c_1}\right)^2 + v^2 \leq \left(\frac{1}{2c_1}\right)^2$$

此乃因，依據例 1，任意直線 $x = c\ (c \geq c_1)$ 被變換成圓

(9)
$$\left(u - \frac{1}{2c}\right)^2 + v^2 = \left(\frac{1}{2c}\right)^2$$

進一步而言，當 c 以大於 c_1 而遞增時，也就是說直線 $x = c$ 往右移動，其像圓 (9) 會隨之縮小（參閱圖 120）。因為直線 $x = c$ 通過所有 $x \geq c_1$ 的半平面，所以所有的圓 (9) 通過圓盤 (8) 上面所有的點，映射因此成立。

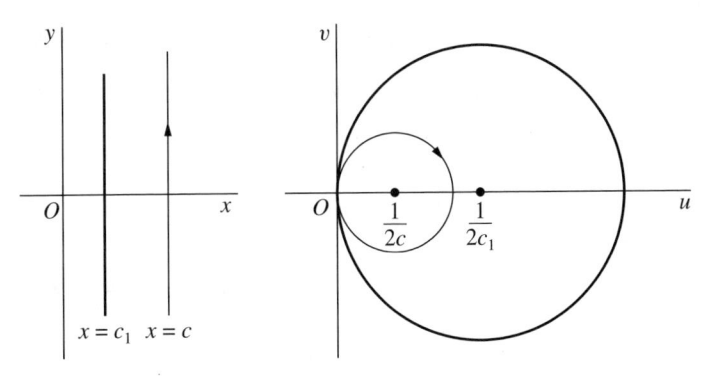

圖 120　$w = 1/z$

習題

1. 若且唯若不等式 (8) 成立，當 $w = 1/z$，說明如何由方程式 (2) 的第一個式子導出不等式 $x \geq c_1\ (c_1 > 0)$。因此給予第 98 節例題 3 的映射另一個驗證。

2. 證明當 $c_1 < 0$，半平面 $x < c_1$ 在 $w = 1/z$ 變換下的像為圓的內部。當 $c_1 = 0$，其像為何？

3. 證明當 $c_2 > 0$，半平面 $y > c_2$ 在 $w = 1/z$ 變換下的像為圓的內部。求當 $c_2 < 0$ 時的像，以及當 $c_2 = 0$ 的像。

4. 求無窮帶狀區域 $0 < y < 1/(2c)$ 在 $w = 1/z$ 之變換下的像。繪出此帶狀區域及其像。

答案：$u^2 + (v+c)^2 > c^2$, $v < 0$。

5. 求區域 $x > 1, y > 0$ 在 $w = 1/z$ 之變換下的像。

答案：$\left(u - \dfrac{1}{2}\right)^2 + v^2 < \left(\dfrac{1}{2}\right)^2$, $v < 0$。

6. 證明附錄的 (a) 圖 4；(b) 圖 5，所標示的區域和邊界之映射，其中 $w = 1/z$。

7. 以幾何方式描述變換 $w = 1/(z-1)$。

8. 以幾何方式描述變換 $w = i/z$。說明為什麼它將圓與直線變換為圓與直線。

9. 求半無窮帶狀區域 $x > 0, 0 < y < 1$ 在 $w = i/z$ 之變換下的像。繪出此帶狀區域及其像。

答案：$\left(u - \dfrac{1}{2}\right)^2 + v^2 > \left(\dfrac{1}{2}\right)^2$, $u > 0$, $v > 0$。

10. 令 $w = \rho \exp(i\phi)$，證明映射 $w = 1/z$ 將雙曲線 $x^2 - y^2 = 1$ 變換為雙紐線 $\rho^2 = \cos 2\phi$（利用第 6 節習題 14）。

11. 令圓 $|z| = 1$ 具有正或逆時針方向，判斷它在 $w = 1/z$ 變換下之像的方向。

12. 證明當一個圓在 $w = 1/z$ 變換下的像仍為一圓時，原來圓的圓心不會映射到其像的圓心。

13. 利用 z 的指數式 $z = re^{i\theta}$，證明恆等變換與第 97 和 98 節所討論的變換之和

$$w = z + \frac{1}{z}$$

將圓 $r = r_0$ 映成具有參數式

$$u = \left(r_0 + \frac{1}{r_0}\right)\cos\theta, \quad v = \left(r_0 - \frac{1}{r_0}\right)\sin\theta \qquad (0 \leq \theta \leq 2\pi)$$

的橢圓，並且其焦點為 $w = \pm 2$。然後證明它如何將整個圓 $|z| = 1$ 映成 u 軸的線段 $-2 \leq u \leq 2$，並且將此圓外部的域映成 w 平面的其餘部分。

14. (a) 將第 98 節，方程式 (4) 寫成

$$2Az\bar{z} + (B-Ci)z + (B+Ci)\bar{z} + 2D = 0$$

其中 $z = x + iy$。

(b) 證明當 $w = 1/z$，(a) 部分的結果變成

$$2Dw\bar{w} + (B+Ci)w + (B-Ci)\bar{w} + 2A = 0$$

然後證明若 $w = u + iv$，則此方程式與第 98 節的方程式 (5) 相同。

提示：在 (a) 部分中，利用關係式（參閱第 6 節）

$$x = \frac{z + \bar{z}}{2} \quad 和 \quad y = \frac{z - \bar{z}}{2i}$$

99. 線性分式變換 (LINEAR FRACTIONAL TRANSFORMATIONS)

a, b, c 和 d 為複常數，

(1) $$w = \frac{az+b}{cz+d} \qquad (ad - bc \neq 0)$$

稱為**線性分式變換 (linear fractional transformation)** 或 Möbius 變換。注意，方程式 (1) 可寫成

(2) $$Azw + Bz + Cw + D = 0 \qquad (AD - BC \neq 0)$$

反之，任一如 (2) 類型的方程式可寫成 (1) 的形式。因為這個另類的表示法對 z 和 w 都是線性的，因此線性分式變換的另一個名稱為雙線性變換 (bilinear transformation)。

當 $c = 0$，方程式 (1) 的條件 $ad - bc \neq 0$ 變成 $ad \neq 0$；此時該變換簡化成非常數的線性函數。當 $c \neq 0$，方程式 (1) 可寫成

(3) $$w = \frac{a}{c} + \frac{bc - ad}{c} \cdot \frac{1}{cz+d} \qquad (ad - bc \neq 0)$$

因此在 $ad-bc \neq 0$ 的條件下，w 就不會是常數函數。顯然，變換 $w=1/z$ 為變換 (1) 在 $c \neq 0$ 時的一個特例。

當 $c \neq 0$ 時，由方程式 (3) 可知，線性分式變換為映射

$$Z = cz+d, \quad W = \frac{1}{Z}, \quad w = \frac{a}{c} + \frac{bc-ad}{c}W \quad (ad-bc \neq 0)$$

的合成。據此，我們得知不論 c 等於或不等於 0，任何線性分式變換可將圓和直線變換成圓和直線，因為這是線性分式變換的特質（參閱第 96 和 98 節）。

對方程式 (1) 求解 z，可得

(4) $$z = \frac{-dw+b}{cw-a} \quad (ad-bc \neq 0)$$

當 z 經變換 (1) 產生像 w 之後，z 亦可由方程式 (4) 回復。若 $c=0$，則 a 與 d 均不為零，顯然，w 平面上的每一點恰為 z 平面某一點的像。若 $c \neq 0$，此亦為真（$w=a/c$ 除外）。但是，我們可以擴大 (1) 的定義域，在擴張 z 平面定義一個線性分式變換 T，使得當 $c \neq 0$ 時，$w=a/c$ 為 $z=\infty$ 的像。首先，我們令

(5) $$T(z) = \frac{az+b}{cz+d} \quad (ad-bc \neq 0)$$

然後令

(6) $$\text{若 } c=0, T(\infty) = \infty$$

以及

(7) $$\text{若 } c \neq 0, T(\infty) = \frac{a}{c} \quad \text{且} \quad T\left(-\frac{d}{c}\right) = \infty$$

由第 18 節習題 11，可知 T 在擴張 z 平面連續。此與第 97 節擴大 $w=1/z$ 定義域的方法一致。

第八章 初等函數的映射   397

當以此方式擴大定義域，線性分式變換 (5) 是將擴張 z 平面映成擴張 w 平面的一對一映射。亦即，若 $z_1 \neq z_2$ 則 $T(z_1) \neq T(z_2)$；且對第二個平面的每一點 w，存在第一個平面的點 z，使得 $T(z) = w$。因此，對變換 T，存在反變換 T^{-1}，其在擴張 w 平面的定義如下：

$$T^{-1}(w) = z \quad 若且唯若 \quad T(z) = w$$

由方程式 (4)，可知

(8)
$$T^{-1}(w) = \frac{-dw+b}{cw-a} \quad (ad - bc \neq 0)$$

顯然，T^{-1} 本身為線性分式變換，其中

(9)
$$若 c = 0，T^{-1}(\infty) = \infty$$

且

(10)
$$若 c \neq 0，T^{-1}\left(\frac{a}{c}\right) = \infty \quad 和 \quad T^{-1}(\infty) = -\frac{d}{c}$$

若 T 和 S 為線性分式變換，則其合成 $S[T(z)]$ 亦為線性分式變換。此可由形式 (5) 的結合式獲得驗證。注意，對擴張平面的每一點 z，恆有 $T^{-1}[T(z)] = z$。

總是存在一個線性分式變換，將所予之相異點 z_1, z_2 和 z_3 分別映至三個相異點 w_1, w_2 和 w_3。在第 100 節會驗證此事實。其中 z 的像 w 在此變換下，將以 z 的隱函數表示。在此，我們以較直接的方式求取欲求的變換。

例1 求一般線性分式變換

$$w = \frac{az+b}{cz+d} \quad (ad - bc \neq 0)$$

的特例，可將

$$z_1 = 2, \quad z_2 = i, \quad \text{和} \quad z_3 = -2$$

映至

$$w_1 = 1, \quad w_2 = i, \quad \text{和} \quad w_3 = -1$$

因為 1 是 2 的像且 –1 是 –2 的像，所以

$$2c + d = 2a + b \quad \text{且} \quad 2c - d = -2a + b$$

將兩方程式的對應邊相加，可得 $b = 2c$。第一個方程式則變成 $d = 2a$，因此

(11) $$w = \frac{az + 2c}{cz + 2a} \qquad [2(a^2 - c^2) \neq 0]$$

因為 i 被變換成 i，由方程式 (11) 知 $c = (ai)/3$，因此

$$w = \frac{az + \dfrac{2ai}{3}}{\dfrac{ai}{3}z + 2a} = \frac{a\left(z + \dfrac{2}{3}i\right)}{a\left(\dfrac{i}{3}z + 2\right)} \qquad (a \neq 0)$$

消去 a，可得

$$w = \frac{z + \dfrac{2}{3}i}{\dfrac{i}{3}z + 2}$$

此即

(12) $$w = \frac{3z + 2i}{iz + 6}$$

例 2　假設

$$z_1 = 1, \quad z_2 = 0, \quad \text{和} \quad z_3 = -1$$

被映至

$$w_1 = i, \quad w_2 = \infty, \quad 和 \quad w_3 = 1$$

因為 $w_2 = \infty$ 對應於 $z_2 = 0$，由方程式 (6) 和 (7) 可知於方程式 (1) 中，$c \neq 0$ 且 $d = 0$，因此

(13) $$w = \frac{az + b}{cz} \qquad (bc \neq 0)$$

因為 1 被映至 i，且 -1 被映至 1，因此

$$ic = a + b, \quad -c = -a + b$$

由此可得

$$2a = (1 + i)c, \quad 2b = (i - 1)c$$

最後，以 2 乘以 (13) 式的分子與分母，將上式的 $2a$ 與 $2b$ 代入，然後消去 c，可得

(14) $$w = \frac{(i + 1)z + (i - 1)}{2z}$$

100. 隱函數形式 (AN IMPLICIT FORM)

方程式

(1) $$\frac{(w - w_1)(w_2 - w_3)}{(w - w_3)(w_2 - w_1)} = \frac{(z - z_1)(z_2 - z_3)}{(z - z_3)(z_2 - z_1)}$$

定義（隱式）一個線性分式變換，將有限 z 平面的相異點 z_1, z_2, z_3 分別映至有限 w 平面的相異點 w_1, w_2, w_3[*]。欲證明此點，我們將方程式 (1) 寫成

(2) $(z - z_3)(w - w_1)(z_2 - z_1)(w_2 - w_3) = (z - z_1)(w - w_3)(z_2 - z_3)(w_2 - w_1)$

---

[*]方程式 (1) 的兩側稱為**交叉比 (cross ratios)**，在比本書更廣泛討論線性分式變換中，交叉比扮演一個重要的角色。參閱 R. P. Boas, *Invitation to Complex Analysis*, 2d ed., pp. 171–176, 2010 或 J. B. Conway, *Functions of One Complex Variable*, 2d ed., 6th printing, pp. 48–55, 1997。

若 $z=z_1$，則方程式 (2) 的右式為 0；因此 $w=w_1$。同理，若 $z=z_3$，則 (2) 的左式為 0；因此 $w=w_3$。若 $z=z_2$，則可得線性方程式

$$(w-w_1)(w_2-w_3) = (w-w_3)(w_2-w_1)$$

其唯一解為 $w=w_2$。將方程式 (2) 展開後化簡成

(3) $$Azw + Bz + Cw + D = 0$$

之形式，則可知由方程式 (1) 所定義的映射確實是線性分式變換。方程式 (3) 滿足 $AD-BC \neq 0$，因為方程式 (1) 並未定義常數函數。讀者可證明方程式 (1) 所定義的變換是唯一將 z_1, z_2, z_3 分別映至 w_1, w_2, w_3 的線性分式變換（習題 10）。

例 1 第 99 節例題 1 求得之變換，其條件為

$$z_1 = 2,\ z_2 = i,\ z_3 = -2 \quad \text{和} \quad w_1 = 1,\ w_2 = i,\ w_3 = -1$$

利用方程式 (1)，寫成

$$\frac{(w-1)(i+1)}{(w+1)(i-1)} = \frac{(z-2)(i+2)}{(z+2)(i-2)}$$

解出 w，可得

$$w = \frac{3z+2i}{iz+6}$$

此即先前求出的結果。

若適當的修正方程式 (1)，則它亦可用於 z 或 w（擴張）平面的無窮遠點。例如，假設 $z_1 = \infty$。因為任一線性分式變換在擴張平面為連續，我們僅需將方程式 (1) 右側的 z_1 以 $1/z_1$ 取代，且令 z_1 趨近於 0：

$$\lim_{z_1 \to 0} \frac{(z-1/z_1)(z_2-z_3)}{(z-z_3)(z_2-1/z_1)} \cdot \frac{z_1}{z_1} = \lim_{z_1 \to 0} \frac{(z_1 z-1)(z_2-z_3)}{(z-z_3)(z_1 z_2-1)} = \frac{z_2-z_3}{z-z_3}$$

則所求之方程式 (1) 的修正式為

$$\frac{(w-w_1)(w_2-w_3)}{(w-w_3)(w_2-w_1)} = \frac{z_2-z_3}{z-z_3}$$

注意，此一修正式只是將方程式 (1) 與 z_1 有關的因式刪除。對其他點在 ∞ 之情形，可用相同的方法處理。

例 2　第 99 節例題 2 所指定的點為

$$z_1 = 1,\ z_2 = 0,\ z_3 = -1 \qquad 和 \qquad w_1 = i,\ w_2 = \infty,\ w_3 = 1$$

對此情形，我們使用方程式 (1) 的修正式

$$\frac{w-w_1}{w-w_3} = \frac{(z-z_1)(z_2-z_3)}{(z-z_3)(z_2-z_1)}$$

可得

$$\frac{w-i}{w-1} = \frac{(z-1)(0+1)}{(z+1)(0-1)}$$

解出 w，所得結果與先前求出的結果相同：

$$w = \frac{(i+1)z + (i-1)}{2z}$$

習題

1. 求將 $z_1 = -1,\ z_2 = 0,\ z_3 = 1$ 映至 $w_1 = -i,\ w_2 = 1,\ w_3 = i$ 的線性分式變換。

   提示：求此變換最有效的方法就是利用第 100 節的方程式 (1)。

   答案：$w = \dfrac{i-z}{i+z}$。

2. 求將 $z_1 = -i,\ z_2 = 0,\ z_3 = i$ 映至 $w_1 = -1,\ w_2 = i,\ w_3 = 1$ 的線性分式變換。虛軸 $x = 0$ 經變換後的曲線是什麼？

3. 求將 $z_1 = \infty,\ z_2 = i,\ z_3 = 0$ 映至 $w_1 = 0,\ w_2 = i,\ w_3 = \infty$ 的雙線性變換。

答案：$w = -1/z$。

4. 求將相異點 z_1, z_2, z_3 映至 $w_1 = 0, w_2 = 1, w_3 = \infty$ 的雙線性變換。

答案：$w = \dfrac{(z - z_1)(z_2 - z_3)}{(z - z_3)(z_2 - z_1)}$。

5. 如第 99 節所述，證明兩個線性分式變換的合成仍然是線性分式變換。欲證此，考慮兩個此種變換

$$T(z) = \frac{a_1 z + b_1}{c_1 z + d_1} \quad (a_1 d_1 - b_1 c_1 \neq 0)$$

和

$$S(z) = \frac{a_2 z + b_2}{c_2 z + d_2} \quad (a_2 d_2 - b_2 c_2 \neq 0)$$

然後證明合成 $S[T(z)]$ 具有形式

$$S[T(z)] = \frac{a_3 z + b_3}{c_3 z + d_3}$$

其中

$$a_3 d_3 - b_3 c_3 = (a_1 d_1 - b_1 c_1)(a_2 d_2 - b_2 c_2) \neq 0$$

6. 變換 $w = f(z)$ 的**定點 (fixed point)** 滿足 $f(z_0) = z_0$ 的點 z_0。證明除了恆等變換 $w = z$ 外，每一個線性分式變換在擴張平面至多有兩個定點。

7. 求變換

(a) $w = \dfrac{z - 1}{z + 1}$ \quad (b) $w = \dfrac{6z - 9}{z}$

的定點（參閱習題 6）。

答案：(a) $z = \pm i$；(b) $z = 3$。

8. 對 z_2 與 w_2 皆為無窮遠點之情況。修正第 100 節方程式 (1)。然後證明當定點（習題 6）為 0 與 ∞，任何線性分式變換必為 $w = az\,(a \neq 0)$ 之形式。

9. 證明若原點為線性分式變換的定點（習題 6），則此變換可寫成

$$w = \frac{z}{cz+d} \qquad (d \neq 0)$$

10. 證明僅有一線性分式變換，將所予擴張 z 平面的相異三點 z_1, z_2, z_3 映至擴張 w 平面之指定相異三點 w_1, w_2 和 w_3。

    提示：令 T 與 S 為線性分式變換，在指出為什麼 $S^{-1}[T(z_k)] = z_k$ ($k = 1, 2, 3$) 之後，利用習題 5 和 6 的結果，證明對所有 z 而言，滿足 $S^{-1}[T(z)] = z$，因此證明對所有 z 而言，$T(z) = S(z)$ 恆成立。

11. 由第 100 節方程式 (1)，證明若線性分式變換將 x 軸的點映成 u 軸的點，則除了可能的複數公因數，此變換的係數皆為實數。逆敘述顯然成立。

12. 令

$$T(z) = \frac{az+b}{cz+d} \qquad (ad - bc \neq 0)$$

為 $T(z) = z$ 以外的任一線性分式變換。證明

$$T^{-1} = T \quad \text{若且唯若} \quad d = -a$$

提示：將方程式 $T^{-1}(z) = T(z)$ 寫成

$$(a+d)[cz^2 + (d-a)z - b] = 0$$

101. 上半平面的映射
(MAPPINGS OF THE UPPER HALF PLANE)

本節主要是討論一般性的線性分式變換的建構，它具有下列性質：

(a) 此變換將上半平面 $\operatorname{Im} z > 0$ 映成開圓盤 $|w| < 1$，並將半平面的邊界 $\operatorname{Im} z = 0$ 映成圓盤的邊界 $|w| = 1$（圖 121）。

我們將證明任一具有 (a) 中所述性質之線性分式變換，必具有 (b) 中所述之形式：

(b)
$$w = e^{i\alpha}\left(\frac{z-z_0}{z-\overline{z_0}}\right) \qquad (\text{Im } z_0 > 0)$$

其中 α 為任意實數。反之，欲證明任一具有 (b) 中所述形式的線性分式變換，必具有 (a) 中所述之性質。

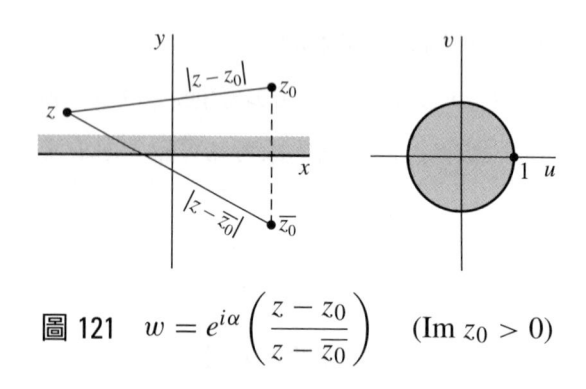

圖 121 $\quad w = e^{i\alpha}\left(\dfrac{z-z_0}{z-\overline{z_0}}\right) \qquad (\text{Im } z_0 > 0)$

為了證明 (a) 敘述與 (b) 敘述相當，我們首先假設 (a) 敘述為真而得到 (b) 敘述；然後假設 (b) 敘述為真而得到 (a) 敘述：

由 (a) 得 (b)

我們要將直線 $\text{Im } z = 0$ 的點轉換到 $|w| = 1$ 的圓上，那麼我們就選擇直線上的點 $z = 0, z = 1$ 以及 $z = \infty$，去決定線性分式變換

(1) $$w = \frac{az+b}{cz+d} \qquad (ad-bc \neq 0)$$

所必須的條件。這條件是使得這些點的影像（模數為 1）落在 $|w|=1$。

由方程式 (1) 可知，當 $z=0$，若 $|w|=1$，則 $|b/d|=1$；亦即

(2) $$|b| = |d| \neq 0$$

此外，由第 99 節，(6) 和 (7) 的敘述告訴我們，$z=\infty$ 的像，僅在 $c \neq 0$ 時為有限值，其值為 $w=a/c$。因此當 $z=\infty$ 時，$|w|=1$ 之條件表示

$|a/c| = 1$,亦即

(3) $$|a| = |c| \neq 0$$

且 a 與 c 不為零的事實,使我們將方程式 (1) 改寫成

(4) $$w = \frac{a}{c} \cdot \frac{z + (b/a)}{z + (d/c)}$$

然後,因為 $|a/c| = 1$ 且

$$\left|\frac{b}{a}\right| = \left|\frac{d}{c}\right| \neq 0$$

依據 (2) 與 (3),方程式 (4) 可寫成

(5) $$w = e^{i\alpha}\left(\frac{z - z_0}{z - z_1}\right) \qquad (|z_1| = |z_0| \neq 0)$$

其中 α 為實常數,而 z_0 和 z_1 為(非零)複常數。

其次,我們將 $z = 1$ 時 $|w| = 1$ 之條件用於 (5)。這告訴我們

$$|1 - z_1| = |1 - z_0|$$

亦即

$$(1 - z_1)(1 - \overline{z_1}) = (1 - z_0)(1 - \overline{z_0})$$

但因為 $|z_1| = |z_0|$,因此 $z_1\overline{z_1} = z_0\overline{z_0}$,上式可化簡為

$$z_1 + \overline{z_1} = z_0 + \overline{z_0}$$

亦即,$\operatorname{Re} z_1 = \operatorname{Re} z_0$。再由 $|z_1| = |z_0|$ 可推得

$$z_1 = z_0 \quad \text{或} \quad z_1 = \overline{z_0}$$

若 $z_1 = z_0$,則 (5) 變為常數函數 $w = \exp(i\alpha)$;因此 $z_1 = \overline{z_0}$。

由 $z_1 = \overline{z_0}$,(5) 將 z_0 映成原點 $w = 0$;且因圓 $|w| = 1$ 的內部點為 z 平面實軸上方之點的像,故可確信 $\operatorname{Im} z_0 > 0$。因此任一具有性質 (a) 的線性分式變換必具有 (b) 之形式。

由 (b) 得 (a)

剩下證明逆敘述：任一形式為 (b) 的線性分式變換，具有 (a) 中所述之性質。證明的方法是在 (b) 敘述之方程式中之兩側取絕對值，然後以幾何方法解釋所得的方程式

$$|w| = \frac{|z - z_0|}{|z - \overline{z_0}|}$$

若 z 位於實軸上方，它與 z_0 皆位於實軸的同一側。而實軸是連接 z_0 與 $\overline{z_0}$ 之線段的垂直平分線，因此距離 $|z - z_0|$ 小於距離 $|z - \overline{z_0}|$（圖 121），亦即 $|w| < 1$。同理，若 z 位於實軸下方，則距離 $|z - z_0|$ 大於距離 $|z - \overline{z_0}|$，因此 $|w| > 1$。最後，若 z 位於實軸，由於 $|z - z_0| = |z - \overline{z_0}|$，因此 $|w| = 1$。因為任一線性分式變換是一對一的將擴張 z 平面映成擴張 w 平面，此即證明了 (b) 敘述的變換將上半平面 Im $z > 0$ 映成圓盤 $|w| < 1$。並將半平面的邊界映成圓盤的邊界。

102. 例題 (EXAMPLES)

我們的第一個例題是說明上一節所得到的線性分式變換

(1) $$w = e^{i\alpha}\left(\frac{z - z_0}{z - \overline{z_0}}\right) \qquad (\text{Im}\, z_0 > 0)$$

其中 α 為任一實數。

例 1

$$w = \frac{i - z}{i + z}$$

的變換可寫成

$$w = e^{i\pi}\left(\frac{z - i}{z - \overline{i}}\right)$$

上式是變換 (1) 的特例。由於變換 (1) 僅是第 101 節 (b) 中變換的重述，故此特例亦具有第 101 節 (a) 所述之性質。（參閱第 100 節習題 1 以及附錄之圖 13，在 z 和 w 平面上有標示對應點。）

上半平面 $\mathrm{Im}\, z \geq 0$ 在其他類型的線性分式變換下的像，通常可輕易地由檢視問題中的特殊變換來決定，如下例所示。

例 2 令 $z = x + iy$ 以及 $w = u + iv$，我們可證明

(2) $$w = \frac{z-1}{z+1}$$

的變換將半平面 $y > 0$ 映成半平面 $v > 0$，且將 x 軸映成 u 軸。首先，我們注意到，當 z 為實數時，w 亦為實數。由於實軸 $y = 0$ 的像為圓或直線，因此其像必為實軸 $v = 0$。此外，對有限 w 平面的任一點 w，

$$v = \mathrm{Im}\, w = \mathrm{Im}\, \frac{(z-1)(\overline{z}+1)}{(z+1)(\overline{z}+1)} = \frac{2y}{|z+1|^2} \qquad (z \neq -1)$$

因此 y 與 v 有相同符號，這表示 x 軸上方的點對應到 u 軸上方的點，而 x 軸下方的點對應 u 軸下方的點。最後，因為 x 軸上的點對應 u 軸上的點，且線性分式變換是一對一的將擴張平面映成擴張平面（第 99 節），變換 (2) 所述之映射性質是成立的。

我們最後的例題含有合成函數，並使用例題 2 所討論的映射。

例 3 變換

(3) $$w = \mathrm{Log}\, \frac{z-1}{z+1}$$

為函數

(4) $$Z = \frac{z-1}{z+1} \quad 和 \quad w = \mathrm{Log}\, Z$$

的合成，其中用到對數函數的主分支。

依據例 2，(4) 的第一個變換將上半平面 $y>0$ 映成上半平面 $Y>0$，其中 $z=x+iy$ 以及 $Z=X+iY$。此外，由圖 122 得知，(4) 的第二個變換，將半平面 $Y>0$ 映成帶狀區域 $0<v<\pi$，其中 $w=u+iv$。明白的說，令 $Z=R\exp(i\Theta)$ 且

$$\text{Log } Z = \ln R + i\Theta \qquad (R>0, -\pi<\Theta<\pi)$$

我們看到當點 $Z=R\exp(i\Theta_0)$ $(0<\Theta_0<\pi)$ 由原點沿著射線 $\Theta=\Theta_0$ 向外移動，其像在 w 平面之座標為 $(\ln R, \Theta_0)$。顯然，其像沿著水平線 $v=\Theta_0$ 向右移動。當所選取的 Θ_0 值由 $\Theta_0=0$ 變化至 $\Theta_0=\pi$，這些水平線充滿帶狀區域 $0<v<\pi$，因此將半平面 $Y>0$ 映成該帶狀區域，事實上此為一對一映射。

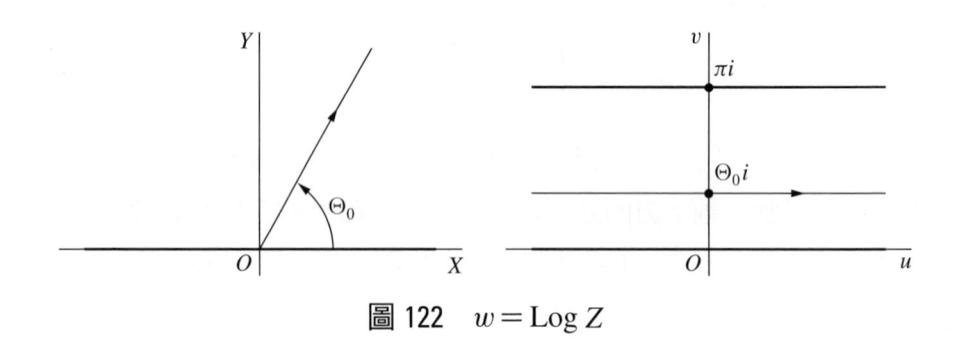

圖 122　$w = \text{Log } Z$

這證明了映射 (4) 的合成 (3)，將半平面 $y>0$ 映成帶狀區域 $0<v<\pi$。對應的邊界點示於附錄的圖 19。

習題

1. 回顧第 102 節的例題 1，變換

$$w = \frac{i-z}{i+z}$$

第八章　初等函數的映射

將半平面 Im $z > 0$ 映成圓盤 $|w| < 1$，並將半平面的邊界映成圓盤的邊界。證明點 $z = x$ 映至點

$$w = \frac{1-x^2}{1+x^2} + i\frac{2x}{1+x^2}$$

然後，證明 x 軸的線段被映成如附錄的圖 13，且完成該圖所示之映射的證明。

2. 證明附錄之圖 12 是

$$w = \frac{z-1}{z+1}$$

的映射圖形。

提示：將所予的變換寫成映射

$$Z = iz, \quad W = \frac{i-Z}{i+Z}, \quad w = -W$$

的合成，然後參考於習題 1 已完成證明的映射。

3. (a) 由求出

$$w = \frac{i-z}{i+z}$$

的逆變換，並參照於習題 1 已完成證明的附錄之圖 13，證明

$$w = i\frac{1-z}{1+z}$$

將圓盤 $|z| \leq 1$ 映成半平面 Im $w \geq 0$。

(b) 證明線性分式變換

$$w = \frac{z-2}{z}$$

可以寫成

$$Z = z - 1, \quad W = i\frac{1-Z}{1+Z}, \quad w = iW$$

然後，利用 (a) 部分的結果，證明它將圓盤 $|z-1| \leq 1$ 映成左半平面 $\operatorname{Re} w \leq 0$。

4. 第 102 節的變換 (1)，將 $z = \infty$ 映至圓盤 $|w| \leq 1$ 的邊界點 $w = \exp(i\alpha)$。證明若 $0 < \alpha < 2\pi$ 且 $z = 0$ 和 $z = 1$ 分別被映至 $w = 1$ 和 $w = \exp(i\alpha/2)$。則該變換可寫成

$$w = e^{i\alpha} \left[\frac{z + \exp(-i\alpha/2)}{z + \exp(i\alpha/2)} \right]$$

5. 注意，當 $\alpha = \pi/2$，習題 4 的變換變成

$$w = \frac{iz + \exp(i\pi/4)}{z + \exp(i\pi/4)}$$

證明此一特例是對 x 軸上的點所作的映射，如圖 123 所示。

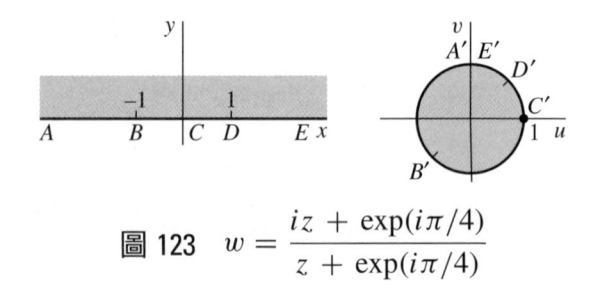

圖 123　$w = \dfrac{iz + \exp(i\pi/4)}{z + \exp(i\pi/4)}$

6. 證明若 $\operatorname{Im} z_0 < 0$，則第 102 節變換 (1) 將下半平面 $\operatorname{Im} z \leq 0$ 映成單位圓盤 $|w| \leq 1$。

7. 方程式 $w = \log(z-1)$ 可以寫成

$$Z = z - 1, \quad w = \log Z$$

求 $\log Z$ 的一個分支，使得去掉實軸上 $x \geq 1$ 之點的 z 平面，被 $w = \log(z-1)$ 映成 w 平面上的帶狀區域 $0 < v < 2\pi$。

103. 指數函數的映射
(MAPPINGS BY THE EXPONENTIAL FUNCTION)

本節的目的是提供讀者一些有關指數函數 e^z（參閱第 3 章，第 30 節）映射的例子，這些例子頗為簡單，而此處我們以檢視垂直與水平線之映射的像做為開始。

例1 由第 30 節可知，

(1) $$w = e^z$$

的變換可寫成 $w = e^x e^{iy}$，其中 $z = x + iy$，因此，若 $w = \rho e^{i\phi}$，則

(2) $$\rho = e^x, \quad \phi = y$$

垂直線 $x = c_1$ 上的點 $z = (c_1, y)$ 的像，其在 w 平面的極座標為 $\rho = \exp c_1$ 和 $\phi = y$。當 z 沿著垂直線向上移動，其像以反時針方向繞圓移動，如圖 124 所示。垂直線的像顯然是整個圓，圓上的每一點是垂直線上相隔 2π 單位之無窮多點的像。

水平線 $y = c_2$ 以一對一之方式映至射線 $\phi = c_2$。欲知此事實，我們注意到點 $z = (x, c_2)$ 的像之極座標為 $\rho = e^x$ 和 $\phi = c_2$。當沿著水平線由左到右移動，其像沿著射線 $\phi = c_2$ 向外移動，如圖 124 所示。

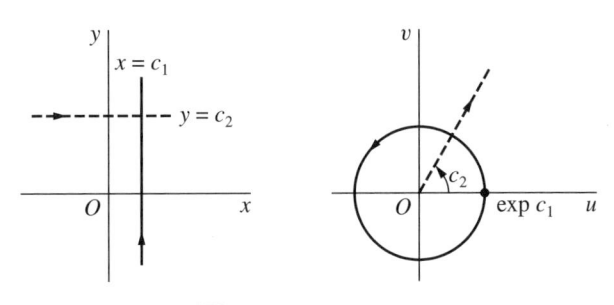

圖 124　$w = \exp z$

垂直與水平的線段會分別映成圓與射線。各種區域的像也很容易自例 1 獲得。下例對這點有更詳盡的說明。

例 2 證明 $w = e^z$ 的變換將矩形區域 $a \le x \le b,\ c \le y \le d$ 映成區域 $e^a \le \rho \le e^b,\ c \le \phi \le d$。兩區域以及其邊界的對應部分，示於圖 125。

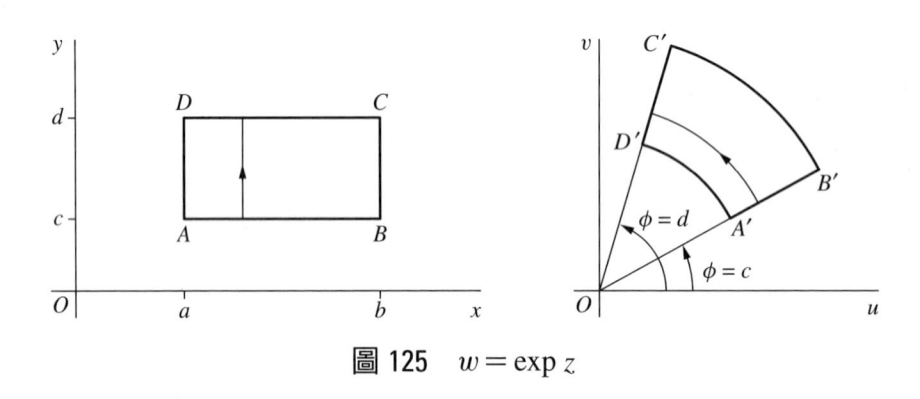

圖 125　$w = \exp z$

垂直線段 AD 映成弧線 $\rho = e^a,\ c \le \phi \le d$，標記為 $A'D'$。AD 右側之垂直線段的像形成較大的弧線；線段 BC 的像為弧線 $\rho = e^b,\ c \le \phi \le d$，標記為 $B'C'$。若 $d - c < 2\pi$，則映射為一對一。特別地，若 $c = 0$ 且 $d = \pi$，則 $0 \le \phi \le \pi$，而矩形區域映成半圓環，如附錄圖 8 所示。

此處我們最後的例題是利用水平線的像求水平帶狀區域的像。

例 3 當 $w = e^z$，無限帶狀區域 $0 \le y \le \pi$ 的像為 w 平面的上半部 $v \ge 0$。（圖 126）。回顧例 1 可知如何將水平線 $y = c$ 變換至以原點為起點的射線 $\phi = c$。當實數 c 由 $c = 0$ 遞增至 $c = \pi$，直線的 y 截距由 0 遞增至 π 且射線的斜角由 $\phi = 0$ 遞增至 $\phi = \pi$。此映射示於附錄的圖 6，圖中亦顯示兩區域之邊界的對應點。

圖 126 $w = \exp z$

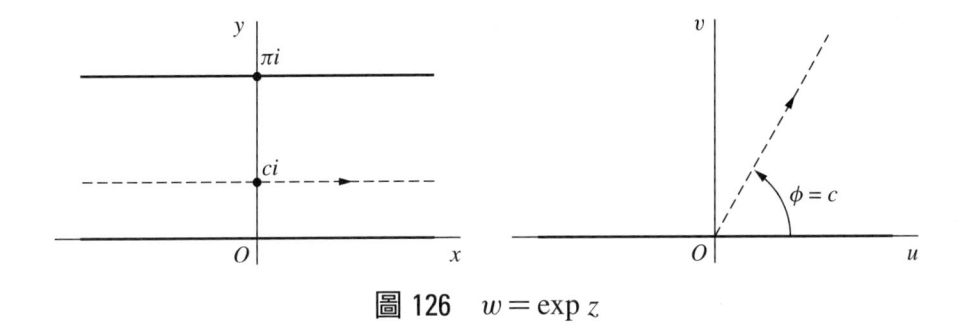

104. 藉用 $w = \sin z$ 的變換來映射垂直線段
(MAPPING VERTICAL LINE SEGMENTS BY $w = \sin z$)

因為（第 37 節）$\sin z = \sin x \cosh y + i \cos x \sinh y$，其中 $z = x + iy$，因此變換 $w = \sin z$，其中 $w = u + iv$，可以寫成

(1) $\qquad u = \sin x \cosh y, \quad v = \cos x \sinh y$

為了尋找在此變換之下區域的像，檢視垂直線 $x = c_1$ 的像，通常是一個有用的方法。

若 $0 < c_1 < \pi/2$，則直線 $x = c_1$ 上的點被映成曲線

(2) $\qquad u = \sin c_1 \cosh y, \quad v = \cos c_1 \sinh y \qquad (-\infty < y < \infty)$

這是焦點在

$$w = \pm\sqrt{\sin^2 c_1 + \cos^2 c_1} = \pm 1$$

的雙曲線

(3) $$\frac{u^2}{\sin^2 c_1} - \frac{v^2}{\cos^2 c_1} = 1$$

之右分支。方程式 (2) 的第二式顯示，當點 (c_1, y) 沿著垂直線向上移動，其像沿著雙曲線的分支向上移動。此類直線及其像示於圖 127，其中標示

了相對應的點。注意，存在一對一映射將直線上半部 ($y > 0$) 映成雙曲線分支的上半部 ($v > 0$)。如前所述，對應點標示於圖 127。

直線 $x = 0$，或 y 軸，需要分開考慮。根據方程式 (1)，$(0, y)$ 的像為 $(0, \sinh y)$。因此 y 軸以一對一方式映成 v 軸，正 y 軸對應正 v 軸。

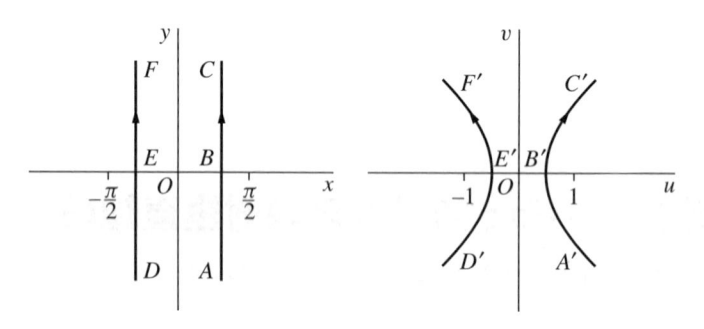

圖 127 $w = \sin z$

我們現在以圖例說明，如何利用上述的觀察，建立某些區域的像。

例 證明 $w = \sin z$ 將 z 平面的半無限帶狀區域 $-\pi/2 \leq x \leq \pi/2, y \geq 0$ 一對一映成 w 平面的上半平面 $v \geq 0$。

欲證此，我們首先證明如圖 128 所示，該帶狀區域的邊界一對一映成 w 平面的實軸。線段 BA 的像可由 $x = \pi/2$ 代入方程式 (1) 且令 $y \geq 0$ 而得。因為 $x = \pi/2$ 時，$u = \cosh y$ 且 $v = 0$，BA 上的點 $(\pi/2, y)$ 被映成 w 平面的點 $(\cosh y, 0)$，當 $(\pi/2, y)$ 由 B 向上移動，其像由 B' 沿著 u 軸向右移動。水平線段 DB 上的點 $(x, 0)$ 之像為 $(\sin x, 0)$，當 x 由 $x = -\pi/2$ 遞增至 $x = \pi/2$，$(\sin x, 0)$ 從 D' 向右移至 B'。最後，在線段 DE 上，當點 $(-\pi/2, y)$ 由 D 向上移動，其像 $(-\cosh y, 0)$ 由 D' 向左移動。

如圖 128 所示，帶狀區域內部的點 $-\pi/2 < x < \pi/2, y > 0$ 位於某上半垂直線 $x = c_1, y > 0$ $(-\pi/2 < c_1 < \pi/2)$。此外，重要的是要注意這些上半垂直線的像都不同，且構成整個半平面 $v > 0$。明白的說，若直線 $x = c_1$

$(0 < c_1 < \pi/2)$ 的上半段 L 朝正 y 軸向左移動，則其像 L' 包含於雙曲線的右支逐漸開展，其頂點 $(\sin c_1, 0)$ 朝原點 $w = 0$ 移動。因此 L' 逐漸變成正 v 軸，在本例之前即已知此正 v 軸是正 y 軸的像。另一方面，當 L 趨近於帶狀區域之邊界的 BA 線段，對應的雙曲線的分支逐漸閉合，接近 u 軸的線段 $B'A'$，而其頂點 $(\sin c_1, 0)$ 趨向 $w = 1$。同理可用於圖 128 的半線 M 及其像 M'。由此可知，帶狀區域內的每一點，其像均位於上半平面 $v > 0$，而且，在上半平面的每一點，恰好為帶狀區域內一點的像。

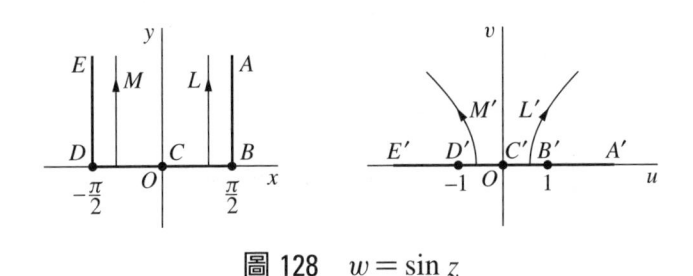

圖 128　$w = \sin z$

這就完成了我們的解說，$w = \sin z$ 的變換，將帶狀區域 $-\pi/2 \leq x \leq \pi/2$，$y \geq 0$，一對一映成上半平面 $v \geq 0$ 的證明結束。最後結果示於附錄的圖 9。如附錄的圖 10 所示，帶狀區域的右半邊顯然映成 w 平面的第一象限。

105. 藉用 $w = \sin z$ 的變換來映射水平線段
(MAPPING HORIZONTAL LINE SEGMENTS BY $w = \sin z$)

當 $w = \sin z$，有個簡便的方法來求得某些區域的像，那就是考慮水平線段 $y = c_2$ $(-\pi \leq x \leq \pi)$ 的像，其中 $c_2 > 0$。依據第 104 節方程式 (1)，此一線段的像為曲線

(1) $\qquad u = \sin x \cosh c_2, \quad v = \cos x \sinh c_2 \qquad (-\pi \leq x \leq \pi)$

此曲線為橢圓

(2) $$\frac{u^2}{\cosh^2 c_2} + \frac{v^2}{\sinh^2 c_2} = 1$$

其焦點位於

$$w = \pm\sqrt{\cosh^2 c_2 - \sinh^2 c_2} = \pm 1$$

在圖 129 中，從 A 點向右移至 E 點，點 (x, c_2) 的像，順時針繞橢圓一圈。注意，取較小的正數 c_2，橢圓變得較小，但保有相同焦點 $(\pm 1, 0)$。在 $c_2 = 0$ 的極限情形，方程式 (1) 變成

$$u = \sin x, \quad v = 0 \quad (-\pi \le x \le \pi)$$

我們發現，x 軸的區間 $-\pi \le x \le \pi$ 映成 u 軸的區間 $-1 \le u \le 1$。但是這個映射不像 $c_2 > 0$ 的情況，它不是一對一的映射。

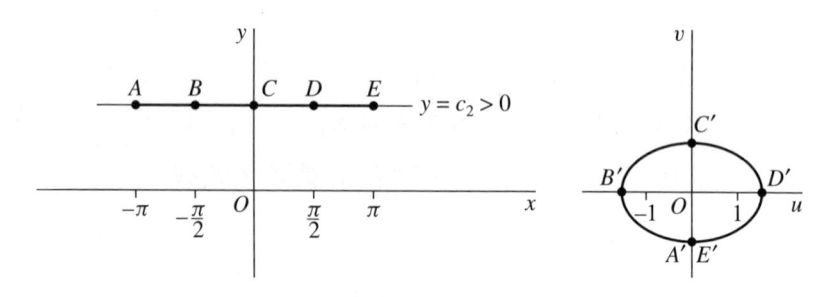

圖 129　$w = \sin z$

例　$w = \sin z$ 將矩形區域 $-\pi/2 \le x \le \pi/2, 0 \le y \le b$ 一對一映成半橢圓區域，如圖 130 所示，其對應的邊界點也有標示。因為若 L 為線段 $y = c_2$ $(-\pi/2 \le x \le \pi/2)$，其中 $0 < c_2 \le b$，則它的像 L' 為橢圓 (2) 的上半。當 c_2 遞減，L 朝 x 軸向下移動，半橢圓 L' 也向下移動且趨向由 $w = -1$ 至 $w = 1$ 的線段 $E'F'A'$。事實上，當 $c_2 = 0$，方程式 (1) 變成

$$u = \sin x, \quad v = 0 \quad \left(-\frac{\pi}{2} \le x \le \frac{\pi}{2}\right)$$

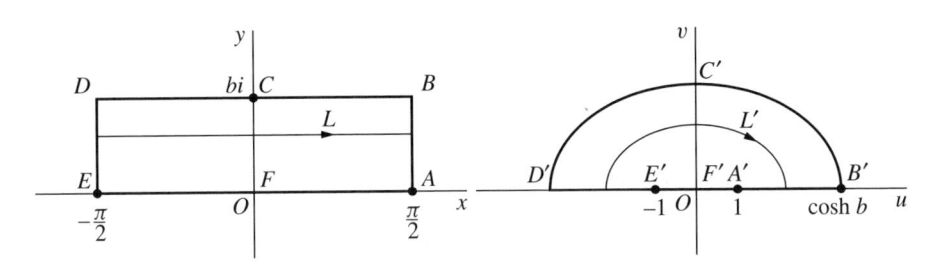

圖 130 $w = \sin z$

顯然此式將線段 EFA 一對一映成 $E'F'A'$。因此 w 平面的半橢圓區域的任一點，必位於唯一的半橢圓或位於極限情形 $E'F'A'$ 之上，該點恰為 z 平面矩形區域中一點的像。欲求的映射因此確立，此映射亦圖示於附錄的圖 11。

106. 一些相關的映射 (SOME RELATED MAPPINGS)

一旦正弦函數的映射已知，其他和正弦函數相關之函數的映射就容易獲得。

例 1 我們若回想恆等式（第 37 節）

$$\sin\left(z + \frac{\pi}{2}\right) = \cos z$$

即知變換 $w = \cos z$ 可以按步寫成

$$Z = z + \frac{\pi}{2}, \quad w = \sin Z$$

因此餘弦變換如同正弦變換，只是往右移 $\pi/2$ 單位。

例2 依據第 39 節，$w = \sinh z$ 可寫成 $w = -i\sin(iz)$，或
$$Z = iz, \quad W = \sin Z, \quad w = -iW$$
故此變換為正弦變換與旋轉 $\pi/2$ 的組合。同理，因 $\cosh z = \cos(iz)$，$w = \cosh z$ 基本上為餘弦變換。

例3 利用上面二例使用的恆等式
$$\sin\left(z + \frac{\pi}{2}\right) = \cos z \quad \text{和} \quad \cos(iz) = \cosh z$$
我們可將 $w = \cosh z$ 改寫成

(1) $$Z = iz + \frac{\pi}{2}, \quad w = \sin Z$$

讓我們現在使用 (1) 式，在 $w = \cosh z$ 的變換下，尋求半無限水平帶狀區域
$$x \geq 0,\ 0 \leq y \leq \pi/2$$
的像。

　　(1) 式的第一個變換是將所予的帶狀區域正向旋轉 90 °C 然後向右平移 $\pi/2$，如圖 131 所示。$w = \sin Z$ 將形成的帶狀區域映成 w 平面的第一象限，如第 104 節末所指出且圖示於附錄之圖 10。如圖 131 所示，所予帶狀區域的對應邊界點其證明留給讀者。

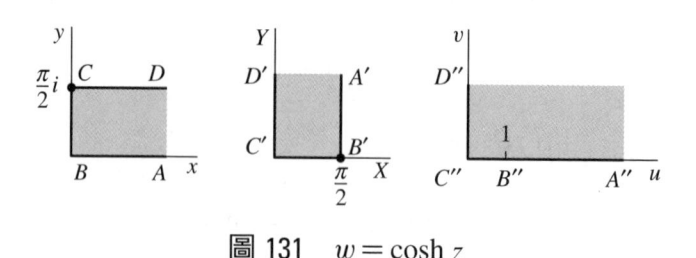

圖 131　$w = \cosh z$

第八章　初等函數的映射

習題

1. 證明在 $w = \exp z$ 之變換下，其中 $w = \rho \exp(i\phi)$，直線 $ay = x$ $(a \neq 0)$ 映成螺旋線 $\rho = \exp(a\phi)$。

2. 考慮水平線段的像，證明在 $w = \exp z$ 之變換下，矩形區域 $a \leq x \leq b$, $c \leq y \leq d$ 的像為 $e^a \leq \rho \leq e^b$, $c \leq \phi \leq d$，如圖 125 所示（第 103 節）。

3. 證明附錄圖 7 所示之區域與邊界的映射，其中變換為 $w = \exp z$。

4. 在 $w = \exp z$ 之變換下，求半無限帶狀區域 $x \geq 0$, $0 \leq y \leq \pi$ 的像，且標示邊界的對應部分。

5. 如第 104 節圖 128 所示，證明 $w = \sin z$ 將垂直線 $x = c_1$ $(-\pi/2 < c_1 < 0)$ 的上半 $(y > 0)$ 一對一映成第 104 節雙曲線 (3) 的左支的上半 $(v > 0)$。

6. 證明在 $w = \sin z$ 變換之下，直線 $x = c_1$ $(\pi/2 < c_1 < \pi)$ 映成第 104 節雙曲線 (3) 的右支。注意，此映射為一對一，且分別將直線的上半與下半映成右支的下半與上半。

7. 第 104 節例題使用垂直半線，證明 $w = \sin z$ 將開區域 $-\pi/2 < x < \pi/2$, $y > 0$ 一對一映成半平面 $v > 0$。使用水平線段 $y = c_2$ $(-\pi/2 < x < \pi/2)$, $c_2 > 0$，證明此結果。

8. (a) 證明在 $w = \sin z$ 變換之下，構成矩形區域 $0 \leq x \leq \pi/2$, $0 \leq y \leq 1$ 邊界的線段，其像為圖 132 所標示的線段與弧線 $D'E'$。弧線 $D'E'$ 為 1/4 橢圓

$$\frac{u^2}{\cosh^2 1} + \frac{v^2}{\sinh^2 1} = 1$$

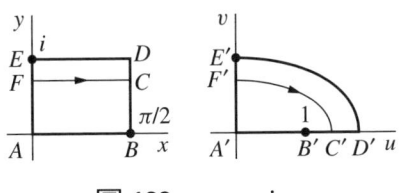

圖 132　$w = \sin z$

(b) 使用水平線段的像，證明 $w = \sin z$ 的變換建立了區域 $ABDE$ 與 $A'B'D'E'$ 內點間的一對一對應，完成圖 132 所示之映射。

9. 證明 $w = \sin z$ 將位於 x 軸上方的矩形區域 $-\pi \leq x \leq \pi, a \leq y \leq b$ 之內點，映成橢圓環內點，此環沿負虛軸的線段 $-\sinh b \leq v \leq -\sinh a$ 有一切割，如圖 133 所示。注意，矩形區域內點之映射為一對一，但其邊界點的映射則否。

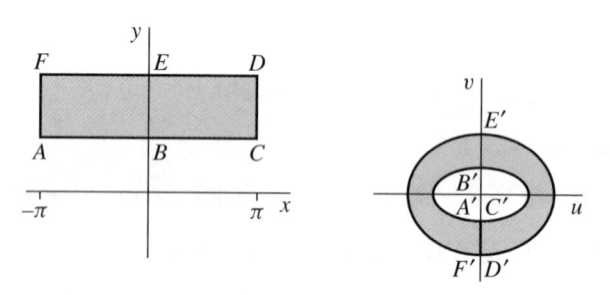

圖 133　$w = \sin z$

10. $w = \cosh z$ 的變換可以寫成

$$Z = e^z, \quad W = Z + \frac{1}{Z}, \quad w = \frac{1}{2}W$$

之合成。然後參照附錄的圖 7 和 16，證明 $w = \cosh z$ 將 z 平面中的半無限帶狀區域 $x \leq 0, 0 \leq y \leq \pi$ 映成 w 平面的下半 $v \leq 0$。標示邊界的對應部分。

11. (a) 證明方程式 $w = \sin z$ 可以寫成

$$Z = i\left(z + \frac{\pi}{2}\right), \quad W = \cosh Z, \quad w = -W$$

(b) 利用 (a) 部分以及習題 10 之結果，證明 $w = \sin z$ 將半無限帶狀區域 $-\pi/2 \leq x \leq \pi/2, y \geq 0$ 映成半平面 $v \geq 0$，如附錄圖 9 所示。（此映射在第 104 節之例題與習題 7 有另一種方式的證明。）

107. z^2 的映射 (MAPPINGS BY z^2)

在第 2 章（第 14 節），我們考慮在 $w = z^2$ 之變換下一些簡單的映射

(1) $$u = x^2 - y^2, \quad v = 2xy$$

我們現在來看一個較複雜的例子，然後（第 108 節）檢視相關映射 $w = z^{1/2}$，其中平方根取用特定的分支。

例1 利用方程式 (1) 證明垂直帶狀區域 $0 \leq x \leq 1$, $y \geq 0$ 的像，如圖 134 所示，為閉半拋物線區域。

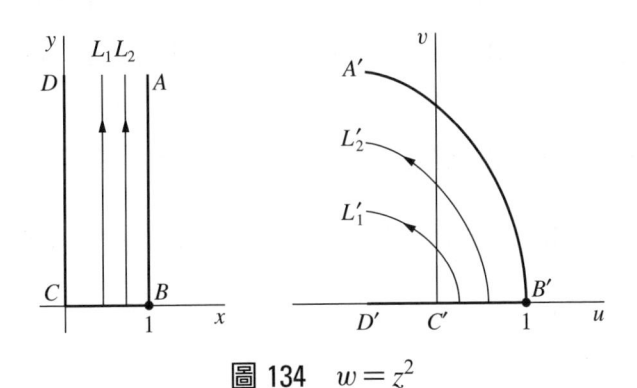

圖 134　$w = z^2$

對於 $0 < x_1 < 1$，當 y 由 $y = 0$ 遞增，點 (x_1, y) 沿垂直半線上方移動，此半線於圖 134 中標示為 L_1。依據方程式 (1)，其像在 uv 平面之參數式為

(2) $$u = x_1^2 - y^2, \quad v = 2x_1 y \quad (0 \leq y < \infty)$$

將 (2) 式中的第二式之 y 值代入第一式，可知像點 (u, v) 必位於拋物線

(3) $$v^2 = -4x_1^2(u - x_1^2)$$

之上，其頂點為 $(x_1^2, 0)$ 而焦點位於原點。依據方程式 (2) 的第二式，v 隨著 y 由 $v = 0$ 遞增，當點 (x_1, y) 由 x 軸往 L_1 上方移動，其像由 u 軸沿拋物線的上半 L_1' 向上移動。進一步而言，當 x_2 取大於 x_1 但小於 1 之值，其

對應的半線 L_2 之像為 L'_1 右側的半拋物線 L'_2，如圖 134 所示。事實上，由圖可知，半線 BA 之像為拋物線 $v^2 = -4(u-1)$ 的上半，標示為 $B'A'$。

半線 CD 的像可由方程式 (1) 得到，CD 上的點 $(0, y)$，其中 $y \geq 0$，變換到 uv 平面的點 $(-y^2, 0)$。故當點由原點沿著 CD 向上移動，其像由原點沿著 u 軸向左移動。顯然，當 xy 平面上的垂直半線向左移動，其在 uv 平面上的像（半拋物線）逐漸縮小到半線 $C'D'$。

顯然，包含且介於 CD 與 BA 之間所有半線的像，充滿由 $A'B'C'D'$ 所界定的閉半拋物線區域。此外，閉半拋物線區域的每一點，是 $ABCD$ 所界定之閉帶狀區域的唯一一點的像。因此，半拋物線區域是帶狀區域的像，這兩個閉區域的點是一對一對應（比較附錄的圖 3，其中帶寬是任意值）。

z^2 與其他基本函數的合成之映射，通常是有趣且有用的。

例2 證明 $w = \sin^2 z$ 將半無限垂直帶 $0 \leq x \leq \pi/2$, $y \geq 0$ 映成上半平面 $v \geq 0$。我們令

(4) $$Z = \sin z, \quad w = Z^2$$

且如圖 135 所示，第一個變換將 z 平面的所予區域映射至 Z 平面。（參閱第 104 節最後段以及附錄圖 10。）(4) 式的第二個變換則將 Z 平面的第一象限映成 w 平面的上半平面。此第二映射可由第 2 章第 14 節 $w = z^2$ 的討論獲得證實。

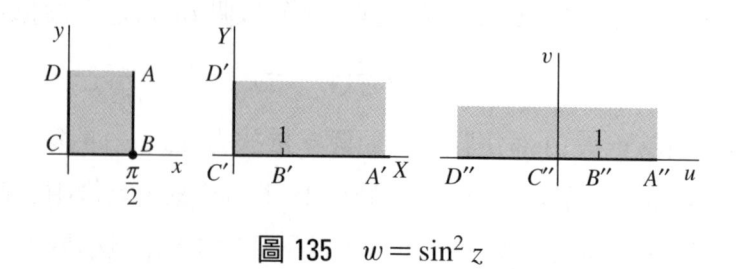

圖 135 $w = \sin^2 z$

108. $z^{1/2}$ 分支的映射 (MAPPINGS BY BRANCHES OF $z^{1/2}$)

我們現在討論平方根函數分支的映射且回顧第 1 章第 10 節，當 $z \neq 0$ 時，平方根 $z^{1/2}$ 如何定義。依據該節，若使用極座標，且

$$z = r \exp(i\Theta) \qquad (r > 0, -\pi < \Theta \leq \pi)$$

則

(1) $$z^{1/2} = \sqrt{r} \exp \frac{i(\Theta + 2k\pi)}{2} \qquad (k = 0, 1)$$

當 $k = 0$ 時為主根。在第 34 節，我們看到 $z^{1/2}$ 也可以寫成

(2) $$z^{1/2} = \exp\left(\frac{1}{2} \log z\right) \qquad (z \neq 0)$$

因此雙值函數 $z^{1/2}$ 的**主分支 (principal branch)** $F_0(z)$，可以取 $\log z$ 的主分支而得，記作（參閱第 35 節）

$$F_0(z) = \exp\left(\frac{1}{2} \operatorname{Log} z\right) \qquad (|z| > 0, -\pi < \operatorname{Arg} z < \pi)$$

當 $z = r \exp(i\Theta)$

$$\frac{1}{2} \operatorname{Log} z = \frac{1}{2}(\ln r + i\Theta) = \ln \sqrt{r} + \frac{i\Theta}{2}$$

因此

(3) $$F_0(z) = \sqrt{r} \exp \frac{i\Theta}{2} \qquad (r > 0, -\pi < \Theta < \pi)$$

當 $k = 0$ 且 $-\pi < \Theta < \pi$ 時，此方程式的右側與方程式 (1) 的右側相同。原點與射線 $\Theta = \pi$ 形成 F_0 的分支切割，而原點為分支點。

曲線與區域在 $w = F_0(z)$ 變換下的像，可由 $w = \rho \exp(i\phi)$ 得到，其中 $\rho = \sqrt{r}$ 且 $\phi = \Theta/2$。在此變換下，幅角顯然減半，且當 $z = 0$ 時可知 $w = 0$。

例 我們能夠容易地證明，$w = F_0(z)$ 可以將 1/4 圓盤 $0 \leq r \leq 2, 0 \leq \theta \leq \pi/2$ 以一對一的方式映成到 w 平面上的扇形區域 $0 \leq \rho \leq \sqrt{2}, 0 \leq \phi \leq \pi/4$（圖 136）。欲證此，當某一點 $z = r\exp(i\theta_1)$ 從原點以斜角 θ_1 ($0 \leq \theta_1 \leq \pi/2$) 沿著長度為 2 的半徑 R_1 向外移動，它的像 $w = \sqrt{r}\exp(i\theta_1/2)$ 就會在 w 平面，從原點以斜角 $\theta_1/2$ 沿著長度為 $\sqrt{2}$ 的半徑 R'_1 向外移動，參閱圖 136，圖中亦顯示另一個半徑 R_2 及其像 R'_2。我們現在清楚地從圖看到，假如 z 平面的區域是想像成一個半徑的掃描，如圖從 DA 開始，終於 DC，那麼在 w 平面上的區域也就是以相對應的半徑掃描從 $D'A'$ 開始到 $D'C'$ 結束形成一個區域，此即建立了兩個區域中的點之一對一對應。

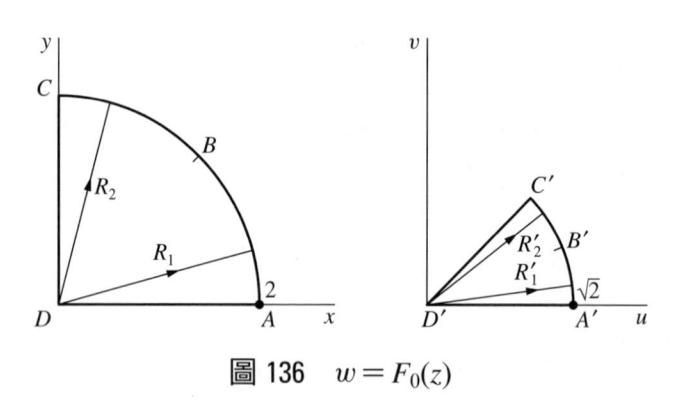

圖 136 $w = F_0(z)$

當 $-\pi < \Theta < \pi$，並使用對數函數的分支

$$\log z = \ln r + i(\Theta + 2\pi)$$

由方程式 (2) 可得 $z^{1/2}$ 的分支

(4) $\qquad F_1(z) = \sqrt{r}\exp\dfrac{i(\Theta + 2\pi)}{2} \qquad (r > 0, -\pi < \Theta < \pi)$

其對應於方程式 (1) 的 $k = 1$。因為 $\exp(i\pi) = -1$，故有 $F_1(z) = -F_0(z)$。因此 $\pm F_0(z)$ 表示 $z^{1/2}$ 在域 $r > 0, -\pi < \Theta < \pi$ 的所有值。用表示式 (3)，若我們擴大 F_0 的定義域使其包含射線 $\Theta = \pi$，且令 $F_0(0) = 0$，則 $\pm F_0(z)$ 表示 $z^{1/2}$ 在整個 z 平面的所有值。

$z^{1/2}$ 的其他分支可使用 (2) 式中 $\log z$ 的其他分支求得。以射線 $\theta = \alpha$ 為分支切割的分支為方程式

(5) $\qquad f_\alpha(z) = \sqrt{r} \exp \dfrac{i\theta}{2} \qquad (r > 0, \alpha < \theta < \alpha + 2\pi)$

注意，當 $\alpha = -\pi$ 時，我們得到分支 $F_0(z)$，而 $\alpha = \pi$ 時，我們得到分支 $F_1(z)$。如同 F_0 之情形，利用 (5) 式定義 f_α 在分支切割的非零點之值，並令 $f_\alpha(0) = 0$，可將 f_α 的定義域擴張到整個複數平面。但是這種擴張在整個複數平面不再是連續。

最後，假設 n 為任一正整數，$n \geq 2$。當 $z \neq 0$ 時，$z^{1/n}$ 為 z 的 n 次方根；依據第 34 節，多值函數 $z^{1/n}$ 可寫成

(6) $\quad z^{1/n} = \exp\left(\dfrac{1}{n} \log z\right) = \sqrt[n]{r} \exp \dfrac{i(\Theta + 2k\pi)}{n} \qquad (k = 0, 1, 2, \ldots, n-1)$

其中 $r = |z|$ 且 $\Theta = \operatorname{Arg} z$。$n = 2$ 的情況才剛討論過。一般情形，n 個函數

(7) $\qquad F_k(z) = \sqrt[n]{r} \exp \dfrac{i(\Theta + 2k\pi)}{n} \qquad (k = 0, 1, 2, \ldots, n-1)$

的每一個皆為 $z^{1/n}$ 的分支，定義於 $r > 0, -\pi < \Theta < \pi$。當 $w = \rho e^{i\phi}$，$w = F_k(z)$ 將定義域一對一映成

$$\rho > 0, \quad \dfrac{(2k-1)\pi}{n} < \phi < \dfrac{(2k+1)\pi}{n}$$

這些 $z^{1/n}$ 的 n 個分支，在 $r > 0, -\pi < \Theta < \pi$ 的任一點 z，產生 n 個相異的 z 之 n 次方根。當 $k = 0$ 時為主支，而類型 (5) 的其他分支則易於建構。

習題

1. 指出對應方向，證明 $w = z^2$ 將水平線 $y = y_1\ (y > 0)$ 映至拋物線 $v^2 = 4y_1^2(u + y_1^2)$，其焦點皆在原點 $w = 0$（與第 107 節例題 1 比較）。

2. 利用習題 1 的結果，證明 $w = z^2$ 將 x 軸上方的水平帶狀區域 $a \leq y \leq b$ 映成介於兩拋物線

$$v^2 = 4a^2(u + a^2), \quad v^2 = 4b^2(u + b^2)$$

之間的封閉區域。

3. 指出如何由第 107 節例題 1 的討論，推得 $w = z^2$ 將垂直帶狀區域 $0 \leq x \leq c$，$y \geq 0$ 映成閉半拋物線區域，如附錄圖 3 所示。

4. 修正第 107 節例題 1 的討論，證明 $w = z^2$ 將 $y = \pm x$ 與 $x = 1$ 所圍成的閉三角形區域，映成由 v 軸之線段 $-2 \leq v \leq 2$ 與拋物線 $v^2 = -4(u - 1)$ 所圍成的閉拋物線區域。證明圖 137 中，兩個區域的邊界之對應點。

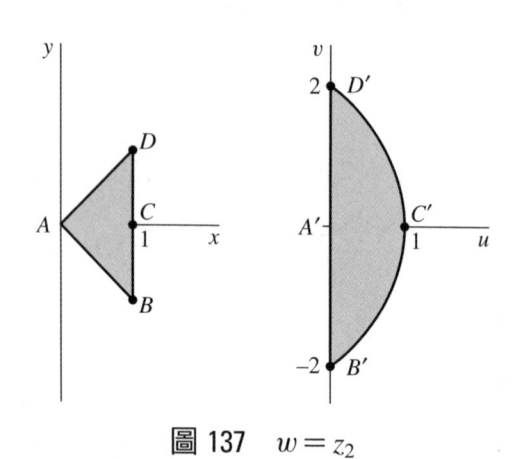

圖 137　$w = z_2$

5. 將 $w = F_0(\sin z)$ 的變換，寫成

$$Z = \sin z, \quad w = F_0(Z) \qquad (|Z| > 0, \; -\pi < \mathrm{Arg}\, z < \pi)$$

因為我們瞭解 $F_0(0) = 0$，證明 $w = F_0(\sin z)$ 將垂直半無限帶 $0 \leq x \leq \pi/2$，$y \geq 0$ 映成圖 138 最右邊的 w 平面之卦限。（將此題與第 107 節例題 2 比較。）

提示：參閱第 104 節最後一段。

第八章　初等函數的映射

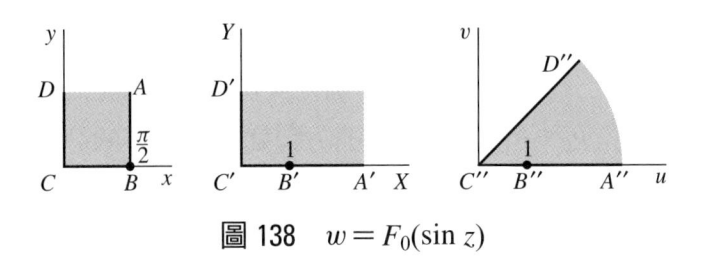

圖 138　$w = F_0(\sin z)$

6. 使用附錄的圖 9，證明若 $w = (\sin z)^{1/4}$，且取分數冪的主支，則半無限帶狀區域 $-\pi/2 < x < \pi/2, y > 0$ 被映成介於直線 $v = u$ 與 u 軸之間的第一象限部分。標出對應的邊界部分。

7. 依據第 102 節例題 2，線性分式變換

$$Z = \frac{z-1}{z+1}$$

將 x 軸映成 X 軸，且將半平面 $y > 0$ 與 $y < 0$ 分別映成半平面 $Y > 0$ 與 $Y < 0$。證明，它將 x 軸的線段 $-1 \leq x \leq 1$ 映成 X 軸的線段 $X \leq 0$。然後證明當使用平方根的主支時，合成函數

$$w = Z^{1/2} = \left(\frac{z-1}{z+1}\right)^{1/2}$$

將 x 軸的線段 $-1 \leq x \leq 1$ 以外的 z 平面，映成右半平面 $u > 0$。

8. 在 $w = F_k(z)$ $(k = 0, 1, 2, 3)$ 的變換下，求 z 平面的域 $r > 0, -\pi < \Theta < \pi$ 之像，其中 $F_k(z)$ 為第 108 節方程式 (7)，當 $n = 4$ 所給的 $z^{1/4}$ 的四個分支。利用這些分支求 i 的四次方根。

109. 多項式的平方根　(SQUARE ROOTS OF POLYNOMIALS)

本章剩下的三節將處理多值函數，這些在後續的章節將不會用到，讀者可直接跳到第 9 章而不致於有嚴重的脫節。

例1 雙值函數 $(z-z_0)^{1/2}$ 可視為位移函數 $Z = z - z_0$ 與雙值函數 $Z^{1/2}$ 的合成，如此即得其分支。$Z^{1/2}$ 的每一個分支皆產生一個 $(z-z_0)^{1/2}$ 的分支。明白地說，當 $Z = Re^{i\theta}$，依據第 108 節方程式 (5)，$Z^{1/2}$ 的分支為

$$Z^{1/2} = \sqrt{R} \exp \frac{i\theta}{2} \qquad (R > 0, \alpha < \theta < \alpha + 2\pi)$$

因此，若我們令

$$R = |z - z_0|, \quad \Theta = \mathrm{Arg}(z - z_0), \quad \text{和} \quad \theta = \arg(z - z_0)$$

則 $(z - z_0)^{1/2}$ 的兩個分支為

(1) $$G_0(z) = \sqrt{R} \exp \frac{i\Theta}{2} \qquad (R > 0, -\pi < \Theta < \pi)$$

和

(2) $$g_0(z) = \sqrt{R} \exp \frac{i\theta}{2} \qquad (R > 0, 0 < \theta < 2\pi)$$

用於 $G_0(z)$ 之 $Z^{1/2}$ 的分支，為定義於 Z 平面除原點和射線 $\mathrm{Arg}\,Z = \pi$ 之外的所有點。因此 $w = G_0(z)$ 將

$$|z - z_0| > 0, \quad -\pi < \mathrm{Arg}\,(z - z_0) < \pi$$

一對一映成 w 平面的右半 $\mathrm{Re}\,w > 0$（圖 139）。而 $w = g_0(z)$ 將

$$|z - z_0| > 0, \quad 0 < \arg(z - z_0) < 2\pi$$

一對一映成 w 平面的上半 $\mathrm{Im}\,w > 0$。

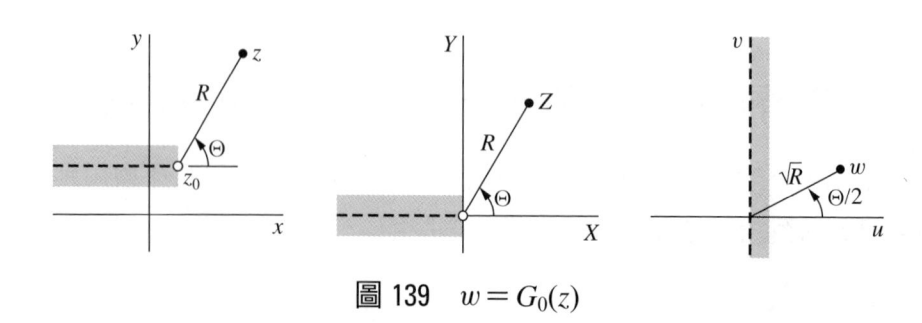

圖 139 $w = G_0(z)$

第八章 初等函數的映射

例2 我們考慮雙值函數 $(z^2-1)^{1/2}$ 的例子，雖稍複雜但具有學習意義。利用已知的對數性質，我們可寫成

$$(z^2-1)^{1/2} = \exp\left[\frac{1}{2}\log(z^2-1)\right] = \exp\left[\frac{1}{2}\log(z-1) + \frac{1}{2}\log(z+1)\right]$$

或

(3) $\qquad (z^2-1)^{1/2} = (z-1)^{1/2}(z+1)^{1/2} \qquad (z \neq \pm 1)$

因此，若 $f_1(z)$ 為 $(z-1)^{1/2}$ 定義在域 D_1 上的一個分支，且 $f_2(z)$ 為 $(z+1)^{1/2}$ 定義在域 D_2 上的一個分支，則其積 $f(z) = f_1(z) f_2(z)$ 為 $(z^2-1)^{1/2}$ 定義在 D_1 與 D_2 交集的一個分支。

為了得到 $(z^2-1)^{1/2}$ 的一個特定分支，我們使用方程式 (2) 所給的 $(z+1)^{1/2}$ 和 $(z-1)^{1/2}$ 的分支。若令

$$r_1 = |z-1| \quad 且 \quad \theta_1 = \arg(z-1)$$

則 $(z-1)^{1/2}$ 的分支為

$$f_1(z) = \sqrt{r_1}\exp\frac{i\theta_1}{2} \qquad (r_1 > 0, 0 < \theta_1 < 2\pi)$$

由方程式 (2) 所給的 $(z+1)^{1/2}$ 的分支為

$$f_2(z) = \sqrt{r_2}\exp\frac{i\theta_2}{2} \qquad (r_2 > 0, 0 < \theta_2 < 2\pi)$$

其中

$$r_2 = |z+1| \quad 且 \quad \theta_2 = \arg(z+1)$$

此兩分支的積

(4) $\qquad f(z) = \sqrt{r_1 r_2}\exp\frac{i(\theta_1 + \theta_2)}{2}$

其中

$$r_k > 0, \quad 0 < \theta_k < 2\pi \qquad (k = 1, 2)$$

定義了 $(z^2-1)^{1/2}$ 的分支 f。如圖 140 所示，除了射線 $r_2 \geq 0$, $\theta_2 = 0$，即 x 軸的 $x \geq -1$ 部分，分支 f 定義於 x 平面上的每一點。

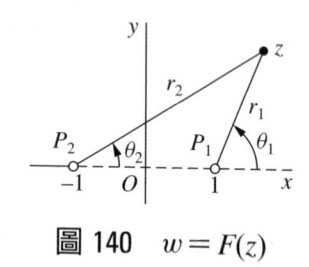

圖 140　$w = F(z)$

由方程式 (4) 所給的 $(z^2-1)^{1/2}$ 的分支 f 可以延拓為函數

(5) $$F(z) = \sqrt{r_1 r_2} \exp \frac{i(\theta_1 + \theta_2)}{2}$$

其中

$$r_k > 0, \quad 0 \leq \theta_k < 2\pi \quad (k=1,2) \quad 且 \quad r_1 + r_2 > 2$$

正如現在我們所看到的，此函數在其定義域到處可解析，亦即除了 x 軸上的線段 $-1 \leq x \leq 1$ 外的整個 z 平面，到處可解析。

由於除了射線 $r_1 > 0$, $\theta_1 = 0$ 外，對 F 之定義域中的所有 z 而言，均有 $F(z) = f(z)$，因此我們僅需證明 F 在該射線可解析。欲證此，我們把 $(z-1)^{1/2}$ 和 $(z+1)^{1/2}$ 的分支（由方程式 (1) 所給）相乘。亦即，我們考慮函數

$$G(z) = \sqrt{r_1 r_2} \exp \frac{i(\Theta_1 + \Theta_2)}{2}$$

其中

$$r_1 = |z-1|, \quad r_2 = |z+1|, \quad \Theta_1 = \text{Arg }(z-1), \quad \Theta_2 = \text{Arg }(z+1)$$

且

$$r_k > 0, \quad -\pi < \Theta_k < \pi \quad (k=1,2)$$

第八章　初等函數的映射

除了射線 $r_1 \geq 0$, $\Theta_1 = \pi$ 外，G 在整個 z 平面可解析。當 z 位於射線 $r_1 > 0$, $\Theta_1 = 0$ 或其上方，則有 $F(z) = G(z)$；因為 $\theta_k = \Theta_k$ $(k = 1, 2)$。當 z 位於該射線下方，$\theta_k = \Theta_k + 2\pi$ $(k = 1, 2)$。因此，$\exp(i\theta_k/2) = -\exp(i\Theta_k/2)$，這表示

$$\exp\frac{i(\theta_1+\theta_2)}{2} = \left(\exp\frac{i\theta_1}{2}\right)\left(\exp\frac{i\theta_2}{2}\right) = \exp\frac{i(\Theta_1+\Theta_2)}{2}$$

還是 $F(z) = G(z)$。因為 $F(z)$ 與 $G(z)$ 在包含射線 $r_1 > 0$, $\Theta_1 = 0$ 的域等值，且因 G 在該域可解析，故 F 在該域可解析。因此除了圖 140 的線段 $P_2 P_1$ 外，F 到處可解析。

由方程式 (5) 所定義的函數 F，無法自身解析延拓至線段 $P_2 P_1$ 上的點。因為當 z 向下跨越該線段，方程式 (5) 右式的值由 $i\sqrt{r_1 r_2}$ 跳至 $-i\sqrt{r_1 r_2}$，而延拓甚至無法在該處連續。

正如我們看到的，$w = F(z)$ 將線段 $P_2 P_1$ 以外的 z 平面之域 D_z，一對一映成 v 軸線段 $-1 \leq v \leq 1$ 以外的 w 平面之域 D_w（圖 141）。

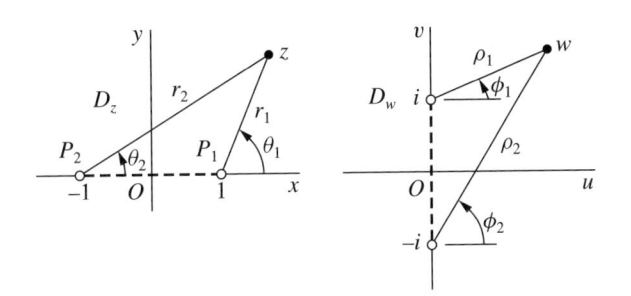

圖 141　$w = F(z)$

在驗證這個之前，我們注意到，若 $z = iy$ $(y > 0)$，則

$$r_1 = r_2 > 1 \quad 且 \quad \theta_1 + \theta_2 = \pi$$

因此 $w = F(z)$ 將正 y 軸映成 v 軸的 $v > 1$ 部分。此外，將負 y 軸映成 v 軸的 $v < -1$ 部分。D_z 的上半 $y > 0$ 的每一點映射至 w 平面的上半 $v > 0$，D_z

的下半 $y < 0$ 的每一點映射至 w 平面的下半 $v < 0$。射線 $r_1 > 0$, $\theta_1 = 0$ 被映成 w 平面的正實軸，而射線 $r_2 > 0$, $\theta_2 = \pi$ 被映成 w 平面的負實軸。

要證明 $w = F(z)$ 是一對一變換，我們觀察，若 $F(z_1) = F(z_2)$，則 $z_1^2 - 1 = z_2^2 - 1$。由此可得，$z_1 = z_2$ 或 $z_1 = -z_2$。但是 F 將 D_z 的上半、下半映射的方式以及將位於 D_z 之實軸的部分映射的方式，不可能有 $z_1 = -z_2$ 的情況。因此，若 $F(z_1) = F(z_2)$，則 $z_1 = z_2$，故 F 為一對一。

我們可由找出將 D_w 映至 D_z 的函數 H，滿足若 $z = H(w)$ 則 $w = F(z)$ 之性質，以此證明 F 將 D_z 映成 D_w。這要證明對 D_w 上的任一點 w，存在 D_z 的一點 z，使得 $F(z) = w$；亦即，F 是映成。H 是 F 的逆映射。

欲求得 H，我們首先注意到，若 w 為 $(z^2 - 1)^{1/2}$ 的一值，則 $w^2 = z^2 - 1$，因此，z 為該 w 在 $(w^2 + 1)^{1/2}$ 的一值。函數 H 為雙值函數

$$(w^2 + 1)^{1/2} = (w - i)^{1/2}(w + i)^{1/2} \qquad (w \neq \pm i)$$

的一分支。由我們得到 $F(z)$ 的方法，令 $w - i = \rho_1 \exp(i\phi_1)$ 以及 $w + i = \rho_2 \exp(i\phi_2)$（參閱圖 141）。在

$$\rho_k > 0, \quad -\frac{\pi}{2} \leq \phi_k < \frac{3\pi}{2} \quad (k = 1, 2) \qquad \text{和} \qquad \rho_1 + \rho_2 > 2$$

之條件下，我們令

(6) $$H(w) = \sqrt{\rho_1 \rho_2} \exp \frac{i(\phi_1 + \phi_2)}{2}$$

其定義域為 D_w。$z = H(w)$ 的變換，將 u 軸上方或下方之 D_w 的點，分別映成 x 軸上方或下方的點。它將正 u 軸映至 x 軸的 $x > 1$ 部分，而負 u 軸映至 x 軸的 $x < -1$ 部分。若 $z = H(w)$，則 $z^2 = w^2 + 1$ 因此 $w^2 = z^2 - 1$。因為 z 位於 D_z，且因 $F(z)$ 和 $-F(z)$ 為 $(z^2 - 1)^{1/2}$ 的兩個值，得知 $w = F(z)$ 或 $w = -F(z)$。但是由 F 與 H 對其定義域的上半與下半之映射方式，包括位於這些定義域的實軸部分，可知 $w = F(z)$。

雙值函數

(7) $$w = (z^2 + Az + B)^{1/2} = [(z - z_0)^2 - z_1^2]^{1/2} \qquad (z_1 \neq 0)$$

之分支的映射，其中 $A = -2z_0$ 且 $B = z_0^2 = z_1^2$，可用上述例題 2 所得的函數 F 以及接續變換

(8) $$Z = \frac{z - z_0}{z_1}, \quad W = (Z^2 - 1)^{1/2}, \quad w = z_1 W$$

予以處理。

習題

1. 第 109 節例題 2，$(z^2 - 1)^{1/2}$ 的分支 F 是以座標 $r_1, r_2, \theta_1, \theta_2$ 定義。以幾何方式解釋為什麼 $r_1 > 0$, $0 < \theta_1 + \theta_2 < \pi$ 的條件描述 z 平面的第一象限 $x > 0$, $y > 0$。然後證明 $w = F(z)$ 將該象限映成 w 平面的第一象限 $u > 0$, $v > 0$。

   提示：要證明所描述的為 z 平面的象限 $x > 0$, $y > 0$，注意，在正 y 軸上的每一點皆為 $\theta_1 + \theta_2 = \pi$，且當 z 沿著射線 $\theta_2 = c$ $(0 < c < \pi/2)$ 向右移動，$\theta_1 + \theta_2$ 遞減。

2. 對習題 1 中 $w = F(z)$ 將 z 平面第一象限映成 w 平面第一象限，證明

$$u = \frac{1}{\sqrt{2}}\sqrt{r_1 r_2 + x^2 - y^2 - 1} \quad \text{和} \quad v = \frac{1}{\sqrt{2}}\sqrt{r_1 r_2 - x^2 + y^2 + 1}$$

   其中

$$(r_1 r_2)^2 = (x^2 + y^2 + 1)^2 - 4x^2$$

   因此雙曲線 $x^2 - y^2 = 1$ 在第一象限之部分的像為射線 $v = u$ $(u > 0)$。

3. 證明在習題 2，位於雙曲線下方且在 z 平面的第一象限之域 D，為 $r_1 > 0$, $0 < \theta_1 + \theta_2 < \pi/2$。然後證明 D 的像為卦限 $0 < v < u$。繪出 D 及其像。

4. 令 F 為定義於第 109 節例題 2 的 $(z^2 - 1)^{1/2}$ 的分支，且令 $z_0 = r_0 \exp(i\theta_0)$ 為固定的複數值，其中 $r_0 > 0$ 且 $0 \leq \theta_0 < 2\pi$。證明 $(z^2 - z_0^2)^{1/2}$ 的分支 F_0，可

以寫成 $F_0(z) = z_0 F(Z)$，其中 $Z = z/z_0$，而 $(z^2 - z_0^2)^{1/2}$ 的分支切割為介於 z_0 與 $-z_0$ 之間的線段。

5. 令 $z - 1 = r_1 \exp(i\theta_1)$ 且 $z + 1 = r_2 \exp(i\Theta_2)$，其中

$$0 < \theta_1 < 2\pi \quad 且 \quad -\pi < \Theta_2 < \pi$$

以此定義函數

(a) $(z^2 - 1)^{1/2}$

(b) $\left(\dfrac{z-1}{z+1}\right)^{1/2}$

的一個分支。在每一情況下，分支切割是由兩射線 $\theta_1 = 0$ 和 $\Theta_2 = \pi$ 所組成。

6. 使用第 109 節的符號，證明函數

$$w = \left(\frac{z-1}{z+1}\right)^{1/2} = \sqrt{\frac{r_1}{r_2}} \exp \frac{i(\theta_1 - \theta_2)}{2}$$

是與該節的函數 $w = F(z)$ 有相同定義域 D_z 和相同分支切割的一個分支。證明此變換將 D_z 映成右半平面 $\rho > 0, -\pi/2 < \phi < \pi/2$，其中 $w = 1$ 為 $z = \infty$ 之像。並且，證明其逆變換為

$$z = \frac{1 + w^2}{1 - w^2} \quad (\text{Re } w > 0)$$

（與第 108 節習題 7 比較。）

7. 證明習題 6 的變換，將 z 平面之上半的單位圓 $|z| = 1$ 外部映成 w 平面的第一象限，介於直線 $v = u$ 與 u 軸之間的區域，繪出此兩區域。

8. 令 $z = r \exp(i\Theta), z - 1 = r_1 \exp(i\Theta_1)$ 和 $z + 1 = r_2 \exp(i\Theta_2)$，其三個幅角之值均介於 $-\pi$ 與 π 之間，然後定義函數 $[z(z^2 - 1)]^{1/2}$ 的分支，此函數的分支切割是由 x 軸線段 $x \leq -1$ 和 $0 \leq x \leq 1$ 組成。

110. Riemann 面 (RIEMANN SURFACES)

本節與下一節是介紹定義在 Riemann 面上的映射概念，該曲面為複平面之推廣且由多頁組成。此理論是基於所予的多值函數，在該曲面上的每一點僅取一值。

對一個所予的函數，Riemann 面一旦設計成該函數在此曲面上取單值，單值函數的理論便可適用。複雜性是由於函數的多值性，因此可用幾何方法去除。但是，這些曲面的描述以及調整每頁之間的適當連接都會變得相當複雜。我們所注意的是侷限於簡單的例題且以 $\log z$ 的曲面開始。

例1 對應於每一個非零 z，多值函數

(1) $$\log z = \ln r + i\theta$$

有無限多個值。欲將 $\log z$ 描述成單值函數，我們把去除原點的 z 平面以一個曲面取代，當 z 的幅角增減 2π 或 2π 的整數倍就在曲面上定出一個新的點。

我們將去除原點的 z 平面，視為沿著正實軸切開的一張薄頁 R_0。在此頁，令 θ 取值為 0 到 2π。令第二頁 R_1 以相同方式切開，且置於 R_0 的前方。然後將 R_0 切縫的下緣連接到 R_1 切縫的上緣。在 R_1，θ 角取值為 2π 到 4π；因此，當 z 以 R_1 上的一點表示，$\log z$ 的虛部取值為 2π 到 4π。

然後，R_2 用相同方式切開，並置於 R_1 的前方。R_1 切縫的下緣連接到此新片切縫的上緣，而且 $R_3, R_4, \ldots$ 也是用同樣的方式進行。R_{-1} 為 θ 取值 0 至 -2π，切開並置於 R_0 後方，其切縫下緣連接到 R_0 切縫的上緣；$R_{-2}, R_{-3}, \ldots$ 也用同樣方式建構。在任一頁上的點之座標 r 與 θ，可視為投影於原來 z 平面之點的極座標，每一頁的角度座標被限定在 2π 範圍內。

考慮在此一由無窮多頁所連接而成的曲面上的任一連續曲線。以點 z 描述該曲線，$\log z$ 的值隨 θ 連續變化，也隨 r 連續變化；而且 $\log z$ 現在假設對曲線上的每一點僅為單值。例如，當點在 R_0 繞原點一圈，其路徑如圖 142 所示，角度由 0 變至 2π。當它跨過射線 $\theta = 2\pi$，該點進入曲面的 R_1 頁。當點在 R_1 繞一圈，角度由 2π 變至 4π；且當它跨過射線 $\theta = 4\pi$，該點進入 R_2 頁。

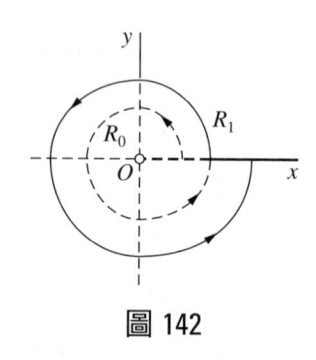

圖 142

此處所描述的曲面為 $\log z$ 的 Riemann 面。它是無窮多頁連成的曲面，其排列是使 $\log z$ 為單值函數。

$w = \log z$ 將整個 Riemann 面以一對一的方式映成整個 w 平面。R_0 的像為帶狀區域 $0 \leq v \leq 2\pi$（參閱第 102 節例題 3）。如圖 143 所示，當點 z 沿著弧線移動到 R_1，其像 w 如圖所示向上跨過直線 $v = 2\pi$。

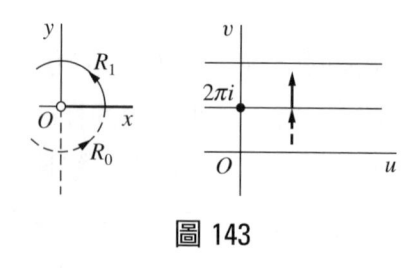

圖 143

注意，定義於 R_1 的 $\log z$，代表單值解析函數

$$f(z) = \ln r + i\theta \qquad (0 < \theta < 2\pi)$$

向上跨過正實軸之解析延拓。從這個角度講，log z 不但是 Riemann 面上所有點 z 的單值函數，而且也是解析函數。

當然，每一頁也可以沿著負實軸切開，或從原點沿著任一射線切開，然後沿著切縫適當的貼合，形成其他 log z 的 Riemann 面。

例 2 對應於原點以外之 z 平面上的每一點，平方根函數

$$z^{1/2} = \sqrt{r}e^{i\theta/2} \tag{2}$$

具有兩個值。$z^{1/2}$ 的 Riemann 面可用 R_0 與 R_1 兩頁所組成的曲面取代 z 平面而得，其中兩者均沿著正實軸切開，且 R_1 置於 R_0 的前方。R_0 切縫的下緣與 R_1 切縫的上緣相貼合，且 R_1 切縫的下緣與 R_0 切縫的上緣相貼合。

當點 z 從 R_0 切縫的上緣開始，以逆時針方向繞著原點形成一連續迴路，θ 由 0 增至 2π。然後點由 R_0 進入 R_1，而 θ 由 2π 增至 4π。當點繼續移動，它又回到 R_0，而 θ 由 4π 變至 6π 或由 0 變至 2π，其選擇不影響 $z^{1/2}$ 的值。注意，由 R_0 進入 R_1 的點，所得 $z^{1/2}$ 的值，不同於由 R_1 進入 R_0 的點，所得 $z^{1/2}$ 的值。

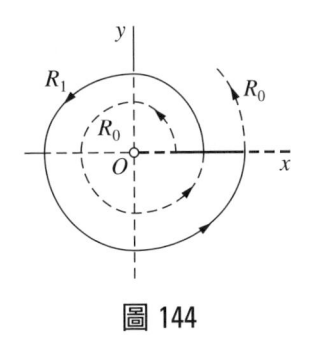

圖 144

我們因此建構一個 Riemann 面，其對每一個非零 z，$z^{1/2}$ 均為單值。在此建構下，R_0 與 R_1 的邊緣成對貼合，形成一個閉連通曲面。兩個邊緣

貼合點不同於另兩個邊緣貼合點。因此不可能具體塑造出此 Riemann 面模型。想像一個 Riemann 面，當我們到達切縫邊緣時，要瞭解如何處理才是重要的。

原點為此 Riemann 面的特殊點，它為兩頁所共有。在曲面上繞著原點的曲線，為了成為封閉曲線必須繞著原點兩圈。在 Riemann 面上此種類型的點稱為**歧點 (branch point)**。

R_0 在 $w = z^{1/2}$ 之變換下的像為 w 平面的上半，此乃因 w 的幅角在 R_0 為 $\theta/2$，其中 $0 \leq \theta/2 \leq \pi$。同理，R_1 的像為 w 平面的下半，正如定義於每一頁的函數為定義於另一頁的函數跨過切割的解析延拓。在此觀點下，Riemann 面上的單值函數 $z^{1/2}$，除了原點外到處可解析。

習題

1. 描述由沿著負實軸切開而得的 $\log z$ 之 Riemann 面。比較此 Riemann 面與第 110 節例題 1 所得之 Riemann 面。

2. 求第 110 節例題 1 所予的 $\log z$ 之 Riemann 面，其 R_n 在 $w = \log z$ 之變換下的像，其中 n 為任意整數。

3. 對第 110 節例題 2 所予的 $z^{1/2}$ 之 Riemann 面的 R_1，在 $w = z^{1/2}$ 之變換下，證明其像為 w 平面的下半。

4. 在一個 $z^{1/2}$ 的 Riemann 面，描述一曲線，此曲線在 $w = z^{1/2}$ 的變換下，其像為整個圓 $|w| = 1$。

5. 令 C 為第 110 節例題 2 所描述之 Riemann 面上的正向圓 $|z - 2| = 1$，其中上半圓位於 R_0，而下半圓位於 R_1。注意，對 C 上的每一點 z，可寫成

$$z^{1/2} = \sqrt{r} e^{i\theta/2} \quad \text{其中} \quad 4\pi - \frac{\pi}{2} < \theta < 4\pi + \frac{\pi}{2}$$

說明為何

第八章　初等函數的映射

$$\int_C z^{1/2}\,dz = 0$$

將此結果推廣至其他未圍住歧點，但由一頁跨至另一頁的簡單封閉曲線。推廣到其他函數，由此將 Cauchy–Goursat 定理推廣到多值函數的積分。

111. 相關函數的曲面 (SURFACES FOR RELATED FUNCTIONS)

我們在此考慮兩個含有多項式與平方根的合成函數之 Riemann 面。

例1　描述雙值函數的 Riemann 面

(1) $$f(z) = (z^2 - 1)^{1/2} = \sqrt{r_1 r_2}\,\exp\frac{i(\theta_1 + \theta_2)}{2}$$

其中 $z - 1 = r_1 \exp(i\theta_1)$ 且 $z + 1 = r_2 \exp(i\theta_2)$，在第 109 節例題 2 述及此函數的一個分支，以歧點 $z = \pm 1$ 間的線段 $P_2 P_1$ 為分支切割（圖 145）。上述分支之限制為 $r_k > 0$, $0 \le \theta_k < 2\pi$ $(k = 1, 2)$ 和 $r_1 + r_2 > 2$。此分支在線段 $P_2 P_1$ 未定義。

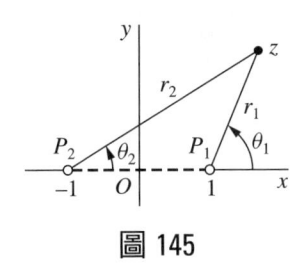

圖 145

雙值函數 (1) 的 Riemann 面必由 R_0 與 R_1 兩頁組成。令兩頁皆沿著線段 $P_2 P_1$ 割開。R_0 切縫的下緣接到 R_1 切縫的上緣，而 R_1 的下緣接到 R_0 的上緣。

在 R_0，令角度 θ_1 和 θ_2 由 0 變化至 2π。R_0 中圍住線段 $P_2 P_1$ 的簡單封閉曲線上的點，若逆時針方向繞一圈回到起點，θ_1 和 θ_2 皆變化 2π。

$(\theta_1 + \theta_2)/2$ 的變化也是 2π，因此 f 的值不變。若路徑由 R_0 上的點開始，繞過歧點 $z = 1$ 兩次，在它回到起點前，必從 R_0 穿過 R_1 再回到 R_0。在此情形，θ_1 變化 4π，而 θ_2 保持不變。同理，繞 $z = -1$ 兩次的迴路，θ_2 變化 4π，而 θ_1 保持不變。再一次，$(\theta_1 + \theta_2)/2$ 的變化為 2π，而 f 的值不變。因此，在 R_0，角度 θ_1 和 θ_2 的變化，可以擴充至相同於 2π 整數倍的變化量，或僅一個角度變化 4π 的整數倍。無論哪一種情況，兩個角度的總變化量為 2π 的偶整數倍。

欲得到 θ_1 和 θ_2 在 R_1 的值之範圍，我們注意到，若點由 R_0 開始，沿著僅繞某一歧點一次的路徑，則它進入 R_1 而未回到 R_0。在此情形，其中一個角度變化 2π，而另一個保持不變。因此，在 R_1，當一個角度由 2π 變化至 4π，而另一個則由 0 變化至 2π。它們的總和則由 2π 變化至 6π，而 $f(z)$ 的幅角 $(\theta_1 + \theta_2)/2$ 由 π 變化至 3π，再者，角度的變化可以擴充至僅改變一個角度，而變化值為 4π 的整數倍，或改變二個角度，其變化值均為 2π 的整數倍。

雙值函數 (1) 現在可以視為剛才所建構的 Riemann 面上的單值函數。$w = f(z)$ 的變換將建構該曲面所用的每一頁映成整個 w 平面。

例 2　考慮雙值函數

$$(2) \qquad f(z) = [z(z^2 - 1)]^{1/2} = \sqrt{rr_1r_2} \exp \frac{i(\theta + \theta_1 + \theta_2)}{2}$$

（圖 146）。$z = 0, \pm 1$ 為此函數的歧點。注意，若點 z 為描述包含三個歧點的迴路，$f(z)$ 的幅角變化量為 3π，函數值因而改變。因此，為了描述 f 的一個單值分支，有一條分支切割必須由歧點的其中一點延伸至無窮遠點。因此無窮遠點也是一個歧點，這可由 $f(1/z)$ 在 $z = 0$ 有一個歧點證實。

令兩頁均沿著由 $z = -1$ 到 $z = 0$ 的線段 L_2，以及 $z = 1$ 右側的實軸

部分 L_1 切開。我們指出角度 θ, θ_1 和 θ_2 的每一個在 R_0，均可由 0 變化至 2π，在 R_1 均可由 2π 變化至 4π。我們又指出，對應於頁上每一點的角度，在三個角度總和的變化值為 4π 的整數倍之方式下，每一個角度在任一頁均有 2π 整數倍的變化值。因此，函數 f 的值並未改變。

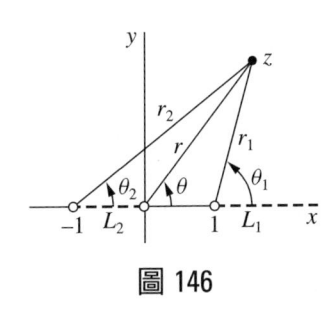

圖 146

雙值函數 (2) 的 Riemann 面是由分別連接沿著 L_1 與 L_2 切縫的 R_0 下緣與沿著 L_1 與 L_2 切縫的 R_1 上緣而得。而沿著 L_1 與 L_2 切縫的 R_1 下緣分別接到沿著 L_1 與 L_2 切縫的 R_0 上緣。由圖 146，易證此函數的一分支是以其在 R_0 上的值來表示，而另一分支則以 R_1 上的值表示。

習題

1. 描述三值函數 $w = (z-1)^{1/3}$ 的 Riemann 面，並指出 w 平面的那一個三分之一是該曲面的每一頁的像。

2. 對第 111 節例題 2 所描述 Riemann 面的每一點，就該例題之函數 $w = f(z)$ 而言，恰對應於一個 w 值。證明對每一個 w 值，一般而言，曲面上有三個點與之對應。

3. 描述多值函數

$$f(z) = \left(\frac{z-1}{z}\right)^{1/2}$$

的 Riemann 面。

4. 注意，第 111 節例題 1 所描述 $(z^2-1)^{1/2}$ 的 Riemann 面，它也是函數

$$g(z) = z + (z^2-1)^{1/2}$$

的 Riemann 面。令 f_0 表示 $(z^2-1)^{1/2}$ 在 R_0 的分支，證明 g 在該 Riemann 面兩頁上的分支 g_0 與 g_1 為

$$g_0(z) = \frac{1}{g_1(z)} = z + f_0(z)$$

5. 於習題 4 中，$(z^2-1)^{1/2}$ 的分支 f_0 可用方程式

$$f_0(z) = \sqrt{r_1 r_2}\left(\exp\frac{i\theta_1}{2}\right)\left(\exp\frac{i\theta_2}{2}\right)$$

描述，其中 θ_1 與 θ_2 之範圍為 0 到 2π，且

$$z-1 = r_1 \exp(i\theta_1), \quad z+1 = r_2 \exp(i\theta_2)$$

注意，

$$2z = r_1 \exp(i\theta_1) + r_2 \exp(i\theta_2)$$

且證明函數 $g(z) = z + (z^2-1)^{1/2}$ 的分支 g_0 可寫成

$$g_0(z) = \frac{1}{2}\left(\sqrt{r_1}\exp\frac{i\theta_1}{2} + \sqrt{r_2}\exp\frac{i\theta_2}{2}\right)^2$$

求 $g_0(z)\overline{g_0(z)}$，且注意對所有 z 而言，恆 $r_1 + r_2 \geq 2$ 和 $\cos[(\theta_1 - \theta_2)/2] \geq 0$，證明 $|g_0(z)| \geq 1$。然後證明 $w = z + (z^2-1)^{1/2}$ 將 Riemann 面的 R_0 映成 $|w| \geq 1$，R_1 映成 $|w| \leq 1$，且 $z = \pm 1$ 間的分支切割映成圓 $|w| = 1$。注意，在此所用的變換為

$$z = \frac{1}{2}\left(w + \frac{1}{w}\right)$$

之逆變換。

第九章 保角映射

本章將介紹並展開保角映射的概念，重點在於保角映射與調和函數（第 27 節）之間的關係，下一章將討論它在物理學上的應用。

112. 保角與尺度因子
(PRESERVATION OF ANGLES AND SCALE FACTORS)

令 C 為光滑弧（第 43 節），以方程式

$$z = z(t) \qquad (a \leq t \leq b)$$

表示，且令 $f(z)$ 為定義於 C 的函數。則方程式

$$w = f[z(t)] \qquad (a \leq t \leq b)$$

是 C 在 $w = f(z)$ 之變換下的像 Γ 之參數式。

假設 C 通過點 $z_0 = z(t_0)$ $(a < t_0 < b)$，而 f 在此點可解析且 $f'(z_0) \neq 0$。依據第 43 節習題 5 所證明的鏈法則，若 $w(t) = f[z(t)]$，則

(1) $$w'(t_0) = f'[z(t_0)]z'(t_0)$$

這表示（參閱第 9 節）

(2) $$\arg w'(t_0) = \arg f'[z(t_0)] + \arg z'(t_0)$$

式子 (2) 有助於聯繫 C 與 Γ 分別在點 z_0 與 $w_0 = f(z_0)$ 之方向。

具體而言，令 θ_0 表示 $\arg z'(t_0)$ 的一值，且令 ϕ_0 為 $\arg w'(t_0)$ 的一值。依據第 43 節末單位切線向量 **T** 的討論，θ_0 為 C 在 z_0 之有向切線的斜角，而 ϕ_0 為 Γ 在 $w_0 = f(z_0)$ 之有向切線的斜角（參閱圖 147）。由 (2) 可知，存在 $\arg f'[z(t_0)]$ 的一值 ψ_0 使得

(3) $$\phi_0 = \psi_0 + \theta_0$$

因此 $\phi_0 - \theta_0 = \psi_0$，我們發現 ϕ_0 與 θ_0 之間相差一個**旋轉角 (angle of rotation)**

(4) $$\psi_0 = \arg f'(z_0)$$

圖 147　$\phi_0 = \psi_0 + \theta_0$

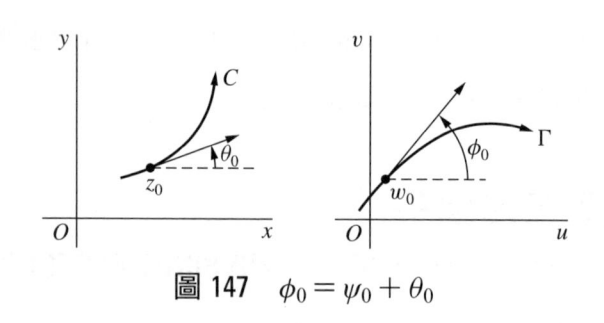

現在令 C_1 與 C_2 為通過 z_0 的兩條光滑弧，且令 θ_1 與 θ_2 分別為 C_1 和 C_2 在 z_0 的有向切線之斜角。我們由上一段得知

$$\phi_1 = \psi_0 + \theta_1 \quad \text{和} \quad \phi_2 = \psi_0 + \theta_2$$

分別為像曲線 Γ_1 和 Γ_2 在點 $w_0 = f(z_0)$ 之有向切線的斜角。因此 $\phi_2 - \phi_1 = \theta_2 - \theta_1$；亦即，由 Γ_1 到 Γ_2 之角度 $\phi_2 - \phi_1$ 與由 C_1 到 C_2 之角度 $\theta_2 - \theta_1$，兩者在大小與方向上是相同的，於圖 148 中，這些角度記做 α。

由此一保角性質，若 f 在點 z_0 可解析且 $f'(z_0) \neq 0$，則稱變換 $w = f(z)$ 在點 z_0 是**保角的 (conformal)**。事實上，在 z_0 的某個鄰域內的每一點，此變換皆是保角的。此因 f 必須在 z_0 的鄰域可解析（第 25 節）；且因 f' 在在該鄰域連續（第 57 節），因此由第 18 節定理 2 告訴我們，存在 z_0 的一個鄰域，f 在此鄰域的每一點 z 滿足 $f'(z) \neq 0$。

第九章　保角映射

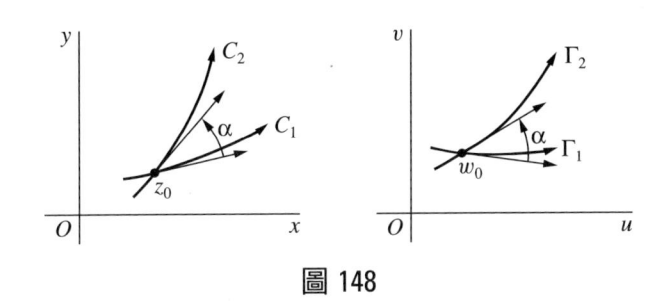

圖 148

設變換 $w = f(z)$ 定義於 D，若 f 在 D 的每一點均為保角，則稱 w 為保角變換或**保角映射 (conformal)**。亦即，若 f 在 D 可解析且其導數 f' 在 D 沒有零值則 f 為 D 上的保角映射。在第 3 章所學的初等函數，每一個都可用來定義某個域的保角變換。

例 1　映射 $w = e^z$ 在整個 z 平面皆是保角的，此乃因對每一個 z 而言，恆有 $(e^z)' = e^z \neq 0$。考慮 z 平面上的任意二條直線 $x = c_1$ 和 $y = c_2$，其中第一條方向朝上，而第二條方向朝右。依據第 103 節例題 1，它們在 $w = e^z$ 之映射的像，分別為一個正向圓以及一條以原點為起點的射線。如第 103 節圖 124 所示，此二條線在交點的夾角為負向直角，且圓與射線在 w 平面對應點的夾角也與此相同。$w = e^z$ 的保角映射亦圖示於附錄的圖 7 與 8。

例 2　考慮函數

$$f(z) = u(x, y) + iv(x, y)$$

的實部與虛部的等位線 $u(x, y) = c_1$ 與 $v(x, y) = c_2$，此 u, v 為兩平滑弧，並假設其相交於 z_0 點，而 f 在點 z_0 可解析且 $f'(z_0) \neq 0$。$w = f(z)$ 在 z_0 是保角的，並且將這二條弧映射為正交於點 $w_0 = f(z_0)$ 的直線 $u = c_1$ 和 $v = c_2$。依據我們的理論，這些弧必須正交於 z_0，此結果在第 27 節的習題 2 到 6 已經證明並圖示。

若一個映射保有二條平滑弧之間的夾角，但未必保有其方向，稱為**等角映射 (isogonal mapping)**。

例3 $w = \bar{z}$ 是實軸鏡射變換，此變換等角但不保角。若接著做一個保角變換，得到 $w = f(\bar{z})$，此變換亦為等角而非保角。

假設 f 不是常數函數且在 z_0 可解析。此外，若 $f'(z_0) = 0$，則稱 z_0 為 $w = f(z)$ 之**臨界點 (critical point)**。

例4 點 $z_0 = 0$ 是變換

$$w = 1 + z^2$$

的臨界點，而此變換是

$$Z = z^2 \quad \text{和} \quad w = 1 + Z$$

兩個映射的合成函數。顯然，以 $z_0 = 0$ 為起點的射線 $\theta = \alpha$ 被映成以 $w_0 = 1$ 為起點，斜角為 2α 的射線，以 $z_0 = 0$ 為起點的任意兩條射線，其夾角經此變換後成了二倍。

廣義的說，可證明，若 z_0 為變換 $w = f(z)$ 的臨界點，則存在一個整數 m ($m \geq 2$)，使得通過 z_0 的任意二條光滑弧之間的夾角，在此變換下變成原來的 m 倍。此整數 m 為使得 $f^{(m)}(z_0) \neq 0$ 的最小正整數。這些事實的證明留做習題。

在點 z_0 保角的變換 $w = f(z)$，其另一個性質可由考慮 $f'(z_0)$ 的模數而得。由導數的定義以及第 18 節習題 7 所導出的有關模數極限，我們知道

(5) $\qquad |f'(z_0)| = \left| \lim_{z \to z_0} \dfrac{f(z) - f(z_0)}{z - z_0} \right| = \lim_{z \to z_0} \dfrac{|f(z) - f(z_0)|}{|z - z_0|}$

如今，$|z - z_0|$ 為連接 z_0 與 z 之線段的長度，而 $|f(z) - f(z_0)|$ 為 w 平面中連接 $f(z_0)$ 與 $f(z)$ 之線段的長度。顯然，若 z 接近 z_0，則此二長度的比值

$$\frac{|f(z)-f(z_0)|}{|z-z_0|}$$

近似於 $|f'(z_0)|$。注意，若 $|f'(z_0)|$ 大於 1 則它代表膨脹，若 $|f'(z_0)|$ 小於 1 則它代表收縮。

一般而言，雖然旋轉角 $\arg f'(z)$ 與**尺度因子 (scale factor)** $|f'(z_0)|$ 逐點改變，但由 f' 的連續性（參閱第 57 節），在點 z 接近 z_0 時，它們的值近似於 $\arg f'(z_0)$ 與 $|f'(z_0)|$。因此，z_0 的一個小鄰域經映射後所得的像，就某種程度而言，它保有與原區域相同的形狀，但是對大區域而言經過映射變換後，就無法保有原形。

113. 進階的例子 (FURTHER EXAMPLES)

下面兩個例子互有密切的關係，他們除了說明前面章節的內容之外，也強調了在 z 平面上如何保角以及尺度因子會逐點改變。

例 1 函數

$$f(z) = z^2 = x^2 - y^2 + i2xy$$

為整函數，其導數 $f'(z) = 2z$ 僅在原點為 0。因此，變換 $w = f(z)$ 在點 $z_0 = 1 + i$ 為保角，其中 z_0 為半線

(1) $\qquad y = x \ (x \geq 0) \quad$ 與 $\quad x = 1 \ (y \geq 0)$

的交點。我們以 C_1 與 C_2 表示此二半線，如圖 149 所示。又 C_1, C_2 以朝上為正。注意，在交點處，由 C_1 到 C_2 的角度為 $\pi/4$。

因為點 $z = (x, y)$ 的像是 w 平面上的點，其直角座標為

(2) $\qquad u = x^2 - y^2 \quad$ 和 $\quad v = 2xy$

圖 149　$w = z^2$

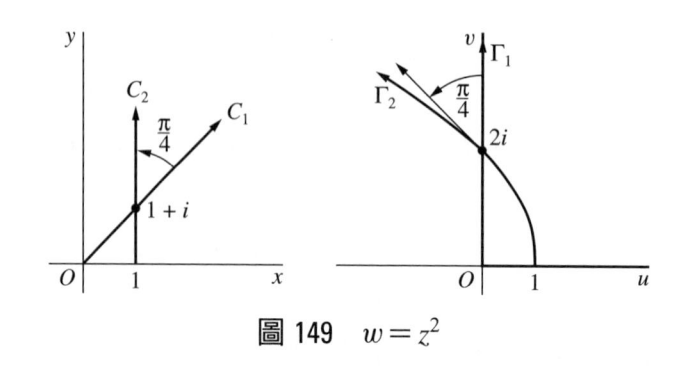

所以半線 C_1 被變換到參數式為

(3) $\qquad u = 0, \quad v = 2x^2 \qquad (0 \leq x < \infty)$

的曲線 Γ_1。因此 Γ_1 為 v 軸的上半 $v \geq 0$。半線 C_2 被變換到曲線 Γ_2，其方程式為

(4) $\qquad u = 1 - y^2, \quad v = 2y \qquad (0 \leq y < \infty)$

消去方程式 (4) 的變數 y，我們發現 Γ_2 是拋物線 $v^2 = -4(u-1)$ 的上半。注意，在每一種情況，曲線 Γ_1 與 Γ_2 的正向是指朝上。

若 u 與 v 為曲線 Γ_2 之表示式 (4) 的變數，則有

$$\frac{dv}{du} = \frac{dv/dy}{du/dy} = \frac{2}{-2y} = -\frac{2}{v}$$

特別地，當 $v = 2$ 時 $dv/du = -1$。因此，在點 $w = f(1+i) = 2i$，曲線 Γ_1 到 Γ_2 的角度為 $\pi/4$，這就是在點 $z = 1 + i$ 之保角映射所要求之結果。在點 $z = 1 + i$ 之旋轉角為 $\pi/4$，是

$$\arg f'(1+i) = \arg[2(1+i)] = \frac{\pi}{4} + 2n\pi \qquad (n = 0, \pm 1, \pm 2, \ldots)$$

的一值。而在該點之尺度因子為

$$|f'(1+i)| = |2(1+i)| = 2\sqrt{2}$$

例2 現在回到圖 150，我們考慮例 1 中所用到的半線 C_2 以及圖中所示之新的半線 C_3。這些半線交於點 $z_0 = 1$，且其正向如圖所示。

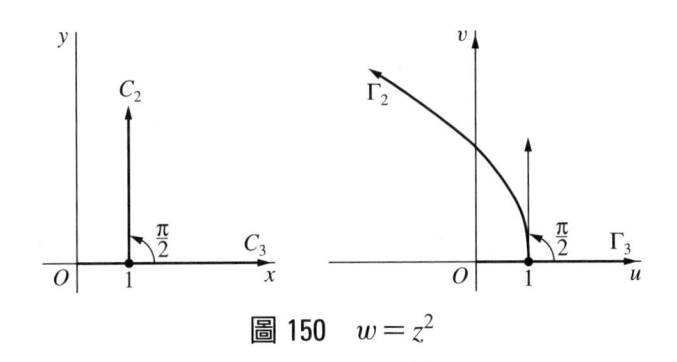

圖 150　$w = z^2$

我們使用與例 1 相同的變換。因此 C_2 的像與例 1 相同。由方程式 (2)，因為在 C_3 其 $y = 0$，C_3 的像 Γ_3 為

$$u = x^2, \quad v = 0 \qquad (0 \leq x < \infty)$$

這告訴我們，在 z 平面上，介於 C_2 與 C_3 之間的直角，在 w 平面上仍然保持直角。

最後，我們觀察到，在圖 150 中的曲線 C_2 與 C_3 之交點 $z_0 = 1$，其尺度因子為 $|f'(1)| = 2$。

114. 局部逆 (LOCAL INVERSES)

在點 z_0 的保角變換 $w = f(z)$，其在 z_0 具有局部逆。亦即，若 $w_0 = f(z_0)$，則存在定義於 w_0 的鄰域 N，且於 N 可解析之唯一的變換 $z = g(w)$，使得對 N 的每一點 w，皆有 $g(w_0) = z_0$ 和 $f[g(w)] = w$。又，$g(w)$ 的導數為

(1) $$g'(w) = \frac{1}{f'(z)}$$

我們由 (1) 式可知，變換 $z = g(w)$ 本身在 w_0 是保角的。

假設 $w = f(z)$ 在點 z_0 保角，我們可用高微*的結果證明此局部逆的存在性。如第 112 節所提到的，變換 $w = f(z)$ 在 z_0 的保角性，意指存在 z_0 的鄰域使得 f 在此鄰域的每一點可解析。因此若我們令

$$z = x + iy, \quad z_0 = x_0 + iy_0 \quad \text{和} \quad f(z) = u(x, y) + iv(x, y)$$

則可知存在點 (x_0, y_0) 的鄰域，使得 $u(x, y)$ 和 $v(x, y)$ 以及它們的各階偏導數，在此鄰域的每一點均連續（參閱第 57 節）。

方程組

(2) $$u = u(x, y), \quad v = v(x, y)$$

代表從剛才所提之鄰域映至 uv 平面的變換。此外，變換的 Jacobian，亦即行列式

$$J = \begin{vmatrix} u_x & u_y \\ v_x & v_y \end{vmatrix} = u_x v_y - v_x u_y$$

在 (x_0, y_0) 不為 0。這是因為由 Cauchy–Riemann 方程組 $u_x = v_y$ 和 $u_y = -v_x$，我們可以將 J 寫成

$$J = (u_x)^2 + (v_x)^2 = |f'(z)|^2$$

而 $f'(z_0) \neq 0$，此乃因變換 $w = f(z)$ 在點 z_0 是保角的。由上述 $u(x, y)$ 和 $v(x, y)$ 與其偏導數之連續性條件，以及 Jacobian 在 z_0 不為 0 的條件，足以保證變換 (2) 的局部逆在點 (x_0, y_0) 的存在性。亦即，若

(3) $$u_0 = u(x_0, y_0) \quad \text{和} \quad v_0 = v(x_0, y_0)$$

則存在唯一的連續變換

(4) $$x = x(u, v), \quad y = y(u, v)$$

---

*此處所用到高微的結果，請參閱 A. E. Taylor and W. R. Mann, *Advanced Calculus*, 3d ed., pp. 241–247, 1983。

定義於點 (u_0, v_0) 的一個鄰域 N 且將該點映成 (x_0, y_0)，使得當方程式 (4) 成立時，方程式 (2) 成立。又，函數 (4) 除了連續外，且具有連續的一階偏導數，其在整個 N 均滿足方程式

(5) $\qquad x_u = \dfrac{1}{J} v_y, \quad x_v = -\dfrac{1}{J} u_y, \quad y_u = -\dfrac{1}{J} v_x, \quad y_v = \dfrac{1}{J} u_x$

若我們令 $w = u + iv$ 和 $w_0 = u_0 + iv_0$，以及

(6) $\qquad\qquad\qquad g(w) = x(u, v) + iy(u, v)$

顯然，變換 $z = g(w)$ 是原變換 $w = f(z)$ 在 z_0 的局部逆。因此變換 (2) 與 (4) 可以寫成

$$u + iv = u(x, y) + iv(x, y) \quad \text{和} \quad x + iy = x(u, v) + iy(u, v)$$

而此二個方程式與

$$w = f(z) \quad \text{和} \quad z = g(w)$$

相同，其中 g 具有局部逆的性質。方程式 (5) 可用來證明 g 在 N 可解析，其細節留做習題，其中也導出了 $g'(w)$ 的表示式 (1)。

例 由第 112 節例 1 可知，若 $f(z) = e^z$，則變換 $w = f(z)$ 在 z 平面到處都是保角，特別地，f 在 $z_0 = 2\pi i$ 為保角。z_0 的像為 $w_0 = 1$。當 w 平面的點以 $w = \rho \exp(i\phi)$ 的形式表示時，在 z_0 的局部逆可寫成 $g(w) = \log w$，其中 $\log w$ 表示對數函數的分支

$$\log w = \ln \rho + i\phi \qquad (\rho > 0, \pi < \theta < 3\pi)$$

而 $\log w$ 局限於任一不包含原點之 w_0 的鄰域。

注意

$$g(1) = \ln 1 + i2\pi = 2\pi i$$

並且，當 w 位於該鄰域，則有

$$f[g(w)] = \exp(\log w) = w$$

又

$$g'(w) = \frac{d}{dw}\log w = \frac{1}{w} = \frac{1}{\exp z}$$

與方程式 (1) 一致。

注意，若選取 $z_0 = 0$，則可用對數函數的主支

$$\text{Log } w = \ln \rho + i\phi \quad (\rho > 0, -\pi < \phi < \pi)$$

定義 g，在此情形下，$g(1) = 0$。

習題

1. 求 $w = z^2$ 在點 $z_0 = 2 + i$ 之旋轉角，並以某些特殊曲線說明之，證明在該點的尺度因子為 $2\sqrt{5}$。

2. 變換 $w = 1/z$ 在下列各點所產生的旋轉角為何？
   (a) $z_0 = 1$ (b) $z_0 = i$
   答案：(a) π；(b) 0。

3. 證明 $w = 1/z$ 之變換下，直線 $y = x - 1$ 和 $y = 0$ 的像，分別為圓 $u^2 + v^2 - u - v = 0$ 和直線 $v = 0$。繪出此 4 條曲線，判斷沿著曲線之對應方向，並驗證此映射在點 $z_0 = 1$ 的保角性。

4. 證明變換 $w = z^n (n = 1, 2, \ldots)$ 在非零點 $z_0 = r_0 \exp(i\theta_0)$ 的旋轉角為 $(n-1)\theta_0$。求在該點變換的尺度因子。
   答案：nr_0^{n-1}。

5. 證明變換 $w = \sin z$ 除了

$$z = \frac{\pi}{2} + n\pi \quad (n = 0, \pm 1, \pm 2, \ldots)$$

之外，在所有點均為保角。注意，此與附錄的圖 9、10、11 所示之有向線段的映射一致。

6. 求變換 $w = z^2$ 在下列各點的局部逆。

   (a) $z_0 = 2$ (b) $z_0 = -2$ (c) $z_0 = -i$

   答案：(a) $w^{1/2} = \sqrt{\rho}\, e^{i\phi/2}$ $(\rho > 0, -\pi < \phi < \pi)$；

      (c) $w^{1/2} = \sqrt{\rho}\, e^{i\phi/2}$ $(\rho > 0, 2\pi < \phi < 4\pi)$。

7. 於第 114 節指出，由方程式 (6) 所定義的反函數 $g(w)$ 之分量 $x(u, v)$ 和 $y(u, v)$，在鄰域 N 連續且具有連續的一階偏導數。利用第 114 節方程式 (5)。證明 Cauchy-Riemann 方程式 $x_u = y_v, x_v = -y_u$ 在 N 成立。由此推斷 $g(w)$ 在此一鄰域可解析。

8. 證明若 $z = g(w)$ 為保角變換 $w = f(z)$ 在點 z_0 的局部逆，則對鄰域 N 的點 w 有

$$g'(w) = \frac{1}{f'(z)}$$

其中 g 是可解析的（習題 7）。

提示：由 $f[g(w)] = w$ 開始，應用鏈法則對合成函數微分。

9. 令 C 為位於域 D 的光滑弧，變換 $w = f(z)$ 在整個域是保角，且令 Γ 為 C 在此一變換下的像，證明 Γ 也是光滑弧。

10. 假設函數 f 在 z_0 可解析，且對某一正數 m $(m \geq 1)$ 而言，有

$$f'(z_0) = f''(z_0) = \cdots = f^{(m-1)}(z_0) = 0, \quad f^{(m)}(z_0) \neq 0$$

令 $w_0 = f(z_0)$

(a) 利用 f 對點 z_0 的 Taylor 級數，證明存在 z_0 的鄰域使得 $f(z) - w_0$ 在此鄰域可寫成

$$f(z) - w_0 = (z - z_0)^m \frac{f^{(m)}(z_0)}{m!}[1 + g(z)]$$

其中 $g(z)$ 在 z_0 連續且 $g(z_0) = 0$。

(b) 令 Γ 是光滑弧 C 在 $w = f(z)$ 之變換下的像，如圖 147 所示（第 112

節），並注意當 z 延著弧 C 趨近於 z_0 時，圖中的斜角 θ_0 和 ϕ_0 分別為 $\arg(z - z_0)$ 和 $\arg[f(z) - w_0]$ 的極限。然後利用 (a) 的結果，證明 θ_0 和 ϕ_0 之間的關係式為

$$\phi_0 = m\theta_0 + \arg f^{(m)}(z_0)$$

(c) 令 α 為兩光滑弧 C_1 與 C_2 在 z_0 的夾角，如圖 148 之左圖所示（第 112 節）。說明如何由 (b) 所得之關係式，推出曲線 Γ_1 與 Γ_2 在 $w_0 = f(z_0)$ 的夾角為 $m\alpha$。（注意，當 $m = 1$ 時此變換在 z_0 是保角，當 $m \geq 2$ 時 z_0 是臨界點。）

115. 共軛調和 (HARMONIC CONJUGATES)

我們在第 27 節看到，若函數

$$f(z) = u(x, y) + iv(x, y)$$

在域 D 可解析，則實值函數 u 和 v 在此域是調和的。亦即，它們在 D 有一階及二階的連續偏導數，且滿足 Laplace 方程式：

(1) $\qquad u_{xx} + u_{yy} = 0, \quad v_{xx} + v_{yy} = 0$

假設兩已知函數 $u(x, y)$ 和 $v(x, y)$ 在 D 為調和且其一階偏導數在整個 D 滿足 Cauchy–Riemann 方程式

(2) $\qquad u_x = v_y, \quad u_y = -v_x$

則 v 稱為 u 的**共軛調和 (harmonic conjugate)**。當然，此處共軛的意義與第 6 節 $\bar{z}$ 的定義是不同的。

下面的定理是連接解析函數與共軛調和的概念。

定理 函數 $f(z) = u(x, y) + iv(x, y)$ 在域 D 可解析，若且唯若 v 為 u 的共軛調和。

定理證明並不難。若在 D 中，v 為 u 的共軛調和，則滿足 Cauchy–Riemann 方程式 (2)。依據第 23 節的定理，f 在 D 可解析。反之，若 f 在 D 可解析，由本節第一段可知，u 與 v 在 D 為調和，進而言之，觀察第 21 節的定理，u 與 v 滿足 Cauchy–Riemann 方程式 (2)。

以下的例子證明若在某一域，v 為 u 的共軛調和，一般而言，在該域 D 中，u 為 v 的共軛調和並不為真（參閱習題 3 和 4）。

例 1 假設
$$u(x, y) = x^2 - y^2 \quad 且 \quad v(x, y) = 2xy$$

因為 u 與 v 分別為整函數 $f(z) = z^2$ 的實部與虛部，我們知道在整個平面，v 為 u 的共軛調和，但 u 不是 v 的共軛調和，此乃因，正如第 26 節習題 2(b) 所驗證，函數 $2xy + i(x^2 - y^2)$ 到處都不可解析。

我們現在說明一種方法求一已知調和函數的共軛調和。

例 2 函數

(3) $$u(x, y) = 2x(1 - y) = 2x - 2xy$$

在整個 xy 平面為調和。因為共軛調和 $v(x, y)$ 與 $u(x, y)$ 之關連性是借助於 Cauchy–Riemann 方程式 (2)，此方程式的第一式 $u_x = v_y$，告訴我們 $2 - 2y = v_y$。亦即
$$v_y(x, y) = 2 - 2y$$

固定 x 且兩邊對 y 積分，可得

(4) $$v(x, y) = 2y - y^2 + g(x)$$

其中 g 為 x 的任意可微分函數。

現在回到關係式 $u_y = -v_x$，此為方程式 (2) 的第二式，可知 $-2x = -g'(x)$ 或 $g'(x) = 2x$。因此，$g(x) = x^2 + C$，其中 C 為任意實數。依據 (4) 式，函數

(5) $$v(x, y) = 2y - y^2 + x^2 + C$$

為 $u(x, y)$ 的共軛調和。

對應解析函數為

(6) $$f(z) = 2x(1 - y) + i(2y - y^2 + x^2 + C)$$

此函數可寫成 $f(z) = 2z + i(z^2 + C)$ 的形式，當 $y = 0$，(6) 式變成 $f(x) = 2x + i(x^2 + C)$。除了任意常數外，$v(x, y)$ 是唯一的（參閱習題 5），通常令 $C = 0$，使得 $f(z) = 2z + iz^2$。

對定義於單連通域（第 52 節）的任意所予調和函數 $u(x, y)$ 而言，下面的定理保證 $u(x, y)$ 的共軛調和之存在性。因此，在此域中，每一調和函數為解析函數 $f(z)$ 的實部。

定理 若 $u(x, y)$ 為定義於單連通域 D 上的調和函數，則 $u(x, y)$ 在 D 總是有共軛調和 $v(x, y)$。

欲證此定理，我們首先回顧高微*之線積分的一些重要事實。假設 $P(x, y)$ 與 $Q(x, y)$ 在 xy 平面的單連通域 D 具有連續的一階偏導數，並且令 (x_0, y_0) 和 (x, y) 是 D 中的兩點。若在 D 的每一點均有 $P_y = Q_x$，則由 (x_0, y_0) 到 (x, y) 的線積分

$$\int_C P(s, t)\,ds + Q(s, t)\,dt$$

其值與路徑 C 無關，只要路徑 C 完全位於 D 內。進而言之，當 (x_0, y_0) 保持固定且讓 (x, y) 在整個 D 變化，此積分代表 x 與 y 的單值函數

(7) $$F(x, y) = \int_{(x_0, y_0)}^{(x, y)} P(s, t)\,ds + Q(s, t)\,dt$$

---

*參閱，例如，W. Kaplan, *Advanced Mathematics for Engineers*, pp. 546–550, 1992。

其一階偏導數為

(8) $$F_x(x, y) = P(x, y), \quad F_y(x, y) = Q(x, y)$$

注意，當選取不同的起始點 (x_0, y_0)，F 值的改變是加上一個常數。

回到所予調和函數 $u(x, y)$，注意，由 Laplace 方程式 $u_{xx} + u_{yy} = 0$ 可得

$$(-u_y)_y = (u_x)_x$$

又，u 的一階偏導數在 D 連續；這表示 $-u_y$ 和 u_x 的一階偏導數在 D 連續。因此，若 (x_0, y_0) 為 D 中的定點，則函數

(9) $$v(x, y) = \int_{(x_0, y_0)}^{(x, y)} -u_t(s, t)\,ds + u_s(s, t)\,dt$$

對 D 中的所有點 (x, y) 皆有定義；依據方程式 (8)，我們有

(10) $$v_x(x, y) = -u_y(x, y), \quad v_y(x, y) = u_x(x, y)$$

此為 Cauchy–Riemann 方程式。由於 u 的一階偏導數是連續的，由方程式 (10) 可知 v 的一階偏導數也是連續的，因此（第 23 節）$u(x, y) + iv(x, y)$ 是 D 上的解析函數，而 v 因此為 u 的共軛調和。

當然，方程式 (9) 所定義的 v 並不是 u 的唯一共軛調和，因為函數 $v(x, y) + C$，其中 C 為任意實常數，也是 u 的共軛調和，但是如同例 2 的做法，我們會令 $C = 0$。

例 3　考慮調和函數

$$u(x, y) = 2x - 2xy$$

其共軛調和已於例 2 中求出，依據 (9) 式，函數

$$v(x, y) = \int_{(0,0)}^{(x, y)} 2s\,ds + (2 - 2t)\,dt$$

是 $u(x, y)$ 在整個 xy 平面的共軛調和，此積分可由觀察法求得，亦可先由原點 $(0, 0)$ 沿著水平路徑到點 $(x, 0)$，然後由 $(x, 0)$ 沿著垂直路徑到點

(x, y)。可得結果為

$$v(x, y) = x^2 + (2y - y^2) = 2y - y^2 + x^2$$

此值加上常數後即為例 2 所得之結果。

習題

1. 下列各題中，證明 $u(x, y)$ 在某些域為調和且依照第 115 節例 2 所使用的步驟，求共軛調和 $v(x, y)$。

    (a) $u(x, y) = 2x - x^3 + 3xy^2$ (b) $u(x, y) = \sinh x \sin y$ (c) $u(x, y) = \dfrac{y}{x^2 + y^2}$

    答案：(a) $v(x, y) = 2y - 3x^2 y + y^3$；

    (b) $v(x, y) = -\cosh x \cos y$；

    (c) $v(x, y) = \dfrac{x}{x^2 + y^2}$。

2. 下列各題中，證明函數 $u(x, y)$ 在整個 xy 平面為調和。然後利用第 115 節 (9) 式，求其共軛調和，並且以 z 的形式將對應函數

    $$f(z) = u(x, y) + iv(x, y)$$

    寫出。

    (a) $u(x, y) = xy$　　　　　　　(b) $u(x, y) = y^3 - 3x^2 y$

    答案：(a) $v(x, y) = -\frac{1}{2}(x^2 - y^2)$，$f(z) = -\frac{i}{2} z^2$；

    (b) $v(x, y) = -3xy^2 + x^3$，$f(z) = iz^3$。

3. 假設 v 在域 D 是 u 的共軛調和，並且 u 在 D 也是 v 的共軛調和。證明 $u(x, y)$ 與 $v(x, y)$ 在整個 D 必為常數。

4. 利用第 115 節的定理，證明 v 在域 D 為 u 的共軛調和，若且唯若 $-u$ 在 D 為 v 的共軛調和（與習題 3 所得之結果比較）。

    提示：注意，函數 $f(z) = u(x, y) + iv(x, y)$ 在 D 可解析，若且唯若 $-if(z)$ 在 D 可解析。

5. 證明若 v 與 V 在域 D 為 u(x, y) 的共軛調和，則 v(x, y) 與 V(x, y) 至多相差一常數。

6. 證明 $u(r, \theta) = \ln r$ 滿足第 27 節習題 1 中之 Laplace 方程式的極式，由此驗證 $u(r, \theta) = \ln r$ 在 $r > 0$, $0 < \theta < 2\pi$ 為調和，然後使用第 115 節例 2 的技巧以及 Cauchy–Riemann 方程式的極式（第 24 節），導出共軛調和 $v(r, \theta) = \theta$（與第 26 節習題 6 比較）。

7. 令 u(x, y) 在單連通域 D 為調和。利用第 115 節和第 57 節的結果，證明其各階導數在整個域 D 為連續。

116. 調和函數的變換
(TRANSFORMATIONS OF HARMONIC FUNCTIONS)

在特定域上，求出滿足已設定的邊界條件之調和函數，是應用數學所彰顯的問題。若沿著邊界設定的是函數值，稱之為第一類邊界值問題，或 Dirichlet 問題。如果設定的是函數在法線方向的導數之值，則稱為第二類邊界值問題，或 Neumann 問題。

亦有邊界條件是將上述類型的邊界條件予以修改並組合而形成的。在應用上最常遇到的域是單連通域，因為調和函數在單連通域總是有共軛調和（第 115 節），所以對於這種域的邊界值問題之解為解析函數的實部或虛部。

例1 在第 27 節例題 1，我們看到函數
$$T(x, y) = e^{-y} \sin x$$
於帶狀區域 $0 < x < \pi$, $y > 0$ 滿足某些 Dirichlet 問題，且注意它是溫度問題的解。函數 T(x, y) 為整函數。
$$-ie^{iz} = e^{-y} \sin x - ie^{-y} \cos x$$

的實部，而實際上 $T(x, y)$ 在整個 xy 平面調和，它也是整函數 e^{iz} 的虛部。

有時邊界值問題的解可由辨別其為某一解析函數之實部或虛部而發現。但該過程的成功與否與問題之簡單性以及個人對各種解析函數的實部與虛部的熟悉程度有關。下列定理是一重要輔助。

定理 假設

(a) 解析函數

$$w = f(z) = u(x, y) + iv(x, y)$$

將 z 平面的域 D_z 映成 w 平面的域 D_w；

(b) $h(u, v)$ 為定義於 D_w 之調和函數，則

$$H(x, y) = h[u(x, y), v(x, y)]$$

在 D_z 調和。

首先，我們證明 D_w 為單連通域之情況。依據第 104 節，D_w 的性質保證所予之調和函數 $h(u, v)$ 具有共軛調和 $g(u, v)$。因此函數

(1) $$\Phi(w) = h(u, v) + ig(u, v)$$

在 D_w 可解析。因為函數 $f(z)$ 在 D_z 可解析，所以合成函數 $\Phi[f(z)]$ 在 D_z 也是可解析。因此該合成函數之實部 $h[u(x, y), v(x, y)]$ 在 D_z 調和。

若 D_w 不是單連通域，則 D_w 的每一點 w_0 均具有完全位於 D_w 內的鄰域 $|w - w_0| < \varepsilon$。因為該鄰域為單連通，所以 (1) 類型的函數在其內部可解析。進而言之，因為 f 在 D_z 之點 z_0 連續，而 z_0 的像為 w_0，所以存在鄰域 $|z - z_0| < \delta$，而其整個像皆包含於 $|w - w_0| < \varepsilon$。因此可得合成函數 $\Phi[f(z)]$ 在 $|z - z_0| < \delta$ 可解析，故 $h[u(x, y), v(x, y)]$ 在該處調和。最後，因 w_0 為 D_w 中任意選取之點，且因 D_z 的每一點在 $w = f(z)$ 的變換下映成 D_w，故 $h[u(x, y), v(x, y)]$ 在整個 D_z 必為調和。

對於 D_w 未必是單連通的一般情況，此定理亦可直接用偏導數的鏈法則來證明。但是計算過程稍微複雜（參閱第 117 節習題 8）。

例 2 由第 103 節例題 3，我們知道

$$w = e^z = e^x \cos y + i\, e^x \sin y$$

將水平帶狀區域 $0 < y < \pi$ 映成上半平面 $v > 0$。又因為 w^2 在該半平面可解析，函數

$$h(u, v) = \text{Re}(w^2) = u^2 - v^2$$

在該處為調和，則依據定理，函數

$$H(x, y) = (e^x \cos y)^2 - (e^x \sin y)^2 = e^{2x}(\cos^2 y - \sin^2 y)$$

在整個帶狀區域 $0 < y < \pi$ 為調和，而上式可化簡為

$$H(x, y) = e^{2x} \cos 2y$$

例 3 考慮變換

$$w = \text{Log}\, z = \ln r + i\Theta \quad \left(r > 0,\ -\frac{\pi}{2} < \Theta < \frac{\pi}{2}\right)$$

在直角座標，其形式為

$$w = \text{Log}\, z = \ln \sqrt{x^2 + y^2} + i \arctan\left(\frac{y}{x}\right)$$

其中 $-\pi/2 < \arctan t < \pi/2$，此變換將右半平面映成水平帶狀區域 $-\pi/2 < v < \pi/2$（參閱第 117 節習題 3）。最後，因為函數

$$h(u, v) = \text{Im}\, w = v$$

在該帶狀區域為調和，定理告訴我們，函數

$$H(x, y) = \arctan\left(\frac{y}{x}\right)$$

在半平面 $x > 0$ 為調和。

117. 邊界條件的變換
(TRANSFORMATIONS OF BOUNDARY CONDITIONS)

對調和函數而言，最常見且重要的邊界條件是函數或其法線方向之導數在沿著域的邊界具有指定值，但並非只有這種邊界條件，還有其他形式的邊界條件存在。在本節，我們將證明在保角變換以及變數變換下，某些邊界值條件仍然是維持不變。這些結果將在第10章用來解邊界值問題。基本技巧是將 xy 平面已知的邊界值問題變換成 uv 平面較簡單的邊界值問題，然後利用本節及第116節的定理，將原問題的解以較簡單的邊界值問題之解寫出。

定理 假設

(a)
$$w = f(z) = u(x, y) + iv(x, y)$$

為光滑 C 的保角變換。且在此變換下，Γ 為 C 的像；

(b) 在 Γ 上的點，若函數 $h(u, v)$ 滿足下列條件

$$h = h_0 \quad 和 \quad \frac{dh}{dn} = 0$$

之一，其中 h_0 為實常數，而 dh/dn 表示正交於 Γ 之 h 的方向導數。

則在 C 上的每一點，函數

$$H(x, y) = h[u(x, y), v(x, y)]$$

滿足對應條件

$$H = h_0 \quad 或 \quad \frac{dH}{dN} = 0$$

其中 dH/dN 表示正交於 C 之 H 的方向導數。

第九章　保角映射

在應用上必須強調的是，C 也許是部分或整個域的邊界。

欲證明 Γ 上的條件 $h = h_0$ 意指 C 上的條件 $H = h_0$，我們注意到 H 在 C 上任一點 (x, y) 之值，與 h 在 (u, v) 的值相同，而此 (u, v) 為在 $w = f(z)$ 之變換下 (x, y) 之像。因為像點 (u, v) 位於 Γ，且因沿著該曲線 $h = h_0$，所以沿著 C 有 $H = h_0$。

另一方面，假設在 Γ 有 $dh/dn = 0$。由微積分，可知

(1) $$\frac{dh}{dn} = (\operatorname{grad} h) \cdot \mathbf{n}$$

其中 grad h 表示 h 在 Γ 上之 (u, v) 的梯度，而 n 為 Γ 在點 (u, v) 的單位法向量。因為在 (u, v) 有 $dh/dn = 0$，方程式 (1) 告訴我們 grad h 在 (u, v) 正交於 $\mathbf{n}$。亦即，grad h 與 Γ 相切於 (u, v)（圖 151）。但是梯度正交於等位線；加上 grad h 與 Γ 相切，從而得知 Γ 與等位線 $h(u, v) = c$ 正交於點 (u, v)。

依據定理中 $H(x, y)$ 的表示式，z 平面的等位線 $H(x, y) = c$ 可寫成

$$h[u(x, y), v(x, y)] = c$$

因此，在 $w = f(z)$ 的變換下，$H(u, v) = c$ 被變換成等位線 $h(u, v) = c$。進而言之，因為 C 變換成 Γ，而 Γ 正交於等位線 $h(u, v) = c$，如前段的解說，由 $w = f(z)$ 的保角性質，C 與等位線 $H(x, y) = c$ 正交於 (u, v) 的對應點 (x, y)，由於梯度正交於等位線，這表示 grad H 在 (x, y) 與 C 相切（參閱圖 151）。因此，若 $\mathbf{N}$ 為曲線 C 在點 (x, y) 的單位法向量，則 grad H 正交於 $\mathbf{N}$。亦即，

(2) $$(\operatorname{grad} H) \cdot \mathbf{N} = 0$$

最後，因為

$$\frac{dH}{dN} = (\operatorname{grad} H) \cdot \mathbf{N}$$

則由方程式 (2)，可知在 C 恆有 $dH/dN = 0$。

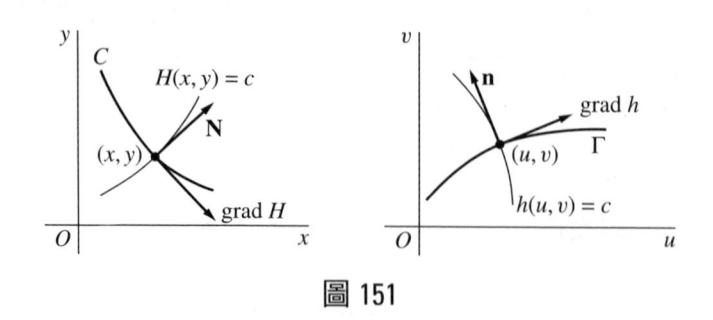

圖 151

在上述的討論中，我們已經默認地假設 $\text{grad } h \neq \mathbf{0}$。若 $\text{grad } h = \mathbf{0}$，則由本節習題 10(a) 所導出的恆等式

$$|\text{grad } H(x, y)| = |\text{grad } h(u, v)||f'(z)|$$

可推得 $\text{grad } H = \mathbf{0}$；因此 dh/dn 與其對應的法線方向的導數 dH/dN 皆為 0。我們又假定

(a) $\text{grad } h$ 與 $\text{grad } H$ 總是存在；
(b) 在 (u, v)，當 $\text{grad } h \neq \mathbf{0}$，等位線 $H(x, y) = c$ 是光滑的。

當 $w = f(z)$ 為保角變換，條件 (b) 保證介於兩弧之間的角度不變。在我們所提的應用中，(a) 和 (b) 兩個條件皆滿足。

例 考慮函數 $h(u, v) = v + 2$。當 $z \neq 0$ 時，

$$w = iz^2 = i(x + iy)^2 = -2xy + i(x^2 - y^2)$$

為保角變換，它將半線 $y = x$ $(x > 0)$ 映成負 u 軸，其中 $h = 2$，且將正 x 軸映成正 v 軸，其法線方向之導數 h_u 為 0（圖 152）。依據上述定理，函數

$$H(x, y) = x^2 - y^2 + 2$$

沿著半線 $y = x$ $(x > 0)$ 必滿足條件 $H = 2$，而沿著正 x 軸必滿足 $H_y = 0$。

第九章 保角映射

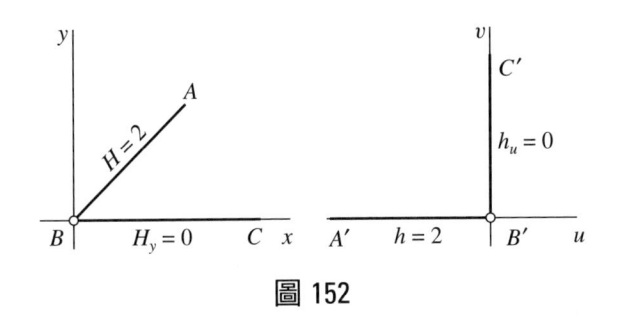

圖 152

有一種邊界條件，若不屬於上述定理所提及的兩種類型之一，或許可以變換成與原條件截然不同的邊界條件（參閱習題 6）。在任何情況下，經過特殊變換，可獲得新的邊界條件。注意，經過保角變換，H 沿著 z 平面之平滑弧 C 的方向導數，與 h 沿著 w 平面之曲線 Γ 的方向導數，在對應點的比值為 $|f'(z)|$；通常，沿著一已知弧線，這個比值不是常數（參閱習題 10）。

習題

1. 在第 116 節例題 2，我們利用該節的定理，證明函數
$$H(x, y) = e^{2x} \cos 2y$$
在 z 平面的水平帶狀區域 $0 < y < \pi$ 為調和，直接驗證此結果。

2. 函數 $h(u, v) = e^{-v} \sin u$ 在整個 uv 平面為調和，特殊地，在上半平面
$$D_w : v > 0$$
為調和（參閱第 116 節例題 1）。利用第 116 節的定理，以及函數 $w = z^2$ 將象限
$$D_z : x > 0,\ y > 0$$
映成該半平面（參閱第 14 節例題 2）的事實，指出如何推得函數

$$H(x, y) = e^{-2xy} \sin(x^2 - y^2)$$

在象限 D_z 為調和。

3. 第 116 節例題 3 中提到 $w = \text{Log } z$ 將右半平面映成水平帶狀區域 $-\pi/2 < v < \pi/2$。利用圖 153 證明此事實。

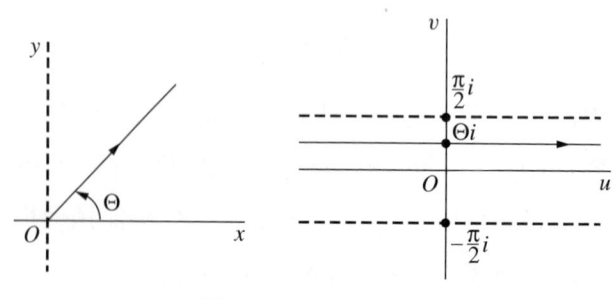

圖 153　$w = \text{Log } z$

4. 在 $w = \exp z$ 之變換下，y 軸線段 $0 \leq y \leq \pi$ 之像為半圓 $u^2 + v^2 = 1$，$v \geq 0$（參閱第 103 節）。又，函數

$$h(u, v) = \text{Re}\left(2 - w + \frac{1}{w}\right) = 2 - u + \frac{u}{u^2 + v^2}$$

在除了原點以外的 w 平面為調和；且假設在半圓上 $h = 2$。寫出第 117 節定理中之 $H(x, y)$ 的明顯表示式。然後，直接證明沿著 y 軸線段 $0 \leq y \leq \pi$ 恆有 $H = 2$，以此說明該定理。

5. $w = z^2$ 將 z 平面的正 x 軸、正 y 軸和原點映成 w 平面的 u 軸。考慮調和函數

$$h(u, v) = \text{Re}(e^{-w}) = e^{-u} \cos v$$

且觀察其沿著 u 軸的法線方向之導數 h_v 為 0。然後，直接證明第 117 節定理所定義之 $H(x, y)$，其沿著 z 平面兩個正軸之法線方向之導數為 0，以此說明當 $f(z) = z^2$ 之第 117 節的定理（注意 $w = z^2$ 在原點並非保角）。

6. 以調和函數

$$h(u, v) = \text{Re}(-2iw + e^{-w}) = 2v + e^{-u}\cos v$$

取代習題 5 之 $h(u, v)$。證明沿著 u 軸 $h_v = 2$，但沿著正 x 軸 $H_y = 4x$，而沿著正 y 軸 $H_x = 4y$。此說明為何形如

$$\frac{dh}{dn} = h_0 \neq 0$$

類型之條件，不需要變換為 $dH/dN = h_0$ 類型之邊界條件。

7. 證明若函數 $H(x, y)$ 為 Neumann 問題之解（第 116 節），則 $H(x, y) + A$ 也是該問題之解，其中 A 為任一實常數。

8. 假定解分析函數 $w = f(z) = u(x, y) + iv(x, y)$ 將 z 平面的域 D_z 映成 w 平面的域 D_w；且令定義於 D_w 之函數 $h(u, v)$ 具有連續的一階及二階偏導數。使用偏導數之鏈法則，證明若 $H(x, y) = h[u(x, y), v(x, y)]$，則

$$H_{xx}(x, y) + H_{yy}(x, y) = [h_{uu}(u, v) + h_{vv}(u, v)]|f'(z)|^2$$

當 $h(u, v)$ 在 D_w 為調和，則 $H(x, y)$ 在 D_z 為調和。此為第 116 節定理之另一證明，甚至當 D_w 為多連通域亦成立。

> 提示：因為 f 可解析，因此 Cauchy-Riemann 方程式 $u_x = v_y$, $u_y = -v_x$ 成立，而且 u, v 皆滿足 Laplace 方程式。又 h 導數之連續性條件保證 $h_{vu} = h_{uv}$。

9. 設函數 $p(u, v)$ 具有連續的一階及二階偏導數，且在 w 平面的域 D_w 滿足 Poisson 方程式。

$$p_{uu}(u, v) + p_{vv}(u, v) = \Phi(u, v)$$

其中 Φ 為一指定函數。如何由習題 8 所得之恆等式證明若解析函數

$$w = f(z) = u(x, y) + iv(x, y)$$

將 D_z 映成 D_w，則函數

$$P(x, y) = p[u(x, y), v(x, y)]$$

在 D_z 滿足 Poisson 方程式

$$P_{xx}(x, y) + P_{yy}(x, y) = \Phi[u(x, y), v(x, y)]|f'(z)|^2$$

10. 假設 $w = f(z) = u(x, y) + iv(x, y)$ 是將平滑弧 C 映成 w 平面的平滑弧 Γ 的保角映射。令 $h(u, v)$ 為定義於 Γ 之函數，且令

$$H(x, y) = h[u(x, y), v(x, y)]$$

(a) 由微積分，我們知道 grad H 的 x 與 y 分量分別為偏導數 H_x 與 H_y；類似的，grad h 具有分量 h_u 與 h_v。應用偏導數之鏈法則以及利用 Cauchy-Riemann 方程式，證明若 (x, y) 為 C 上的點，且其像 (u, v) 在 Γ 上，則

$$|\text{grad } H(x, y)| = |\text{grad } h(u, v)||f'(z)|$$

(b) 在 C 上的點 (x, y)，證明由弧 C 到 grad H 之角度，等於在 (x, y) 之像 (u, v)，由弧 Γ 到 grad h 之角度。

(c) 令 s 與 σ 分別表示沿著弧 C 和 Γ 之距離；且令 **t** 與 τ 分別表示 C 上的點 (x, y) 和其像 (u, v) 之單位切向量，方向為沿著距離增加的方向。利用 (a)、(b) 之結果以及

$$\frac{dH}{ds} = (\text{grad } H) \cdot \mathbf{t} \quad \text{和} \quad \frac{dh}{d\sigma} = (\text{grad } h) \cdot \tau$$

之事實，證明沿著弧 Γ 之方向導數可變換如下：

$$\frac{dH}{ds} = \frac{dh}{d\sigma}|f'(z)|$$

第十章 保角映射的應用

我們現在利用保角映射的概念來解決幾個包含兩個獨立變數的 Laplace 方程式相關的物理問題。我們要處理的問題包含熱傳導、靜電位和流體力學。由於這些例題主要是用來說明數學方法，因此將它們的難度維持在初等程度。

118. 穩態溫度 (STEADY TEMPERATURES)

在熱傳導理論中，**通量 (flux)** 是指固體表面上的某一點在垂直於表面的方向上，單位時間與單位面積所通過的熱量。

因此，通量的單位可用卡／（秒·公分^2）來表示。在此我們將熱通量記作 Φ，而它會隨著溫度 T 在固體表面某一點的法線方向之導數而變：

$$\text{(1)} \qquad \Phi = -K\frac{dT}{dN} \qquad (K > 0)$$

關係式 (1) 稱為 **Fourier 定律 (Fourier's law)**，其中常數 K 是該固體材料的導熱係數，且假設固體材料是均勻的。*

固體中的點可用三維空間的直角座標來指定，而我們將注意力侷限於

---

*此定律是因法國數學物理學家 Joseph Fourier (1768–1830) 而命名。

溫度 T 的改變僅與 x 和 y 座標有關的情況。因為 T 不隨沿著垂直 xy 平面的軸而改變，所以熱流是二維的且平行於 xy 平面。再者，我們假定熱流是穩定狀態，亦即，T 不隨時間改變。

假設固體內無任何熱能被創造或毀滅。換言之，就是沒有熱的源點或匯點存在。又，假設溫度函數 $T(x, y)$ 與其一階和二階偏導數在固體內部的每一點連續。關於熱通量的敘述和公式 (1) 是熱傳導的數學理論之基礎，它也適用於含有連續分布的源點或匯點之固體內部的任何點。

現在考慮固體內部一個垂直於 xy 平面的矩形柱狀體，此柱狀體之底為 Δx 乘 Δy 而高度為 1（圖 154）。向右通過左面的單位時間熱流量是 $-KT_x(x, y)\Delta y$；向右通過右面的是 $-KT_x(x+\Delta x, y)\Delta y$。通過兩個面的淨熱量損失率，可從第二個量減去第一個量，所得之結果可以寫成

$$-K\left[\frac{T_x(x+\Delta x, y) - T_x(x, y)}{\Delta x}\right]\Delta x \Delta y$$

當 Δx 非常小，則寫成

(2) $\qquad -KT_{xx}(x, y)\Delta x \Delta y$

當然 (2) 式為近似值，其準確度隨 Δx 與 Δy 的變小而增加。

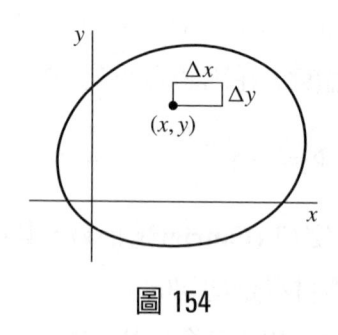

圖 154

同樣地，通過垂直於 xy 平面之其他兩面的淨熱量損失率為

(3) $\qquad -KT_{yy}(x, y)\Delta x \Delta y$

熱量僅由此四面進入或離開該體積，而且體積內的溫度為穩態，因此 (2) 與 (3) 式之和為零；亦即

(4)
$$T_{xx}(x, y) + T_{yy}(x, y) = 0$$

溫度函數在固體內每一點均滿足 Laplace 方程式。

由方程式 (4) 和溫度函數及其偏導數的連續性，可知 T 在固體內部為 x 和 y 的調和函數。

$T(x, y) = c_1$ 為固體內的等溫面，其中 c_1 為任意實常數。這些等溫面也可以想成 xy 平面上的等溫線，那麼 $T(x, y)$ 就可解釋成材料薄片上的某一點 (x, y) 的溫度，如果薄片所有的面是絕熱的，這些等溫線也就是函數 T 的等位線。

T 的梯度是垂直於等溫線上的每一點，而且最大的熱通量會在梯度的方向上，假如 $T(x, y)$ 代表薄片的溫度，而且 S 表示函數 T 的共軛調和，則曲線 $S(x, y) = c_2$ 在每一點的切線向量為 T 的梯度，其中解析函數 $T(x, y) + iS(x, y)$ 為保角（參閱第 27 節習題 2），曲線 $S(x, y) = c_2$ 稱為**流線 (lines of flow)**。

若沿著該薄片之邊界的任一部分，法線方向之導數 dT/dN 為零，則通過該部分之熱通量為零。亦即，該部分為絕熱，因此為一流線。

函數 T 亦可表示在固體內擴散之物質的濃度。在此情況下，K 為擴散常數。上述討論與方程式 (4) 的推導，同樣可用於穩態擴散。

119. 半平面的穩態溫度
(STEADY TEMPERATURES IN A HALF PLANE)

有一半無限的薄板 $y \geq 0$，其表面是絕熱的，在邊界 $y = 0$ 處的溫度為 0，但在線段 $-1 < x < 1$ 的溫度為 1（圖 155），試求薄板中 $T(x, y)$ 的穩態溫度表示式。假如我們將所予薄板視為 $0 \leq y \leq y_0$ 的薄板，而當 y_0 增

加時，板之上端溫度仍然可以維持在一固定的溫度，那麼函數 $T(x, y)$ 是有界的，這是自然的條件。事實上，當 y 趨近於無限大時，$T(x, y)$ 趨近於零，這在物理學上是合理的。

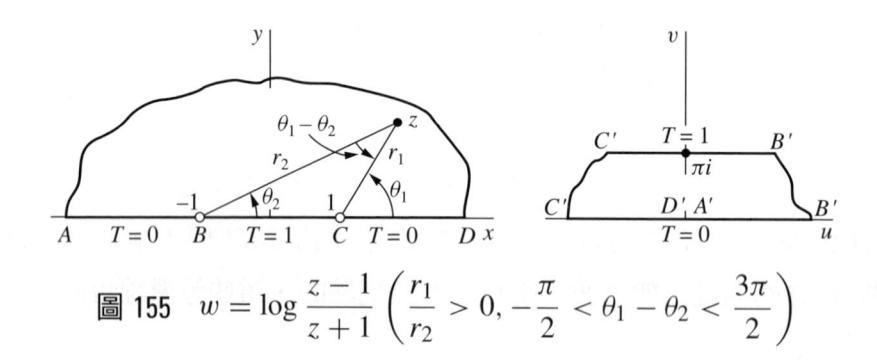

圖 155 $\quad w = \log \dfrac{z-1}{z+1} \left(\dfrac{r_1}{r_2} > 0, -\dfrac{\pi}{2} < \theta_1 - \theta_2 < \dfrac{3\pi}{2} \right)$

此邊界問題可寫成

(1) $\quad T_{xx}(x, y) + T_{yy}(x, y) = 0 \qquad (-\infty < x < \infty, y > 0)$

(2) $\quad T(x, 0) = \begin{cases} 1 & \text{當 } |x| < 1 \\ 0 & \text{當 } |x| > 1 \end{cases}$

又，$|T(x, y)| < M$，其中 M 為正的常數。此為上半平面 $y \geq 0$ 之 Dirichlet 問題。我們的解法是要在 uv 平面上的區域得到一個新的 Dirichlet 問題。該區域是上半平面在 $w = f(z)$ 變換下的像，而此變換在 $y > 0$ 可解析，並且在點 $(\pm 1, 0)$ 以外的邊界點 $y = 0$ 保角，$f(z)$ 在 $(\pm 1, 0)$ 無定義，找出滿足新問題的有界調和函數並不難。第 9 章的兩個定理可用於將 uv 平面問題的解，轉換成 xy 平面原問題的解。具體而言，將 u 和 v 的調和函數轉換成 x 和 y 的調和函數，而 uv 平面之邊界條件，保留在與之對應的 xy 平面邊界，如果我們使用相同的符號 T 來表示兩個不同平面的溫度函數，應該不至於產生混淆。

我們令

$$z - 1 = r_1 \exp(i\theta_1) \quad \text{和} \quad z + 1 = r_2 \exp(i\theta_2)$$

其中 $0 \leq \theta_k \leq \pi$ $(k = 1, 2)$。除了 $z = \pm 1$ 兩點外，變換

(3) $\quad w = \log \dfrac{z-1}{z+1} = \ln \dfrac{r_1}{r_2} + i(\theta_1 - \theta_2) \quad \left(\dfrac{r_1}{r_2} > 0, -\dfrac{\pi}{2} < \theta_1 - \theta_2 < \dfrac{3\pi}{2} \right)$

定義於上半平面 $y \geq 0$，此乃因當 $y \geq 0$, $0 \leq \theta_1 - \theta_2 \leq \pi$（參閱圖 155）。當 $0 \leq \theta_1 - \theta_2 \leq \pi$，此時對數之值就是主值，且回顧第 102 節例 3 可知，上半平面 $y > 0$ 被映成 w 平面的水平帶域區域 $0 < v < \pi$。如該例所提到，此映射及對應的邊界點示於附錄的圖 19。的確，它就是 (3) 式的變換圖形。$z = -1$ 與 $z = 1$ 之間的 x 軸線段，即 $\theta_1 - \theta_2 = \pi$，被映成帶狀區域的上緣；$x$ 軸的其餘部分，即 $\theta_1 - \theta_2 = 0$，被映成下緣。(3) 式顯然滿足解析及保角之要求。

在帶狀區域的邊界 $v = 0$ 之值為 0，而在邊界 $v = \pi$ 之值為 1 的 u 與 v 之有界調和函數是

(4) $\quad T = \dfrac{1}{\pi} v$

由於它是整函數 $(1/\pi)w$ 的虛部，所以它是調和的。用方程式

(5) $\quad w = \ln \left| \dfrac{z-1}{z+1} \right| + i \arg \left(\dfrac{z-1}{z+1} \right)$

將其改為 x 與 y 座標，可得

$$v = \arg \left[\dfrac{(z-1)(\bar{z}+1)}{(z+1)(\overline{z+1})} \right] = \arg \left[\dfrac{x^2 + y^2 - 1 + i2y}{(x+1)^2 + y^2} \right]$$

或

$$v = \arctan \left(\dfrac{2y}{x^2 + y^2 - 1} \right)$$

此處反正切函數的值域是從 0 到 π，此乃因

$$\arg \left(\dfrac{z-1}{z+1} \right) = \theta_1 - \theta_2$$

以及 $0 \leq \theta_1 - \theta_2 \leq \pi$。所以 (4) 式變成

(6) $$T = \frac{1}{\pi} \arctan\left(\frac{2y}{x^2 + y^2 - 1}\right) \qquad (0 \leq \arctan t \leq \pi)$$

因為函數 (4) 式在帶狀區域 $0 < v < \pi$ 調和，(3) 式在半平面 $y > 0$ 可解析，因此我們可由第 116 節的定理得知函數 (6) 式在半平面調和。該兩個調和函數之邊界條件在邊界的對應部分是相同的，這是因為它們是第 117 節定理所述之 $h = h_0$ 類型。因此有界函數 (6) 式為原問題所欲求之解。當然，也可以直接證明函數 (6) 式滿足 Laplace 方程式，且當點 (x, y) 由上方逼近 x 軸時，此函數值趨近於圖 155 左圖所示之值。

等溫線 $T(x, y) = c_1$ ($0 < c_1 < 1$) 是圓心在 y 軸，且過點 $(\pm 1, 0)$ 的圓

$$x^2 + (y - \cot \pi c_1)^2 = \csc^2 \pi c_1$$

之弧線。

最後，我們注意到，因為調和函數與常數之積仍為調和函數，因此函數

$$T = \frac{T_0}{\pi} \arctan\left(\frac{2y}{x^2 + y^2 - 1}\right) \qquad (0 \leq \arctan t \leq \pi)$$

為所予半平面的穩態溫度，此時沿 x 軸線段 $-1 < x < 1$ 的溫度 $T = 1$ 是以任意定溫 $T = T_0$ 取代。

120. 一個相關問題 (A RELATED PROBLEM)

設想在三維空間下，有一半無限的平板，其界面由 $x = \pm \pi/2$ 與 $y = 0$ 所組成，其中前兩個界面的溫度為零，而第三個界面的溫度為 1，我們要找一個公式，求取平板內任一點的溫度 $T(x, y)$，這個問題好比在尋求由 $-\pi/2 \leq x \leq \pi/2, y \geq 0$ 形成的半無限帶狀薄板的溫度，而薄板表面假設是完全絕熱（圖 156）。

第十章　保角映射的應用

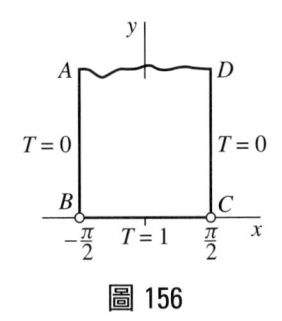

圖 156

此處的邊界值問題為

(1) $\quad T_{xx}(x,y) + T_{yy}(x,y) = 0 \qquad \left(-\dfrac{\pi}{2} < x < \dfrac{\pi}{2}, y > 0\right)$

(2) $\quad T\left(-\dfrac{\pi}{2}, y\right) = T\left(\dfrac{\pi}{2}, y\right) = 0 \qquad (y > 0)$

(3) $\quad T(x, 0) = 1 \qquad \left(-\dfrac{\pi}{2} < x < \dfrac{\pi}{2}\right)$

其中 $T(x, y)$ 為有界。

由第 104 節的例題，以及附錄的圖 9，映射

(4) $\qquad\qquad\qquad w = \sin z$

將此邊界值問題轉換成第 119 節所述之問題（圖 155）。因此，依據該節 (6) 式之解

(5) $\quad T = \dfrac{1}{\pi} \arctan\left(\dfrac{2v}{u^2 + v^2 - 1}\right) \qquad (0 \leq \arctan t \leq \pi)$

方程式 (4) 所示之變數變換可寫做（參閱第 37 節）

$$u = \sin x \cosh y, \quad v = \cos x \sinh y$$

因此調和函數 (5) 式變成

$$T = \dfrac{1}{\pi} \arctan\left(\dfrac{2\cos x \sinh y}{\sin^2 x \cosh^2 y + \cos^2 x \sinh^2 y - 1}\right)$$

由於此處之分母可以化簡為 $\sinh^2 y - \cos^2 x$，故商可以寫成

$$\frac{2\cos x \sinh y}{\sinh^2 y - \cos^2 x} = \frac{2(\cos x / \sinh y)}{1 - (\cos x / \sinh y)^2} = \tan 2\alpha$$

其中 $\tan \alpha = \cos x / \sinh y$。因此 $T = (2/\pi)\alpha$；亦即

(6) $$T = \frac{2}{\pi} \arctan\left(\frac{\cos x}{\sinh y}\right) \qquad \left(0 \leq \arctan t \leq \frac{\pi}{2}\right)$$

因為幅角不為負值，因此反正切函數之值域為 0 到 $\pi/2$。

因為 $\sin z$ 是整函數，且函數 (5) 在半平面 $v > 0$ 調和，因此函數 (6) 在帶狀區域 $-\pi/2 < x < \pi/2$, $y > 0$ 調和。又，函數 (5) 在 $|u| < 1, v = 0$ 滿足邊界條件 $T = 1$，且在 $|u| > 1, v = 0$ 滿足邊界條件 $T = 0$。函數 (6) 因此滿足邊界條件 (2) 與 (3)，又，在整個帶狀區域 $|T(x, y)| \leq 1$。因此 (6) 式為所求之溫度公式。

等溫面 $T(x, y) = c_1$ $(0 < c_1 < 1)$ 為曲面

$$\cos x = \tan\left(\frac{\pi c_1}{2}\right) \sinh y$$

在平板內的一部分，每個曲面均通過 xy 平面中的點 $(\pm \pi/2, 0)$。若 K 為導熱係數，則通過 $y = 0$ 之平板表面進入平板的熱通量為

$$-K T_y(x, 0) = \frac{2K}{\pi \cos x} \qquad \left(-\frac{\pi}{2} < x < \frac{\pi}{2}\right)$$

通過 $x = \pi/2$ 之平板表面流出平板的熱通量為

$$-K T_x\left(\frac{\pi}{2}, y\right) = \frac{2K}{\pi \sinh y} \qquad (y > 0)$$

本節所述之邊界值問題亦可用分離變數法求解。該方法較為直接，但所得之解是無窮級數之形式 *。

---

*作者的 *Fourier Series and Boundary Value Problems*, 8th ed., pp. 133–134, 2012 有處理類似的問題。此外，在該書第 11 章亦有簡短討論邊界值問題之解的唯一性。

121. 象限的溫度 (TEMPERATURES IN A QUADRANT)

我們要尋求一象限狀薄板的穩態溫度。假如在薄板的一邊靠近端點的一小段是絕熱，而其餘部分則維持在固定溫度，另一邊也是維持在另一固定的溫度。薄板表面為絕熱，於是這成了一個兩度空間的問題。

選定溫度及長度的單位，使溫度函數 T 的邊界值問題變成

(1) $\qquad T_{xx}(x, y) + T_{yy}(x, y) = 0 \qquad (x > 0, y > 0)$

(2) $\qquad \begin{cases} T_y(x, 0) = 0 & \text{當 } 0 < x < 1 \\ T(x, 0) = 1 & \text{當 } x > 1 \end{cases}$

(3) $\qquad T(0, y) = 0 \qquad (y > 0)$

其中 $T(x, y)$ 在象限內為有界。此薄板與其邊界條件示於圖 157 的左圖。條件 (2) 是指在邊界線的一段具有函數 T 的法線方向之導數，而另一段是 T 的函數值。第 120 節末所提及的分離變數法，不適用於這種在同一邊界上有不同條件的問題。

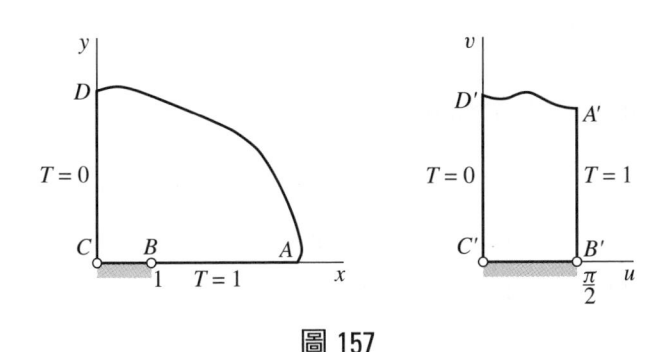

圖 157

如附錄的圖 10 所示，變換

(4) $\qquad\qquad\qquad z = \sin w$

將半無限帶狀區域 $0 \le u \le \pi/2, v \ge 0$ 一對一映成象限 $x \ge 0, y \ge 0$。注意，由於所予的變換為一對一且映成，故其逆變換存在。因為變換 (4) 在點

$w = \pi/2$ 以外的帶狀區域保角，因此其逆變換在點 $z = 1$ 以外的象限區域保角。此逆變換將 x 軸的線段 $0 < x < 1$ 映成帶狀區域之底，而其餘邊界映成帶狀區域的兩側，如圖 157 所示。

因為 (4) 的逆變換在 $z = 1$ 以外的象限區域保角，故所予問題之解，可由找出滿足圖 157 右圖的邊界條件之調和函數而得到。注意，這些邊界條件為第 117 節定理中所述之 $h = h_0$ 和 $dh/dn = 0$ 類型。

對於新邊界值問題，欲求的溫度函數 T，顯然是

$$(5) \qquad T = \frac{2}{\pi} u$$

而 $(2/\pi)u$ 是整函數 $(2/\pi)w$ 的實部。我們現在要以 x 和 y 來表示 T。

欲求得 u 的 x, y 表示式，我們首先注意，依據方程式 (4) 與第 37 節，

$$(6) \qquad x = \sin u \cosh v, \quad y = \cos u \sinh v$$

當 $0 < u < \pi/2$，$\sin u$ 與 $\cos u$ 均不為零，因此

$$(7) \qquad \frac{x^2}{\sin^2 u} - \frac{y^2}{\cos^2 u} = 1$$

對每一個固定的 u，易知雙曲線 (7) 的焦點位於

$$z = \pm\sqrt{\sin^2 u + \cos^2 u} = \pm 1$$

連接兩頂點 $(\pm \sin u, 0)$ 的線段為橫軸的長度 $2 \sin u$。因此，位於第一象限之雙曲線上的點 (x, y) 與兩焦點距離之差的絕對值為

$$\sqrt{(x+1)^2 + y^2} - \sqrt{(x-1)^2 + y^2} = 2 \sin u$$

由方程式 (6) 可知此關係式對 $u = 0$ 或 $u = \pi/2$ 亦成立。因此由方程式 (5) 欲求之溫度函數為

$$(8) \qquad T = \frac{2}{\pi} \arcsin \left[\frac{\sqrt{(x+1)^2 + y^2} - \sqrt{(x-1)^2 + y^2}}{2} \right]$$

由於 $0 \leq u \leq \pi/2$，故反正弦函數的值域為 0 到 $\pi/2$。

若我們要證明此函數滿足邊界條件 (2)，則必須知道平方根為正，當 $x > 1$，$\sqrt{(x-1)^2}$ 為 $x-1$，而當 $0 < x < 1$，$\sqrt{(x-1)^2}$ 為 $1-x$。又，平板下緣之絕熱部分的溫度為

$$T(x, 0) = \frac{2}{\pi} \arcsin x \qquad (0 < x < 1)$$

由方程式 (5) 可知，等溫線 $T(x, y) = c_1$ ($0 < c_1 < 1$) 為位於第一象限之共焦雙曲線 (7)，其中 $u = \pi c_1/2$。因為函數 $(2/\pi)v$ 為函數 (5) 的共軛調和，流線是將方程式 (6) 的 v 固定為常數之共焦橢圓的四分之一。

習題

1. 利用 Log z 求象限 $x \geq 0$, $y \geq 0$ 中的平板（圖 158）之有界穩態溫度的表示式。假設平板表面為完全絕熱，而其邊緣溫度為 $T(x, 0) = 0$ 和 $T(0, y) = 1$。求等溫線和流線並繪出它們的部分圖形。

答案：$T = \frac{2}{\pi} \arctan\left(\frac{y}{x}\right)$。

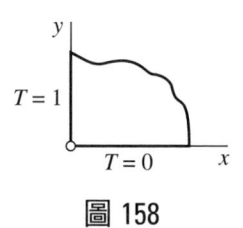

圖 158

2. 解下列半無限帶狀區域之 Dirichlet 問題（圖 159）：

$$H_{xx}(x, y) + H_{yy}(x, y) = 0 \qquad (0 < x < \pi/2, y > 0)$$
$$H(x, 0) = 0 \qquad (0 < x < \pi/2)$$
$$H(0, y) = 1, \quad H(\pi/2, y) = 0 \qquad (y > 0)$$

其中 $0 \leq H(x, y) \leq 1$。

提示：此問題可轉換成習題 1 之形式。

答案：$H = \dfrac{2}{\pi} \arctan\left(\dfrac{\tanh y}{\tan x}\right)$。

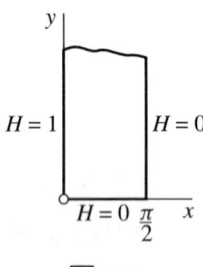

圖 159

3. 導出表面絕熱的半圓形板 $r \leq 1$, $0 \leq \theta \leq \pi$ 之溫度 $T(r, \theta)$ 的表示式。假設沿著徑向邊緣 $\theta = 0$ $(0 < r < 1)$ 有 $T = 1$，而在其餘邊界 $T = 0$。

提示：此問題可轉換成習題 2 的形式。

答案：$T = \dfrac{2}{\pi} \arctan\left(\dfrac{1-r}{1+r} \cot \dfrac{\theta}{2}\right)$。

4. 求楔形長圓柱體之穩態溫度。假設其界面 $\theta = 0$ 與 $\theta = \theta_0$ $(0 < r < r_0)$ 分別維持在溫度零度與 T_0，而其表面 $r = r_0$ $(0 < \theta < \theta_0)$ 為完全絕熱（圖 160）。

答案：$T = \dfrac{T_0}{\theta_0} \arctan\left(\dfrac{y}{x}\right)$。

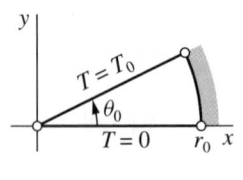

圖 160

5. 求半無限固體之有界穩態溫度 $T(x, y)$。假設在邊界 $x < -1$ $(y = 0)$ 部分，$T = 0$；在 $x > 1$ $(y = 0)$ 部分，$T = 1$ 且在邊界 $-1 < x < 1$ $(y = 0)$ 絕熱（圖 161）。

第十章 保角映射的應用

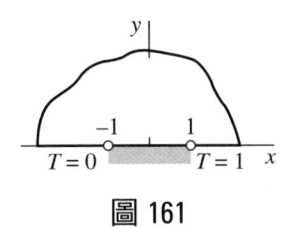

圖 161

答案：$T = \dfrac{1}{2} + \dfrac{1}{\pi} \arcsin\left[\dfrac{\sqrt{(x+1)^2+y^2} - \sqrt{(x-1)^2+y^2}}{2}\right]$

$(-\pi/2 \le \arcsin t \le \pi/2)$。

6. 無限水平帶狀平板 $0 \le y \le \pi$ 的邊緣 $x < 0$ $(y = 0)$ 和 $x < 0$ $(y = \pi)$ 與平板表面均絕熱。又，當 $x > 0$，滿足 $T(x, 0) = 1$ 和 $T(x, \pi) = 0$ 之條件（圖 162）。求平板之穩態溫度。

提示：此問題可轉換成習題 5 之問題。

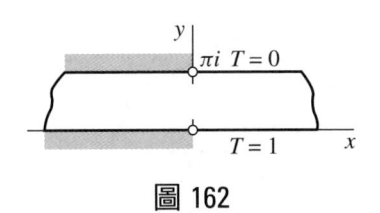

圖 162

7. 求固體 $x \ge 0, y \ge 0$ 之有界穩態溫度。此時除了在角落等寬的絕熱帶狀區域外，固體界面保持恆溫，如圖 163 所示。

提示：此問題可轉換成習題 5 之問題。

答案：$T = \dfrac{1}{2} + \dfrac{1}{\pi} \arcsin\left[\dfrac{\sqrt{(x^2-y^2+1)^2+(2xy)^2} - \sqrt{(x^2-y^2-1)^2+(2xy)^2}}{2}\right]$

$(-\pi/2 \le \arctan t \le \pi/2)$。

圖 163

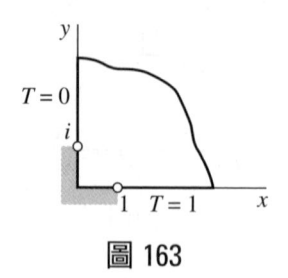

8. 解 z 平面之平板 $x \geq 0, y \geq 0$ 的邊界值問題，平板表面絕熱，而邊界條件如圖 164 所示。

提示：利用映射

$$w = \frac{i}{z} = \frac{i\bar{z}}{|z|^2}$$

將此問題轉換成第 121 節（圖 157）所求之問題。

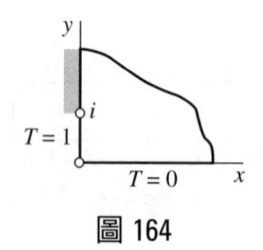

圖 164

9. 圖 155（第 119 節）左邊所示之半無限薄板的問題中，由第 119 節方程式 (5) 求得溫度函數 $T(x, y)$ 的共軛調和，並求熱量的流線。證明這些流線構成 y 軸上半及某些圓的上半，這些圓位於該軸之一側且圓心位於 x 軸之線段 AB 或 CD。

10. 若第 119 節的函數 T 不要求有界，證明該節調和函數 (4) 可用調和函數

$$T = \text{Im}\left(\frac{1}{\pi}w + A\cosh w\right) = \frac{1}{\pi}v + A\sinh u \sin v$$

取代，其中 A 為任意實常數。由此可知，uv 平面的帶狀區域（圖 155）之 Dirichlet 問題的解不唯一。

11. 在第 120 節的半無限平板（圖 156）之溫度問題，假設將 T 為有界之條件省略。由函數 $A \sin z$ 的虛部對解之影響，其中 A 為任意實常數，證明可能有無限多個解。

12. 考慮表面絕熱之薄板，其形狀為焦點在 $(\pm 1, 0)$ 的橢圓所圍區域的上半部。橢圓部分的邊界，其溫度為 $T = 1$。x 軸線段 $-1 < x < 1$ 之溫度為 $T = 0$，而 x 軸上的其餘邊界為絕熱。利用附錄的圖 11，求熱量的流線。

13. 依據第 59 節及該節的習題 5，若 $f(z) = u(x, y) + iv(x, y)$ 在閉有界區域 R 連續，且在 R 內部可解析而非常數，則函數 $u(x, y)$ 之極大值與極小值是在 R 的邊界而非內部，將 $u(x, y)$ 解釋為穩態溫度，以物理解釋何以極大值與極小值的性質必成立。

122. 靜電位 (ELECTROSTATIC POTENTIAL)

在靜電力場中，某點之**電場強度 (field intensity)** 是以向量表示的單位正電荷在該點所受的力。而靜電位為空間座標的純量函數，在每一點，其任一方向的方向導數，是電場強度在該方向的分量之負值。

對兩個靜電荷粒子，某一粒子作用於另一粒子之吸力或斥力的大小，與電荷乘積成正比，而與兩個粒子間之距離的平方成反比。從反平方律，可以證明，由單一粒子在空間中某點所形成的電位和該點與粒子之距離成反比。在沒有電荷的區域，在該區域外部由電荷分佈所成之電位，可證明滿足三維空間之 Laplace 方程式。

若電位 V 在所有與 xy 平面平行的平面皆相同，則在無電荷區域，V 是變數 x 和 y 之調和函數：

$$V_{xx}(x, y) + V_{yy}(x, y) = 0$$

電場強度向量在每一點皆平行於 xy 平面，其 x 與 y 分量分別為 $-V_x(x, y)$ 與 $-V_y(x, y)$。因此，該向量為 $V(x, y)$ 之梯度的負值。

$V(x, y)$ 為常數的曲面是等位面。在靜電荷情況下，由於導體表面的電荷可以自由移動，故電場強度向量在導體表面上的點之切線分量為零。因此 $V(x, y)$ 在導體表面為常數，該表面是**等位的** (equipotential)。

若 U 為 V 的共軛調和，則稱 xy 平面的曲線 $U(x, y) = c_2$ 為**通量線** (flux lines)。當此曲線與等位線 $V(x, y) = c_1$ 相交於一點，而解析函數 $V(x, y) + iU(x, y)$ 在該點之導數不為零，則在該點兩條曲線正交，並且電場強度與通量線相切。

靜電位 V 的邊界值問題與穩態溫度 T 的邊界值問題是相同的數學問題；因此，如同穩態溫度的情況，所用複變數的方法限於二維問題。例如，第 120 節所述之問題（參閱圖 156），可以解釋成求導體表面 $x = \pm \pi/2$ 和 $y = 0$ 所圍之空間

$$-\frac{\pi}{2} < x < \frac{\pi}{2}, y > 0$$

的二維靜電位，導體表面在交點絕緣，前兩個表面的電位為零，而第三個表面的電位為 1。

平面導電薄板之穩態電流中，不在源點和匯點，其電位也是調和函數。重力位勢是物理學中，另一個調和函數的例子。

123. 例題 (EXAMPLES)

此處的兩個例題是說明保角映射如何可常用來解位勢問題。

例1 一中空長圓柱由薄片導電材料製成，且此圓柱沿著長度分成兩等份當做電極，中間由瘦長狀絕緣材料隔開。一個電極接地形成零電位，而另一電極則維持在不同的固定電位。我們將座標軸、長度單位及電位差，示於圖 165 之左圖，則我們將遠離圓柱兩端的任一橫切面，其所圍空間的靜電位 V，解讀為 xy 平面上的單位圓 $x^2 + y^2 = 1$ 內部之調和函數。注

意，$V=0$ 是在圓的上半部而 $V=1$ 則在下半部。

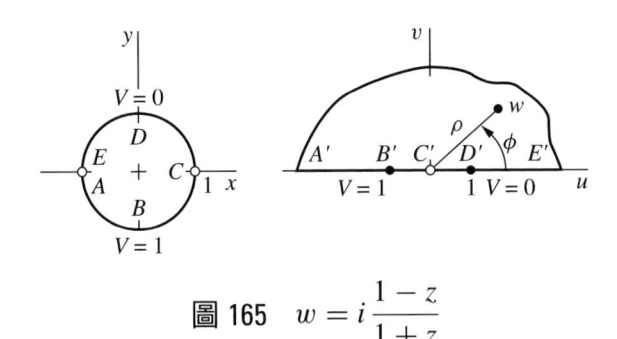

圖 165 $\quad w = i\dfrac{1-z}{1+z}$

第 102 節習題 1 證明線性分式變換，將上半平面映成圓心為原點的單位圓內部，正實軸映成圓的上半部，負實軸映成圓的下半部。此結果圖示於附錄的圖 13；將該線性分式變換的 z 和 w 互換，我們發現

(1) $$z = \dfrac{i-w}{i+w}$$

的逆變換給予我們關於半平面上 V 的新問題，如圖 165 右圖所示。

(2) $$\dfrac{1}{\pi}\operatorname{Log} w = \dfrac{1}{\pi}\ln\rho + i\dfrac{1}{\pi}\phi \quad (\rho > 0, 0 \le \phi \le \pi)$$

的虛部為 u 和 v 的有界函數，並在 u 軸的 $\phi = 0$ 和 $\phi = \pi$ 兩部分取所要求的常數值。因此對半平面上欲求之調和函數為

(3) $$V = \dfrac{1}{\pi}\arctan\left(\dfrac{v}{u}\right)$$

其中反正切函數由 0 到 π 取值。

(1) 式的逆變換為

(4) $$w = i\dfrac{1-z}{1+z}$$

由此，u 與 v 可用 x 和 y 表示。因此方程式 (3) 變成

$$\text{(5)} \quad V = \frac{1}{\pi}\arctan\left(\frac{1-x^2-y^2}{2y}\right) \qquad (0 \leq \arctan t \leq \pi)$$

因為函數 (5) 在圓內部調和，且在每個半圓皆取所要求的值，因此它是圓柱電極所圍空間的電位函數。若我們要驗證此解，必須注意

$$\lim_{\substack{t\to 0 \\ t>0}} \arctan t = 0 \quad \text{和} \quad \lim_{\substack{t\to 0 \\ t<0}} \arctan t = \pi$$

在圓形區域內的等位線 $V(x, y) = c_1\ (0 < c_1 < 1)$，為圓

$$x^2 + (y + \tan \pi c_1)^2 = \sec^2 \pi c_1$$

的弧線，每一個圓皆通過點 $(\pm 1, 0)$。又，介於點 $(\pm 1, 0)$ 之間的 x 軸線段為等電位 $V(x, y) = 1/2$。V 的共軛調和 U 為 $-(1/\pi)\ln \rho$，亦即函數 $-(i/\pi)\text{Log}\, w$ 的虛部。由方程式 (4)，U 可寫成

$$U = -\frac{1}{\pi}\ln\left|\frac{1-z}{1+z}\right|$$

由此方程式，可知通量線 $U(x, y) = c_2$ 為圓心在 x 軸之圓的弧線。介於兩電極間的 y 軸線段也是一條通量線。

例 2 令 r_0 表示大於 1 的任意實數。圖 166 左圖的 Dirichlet 問題可利用右圖之解求之。利用第 120 節所述的分離變數法[*]，可得右圖的級數解如下：

$$\text{(6)} \quad V = \frac{4}{\pi}\sum_{n=1}^{\infty}\frac{\sinh(\alpha_n v)}{\sinh(\alpha_n \pi)}\cdot\frac{\sin(\alpha_n u)}{2n-1}$$

其中

$$\text{(7)} \quad \alpha_n = \frac{(2n-1)\pi}{\ln r_0} \qquad (n = 1, 2, \ldots)$$

---

[*] 參閱作者的 *Fourier Series and Boundary Value Problems*, 8th ed., pp. 131–133, 2012。

第十章　保角映射的應用

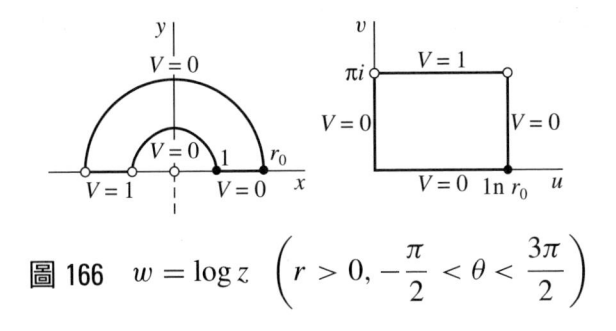

圖 166　$w = \log z \quad \left(r > 0, -\dfrac{\pi}{2} < \theta < \dfrac{3\pi}{2}\right)$

為了解圖 166 中的第一個邊界值問題，我們現在引進對數函數的分支

(8) $\qquad \log z = \ln r + i\theta \qquad \left(r > 0, -\dfrac{\pi}{2} < \theta < \dfrac{3\pi}{2}\right)$

觀察 z 平面上，起點為原點之射線的適當部分的像，我們可看出變換 (8) 是將圖 166 中的半圓區域映成矩形區域的一對一映射。又，圖中亦顯示兩邊界上的對應點。

第 116 節和 117 節的定理告訴我們，由於函數 (8) 的實部 u 與虛部 v 在 w 平面的長方形為調和，因此

(9) $\qquad V(r,\theta) = \dfrac{4}{\pi} \sum_{n=1}^{\infty} \dfrac{\sinh(\alpha_n \theta)}{\sinh(\alpha_n \pi)} \cdot \dfrac{\sin(\alpha_n \ln r)}{2n-1}$

其中 α_n 定義於方程式 (7)。

習題

1. 第 123 節的調和函數 (3) 在半平面 $v \geq 0$ 有界，且滿足圖 165 右圖所示之邊界條件。證明若將 Ae^w 的虛部加到該函數，其中 A 為任意實常數，則所得之函數除了有界條件外，滿足所有其他條件。

2. 證明第 123 節的變換 (4)，將圖 165 左圖所示的圖形區域上半，映成 w 平面的第一象限，且將直徑 CE 映成正 v 軸。然後，求半圓柱 $x^2 + y^2 = 1, y \geq 0$

以及平面 $y=0$ 所圍之空間的靜電位 V，其中圓柱表面的 $V=0$，而平面表面的 $V=1$（圖 167）。

答案：$V = \dfrac{2}{\pi} \arctan\left(\dfrac{1-x^2-y^2}{2y}\right)$。

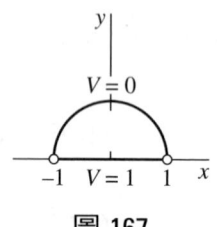

圖 167

3. 求由半平面 $\theta=0$ 與 $\theta=\pi/4$ 以及圓柱面 $r=1$ 的 $0\leq\theta\leq\pi/4$ 部分，所圍之空間 $0<r<1, 0<\theta<\pi/4$ 的靜電位，其中平面表面的 $V=1$，而圓柱表面的 $V=0$（參閱習題 2），驗證所得之函數滿足邊界條件。

4. 注意，$\log z$ 的每一分支皆有相同的實部，其在原點以外的任一點皆調和。寫出介於同軸導體圓柱表面 $x^2+y^2=1$ 與 $x^2+y^2=r_0^2$ $(r_0\neq 1)$ 之間的空間靜電位表示式，其中第一個圓柱面的 $V=0$，而第二個圓柱面的 $V=1$。

答案：$V = \dfrac{\ln(x^2+y^2)}{2\ln r_0}$。

5. 求由無限導體平面 $y=0$ 所界定的空間 $y>0$ 之有界靜電位 $V(x,y)$，導體中的帶狀區域 $(-a<x<a, y=0)$ 與平面的其他部分絕緣，且其電位維持在 $V=1$，而其他部分維持在 $V=0$（圖 168）。驗證所得之函數滿足邊界條件。

答案：$V = \dfrac{1}{\pi} \arctan\left(\dfrac{2ay}{x^2+y^2-a^2}\right) (0\leq \arctan t \leq \pi)$。

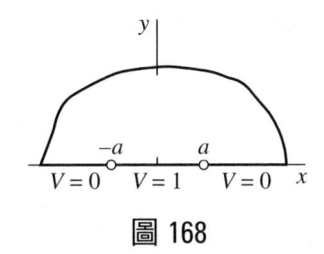

第十章　保角映射的應用　489

圖 168

6. 如圖 169 所示，導出由兩個半平面與半圓柱所圍住的半無限空間之靜電位表示式，其中圓柱表面的 $V=1$，而平面表面的 $V=0$。繪出 xy 平面的部分等位線。

答案：$V = \dfrac{2}{\pi}\arctan\left(\dfrac{2y}{x^2+y^2-1}\right)$。

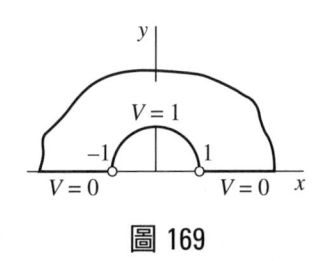

圖 169

7. 求介於平面 $y=0$ 和 $y=\pi$ 之間的電位 V，這些平面在 $x>0$ 的電位 $V=0$，而在 $x<0$ 的電位 $V=1$（圖 170）。驗證所得的結果滿足邊界條件。

答案：$V = \dfrac{1}{\pi}\arctan\left(\dfrac{\sin y}{\sinh x}\right)$　$(0 \le \arctan t \le \pi)$。

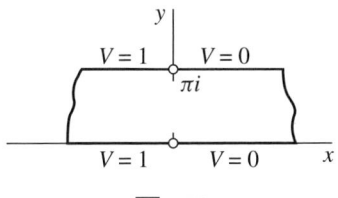

圖 170

8. 導出長圓柱 $r = 1$ 內部的靜電位 V 的表示式,其中圓柱面之第一象限 ($r = 1$, $0 < \theta < \pi/2$) 的 $V = 0$,而其餘表面 ($r = 1$, $\pi/2 < \theta < 2\pi$) 的 $V = 1$(參閱第 102 節習題 5,及該處的圖 123)。證明在圓柱體的軸,其電位 $V = 3/4$。驗證所得的結果滿足邊界條件。

9. 使用附錄的圖 20,對圖中所示的 xy 平面陰影區域,求出一個調和的溫度函數 $T(x, y)$,假設沿著弧 ABC,溫度 $T = 0$,而沿著線段 DEF,溫度 $T = 1$。驗證所得之函數滿足邊界條件(參閱習題 2)。

10. 圖 171 右圖 Dirichlet 問題的解為 *

$$V = \frac{4}{\pi} \sum_{n=1}^{\infty} \frac{\sinh mu}{m \sinh(m \ln r_0)} \sin mv$$

其中 $m = 2n - 1$。利用對數函數

$$\log z = \ln r + i\theta \quad \left(r > 0, -\frac{\pi}{2} < \theta < \frac{3\pi}{2} \right)$$

的分支,導出圖 171 左圖 Dirichlet 問題的解:

$$V(r, \theta) = \frac{4}{\pi} \sum_{n=1}^{\infty} \left(\frac{r^m - r^{-m}}{r_0^m - r_0^{-m}} \right) \frac{\sin m\theta}{m}$$

其中 $m = 2n - 1$。

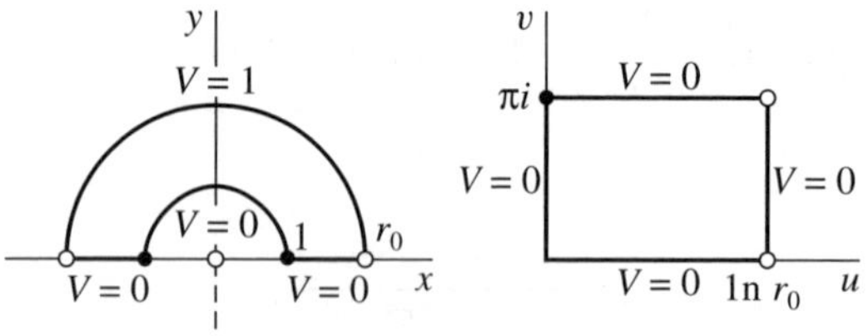

圖 171 $\quad w = \log z \quad \left(r > 0, -\frac{\pi}{2} < \theta < \frac{3\pi}{2} \right)$

---

* 參閱第 123 節,例 2 的註腳所列作者的書。

124. 二維的流體流動 (TWO-DIMENSIONAL FLUID FLOW)

調和函數在流體動力學與空氣動力學扮演一個重要的角色。再者，我們僅考慮二維穩定狀態型的問題。也就是說，在每一個與 xy 平行的平面上，假設流體的移動情形皆相同，其速度平行於該平面，且與時間無關。那麼討論在 xy 平面上的流體運動即可。

我們令表示成複數的向量

$$V = p + iq$$

是流體的粒子在任一點 (x, y) 之速度；因此速度向量的 x 和 y 分量分別為 $p(x, y)$ 和 $q(x, y)$。假設在流動區域內沒有流體的源點或匯點，而且實函數 $p(x, y)$ 和 $q(x, y)$ 以及它們的一階偏導數皆連續。

流體沿著任一圍線 C 的**環流 (circulation)**，定義為速度向量的切線分量 $V_T(x, y)$ 沿著 C 對弧長 σ 的線積分：

$$(1) \qquad \int_C V_T(x, y)\, d\sigma$$

因此，沿著 C 的環流對 C 的長度之比值為流體沿著該圍線之平均速度。在高等微積分中，證明了此種積分可寫成 *

$$(2) \qquad \int_C V_T(x, y)\, d\sigma = \int_C p(x, y)\, dx + q(x, y)\, dy$$

當 C 為不包含源點與匯點之單連通區域內的正向簡單封閉圍線，由 Green 定理（參閱第 50 節）可知

$$\int_C p(x, y)\, dx + q(x, y)\, dy = \iint_R [q_x(x, y) - p_y(x, y)]\, dA$$

其中 R 為 C 及其內部點所成之封閉區域。因而對此一圍線有

---

* 本節及下一節用到高微線積分的性質，可參考 W. Kaplan, *Advanced Mathematics for Engineers*, Chap. 10, 1992。

(3) $$\int_C V_T(x,y)\,d\sigma = \iint_R [q_x(x,y) - p_y(x,y)]\,dA$$

對於沿著簡單封閉圍線 C 之環流，式 (3) 右邊的被積函數有一個物理函意。我們令 C 表示圓心為 (x_0, y_0)。半徑為 r 的圓，並取逆時針方向。沿著 C 的平均速度為環流除以周長 $2\pi r$，而流體關於圓心之平均角速度是平均速度除以 r：

$$\frac{1}{\pi r^2} \iint_R \frac{1}{2}[q_x(x,y) - p_y(x,y)]\,dA$$

此亦為函數

(4) $$\omega(x,y) = \frac{1}{2}[q_x(x,y) - p_y(x,y)]$$

在由 C 所圍圓形區域 R 的平均值。當 r 趨近於 0，其極限為 ω 在點 (x_0, y_0) 的值。因此，函數 $\omega(x,y)$ 稱為流體的旋度，它就是當流體的圓形元素縮小至其中心點 (x, y) 時，計算得來的極限角速度。

若在某單連通區域的每一點 $\omega(x,y) = 0$，則在該域的流動為**無旋轉 (irrotational)**。此處我們僅考慮無旋轉流動，並假定流體為不可壓縮且無黏滯性。具有均勻密度 ρ 的流體，在穩態且無旋轉的假設下，可以證明流體壓力 $P(x, y)$ 滿足下列 Bernoulli 方程式的特殊情形：

$$\frac{P}{\rho} + \frac{1}{2}|V|^2 = c$$

其中 c 為常數。注意，當速率 $|V|$ 最小時，壓力最大。

令 D 為單連通區域，其內部是無旋轉的流動。依據方程式 (4)，在整個 D 有 $p_y = q_x$。此偏導數關係意指沿著圍線 C 的線積分

$$\int_C p(s,t)\,ds + q(s,t)\,dt$$

與路徑無關，其中 C 連接 D 中兩點 (x_0, y_0) 與 (x, y) 且 C 完全位於 D 中。

因此，若 (x_0, y_0) 固定，則函數

(5) $$\phi(x, y) = \int_{(x_0, y_0)}^{(x, y)} p(s, t)\, ds + q(s, t)\, dt$$

在 D 有定義；對此方程式兩側取偏導數，可得

(6) $$\phi_x(x, y) = p(x, y), \quad \phi_y(x, y) = q(x, y)$$

由方程式 (6)，我們得知速度向量 $V = p + iq$ 為 ϕ 之梯度，而 ϕ 在任一方向的方向導數為流動的速度在該方向的分量。

函數 $\phi(x, y)$ 稱為**速度位勢 (velocity potential)**。從方程式 (5) 得知，參考點 (x_0, y_0) 改變時，$\phi(x, y)$ 也會隨著改變一個常數。曲線 $\phi(x, y) = c_1$ 稱為**等位線 (equipotentials)**。因為速度向量 V 是 $\phi(x, y)$ 的梯度，只要 V 不是零向量，V 就垂直於等位線。

如同熱的流動，不可壓縮的流體僅藉由流經一個體積元素之邊界，來代表它進入或離開該體積元素，有一條件就是要求 $\phi(x, y)$ 必須在流體無源點或匯點的域中滿足 Laplace 方程式

$$\phi_{xx}(x, y) + \phi_{yy}(x, y) = 0$$

從方程式 (6) 和函數 p 與 q 以及它們的一階偏導數的連續性質，可推論 ϕ 在此域的一階及二階偏導數皆連續，因此速度位勢 ϕ 在該域是調和函數。

125. 流線函數 (THE STREAM FUNCTION)

依據第 124 節，單連通區域的無旋轉流動，其速度向量

(1) $$V = p(x, y) + iq(x, y)$$

可寫成

(2) $$V = \phi_x(x, y) + i\phi_y(x, y) = \operatorname{grad} \phi(x, y)$$

其中 ϕ 是速度位勢。當速度向量不是零向量時，其與通過點 (x, y) 的

等位線垂直。此外，若 $\psi(x, y)$ 為 $\phi(x, y)$ 的共軛調和（參閱第 115 節）則速度向量與曲線 $\psi(x, y) = c_2$ 相切。曲線 $\psi(x, y) = c_2$ 稱為流動的**流線 (streamlines)**，而函數 ψ 稱為**流線函數 (stream function)**。特別地，流體不會跨過的邊界是流線。

解析函數

$$F(z) = \phi(x, y) + i\psi(x, y)$$

稱為流動的**複位勢 (complex potential)**。注意

$$F'(z) = \phi_x(x, y) + i\psi_x(x, y)$$

且由 Cauchy–Riemann 方程式，知

$$F'(z) = \phi_x(x, y) - i\phi_y(x, y)$$

(2) 式因此變成

(3) $$V = \overline{F'(z)}$$

速率，或速度的大小可寫成

$$|V| = |F'(z)|$$

依據第 115 節方程式 (9)，若 ϕ 在單連通域 D 為調和，則 ϕ 的共軛調和可寫成

$$\psi(x, y) = \int_{(x_0, y_0)}^{(x, y)} -\phi_t(s, t)\, ds + \phi_s(s, t)\, dt$$

此積分與路徑無關，利用第 124 節方程式 (6)，我們可寫成

(4) $$\psi(x, y) = \int_C -q(s, t)\, ds + p(s, t)\, dt$$

其中 C 為 D 中由 (x_0, y_0) 至 (x, y) 之任意圍線。

從高等微積分可證明方程式 (4) 的右邊，為速度向量的垂直分量 $V_N(x, y)$ 沿著 C 對弧長 σ 積分，該速度向量在 x 和 y 分量分別為 $p(x, y)$ 和

$q(x, y)$。因此式 (4) 可寫成

(5) $$\psi(x, y) = \int_C V_N(s, t)\, d\sigma$$

物理上，$\psi(x, y)$ 代表流體通過 C 的流動率。更精確地說，$\psi(x, y)$ 為通過某曲面的體積流動率，此曲面由 C 上垂直 xy 平面的單位高度所構成。

例 當函數的複數位勢為

(6) $$F(z) = Az$$

其中 A 為正實常數，

(7) $$\phi(x, y) = Ax \quad 且 \quad \psi(x, y) = Ay$$

流線 $\psi(x, y) = c_2$ 為水平線 $y = c_2/A$，而在任意點之速度為

$$V = \overline{F'(z)} = A$$

因此 $\psi(x, y) = 0$ 的點 (x_0, y_0) 為 x 軸上的任一點。若取 (x_0, y_0) 為原點，則 $\psi(x, y)$ 為通過由原點連到 (x, y) 的任一條圍線之流率（圖 172）。該流動為向右的均勻流動。可以詮釋為由 x 軸所界定的上半平面的均勻流，而此均勻流是流線，或詮釋為兩平行線 $y = y_1$ 與 $y = y_2$ 之間的均勻流。

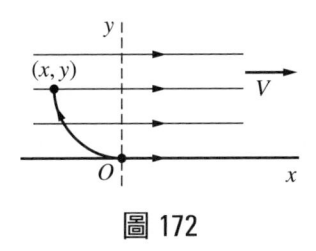

圖 172

流函數 ψ 可將一區域的某一特定的流動予以特性化。不考慮流函數的常數倍或流函數加上常數的情況，對於一已知的區域是否恰有此種流函數存在，在此不予探討。有時候，當遠離障礙物，速度是均勻的情況或涉

及源點與匯點時（第 11 章），物理狀況顯示，流動可單從問題給予的條件來決定。

僅指定一個區域的邊界值，即使是一個常數，調和函數並不全然是唯一確定。在上述例子中，$\psi(x, y) = Ay$ 在上半平面 $y > 0$ 調和，而在邊界的值為 0，函數 $\psi_1(x, y) = Be^x \sin y$ 也滿足該條件。可是 $\psi_1(x, y) = 0$ 不僅是直線 $y = 0$，而且也包括直線 $y = n\pi$ ($n = 1, 2, \ldots$)。在此處，函數 $F_1(z) = Be^z$ 為直線 $y = 0$ 與 $y = \pi$ 間之帶狀區域的流動之複位勢。該兩條直線構成流線 $\psi(x, y) = 0$；若 $B > 0$，流體沿著下線向右流，而沿著上線向左流。

126. 拐角及圓柱體附近的流動
(FLOWS AROUND A CORNER AND AROUND A CYLINDER)

當分析流體在 xy 或 z 平面的流動時，把它想成在對應的 uv 或 w 平面的流動會比較容易些。若 ϕ 是 uv 平面流動的速度位勢，而 ψ 為流線函數，則第 116 與 117 節的結果可應用於這些調和函數。也就是說，當 uv 平面的流域 D_w 為域 D_z 在下列的轉換

$$w = f(z) = u(x, y) + iv(x, y)$$

之下的像，其中 f 可解析，則函數

$$\phi[u(x, y), v(x, y)] \quad \text{和} \quad \psi[u(x, y), v(x, y)]$$

在 D_z 為調和。這些新函數可詮釋為 xy 平面上的速度位勢和流線函數。在 uv 平面的流線或自然邊界 $\psi(u, v) = c_2$，對應於 xy 平面的流線或自然邊界 $\psi[u(x, y), v(x, y)] = c_2$。

在使用此技巧時，通常最有效率的方式是先寫出 w 平面區域的複位勢函數，然後得到對應之 xy 平面區域的速度位勢和流線函數。更精確地

說，若 uv 平面的位勢函數為

$$F(w) = \phi(u, v) + i\psi(u, v)$$

則合成函數

$$F[f(z)] = \phi[u(x, y), v(x, y)] + i\psi[u(x, y), v(x, y)]$$

就是所要的 xy 平面的複位勢。

為了避免過多的符號，對於 xy 和 uv 平面的複位勢，我們使用相同的符號 F, ϕ 和 ψ。

例1 考慮在第一象限 $x > 0, y > 0$ 的流動，流體以平行 y 軸向下流至原點附近的拐角就轉向，如圖 173 所示。欲求此流動，我們回顧（第 14 節例題 2），下列的轉換

$$w = z^2 = x^2 - y^2 + i2xy$$

會將第一象限映成 uv 平面的上半部，而該象限的邊界被映成整個 u 軸。

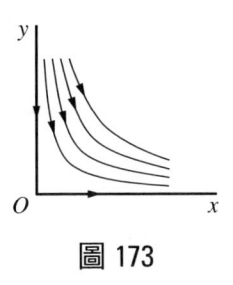

圖 173

由第 125 節的例子，我們知道在 w 平面的上半部往右流的均勻流，其複位勢為 $F = Aw$，其中 A 為正的實常數。因此在象限內的複位勢為

(1) $$F = Az^2 = A(x^2 - y^2) + i2Axy$$

該流動之流線函數為

(2) $$\psi = 2Axy$$

當然在第一象限的流線函數是調和的,且其在邊界為 0。

流線為矩形雙曲線

$$2Axy = c_2$$

的分支。依據第 125 節的方程式 (3),得到流體的速度為

$$V = \overline{2Az} = 2A(x - iy)$$

注意,粒子的速率為

$$|V| = 2A\sqrt{x^2 + y^2}$$

它與到原點的距離成正比。流線函數式 (2) 在點 (x, y) 的值,可詮釋為通過從原點延伸至該點的線段之流動率。

例2 將半徑為 1 的長圓柱置於速度均勻的流體中,圓柱的軸垂直於流體的流向。欲求圓柱附近的穩態流,我們以圓 $x^2 + y^2 = 1$ 表示該圓柱,並設遠離圓柱的流動,平行於 x 軸並流向右側(圖 174)。對稱性顯示,圓外部 x 軸上的點可以當作邊界點,因此我們僅需討論圖形上半部的流域。

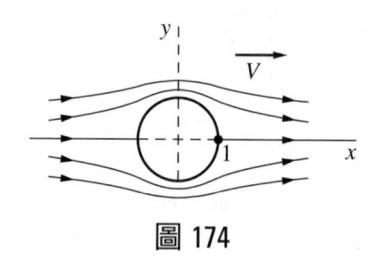

圖 174

此流域的邊界由圓的上半部與圓外部的 x 軸所構成,經下面的轉換

$$w = z + \frac{1}{z}$$

映成整個 u 軸。至於流域本身則被映成如附錄的圖 17 所示的上半平面。在該半平面對應於均勻流之複數位勢為 $F = Aw$,A 為正的實常數。因

此，位於圓外部以及 x 軸上方之區域，其複數位勢為

(3) $$F = A\left(z + \frac{1}{z}\right)$$

當 $|z|$ 遞增，速度

(4) $$V = A\left(1 - \frac{1}{\bar{z}^2}\right)$$

會趨近於 A。因此所預期的，遠離圓的流動近乎均勻且平行於 x 軸。由式 (4)，我們看到 $V(\bar{z}) = \overline{V(z)}$；因此該式也代表下半區域的流速，下半圓可看成是一條流線。

依據方程式 (3)，對所予的問題，流線函數可用極座標表示如下，

(5) $$\psi = A\left(r - \frac{1}{r}\right)\sin\theta$$

流線

$$A\left(r - \frac{1}{r}\right)\sin\theta = c_2$$

對稱於 y 軸，且其漸近線平行於 x 軸。注意，當 $c_2 = 0$，流線由圓 $r = 1$ 以及圓外部的 x 軸所組成。

習題

1. 說明為什麼速度的分量可由流函數以方程式
$$p(x, y) = \psi_y(x, y), \quad q(x, y) = -\psi_x(x, y)$$
求得。

2. 在我們假定的條件下，流動區域內部點的液壓不能低於周遭任何一點的壓力。利用第 124、125 以及 59 節的敘述證明此一敘述。

3. 對第 126 節例題 1 所述拐角附近的流動，在區域 $x \geq 0, y \geq 0$ 中的哪一點流體的壓力最大？

4. 證明第 126 節例題 2 之圓柱表面的流體速率為 $2A|\sin \theta|$，並且在點 $z = \pm 1$ 圓柱上有最大流體壓力，在點 $z = \pm i$ 有最小流體壓力。

5. 當點 z 逐漸遠離圓柱時，該點之速度 V 趨近實常數 A，在此情形下，寫出流經圓柱 $r = r_0$ 的複位勢。

6. 如圖 175 所示，對角域

$$r \geq 0,\ 0 \leq \theta \leq \frac{\pi}{4}$$

的流動，求出其流函數為 $\psi = Ar^4 \sin 4\theta$，繪出該區域內部的流線。

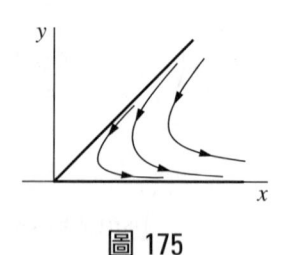

圖 175

7. 如圖 176 所示，對半無限區域

$$-\frac{\pi}{2} \leq x \leq \frac{\pi}{2},\ y \geq 0$$

的流動，求出其複位勢 $F = A \sin z$。寫出流線方程式。

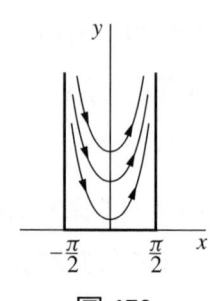

圖 176

第十章 保角映射的應用

8. 在 $r \geq r_0$ 的域內，若流動之速度位勢為 $\phi = A \ln r \ (A > 0)$，證明：流線為半線 $\theta = c \ (r \geq r_0)$，且每一個以原點為圓心的圓之向外流動率皆為 $2\pi A$，此即流體的源在原點之強度。

9. 對區域 $r \geq 1, 0 \leq \theta \leq \pi/2$ 的流動，求出其複位勢

$$F = A\left(z^2 + \frac{1}{z^2}\right)$$

寫出 V 與 ψ 的表示式。注意，速率 $|V|$ 如何沿著該區域的邊界變化，並證明在邊界 $\psi(x, y) = 0$。

10. 假定在第 126 節例題 2 中，有一流動距離半徑為 1 的圓柱無限遠，此流動在與 x 軸成 α 角的方向是均勻的，亦即，

$$\lim_{|z| \to \infty} V = Ae^{i\alpha} \qquad (A > 0)$$

求複位勢。

答案： $F = A\left(ze^{-i\alpha} + \dfrac{1}{z}e^{i\alpha}\right)$。

11. 令

$$z - 2 = r_1 \exp(i\theta_1), \quad z + 2 = r_2 \exp(i\theta_2)$$

且

$$(z^2 - 4)^{1/2} = \sqrt{r_1 r_2} \exp\left(i\frac{\theta_1 + \theta_2}{2}\right)$$

其中

$$0 \leq \theta_1 < 2\pi \quad 和 \quad 0 \leq \theta_2 < 2\pi$$

則除了在分支切割以外，函數 $(z^2 - 4)^{1/2}$ 為單值且可解析，此分支切割為點 $z = \pm 2$ 之間的 x 軸線段。此外，由第 98 節習題 13，可知

$$z = w + \frac{1}{w}$$

的變換，將圓 $|w|=1$ 映成由 $z=-2$ 到 $z=2$ 的線段，且將圓外部的點映成 z 平面其餘部分。利用上述的觀察，證明其逆變換為

$$w = \frac{1}{2}[z+(z^2-4)^{1/2}] = \frac{1}{4}\left(\sqrt{r_1}\exp\frac{i\theta_1}{2}+\sqrt{r_2}\exp\frac{i\theta_2}{2}\right)^2$$

其中不在分支切割上的點皆有 $|w|>1$。此變換及其逆變換建立兩域之間點的一對一對應。

12. 圖 177 為一個寬度為 4，橫切面為連接 $z=\pm 2$ 之兩點的長板，假設流體在距離長板無限遠處為 $A\exp(i\alpha)$，其中 $A>0$。$(z^2-4)^{1/2}$ 的分支如習題 11 所述。利用習題 10 與 11 的結果，導出繞此長板穩流的複數位勢。

$$F = A[z\cos\alpha - i(z^2-4)^{1/2}\sin\alpha]$$

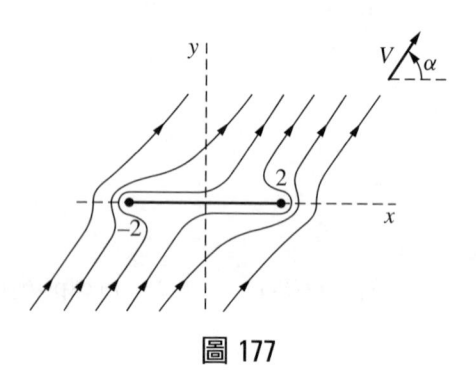

圖 177

13. 在習題 12 中，證明若 $\sin\alpha \neq 0$，則沿著點 $z=\pm 2$ 之連接線段，在端點之流體速率為無窮大，而在中點之速率為 $A|\cos\alpha|$。

14. 為了簡單起見，假設習題 12 中，$0<\alpha\leq\pi/2$。證明沿著圖 177 所示平板之線段的上緣，在點 $x=2\cos\alpha$ 之流體速度為 0，且沿著線段的下緣，在點 $x=-2\cos\alpha$ 之流體速度亦為 0。

15. 圓心在 x 軸上的點 x_0 $(0<x_0<1)$，且通過點 $z=-1$ 的圓，在經過

$$w = z + \frac{1}{z}$$

的轉換下，非零點 z 的幾何映射，可以用兩個向量

$$z = re^{i\theta} \quad \text{和} \quad \frac{1}{z} = \frac{1}{r}e^{-i\theta}$$

相加之後獲得。標示出某些映射點，而這些映射點就是圓的像，這些成了如圖 178 所示的一個輪廓。圓外的點就會映成輪廓外的點。這個就是 Joukowski 機翼剖面圖的一個特殊情況（參閱下列習題 16 和 17）。

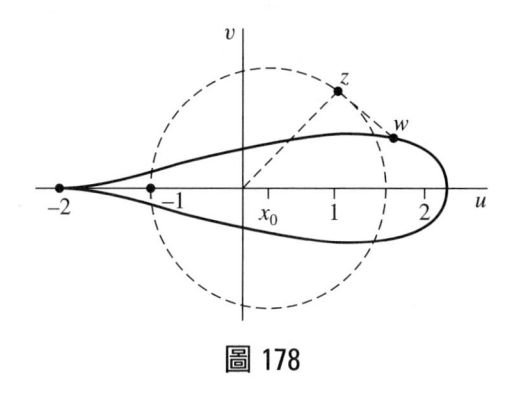

圖 178

16. (a) 證明習題 15 的圓之映射，在 $z = -1$ 以外的其餘點皆保角。

    (b) 令複數

    $$t = \lim_{\Delta z \to 0} \frac{\Delta z}{|\Delta z|} \quad \text{和} \quad \tau = \lim_{\Delta w \to 0} \frac{\Delta w}{|\Delta w|}$$

    分別表示在 $z = -1$ 與有向光滑弧相切之單位向量，以及在變換

    $$w = z + \frac{1}{z}$$

    之下，與弧的像相切之單位向量。證明 $\tau = -t^2$，因此圖 178 之 Joukowski 輪廓圖在 $w = -2$ 有一個尖點，而在尖點的兩個切線間之夾角為 0。

17. 求習題 15 之機翼繞流的複位勢，其中流體在距離原點無窮遠處的速度為實常數 A。回顧習題 15 所用之變換。

$$w = z + \frac{1}{z}$$

的逆變換，已在習題 11 中出現，只是將 z 和 w 對調。

18. 在變換 $w = e^z + z$ 之下，直線 $y = \pi$ 在 $x \geq 0$ 與 $x \leq 0$ 的兩半，皆被映成半線 $v = \pi(u \leq -1)$。同樣地，直線 $y = -\pi$ 被映成半線 $v = -\pi(u \leq -1)$；而中間 $-\pi \leq y \leq \pi$ 的帶狀區域被映成 w 平面。而且要注意方向的改變，在此轉換下，當 x 趨近於 $-\infty$，$\arg(dw/dz)$ 趨近於零。證明流體流經由 w 平面的兩個半線所構成的開放渠道的流線為帶狀區域的直線 $y = c_2$ 之像（圖 179），這些流線也像是接近平行板電容邊緣之靜電場的等位線。

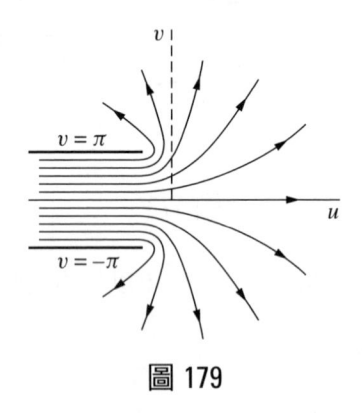

圖 179

第十一章
Schwarz–Christoffel 轉換

本章我們要建構一種轉換，稱為 Schwarz–Christoffel 轉換，它是將 x 軸及 z 平面上半部映成 w 平面中已知的多邊形及其內部。這種轉換用於解流體力學和靜電位問題。

127. 實軸映成多邊形
(MAPPING THE REAL AXIS ONTO A POLYGON)

我們以複數 t 來表示光滑弧線 C 上的點 z_0 之單位切線向量，在 $w = f(z)$ 的轉換下，令複數 τ 表示 C 的像 Γ 上的對應點 w_0 之單位切線向量。假設 f 在點 z_0 可解析且 $f'(z_0) \neq 0$。依據第 112 節，得知

(1) $$\arg \tau = \arg f'(z_0) + \arg t$$

特別地，若 C 為 x 軸上的線段，且以右方代表正向，那麼 C 上的每一點 $z_0 = x$ 會有 $t = 1$ 及 $\arg t = 0$ 的特性。在此情況下，方程式 (1) 變成

(2) $$\arg \tau = \arg f'(x)$$

若 $f'(z)$ 沿著該線段的幅角為常數，則 $\arg \tau$ 為常數，因此 C 的像 Γ 也是一條線段。

我們將建構一個轉換 $w = f(z)$ 以便將整個 x 軸映成一個 n 邊形，其中

x 軸上的點 $x_1, x_2, \ldots, x_{n-1}$ 以及 ∞ 的像為多邊形的頂點，在此

$$x_1 < x_2 < \cdots < x_{n-1}$$

n 個頂點為 $w_j = f(x_j)(j = 1, 2, \ldots, n-1)$ 以及 $w_n = f(\infty)$。當點 z 沿著 x 軸移動，函數 f 有個特性使得 $\arg f'(z)$ 在 $z = x_j$ 能夠從一常數跳到另一常數（圖 180）。

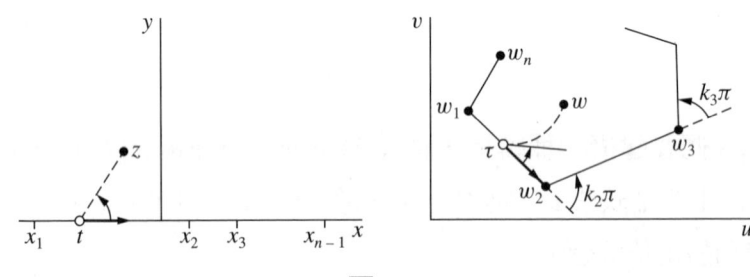

圖 180

若選取函數 f 使得

(3) $$f'(z) = A(z - x_1)^{-k_1}(z - x_2)^{-k_2} \cdots (z - x_{n-1})^{-k_{n-1}}$$

其中 A 為複常數，而每一個 k_j 為實常數，當 z 沿實軸移動時，$f'(z)$ 之幅角以指定的方式改變。這很容易理解，如果從式 (3) 把 $f'(z)$ 的幅角寫成下式

(4) $$\begin{aligned}\arg f'(z) = &\arg A - k_1 \arg(z - x_1) \\ &- k_2 \arg(z - x_2) - \cdots - k_{n-1} \arg(z - x_{n-1})\end{aligned}$$

當 $z = x$，且 $x < x_1$，

$$\arg(z - x_1) = \arg(z - x_2) = \cdots = \arg(z - x_{n-1}) = \pi$$

當 $x_1 < x < x_2$，幅角 $\arg(z - x_1)$ 為 0，而其他的幅角皆是 π，那麼從式 (4)，當 z 往右移經 $z = x_1$，$\arg f'(z)$ 會突然增加 $k_1\pi$。當 z 經過點 x_2，它會再增加 $k_2\pi$ 的量，餘此類推。

第十一章 Schwarz–Christoffel 轉換

由式 (2)，當 z 從 x_{j-1} 移至 x_j 時，單位向量 τ 的方向是固定的；因此點 w 會沿著直線以固定方向移動。如圖 180 所示，在點 x_j 之像 w_j 的地方，τ 的方向突然改變一個 $k_j\pi$ 角度，此 $k_j\pi$ 的角度就是所描繪之多邊形在點 w 的外角。

在 $-1 < k_j < 1$ 的情況下，這些外角限制在 $-\pi$ 和 π 之間。我們假定多邊形的邊不會彼此交叉，且其方向為正或逆時針方向。一封閉多邊形的外角和為 2π；所以點 $z = \infty$ 的像點，也就是頂點 w_n，其外角可寫成

$$k_n\pi = 2\pi - (k_1 + k_2 + \cdots + k_{n-1})\pi$$

因此 k_j 必須滿足條件

(5) $\quad k_1 + k_2 + \cdots + k_{n-1} + k_n = 2, \quad -1 < k_j < 1 \quad (j = 1, 2, \ldots, n)$

注意，若

(6) $\quad\quad\quad\quad\quad\quad k_1 + k_2 + \cdots + k_{n-1} = 2$

則 $k_n = 0$。這表示 τ 在 w_n 的方向未變。所以 w_n 不是頂點，因此多邊形有 $n - 1$ 個邊。

導數為方程式 (3) 的映射函數 f 其存在性，將在下一節討論。

128. Schwarz–Christoffel 轉換
(SCHWARZ–CHRISTOFFEL TRANSFORMATION)

從上一節轉換（第 127 節），知

(1) $\quad\quad\quad f'(z) = A(z - x_1)^{-k_1}(z - x_2)^{-k_2} \cdots (z - x_{n-1})^{-k_{n-1}}$

是將 x 軸映成多邊形之函數的導數，在此表示式中，令 $(z - x_j)^{-k_j}$ $(j = 1, 2, \ldots, n-1)$ 代表分支切割由 x 軸向下延伸的冪函數分支。具體而言，令

$$(z - x_j)^{-k_j} = \exp[-k_j \log(z - x_j)] = \exp[-k_j(\ln|z - x_j| + i\theta_j)]$$

則

(2) $\quad (z-x_j)^{-k_j} = |z-x_j|^{-k_j}\exp(-ik_j\theta_j) \quad \left(-\dfrac{\pi}{2} < \theta_j < \dfrac{3\pi}{2}\right)$

其中 $\theta_j = \arg(z-x_j), j=1, 2, \ldots, n-1$。使得 $f'(z)$ 在 $n-1$ 個分支點 x_j 以外的上半平面 $y \geq 0$ 到處可解析。

若 z_0 為該解析區域 R 中的一點，則函數

(3) $\quad F(z) = \displaystyle\int_{z_0}^{z} f'(s)\,ds$

在同一區域為單值且可解析，其中從 z_0 到 z 的積分路徑為 R 內的任一圍線。此外，$F'(z) = f'(z)$（參閱第 48 節）。

為了要定義 F 在點 $z = x_1$ 之值，使其在該點連續，我們注意到 $(z-x_1)^{-k_1}$ 是 (1) 式中唯一在 x_1 不可解析的因式。因此，若 $\phi(z)$ 表示 (1) 式的其餘因式之積，則 $\phi(z)$ 在 x_1 可解析，且在某一開圓盤 $|z-x_1| < R_1$，可用其在 x_1 的 Taylor 級數表示。所以我們有

$$\begin{aligned} f'(z) &= (z-x_1)^{-k_1}\phi(z) \\ &= (z-x_1)^{-k_1}\left[\phi(x_1) + \dfrac{\phi'(x_1)}{1!}(z-x_1) + \dfrac{\phi''(x_1)}{2!}(z-x_1)^2 + \cdots \right] \end{aligned}$$

或

(4) $\quad f'(z) = \phi(x_1)(z-x_1)^{-k_1} + (z-x_1)^{1-k_1}\psi(z)$

其中 ψ 可解析，因此 ψ 在整個開圓盤連續。由於 $1 - k_1 > 0$，若我們指定方程式 (4) 右式的末項在 $z = x_1$ 為零，則在 $\mathrm{Im}\, z \geq 0$ 的圓盤上半，其代表 z 的連續函數。因此該末項沿著 Z_1 到 z 的圍線積分

$$\int_{Z_1}^{z}(s-x_1)^{1-k_1}\psi(s)\,ds$$

是 z 在 $z = x_1$ 的連續函數，其中 Z_1 和圍線皆位於半圓盤。沿同一路徑的

積分

$$\int_{Z_1}^{z} (s-x_1)^{-k_1}\,ds = \frac{1}{1-k_1}\left[(z-x_1)^{1-k_1} - (Z_1-x_1)^{1-k_1}\right]$$

若我們定義其在 x_1 的值為 z 在該半圓盤內趨近於 x_1 的極限，則它在 x_1 也是一個 z 的連續函數。因此，函數 (4) 式沿著所述 Z_1 到 z 的同一路徑之積分，在 $z=x_1$ 連續；故 (3) 式的積分亦在 $z=x_1$ 連續，此乃因其可寫成由 z_0 到 Z_1 加上由 Z_1 到 z 的 R 內之圍線積分。

上述討論應用到 $n-1$ 個 x_j 的每一個，使得 F 在整個 $y \geq 0$ 區域連續。

由方程式 (1)，我們可以證明，對充分大的正數 R，存在正的常數 M，使得在 $\mathrm{Im}\,z \geq 0$ 的情況下

(5) $\qquad$ 當 $|z| > R$，恆有 $|f'(z)| < \dfrac{M}{|z|^{2-k_n}}$

因為 $2-k_n > 1$，當 z 趨近於無窮大時，由方程式 (3) 之被積函數的次方性質，保證積分的極限存在；亦即，存在 W_n，使得

(6) $\qquad \lim\limits_{z \to \infty} F(z) = W_n \qquad (\mathrm{Im}\,z \geq 0)$

詳細的討論留於習題 1 和 2。

映射函數其導數為方程式 (1) 者，此映射函數可以寫成 $f(z) = F(z) + B$，其中 B 為複常數。所得的變換

(7) $\qquad w = A \displaystyle\int_{z_0}^{z} (s-x_1)^{-k_1}(s-x_2)^{-k_2}\cdots(s-x_{n-1})^{-k_{n-1}}\,ds + B$

稱為 Schwarz–Christoffel 轉換，以兩位獨立發現的德國數學家 H. A. Schwarz (1843–1921) 和 E. B. Christoffel (1829–1900) 來命名。

轉換式 (7) 在 $y \geq 0$ 的半平面是連續的而且在 x_j 以外的點保角。我們已經假定 k_j 滿足第 127 節的條件 (5)，此外，我們又假定常數 x_j 和 k_j 會使

得多邊形的各邊彼此不交叉，因此該多邊形為一個簡單封閉圍線。那麼，從第 127 節的解說，當點 z 沿著 x 軸正向移動，它的像 w 也以正向沿著多邊形 P 移動，換言之，x 軸上的點與多邊形 P 上的點存在著一一對應。根據條件 (6)，點 $z = \infty$ 的像 w_n 是存在的，而且 $w_n = W_n + B$。

假如 z 是上半平面 $y \geq 0$ 的內點，而 x_0 為 x_j 以外在 x 軸上的任一點，那麼位於 x_0 的向量 t 與連接 x_0 和 z 的線段，所形成的角度為小於 π 的正值（圖 180）。在 x_0 的像 w_0，與由向量 τ 到連接 x_0 和 z 的線段之像，其對應角度的值是相同的。因此，依逆時針方向，上半平面內部點形成的像都位於多邊形的左側。要證明上述變換所建立的上半平面的內點與多邊形內點之間一一對應的關係，就留給讀者（習題 3）。

對一已知的多邊形 P，為了要將 x 軸映射到 P，我們必須從 Schwarz–Christoffel 的轉換來決定一些常數，為了這個目的，我們可以令 $z_0 = 0$，$A = 1$ 以及 $B = 0$，使得 x 軸可以映射到一個與 P 相似的多邊形 P'，多邊形 P' 的大小與位置可以藉由調整常數 A 與 B 之值，使得它與 P 相吻合。

從多邊形 P 諸頂點的外角可以計算 k_j 值，$n - 1$ 常數 x_j 仍然有待選取，x 軸的像是和 P 有相同角度的多邊形 P'。可是如果 P' 是與 P 相似，那麼 P' 的 $n - 2$ 個邊線與 P 的對應邊必須有共同比率，這個條件可用 $n - 1$ 個未知數 x_j 的 $n - 3$ 個方程式來表示，如此，$n - 3$ 個方程式其中的兩個數 x_j 或它們之間的兩個關係式可以任意選取，只要 $n - 3$ 個方程式中的 $n - 3$ 個未知數有實值解。

當以 x 軸的有限點 $z = x_n$ 取而非無窮遠點，代表像為頂點 w_n 的點，由第 127 節，Schwarz–Christoffel 轉換之形式為

$$(8) \quad w = A \int_{z_0}^{z} (s - x_1)^{-k_1} (s - x_2)^{-k_2} \cdots (s - x_n)^{-k_n} \, ds + B$$

其中 $k_1 + k_2 + \cdots + k_n = 2$。指數 k_j 由多邊形的外角決定。但在此情況下，必須有 n 個實常數 x_j 滿足上述 $n - 3$ 個方程式。因此，有三個 x_j，或在此

第十一章　Schwarz–Christoffel 轉換

n 個數上的三個條件，可以在 (8) 式將 x 軸映成已知多邊形的變換中任意選取。

習題

1. 導出第 128 節，不等式 (5)

   提示：令 R 大於 $|x_j|$ ($j = 1, 2, \ldots, n-1$)。注意，若 R 足夠大，則當 $|z| > R$，對每一個 x_j 而言，不等式 $|z|/2 < |z - x_j| < 2|z|$ 皆成立。依據第 127 節條件 (5)，使用第 128 節 (1) 式。

2. 利用第 128 節條件 (5)，以及實值函數的瑕積分存在的充分條件，證明當 x 趨近於無窮大時，$F(x)$ 具有某一極限 W_n，其中 $F(z)$ 由該節方程式 (3) 所定義。又，證明當 R 趨近於 ∞，$f'(z)$ 在半圓弧 $|z| = R$ (Im $z \geq 0$) 的積分趨近於 0。然後導出第 128 節方程式 (6) 所述

$$\lim_{z \to \infty} F(z) = W_n \qquad (\text{Im } z \geq 0)$$

3. 依據第 93 節，若 $g(z)$ 在正向簡單封閉圍線 C 上不為零，且 C 完全位於單連通域 D 之內，其中 g 在 D 可解析，而 $g'(z)$ 不為 0，則

$$N = \frac{1}{2\pi i} \int_C \frac{g'(z)}{g(z)} \, dz$$

可用來求函數 g 在 C 內部的零點個數 (N)。在此式中，令 $g(z) = f(z) - w_0$，其中 $f(z)$ 為第 128 節 Schwarz–Christoffel 映射函數 (7)，而 w_0 為多邊形 P 的內部或外部點，此多邊形 P 為 x 軸的像。令圍線 C 由圓 $|z| = R$ 的上半，以及包含 $n-1$ 個 x_j 的 x 軸線段 $-R < x < R$ 所組成，除了對每個 x_j 的小線段以該小線段為直徑的圓 $|z - x_j| = \rho_j$ 之上半取代，則在 C 內部滿足 $f(z) = w_0$ 之點 z 的個數為

$$N_C = \frac{1}{2\pi i} \int_C \frac{f'(z)}{f(z) - w_0} \, dz$$

注意，當 $|z|=R$ 且 R 趨近於 ∞，$f(z)-w_0$ 趨近於非零點 W_n-w_0，並回顧第 128 節，關於 $|f'(z)|$ 的次方性質 (5)。令 ρ_j 趨近於 0，證明在上半 z 平面滿足 $f(z)=w_0$ 之點的個數為

$$N = \frac{1}{2\pi i} \lim_{R\to\infty} \int_{-R}^{R} \frac{f'(x)}{f(x)-w_0} dx$$

由

$$\int_P \frac{dw}{w-w_0} = \lim_{R\to\infty} \int_{-R}^{R} \frac{f'(x)}{f(x)-w_0} dx$$

導出若 w_0 為 P 的內部點，則 $N=1$，而 w_0 為 P 的外部點時，$N=0$。由此證明將半平面 $\mathrm{Im}\, z > 0$ 映成 P 內部之映射為一對一。

129. 三角形與矩形 (TRIANGLES AND RECTANGLES)

Schwarz–Christoffel 變換是以點 x_j 表示，而不是以其像來表示，此處像是多邊形的頂點。一般任意選取的點不可超過 3 個。因此當已知的多邊形超過三個邊時，某些 x 軸上的 x_j 點需先確定，以使得已知多邊形或其相似的多邊形是 x 軸的像。欲求方便使用的常數，所需的條件，通常需要靈活的技巧。

由於涉及積分，造成 Schwarz–Christoffel 轉換的使用受到一些限制，往往這個積分無法用有限個基本函數來計算。在這種情況下，利用轉換來解題會變得十分繁瑣。

若多邊形是以 w_1，w_2 和 w_3 為頂點的三角形（圖 181），則其轉換式可寫成

(1) $$w = A \int_{z_0}^{z} (s-x_1)^{-k_1}(s-x_2)^{-k_2}(s-x_3)^{-k_3} ds + B$$

其中 $k_1+k_2+k_3=2$。若以內角 θ_j 表示，則

第十一章　Schwarz–Christoffel 轉換

$$k_j = 1 - \frac{1}{\pi}\theta_j \qquad (j = 1, 2, 3)$$

在此我們取了 x 軸上的三個點 x_j，而每一個點的值都可任意指定。複數常數 A 與 B 關係到三角形的大小和位置，是可以由上半平面映射成已知的三角形區域來確定。

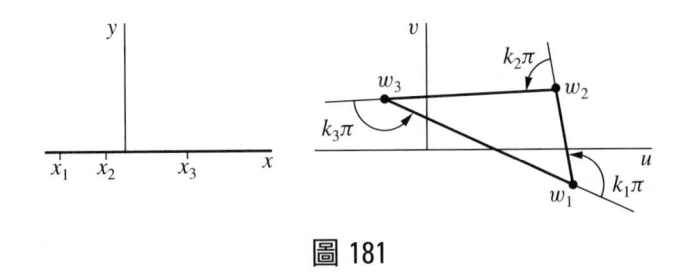

圖 181

若我們將無窮遠點的像當做頂點 w_3，則轉換會變成

(2) $$w = A\int_{z_0}^{z}(s-x_1)^{-k_1}(s-x_2)^{-k_2}\,ds + B$$

其中 x_1 和 x_2 可以任意實數來指定。

方程式 (1) 與 (2) 的積分不會是基本函數，除非三角形在無窮遠處退化成一或二個頂點。當三角形是等邊，或其中一角為 $\pi/3$ 或 $\pi/4$ 的直角三角形，方程式 (2) 的積分就會變成橢圓積分。

例1　對正三角形，$k_1 = k_2 = k_3 = 2/3$。為了方便計算，令 $x_1 = -1$, $x_2 = 1$ 和 $x_3 = \infty$，然後利用式 (2)，其中 $z_0 = 1$, $A = 1$ 和 $B = 0$。轉換式變成

(3) $$w = \int_{1}^{z}(s+1)^{-2/3}(s-1)^{-2/3}\,ds$$

顯然，點 $z = 1$ 的像為 $w = 0$，即 $w_2 = 0$。若 $z = -1$，令 $s = x$，其中 $-1 < x < 1$，則

$$x + 1 > 0 \quad 且 \quad \arg(x+1) = 0$$

514 複變函數與應用 COMPLEX VARIABLES AND APPLICATIONS

而
$$|x-1| = 1-x \quad 且 \quad \arg(x-1) = \pi$$

因此

(4) $$w = \int_1^{-1} (x+1)^{-2/3}(1-x)^{-2/3} \exp\left(-\frac{2\pi i}{3}\right) dx$$
$$= \exp\left(\frac{\pi i}{3}\right) \int_0^1 \frac{2\,dx}{(1-x^2)^{2/3}}$$

以 $x = \sqrt{t}$ 代入，上述積分可化為 beta 函數的一個特例（第 91 節習題 5）。令其值為正數 b：

(5) $$b = \int_0^1 \frac{2\,dx}{(1-x^2)^{2/3}} = \int_0^1 t^{-1/2}(1-t)^{-2/3}\,dt = B\left(\frac{1}{2}, \frac{1}{3}\right)$$

因此，頂點 w_1 為（圖 182）

(6) $$w_1 = b \exp\frac{\pi i}{3}$$

因為
$$w_3 = \int_1^\infty (x+1)^{-2/3}(x-1)^{-2/3}\,dx = \int_1^\infty \frac{dx}{(x^2-1)^{2/3}}$$

因此頂點 w_3 位於正 u 軸。

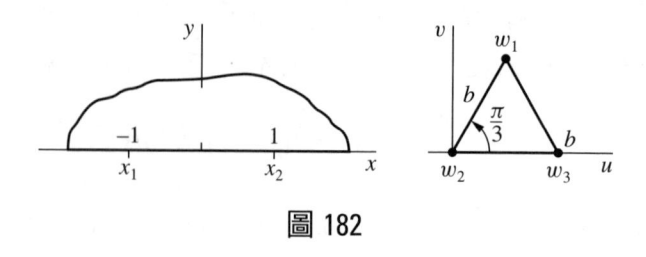

圖 182

但是當 z 沿負 x 軸趨近於無窮遠時，w_3 也可表示成式 (3) 的積分，亦即

第十一章　Schwarz–Christoffel 轉換

$$w_3 = \int_1^{-1} (|x+1||x-1|)^{-2/3} \exp\left(-\frac{2\pi i}{3}\right) dx$$

$$+ \int_{-1}^{-\infty} (|x+1||x-1|)^{-2/3} \exp\left(-\frac{4\pi i}{3}\right) dx$$

由 w_1，式 (4) 的第一個式子，則有

$$w_3 = w_1 + \exp\left(-\frac{4\pi i}{3}\right) \int_{-1}^{-\infty} (|x+1||x-1|)^{-2/3} dx$$

$$= b \exp\frac{\pi i}{3} + \exp\left(-\frac{\pi i}{3}\right) \int_1^{\infty} \frac{dx}{(x^2-1)^{2/3}}$$

或

$$w_3 = b \exp\frac{\pi i}{3} + w_3 \exp\left(-\frac{\pi i}{3}\right)$$

解 w_3，可得

(7) $$w_3 = b$$

因此，我們證明 x 軸的像是邊長為 b 的正三角形，如圖 182 所示。我們又知道

$$當 z = 0，w = \frac{b}{2} \exp\frac{\pi i}{3}$$

當多邊形為矩形，每個 $k_j = 1/2$。若取 ± 1 與 $\pm a$ 作為點 x_j，而 x_j 的像為頂點，且令

(8) $$g(z) = (z+a)^{-1/2}(z+1)^{-1/2}(z-1)^{-1/2}(z-a)^{-1/2}$$

其中 $0 \leq \arg(z-x_j) \leq \pi$，將調整矩形的大小與位置的變換 $W = Aw + B$ 除外，Schwarz–Christoffel 變換變成

(9) $$w = -\int_0^z g(s)\, ds$$

積分 (9) 式為常數乘上橢圓積分

$$\int_0^z (1-s^2)^{-1/2}(1-k^2s^2)^{-1/2}\,ds \qquad \left(k=\frac{1}{a}\right)$$

但被積分項的 (8) 式，可較清楚顯示所涉及的冪函數特定分支。

例2 定出 $a>1$ 時，矩形頂點的位置。如圖 183 所示，$x_1=-a$, $x_2=-1$, $x_3=1$ 和 $x_4=a$。四個頂點皆可由正數 b 和 c 來描述，而 b, c 與 a 之關係式如下：

$$(10) \qquad b=\int_0^1 |g(x)|\,dx = \int_0^1 \frac{dx}{\sqrt{(1-x^2)(a^2-x^2)}}$$

$$(11) \qquad c=\int_1^a |g(x)|\,dx = \int_1^a \frac{dx}{\sqrt{(x^2-1)(a^2-x^2)}}$$

若 $-1<x<0$，則

$$\arg(x+a)=\arg(x+1)=0 \qquad \text{和} \qquad \arg(x-1)=\arg(x-a)=\pi$$

因此

$$g(x)=\left[\exp\left(-\frac{\pi i}{2}\right)\right]^2 |g(x)| = -|g(x)|$$

若 $-a<x<-1$，則

$$g(x)=\left[\exp\left(-\frac{\pi i}{2}\right)\right]^3 |g(x)| = i|g(x)|$$

因此

$$w_1 = -\int_0^{-a} g(x)\,dx = -\int_0^{-1} g(x)\,dx - \int_{-1}^{-a} g(x)\,dx$$
$$= \int_0^{-1} |g(x)|\,dx - i\int_{-1}^{-a} |g(x)|\,dx = -b+ic$$

證明

(12) $\qquad w_2 = -b, \qquad w_3 = b, \qquad w_4 = b + ic$

留做習題。圖 183 顯示矩形的位置與大小。

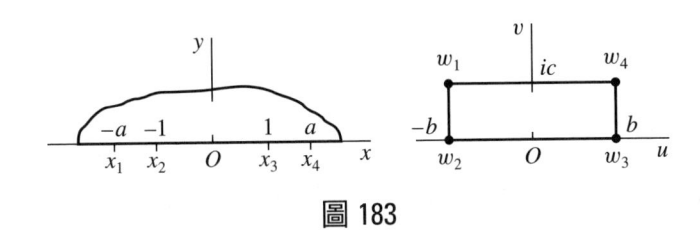

圖 183

130. 退化的多邊形 (DEGENERATE POLYGONS)

我們現在將 Schwarz–Christoffel 變換應用於積分為基本函數的某些退化多邊形。為了說明，此處的例題是由已在第 8 章出現過的變換式得到的。

例1 將半平面 $y \geq 0$ 映成半無限帶狀區域

$$-\frac{\pi}{2} \leq u \leq \frac{\pi}{2}, \quad v \geq 0$$

我們將帶狀區域視為頂點為 w_1, w_2 和 w_3 的三角形（圖 184）在 w_3 的虛部趨近於無窮大的極限情形。

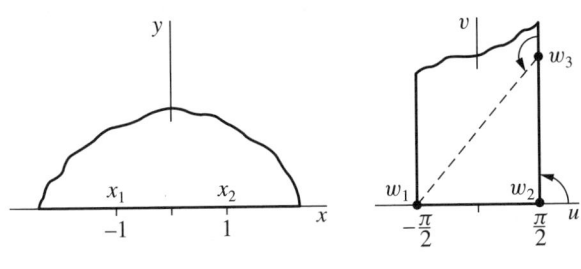

圖 184

外角的極限值為

$$k_1\pi = k_2\pi = \frac{\pi}{2} \quad 和 \quad k_3\pi = \pi$$

我們取 $x_1 = -1$, $x_2 = 1$ 和 $x_3 = \infty$ 的像點為頂點，則映射函數的導數可以寫成

$$\frac{dw}{dz} = A(z+1)^{-1/2}(z-1)^{-1/2} = A'(1-z^2)^{-1/2}$$

因此 $w = A' \sin^{-1} z + B$。若我們令 $A' = 1/a$ 和 $B = b/a$，則

$$z = \sin(aw - b)$$

此變換由 w 映至 z 平面，若 $a=1$ 和 $b=0$，則滿足 $w = -\pi/2$ 時 $z=-1$ 且 $w = \pi/2$ 時，$z=1$ 之條件。所得的變換為

$$z = \sin w$$

在第 104 節我們已驗證其將帶狀區域映成半平面。

例 2　將帶狀區域 $0 < v < \pi$ 視為頂點為 $w_1 = \pi i$, w_2, $w_3 = 0$ 和 w_4 的菱形，且是在 w_2 和 w_4 分別向左右兩側移至無窮遠處的極限情形（圖 185）。在此極限情況，外角為

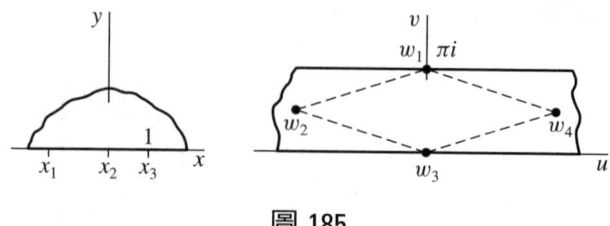

$$k_1\pi = 0, \quad k_2\pi = \pi, \quad k_3\pi = 0, \quad k_4\pi = \pi$$

圖 185

我們取 $x_2 = 0$, $x_3 = 1$ 和 $x_4 = \infty$，而 x_1 未定，則 Schwarz–Christoffel 映射函數的導數變成

第十一章　Schwarz–Christoffel 轉換

$$\frac{dw}{dz} = A(z-x_1)^0 z^{-1}(z-1)^0 = \frac{A}{z}$$

因此

$$w = A \operatorname{Log} z + B$$

當 $z=1$ 時，$w=0$，故 $B=0$。當 $z=x$ 且 $x>0$ 時，w 位於實軸，因此常數 A 必為實數。$w=\pi i$ 為 $z=x_1$ 之像，其中 x_1 為負數，所以

$$\pi i = A \operatorname{Log} x_1 = A \ln|x_1| + A\pi i$$

比較實部與虛部，可知 $|x_1|=1$ 和 $A=1$。因此該變換為

$$w = \operatorname{Log} z$$

且 $x_1 = -1$。我們在第 102 節的例題 3 已知此變換將半平面映成帶狀區域。

這兩個例子的處理並不嚴謹，是因為角度與座標的極限值未依序導入。只要看起來方便使用，就可使用極限值。但是，若我們能證實得到所要的映射，驗證推導映射函數的步驟就不那麼重要了。此處所採用形式上的方法，比嚴謹的方法簡短而不乏味。

習題

1. 在第 129 節 (1) 式，令 $z_0 = 0, B = 0$ 且

$$A = \exp\frac{3\pi i}{4}, \qquad x_1 = -1, \qquad x_2 = 0, \qquad x_3 = 1$$

$$k_1 = \frac{3}{4}, \qquad k_2 = \frac{1}{2}, \qquad k_3 = \frac{3}{4}$$

將 x 軸映成等腰直角三角形。證明該三角形的頂點為

$$w_1 = bi, \qquad w_2 = 0, \qquad w_3 = b$$

其中 b 為正的常數

$$b = \int_0^1 (1-x^2)^{-3/4} x^{-1/2} \, dx$$

此外，證明

$$2b = B\left(\frac{1}{4}, \frac{1}{4}\right)$$

其中 B 為第 91 節習題 5 所定義的 beta 函數。

2. 導出第 129 節 (12) 式關於圖 183 所示矩形的其餘頂點。

3. 證明在第 129 節 (8) 式中，當 $0 < a < 1$ 時，圖 183 所示之矩形的頂點，其 b 和 c 的值為

$$b = \int_0^a |g(x)| \, dx, \qquad c = \int_a^1 |g(x)| \, dx$$

4. 證明第 128 節 Schwarz–Christoffel 轉換 (7) 式的特例

$$w = i \int_0^z (s+1)^{-1/2} (s-1)^{-1/2} s^{-1/2} \, ds$$

將 x 軸映成頂點為

$$w_1 = bi, \qquad w_2 = 0, \qquad w_3 = b, \qquad w_4 = b + ib$$

的正方形，其中（正數）b 與 beta 函數之關係式為：

$$2b = B\left(\frac{1}{4}, \frac{1}{2}\right)$$

5. 利用 Schwarz–Christoffel 轉換得到轉換

$$w = z^m \quad (0 < m < 1)$$

其將半平面 $y \geq 0$ 映成楔形 $|w| \geq 0$, $0 \leq \arg w \leq m\pi$，且將點 $z = 1$ 轉換成點 $w = 1$。將楔形視為圖 186 所示，在角度 α 趨近於 0 之極限情況的三角形。

第十一章　Schwarz–Christoffel 轉換　521

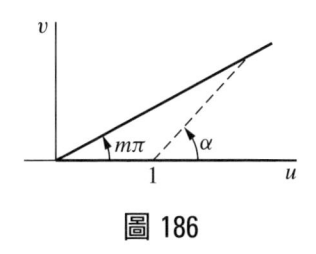

圖 186

6. 參照附錄的圖 26。當點 z 沿著負實軸向右移動時，它的像點 w 會沿著整條 u 軸向右移動。當點 z 在實軸的線段 $0 \leq x \leq 1$ 移動時，它的像點 w 將沿著半線 $v = \pi i$ $(u \geq 1)$ 向左移動；此外，當點 z 沿著正實軸在 $x \geq 1$ 的地方移動時，其像點 w 會沿著同一條半線 $v = \pi i$ $(u \geq 1)$ 向右移動。注意 w 在點 $z = 0$ 和 $z = 1$ 會改變運動的方向。從上述的種種變化，映射函數的導數應為

$$f'(z) = A(z-0)^{-1}(z-1)$$

其中 A 是某一常數；據此，可正式地得到映射函數

$$w = \pi i + z - \text{Log } z$$

驗證其映射半平面 Re $z > 0$，可由圖中顯示。

7. 當點 z 沿著負實軸在 $x \leq -1$ 的部分向右移動時，其像點會沿著 w 平面的負實軸向右移動。當點 z 在實軸沿著線段 $-1 \leq x \leq 0$ 向右移動之後，接著沿著線段 $0 \leq x \leq 1$ 向右移動，其像點 w 沿著 v 軸的線段 $0 \leq v \leq 1$，朝 v 增大的方向移動，然後沿著同一線段朝 v 減小的方向移動。最後，當點 z 沿著正實軸的 $x \geq 1$ 的地方向右移動，其像點沿著 w 平面的正實軸向右移動。注意 w 在點 $z = -1, z = 0$ 和 $z = 1$ 會改變運動的方向。據此，映射函數的導數可寫成

$$f'(z) = A(z+1)^{-1/2}(z-0)^{1}(z-1)^{-1/2}$$

其中 A 是某一常數。同時可正式地導出

$$w = \sqrt{z^2 - 1}$$

其中 $0 < \arg \sqrt{z^2 - 1} < \pi$。考慮連串映射

$$Z = z^2, \quad W = Z - 1, \quad w = \sqrt{W}$$

試證產生的轉換與沿著 v 軸線段 $0 < v \leq 1$ 的割線，將右半平面 $\operatorname{Re} z > 0$ 映成上半平面 $\operatorname{Im} w > 0$。

8. 除了點 $Z \leq -1$ 之外，線性分式變換

$$Z = \frac{i - z}{i + z}$$

的逆變換會將單位圓盤 $|Z| \leq 1$ 保角映成半平面 $\operatorname{Im} z \geq 0$（參閱附錄的圖 13）。令 z_j 為圓 $|Z| = 1$ 的點，其像為第 128 節 Schwarz–Christoffel 變換 (8) 式所用的點 $z = x_j$ ($j = 1, 2, ..., n$)。不以求冪函數的分支，證明

$$\frac{dw}{dZ} = A'(Z - Z_1)^{-k_1}(Z - Z_2)^{-k_2} \cdots (Z - Z_n)^{-k_n}$$

其中 A' 為常數。因此證明了轉換

$$w = A' \int_0^Z (S - Z_1)^{-k_1}(S - Z_2)^{-k_2} \cdots (S - Z_n)^{-k_n} \, dS + B$$

可將圓 $|Z| = 1$ 的內部映成一個多邊形的內部，而多邊形的頂點就是圓上之點 Z_j 的像。

9. 在習題 8 的積分，令 Z_j 為 1 的 n 次方根。$\omega = \exp(2\pi i/n)$ 且 $Z_1 = 1$, $Z_2 = \omega$, ..., $Z_n = \omega^{n-1}$（參閱第 10 節）。令每個 k_j ($j = 1, 2, ..., n$) 的值為 $2/n$。則習題 8 的積分變成

$$w = A' \int_0^Z \frac{dS}{(S^n - 1)^{2/n}} + B$$

證明當 $A' = 1$ 和 $B = 0$，此轉換將單位圓 $|Z| = 1$ 的內部映成正 n 邊形內部，而多邊形的中心點為 $w = 0$。

提示：每一個點 Z_j ($j = 1, 2, ..., n$) 的像是外角為 $2\pi/n$ 的某多邊形頂點。

令

第十一章　Schwarz–Christoffel 轉換

$$w_1 = \int_0^1 \frac{dS}{(S^n - 1)^{2/n}}$$

其中積分路徑是沿著正實軸由 $Z=0$ 到 $Z=1$，並取 $(S^n-1)^2$ 的 n 次方根的主值。然後證明 $Z_2 = \omega, \ldots, Z_n = \omega^{n-1}$ 的像分別為 $\omega w_1, \ldots, \omega^{n-1} w_1$。因此證明了多邊形為正多邊形，且中心點在 $w=0$。

131. 穿透渠道狹縫的流體流動
(FLUID FLOW IN A CHANNEL THROUGH A SLIT)

我們現在要給第 10 章所提過的理想化穩態流另一個例子，一個有助於說明流體流動中關於源點與匯點問題的例子。在本節及接下來的兩個章節，與其在 xy 平面上提出問題，不如在 uv 平面來討論，這樣可讓我們不用交換平面而直接參照本章較早的結果。

考慮兩個平行平面 $v=0$ 和 $v=\pi$ 間的流體之二維穩態流，流體沿著第一個平面上垂直 uv 平面的直線，在原點處穿過狹縫進入渠道中（圖 187）。對渠道之每單位深度而言，令穿過狹縫進入渠道之流體的流率為每單位時間內有 Q 體積的流體，渠道之深度方向垂直於 uv 平面，則流出兩端之流率分別為 $Q/2$。

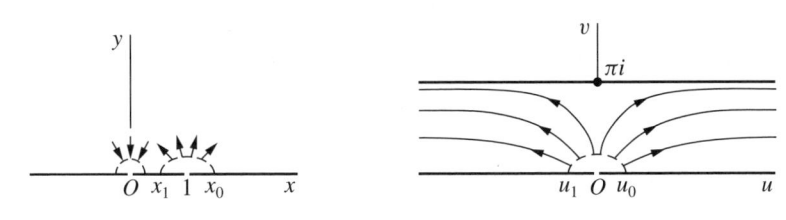

圖 187

轉換 $w = \text{Log } z$ 是把 z 平面的上半部 $y>0$，映成到 w 平面的帶狀區域 $0 < v < \pi$ 的一對一映射（參閱第 130 節例 2）。逆變換

(1) $$z = e^w = e^u e^{iv}$$

則是將帶狀區域映成半平面（參閱第 103 節例 3）。在轉換式 (1) 之下，u 軸的像為正 x 軸，而直線 $v = \pi$ 的像為負 x 軸，因此帶狀區域的邊界被轉換成半平面的邊界。

點 $w = 0$ 的像為點 $z = 1$，當 $u_0 > 0$，點 $w = u_0$ 的像為點 $z = x_0$，其中 $x_0 > 1$。在帶狀區域內，通過點 $w = u_0$ 到點 (u, v) 的曲線之流體流率為該流動之流函數 $\psi(u, v)$（第 125 節）。若 u_1 為負實數，則通過狹縫進入渠道中的流率可寫成

$$\psi(u_1, 0) = Q$$

在保角轉換下，函數 ψ 被轉換成 x 和 y 的函數，它代表 z 平面上對應區域的流動之流函數；也就是說，通過兩平面之對應曲線的流率相同。如同第 10 章，相同的符號 ψ 可用來表示兩平面之不同流函數，因為點 $w = u_1$ 的像為點 $z = x_1$，其中 $0 < x_1 < 1$，因此 z 的上半平面中，穿過連接點 $z = x_0$ 和點 $z = x_1$ 的任一曲線之流率也是 Q，因此在點 $z = 1$ 的源點與在點 $w = 0$ 的源點是相等的。

同樣的論述，可用來證明在保角轉換下，在一指定點的源點或匯點，在對應的該點之像有一個相等的源點或匯點。

當 $\operatorname{Re} w$ 趨近於 $-\infty$，點 w 的像趨近於 $z = 0$，因此對應於帶狀區域左側無窮遠處的匯點，其強度為 $Q/2$。為了要將上述之論點應用於此，我們考慮帶狀區域左側穿過一條連接邊界 $v = 0$ 和 $v = \pi$ 之曲線的流率，以及在 z 平面上穿過此曲線之像的流率。

帶狀區域右側的匯點被轉換到 z 平面無窮遠處的匯點。

在此情形下，流體在 z 平面上半部的流線函數，其在 x 軸上的三個部分的值必須皆為常數。此外，當點 z 在 $z = 1$ 附近，從 $z = x_0$ 繞過 $z = 1$ 到 $z = x_1$，流線函數的值必定增加 Q，而且當 z 以同一方式繞過原點，流線

函數的值必定減少 $Q/2$。我們可知函數

$$\psi = \frac{Q}{\pi}\left[\text{Arg}(z-1) - \frac{1}{2}\text{Arg } z\right]$$

滿足這些條件。此外，因為此函數為函數

$$F = \frac{Q}{\pi}\left[\text{Log}(z-1) - \frac{1}{2}\text{Log } z\right] = \frac{Q}{\pi}\text{Log}(z^{1/2} - z^{-1/2})$$

的虛部，因此它在上半平面 $\text{Im } z > 0$ 調和。

函數 F 為上半 z 平面流動的複位勢函數。由於 $z = e^w$，因此在該渠道中的流動之某複位勢函數 $F(w)$ 為

$$F(w) = \frac{Q}{\pi}\text{Log}(e^{w/2} - e^{-w/2})$$

除去一個額外的常數，則有

(2) $$F(w) = \frac{Q}{\pi}\text{Log}\left(\sinh\frac{w}{2}\right)$$

我們使用相同符號 F 來表示三個不同的函數，一次在 z 平面，兩次在 w 平面。

速度向量為

(3) $$V = \overline{F'(w)} = \frac{Q}{2\pi}\coth\frac{\overline{w}}{2}$$

由此式可知

$$\lim_{|u|\to\infty} V = \frac{Q}{2\pi}$$

此外，$w = \pi i$ 為**滯留點 (stagnation point)**，亦即在該點的速度為 0。因此沿著渠道壁 $v = \pi$，流體壓力在狹縫的對面點有最大值。

渠道中的流線函數 $\psi(u, v)$ 為式 (2) 中的函數 $F(w)$ 的虛部。因此，流線 $\psi(u, v) = c_2$ 為曲線

$$\frac{Q}{\pi}\mathrm{Arg}\left(\sinh\frac{w}{2}\right)=c_2$$

此方程式可化簡為

(4) $$\tan\frac{v}{2}=c\tanh\frac{u}{2}$$

其中 c 為任意實常數。圖 187 標示出某些流線。

132. 具突變狀況之渠道的流動
(FLOW IN A CHANNEL WITH AN OFFSET)

為了進一步說明 Schwarz–Christoffel 轉換的運用，我們將尋求流體流經寬度突然改變的渠道之複位勢（圖 188）。取量測長度之單位使得渠道在寬的部分為 π，在窄的部分為 $h\pi$, $0 < h < 1$，令流體在寬處遠離突起處的速度為 V_0，換言之，

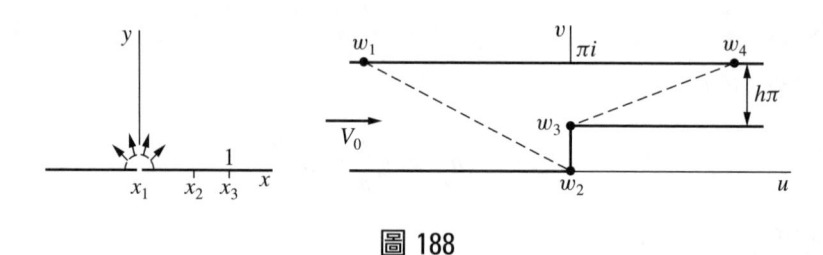

$$\lim_{u\to-\infty}V=V_0$$

圖 188

此處複變數 V 代表速度向量，則每單位深度通過渠道之流率，或左側源點和右側匯點的強度為

(1) $$Q=\pi V_0$$

渠道的切面可視為頂點為 w_1, w_2, w_3 和 w_4 的四邊形，在第一及最後一個頂點，分別移向左側及右側無窮遠處的極限情形。在此極限，外角變成

第十一章　Schwarz–Christoffel 轉換

$$k_1\pi = \pi, \qquad k_2\pi = \frac{\pi}{2}, \qquad k_3\pi = -\frac{\pi}{2}, \qquad k_4\pi = \pi$$

如同以往我們所做的處理，只要方便計算就使用極限值。若我們令 $x_1 = 0$, $x_3 = 1, x_4 = \infty$ 而留下 x_2 未定，其中 $0 < x_2 < 1$，則映射函數的導數變成

$$\text{(2)} \qquad \frac{dw}{dz} = Az^{-1}(z - x_2)^{-1/2}(z - 1)^{1/2}$$

要簡化計算此處的常數 A 和 x_2，我們先處理流動的複位勢。在渠道內，流動在左側無窮遠處的源點對應於位於 $z = 0$ 的相同大小之源點（第 131 節）。渠道切面的整個邊界均為 x 軸的像。因此，由式 (1)，函數

$$\text{(3)} \qquad F = V_0 \operatorname{Log} z = V_0 \ln r + iV_0 \theta$$

為流動在上半 z 平面的位勢，而源點位於原點。在此，流線函數為 $\psi = V_0 \theta$。對每一個半圓 $z = Re^{i\theta}$ $(0 \le \theta \le \pi)$，當 θ 從 0 增至 π，流線函數從 0 增至 $V_0\pi$〔比較第 125 節 (5) 式和第 126 節習題 8〕。

在 w 平面，速度 V 的複數共軛可寫成

$$\overline{V(w)} = \frac{dF}{dw} = \frac{dF}{dz}\frac{dz}{dw}$$

因此，參照式 (2) 和式 (3)，可知

$$\text{(4)} \qquad \overline{V(w)} = \frac{V_0}{A}\left(\frac{z - x_2}{z - 1}\right)^{1/2}$$

對應於 $z = 0$ 的 w_1 之極限處，其速度為實常數 V_0。因此由式 (4)

$$V_0 = \frac{V_0}{A}\sqrt{x_2}$$

對應於 $z = \infty$ 的 w_4 之極限處，令其速度為實數 V_4，當窄渠道的垂直線段向右朝無窮遠處移動，線段上每一點 V 皆趨近 V_4 似乎很合理。首先由式 (2) 求 w，我們可證實此猜測，不過為了縮短討論，我們假定此事實為

真。由於流動為穩態，故

$$\pi h V_4 = \pi V_0 = Q$$

或 $V_4 = V_0/h$。令式 (4) 的 z 趨近於無窮大，我們發現

$$\frac{V_0}{h} = \frac{V_0}{A}$$

因此

(5) $$A = h, \qquad x_2 = h^2$$

且

(6) $$\overline{V(w)} = \frac{V_0}{h}\left(\frac{z-h^2}{z-1}\right)^{1/2}$$

因為在突起處的轉角 w_3 為 $z = 1$ 的像，因此由 (6) 式，我們知道速度大小 $|V|$ 在該處變成無限大。此外，轉角 w_2 為 $V = 0$ 的滯留點，因此，沿著渠道的邊界，流體壓力在 w_2 最大，而在 w_3 最小。

要寫出位勢與變數 w 的關係式，我們必須將式 (2) 積分，式 (2) 可寫成

(7) $$\frac{dw}{dz} = \frac{h}{z}\left(\frac{z-1}{z-h^2}\right)^{1/2}$$

以新變數 s 代入，其中

$$\frac{z-h^2}{z-1} = s^2$$

可將式 (7) 化簡為

$$\frac{dw}{ds} = 2h\left(\frac{1}{1-s^2} - \frac{1}{h^2-s^2}\right)$$

因此

第十一章　Schwarz–Christoffel 轉換

(8) $$w = h \operatorname{Log} \frac{1+s}{1-s} - \operatorname{Log} \frac{h+s}{h-s}$$

積分常數為零是因為當 $z = h^2$ 時，s 為零，且 w 亦為零。

式 (3) 的位勢 F 以 s 表示，變成

$$F = V_0 \operatorname{Log} \frac{h^2 - s^2}{1 - s^2}$$

因此

(9) $$s^2 = \frac{\exp(F/V_0) - h^2}{\exp(F/V_0) - 1}$$

將此 s 代入式 (8)，可得隱函數關係，此關係定義了位勢 F 成為 w 的函數。

133. 導電平板邊緣之靜電位 (ELECTROSTATIC POTENTIAL ABOUT AN EDGE OF A CONDUCTING PLATE)

無限延伸的兩片平行平板導體，靜電位為 $V=0$，又有一片位於它們中間的半無限平行平板，靜電位為 $V=1$。選擇座標系與長度單位使得這三個平板分別置於 $v=0, v=\pi$ 和 $v=\pi/2$ 處（圖 189）。求這些平板間的區域的電位函數 $V(u,v)$。

當點 w_1 和 w_3 往外向右移而 w_4 往左移，則在 uv 平面上該區域的截面

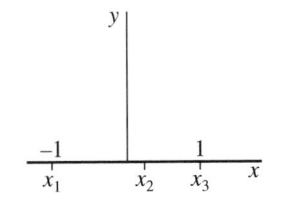

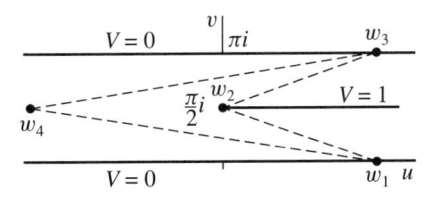

圖 189

為圖中由虛線所圍成的四邊形。應用 Schwarz–Christoffel 轉換，令對應於頂點 w_4 的點 x_4 位於無窮遠處，我們選取點 $x_1 = -1, x_3 = 1$ 剩下 x_2 待定，四邊形外角的極限值為

$$k_1\pi = \pi, \qquad k_2\pi = -\pi, \qquad k_3\pi = k_4\pi = \pi$$

如此，

$$\frac{dw}{dz} = A(z+1)^{-1}(z-x_2)(z-1)^{-1} = A\left(\frac{z-x_2}{z^2-1}\right) = \frac{A}{2}\left(\frac{1+x_2}{z+1} + \frac{1-x_2}{z-1}\right)$$

所以將 z 平面的上半部映成 w 平面上被分開的帶狀區域的轉換可寫成如下的形式：

(1) $$w = \frac{A}{2}[(1+x_2)\operatorname{Log}(z+1) + (1-x_2)\operatorname{Log}(z-1)] + B$$

設 A_1, A_2 和 B_1, B_2 分別為常數 A 與 B 的實部與虛部。當 $z = x$ 時，點 w 就位於被分開的帶狀區之邊界；而且，由方程式 (1)

(2) $$u + iv = \frac{A_1 + iA_2}{2}\{(1+x_2)[\ln|x+1| + i\arg(x+1)] \\ + (1-x_2)[\ln|x-1| + i\arg(x-1)]\} + B_1 + iB_2$$

要決定這些常數，我們首先注意的是，連接點 w_1 和點 w_4 之線段的極限位置在 u 軸上。該線段為 x 軸在 $x_1 = -1$ 的左側部分之像；這是因為連接點 w_3 和點 w_4 之線段為 x 軸在 $x_3 = 1$ 的右側部分之像，而四邊形的其餘兩邊為 x 軸其餘兩個線段之像。因此，當 $v = 0$ 且 u 經正值趨向無窮大，其相對應之點 x 從左邊趨近於 $z = -1$。因此

$$\arg(x+1) = \pi, \qquad \arg(x-1) = \pi$$

及 $\ln|x+1|$ 趨近於 $-\infty$。而且，因為 $-1 < x_2 < 1$，式 (2) 括號中的實部也趨近於 $-\infty$。既然 $v = 0$，就容易推得 $A_2 = 0$；否則，式 (2) 右式的虛部將變成無窮大，令兩邊虛部相等，我們得到

第十一章 Schwarz–Christoffel 轉換

$$0 = \frac{A_1}{2}[(1+x_2)\pi + (1-x_2)\pi] + B_2$$

因此

(3) $\qquad -\pi A_1 = B_2, \qquad A_2 = 0$

連接點 w_1 和點 w_2 之線段的極限位置為半線 $v = \pi/2$ $(u \geq 0)$。半線上的點為 $z = x$ 之像，其中 $-1 < x \leq x_2$；因此

$$\arg(x+1) = 0, \qquad \arg(x-1) = \pi$$

因為式 (2) 兩邊的虛部恆等，我們得到這個關係式

(4) $\qquad \dfrac{\pi}{2} = \dfrac{A_1}{2}(1-x_2)\pi + B_2$

最後，連接 w_3 和 w_4 之線段上點的極限位置是點 $u + \pi i$，其為 $x > 1$ 線上點的像。對這些點，藉由方程式 (2) 兩邊的虛部恆等，我們得到

$$\pi = B_2$$

然後由方程式 (3) 和 (4) 得到

$$A_1 = -1, \qquad x_2 = 0$$

因此，$x = 0$ 就是其像為頂點 $w = \pi i/2$ 的點，然後將這些數值代入方程式 (2)，並令兩邊實部恆等，可得 $B_1 = 0$。

轉換成 (1) 現在就變成

(5) $\qquad w = -\dfrac{1}{2}[\text{Log}\,(z+1) + \text{Log}\,(z-1)] + \pi i$

或

(6) $\qquad z^2 = 1 + e^{-2w}$

在此轉換下，所求調和函數 $V(u, v)$ 變成在半平面 $y > 0$ 之 x 和 y 的調和函數，而且滿足圖 190 所示之邊界條件。現在要注意 $x_2 = 0$，在半平面

上符合所要求邊界上的值的調和函數為解析函數

$$\frac{1}{\pi} \operatorname{Log} \frac{z-1}{z+1} = \frac{1}{\pi} \ln \frac{r_1}{r_2} + \frac{i}{\pi}(\theta_1 - \theta_2)$$

的虛部，其中 θ_1 和 θ_2 的值從 0 到 π。將這些角度的正切函數寫成 x 和 y 的函數並簡化之，可得

(7) $$\tan \pi V = \tan(\theta_1 - \theta_2) = \frac{2y}{x^2 + y^2 - 1}$$

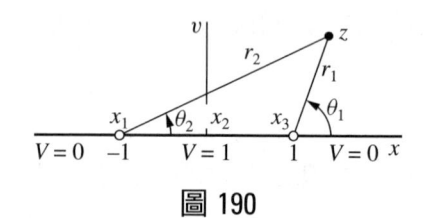

圖 190

方程式 (6) 是以 u 和 v 來表示 $x^2 + y^2$ 和 $x^2 - y^2$ 的式子。那麼，由方程式 (7)，我們發現靜電位 V 與座標 u 和 v 間的關係式可寫成

(8) $$\tan \pi V = \frac{1}{s}\sqrt{e^{-4u} - s^2}$$

其中

$$s = -1 + \sqrt{1 + 2e^{-2u}\cos 2v + e^{-4u}}$$

習題

1. 利用 Schwarz–Christoffel 轉換，形式上得到附錄，圖 22 所給之映射函數。
2. 解釋為什麼渠道中的半無限矩形障礙物（圖 191）的流動問題，其解包含於第 121 節所處理的問題之解。

第十一章　Schwarz–Christoffel 轉換　533

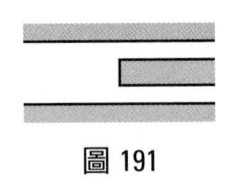

圖 191

3. 參照附錄的圖 29。當點 z 沿著負實軸的 $x \leq -1$ 部分向右移動時，其像點沿著半線 $v = h$ $(u \leq 0)$ 向右移動。當點 z 沿著 x 軸的線段 $-1 \leq x \leq 1$ 向右移動時，其像點 w 沿著 v 軸的線段 $0 \leq v \leq h$ 朝 v 遞減的方向移動。最後，當點 z 沿著正實軸的 $x \geq 1$ 部分向右移動時，其像點 w 沿著正實軸向右移動。注意在點 $z = -1$ 和 $z = 1$ 的像點 w 之移動方向的改變，這些改變表示映射函數的導數可寫成

$$\frac{dw}{dz} = A\left(\frac{z+1}{z-1}\right)^{1/2}$$

其中 A 為某一常數。因此，可正式得到該圖形中的轉換。驗證寫成下列的轉換

$$w = \frac{h}{\pi}\{(z+1)^{1/2}(z-1)^{1/2} + \mathrm{Log}\,[z + (z+1)^{1/2}(z-1)^{1/2}]\}$$

其中 $0 \leq \arg(z \pm 1) \leq \pi$，其映射邊界的方式如圖形所示。

4. 令 $T(u, v)$ 為附錄，圖 29 的 w 平面上陰影部分的有界穩態溫度，邊界條件在 $u < 0$ 為 $T(u, h) = 1$，在其餘邊界如 $(B'C'D')$ 則為 $T = 0$。使用參數 α $(0 < \alpha < \pi/2)$，證明正 y 軸上每一個 $z = i\tan\alpha$ 點之像點為

$$w = \frac{h}{\pi}\left[\ln(\tan\alpha + \sec\alpha) + i\left(\frac{\pi}{2} + \sec\alpha\right)\right]$$

（參閱習題 3）且在 w 點之溫度為

$$T(u, v) = \frac{\alpha}{\pi} \qquad \left(0 < \alpha < \frac{\pi}{2}\right)$$

5. 設 $F(w)$ 為流體流經深溪床上之台階複數位勢，如附錄圖 29 的 w 平面陰影所示。其中當 $|w|$ 於該區趨近無窮大時，流速 V 趨近實常數 V_0。將 z 平面上半部映成此區域的轉換，已記述於習題 3。使用鏈法則

$$\frac{dF}{dw} = \frac{dF}{dz}\frac{dz}{dw}$$

證明

$$\overline{V(w)} = V_0(z-1)^{1/2}(z+1)^{-1/2}$$

然後，依據點 $z = x$，其像點是沿著溪床的點，證明

$$|V| = |V_0|\sqrt{\left|\frac{x-1}{x+1}\right|}$$

注意，速率從 $|V_0|$ 沿著 $A'B'$ 增至 B' 的 $|V| = \infty$，然後在 C' 減少至 0，又由 C' 到 D' 增至 $|V_0|$，此外，介於 B' 和 C' 之間的點

$$w = i\left(\frac{1}{2} + \frac{1}{\pi}\right)h$$

的速率為 $|V_0|$。

第十二章 Poisson 型的積分公式

在本章，我們要談論一個可以用來解各種邊界值問題的理論，這些問題的解是以定積分或瑕積分的形式表示。許多這種積分一般很容易計算。

134. Poisson 積分公式 (POISSON INTEGRAL FORMULA)

C_0 是以原點為圓心的正向圓，並假設函數 f 在 C_0 及其內部可解析。Cauchy 積分公式（第 54 節）

(1) $$f(z) = \frac{1}{2\pi i} \int_{C_0} \frac{f(s)\,ds}{s-z}$$

以 f 在 C_0 上的點 s 之值，表示 f 在 C_0 內部任一點 z 的值。在本節，我們將從公式 (1) 導出函數 f 的實部對應公式：在第 135 節，我們將使用此結果，求解由 C_0 圍成的圓盤之 Dirichlet 問題（第 116 節）。

令 r_0 表示 C_0 的半徑，則 $z = r\exp(i\theta)$，其中 $0 < r < r_0$（圖 192）。非零之點 z 對圓 C_0 的**反轉 (inverse)** 為 z_1，它也是位於原點到 z 之射線上的點，並且滿足條件 $|z_1||z| = r_0^2$。（$r_0 = 1$ 情況下的這種反轉點，已在第 97 節討論過。）因 $(r_0/r) > 1$，

$$|z_1| = \frac{r_0^2}{|z|} = \left(\frac{r_0}{r}\right)r_0 > r_0$$

圖 192

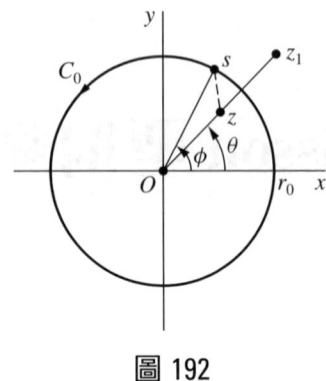

這意涵 z_1 是圓 C_0 的外部點。依據 Cauchy–Goursat 定理（第 50 節）

$$\int_{C_0} \frac{f(s)\,ds}{s - z_1} = 0$$

因此

$$f(z) = \frac{1}{2\pi i} \int_{C_0} \left(\frac{1}{s-z} - \frac{1}{s-z_1} \right) f(s)\,ds$$

然後利用參數式 $s = r_0 \exp(i\phi)$ $(0 \leq \phi \leq 2\pi)$ 來表示 C_0，我們得到

(2) $$f(z) = \frac{1}{2\pi} \int_0^{2\pi} \left(\frac{s}{s-z} - \frac{s}{s-z_1} \right) f(s)\,d\phi$$

在此，為了方便起見，我們仍用 s 來表示 $r_0 \exp(i\phi)$。現在

$$z_1 = \frac{r_0^2}{\overline{r}} e^{i\theta} = \frac{r_0^2}{re^{-i\theta}} = \frac{s\overline{s}}{\overline{z}}$$

利用這個關係式，式 (2) 括弧內的量可寫成

(3) $$\frac{s}{s-z} - \frac{s}{s - s(\overline{s}/\overline{z})} = \frac{s}{s-z} + \frac{\overline{z}}{\overline{s}-\overline{z}} = \frac{r_0^2 - r^2}{|s-z|^2}$$

因此，當 $0 < r < r_0$，Cauchy 積分公式 (1) 可用另一種形式表示如下，

(4) $$f(re^{i\theta}) = \frac{r_0^2 - r^2}{2\pi} \int_0^{2\pi} \frac{f(r_0 e^{i\phi})}{|s-z|^2} d\phi$$

當 $r=0$，此式亦為真，在這種狀況下，它可直接化簡成

$$f(0) = \frac{1}{2\pi} \int_0^{2\pi} f(r_0 e^{i\phi}) d\phi$$

這就是方程式 (1) 在 $z=0$ 時之參數式。

$|s-z|$ 的值為 s 與 z 兩點之間的距離，利用餘弦定律，可得（參閱圖 192）

(5) $$|s-z|^2 = r_0^2 - 2r_0 r \cos(\phi - \theta) + r^2$$

因此，若 u 為解析函數 f 的實部，從式 (4) 可得

(6) $$u(r, \theta) = \frac{1}{2\pi} \int_0^{2\pi} \frac{(r_0^2 - r^2) u(r_0, \phi)}{r_0^2 - 2r_0 r \cos(\phi - \theta) + r^2} d\phi \qquad (r < r_0)$$

此為 $r=r_0$ 的開圓盤上的調和函數 u 之 Poisson 積分公式。

式 (6) 定義一個從 $u(r_0, \phi)$ 到 $u(r, \theta)$ 的線性積分轉換。除去 $1/(2\pi)$ 的因子，此轉換的核就是實值函數

(7) $$P(r_0, r, \phi - \theta) = \frac{r_0^2 - r^2}{r_0^2 - 2r_0 r \cos(\phi - \theta) + r^2}$$

此為 Poisson 核。由方程式 (5)，我們亦可寫成

(8) $$P(r_0, r, \phi - \theta) = \frac{r_0^2 - r^2}{|s-z|^2}$$

當 $r < r_0$，我們要驗證下列關於 P 的一些性質：

(a) P 是正的函數；

(b) $P(r_0, r, \phi - \theta) = \operatorname{Re}\left(\dfrac{s+z}{s-z}\right)$；

(c) 對 C_0 上的固定點 s，$P(r_0, r, \phi - \theta)$ 是圓 C_0 內 r 與 θ 的調和函數；
(d) $P(r_0, r, \phi - \theta)$ 是 $\phi - \theta$ 的週期偶函數，週期為 2π；
(e) $P(r_0, 0, \phi - \theta) = 1$；
(f) $\dfrac{1}{2\pi} \displaystyle\int_0^{2\pi} P(r_0, r, \phi - \theta) d\phi = 1$ 當 $r < r_0$。

既然 $r < r_0$，由式 (8) 可知 (a) 為真。此外，因為 $z/(s-z)$ 和它的共軛複數 $\bar{z}/(\bar{s}-\bar{z})$ 有相同的實部，由式 (8) 與式 (3) 的第二部分可知

$$P(r_0, r, \phi - \theta) = \operatorname{Re}\left(\frac{s}{s-z} + \frac{z}{s-z}\right) = \operatorname{Re}\left(\frac{s+z}{s-z}\right)$$

因此性質 (b) 成立，因為解析函數的實數部分是調和的，性質 (c) 為真。至於 (d) 與 (e) 可由式 (7) 得知 P 有這些性質。最後，令式 (6) 的 $u(r, \theta) = 1$ 則從式 (7) 可得性質 (f)。

我們將式 (6) 改寫成

$$(9) \qquad u(r, \theta) = \frac{1}{2\pi} \int_0^{2\pi} P(r_0, r, \phi - \theta) u(r_0, \phi)\, d\phi \qquad (r < r_0)$$

來總結 Poisson 積分公式的介紹。我們已假設 f 不僅在 C_0 內部而且在 C_0 上面是可解析的。因此 u 在包含 C_0 的域是調和的，特別地，u 在 C_0 是連續的。這些條件現在被放寬了。

135. 圓盤上的 Dirichlet 問題
(DIRICHLET PROBLEM FOR A DISK)

在區間 $0 \leq \theta \leq 2\pi$，令 F 為 θ 的片段連續函數（第 42 節）。F 的 Poisson 積分轉換，是以第 134 節引入的 Poisson 核 $P(r_0, r, \phi - \theta)$ 來定義，可寫成

(1) $$U(r,\theta) = \frac{1}{2\pi} \int_0^{2\pi} P(r_0, r, \phi - \theta) F(\phi) \, d\phi \qquad (r < r_0)$$

在本節，我們將證明函數 $U(r,\theta)$ 在圓 $r = r_0$ 的內部是調和的，且對每一個固定的 θ，若 F 在此連續，則

(2) $$\lim_{\substack{r \to r_0 \\ r < r_0}} U(r, \theta) = F(\theta)$$

因此，除了有限個 (r_0, θ) 點使 F 不連續外，當 (r,θ) 沿半徑方向趨近 (r_0, θ)，則 $U(r, \theta)$ 是調和的，且趨近邊界值 $F(\theta)$，在此一意義下，對圓盤 $r < r_0$ 而言，U 為圓 Dirichlet 問題之解。

有關此解之應用將在第 136 節討論，現在要做的是證明式 (1) 所定義的函數 $U(r, \theta)$ 滿足 Dirichlet 問題。首先注意 U 在 $r = r_0$ 之圓內是調和的，因為 P 在該處是 r 和 θ 的調和函數。更精確地說，因為 F 是片段連續，積分式 (1) 可以寫成有限項定積分的和，而每一個積分的被積分項對 r, θ 與 ϕ 是連續的。這些被積分項對 r, θ 的偏導數也是連續的，因為對 r 和 θ 的積分與微分的順序可以互換，而且 P 滿足 r 與 θ 之極座標形式的 Laplace 方程式（第 27 節習題 1）

$$r^2 P_{rr} + r P_r + P_{\theta\theta} = 0$$

U 也就會滿足此方程式。

為了驗證式 (2) 的極限，我們需證明如果 F 在 θ 是連續的，那麼對應於每一個正數 ε，有一個正數 δ，使得

(3) $$\text{當 } 0 < r_0 - r < \delta，\text{恆有 } |U(r, \theta) - F(\theta)| < \varepsilon$$

我們由第 134 節 (f)，Poisson 核之性質開始，且令

$$U(r, \theta) - F(\theta) = \frac{1}{2\pi} \int_0^{2\pi} P(r_0, r, \phi - \theta) [F(\phi) - F(\theta)] \, d\phi$$

為了方便，我們令 F 以週期 2π，作 F 週期延拓，使得被積分項對 ϕ 是週

期函數，其週期為 2π。此外，由極限的取法我們可設 $0 < r < r_0$。

其次，我們觀察，因 F 在 θ 連續，故存在小的正數 α 使得

(4) $\qquad$ 當 $|\phi - \theta| \leq \alpha$，恆有 $|F(\phi) - F(\theta)| < \dfrac{\varepsilon}{2}$

假設 $|\phi - \theta| \leq \alpha$ 且

(5) $\qquad\qquad U(r, \theta) - F(\theta) = I_1(r) + I_2(r)$

其中

$$I_1(r) = \frac{1}{2\pi} \int_{\theta-\alpha}^{\theta+\alpha} P(r_0, r, \phi - \theta) [F(\phi) - F(\theta)] \, d\phi$$

$$I_2(r) = \frac{1}{2\pi} \int_{\theta+\alpha}^{\theta-\alpha+2\pi} P(r_0, r, \phi - \theta) [F(\phi) - F(\theta)] \, d\phi$$

由 P 是正的函數此一事實（第 134 節），與 (4) 式的第二個不等式以及第 134 節該函數的性質 (f)，使我們可寫出

$$|I_1(r)| \leq \frac{1}{2\pi} \int_{\theta-\alpha}^{\theta+\alpha} P(r_0, r, \phi - \theta) |F(\phi) - F(\theta)| \, d\phi$$

$$< \frac{\varepsilon}{4\pi} \int_0^{2\pi} P(r_0, r, \phi - \theta) \, d\phi = \frac{\varepsilon}{2}$$

關於積分 $I_2(r)$，由第 134 節圖 192 可知，當 s 的幅角 ϕ 位於閉區間

$$\theta + \alpha \leq \phi \leq \theta - \alpha + 2\pi$$

$P(r_0, r, \phi - \theta)$ 的表示式 (8) 之分母 $|s - z|^2$ 有一正的極小值 m。故，若 M 表示片段連續函數 $|F(\phi) - F(\theta)|$ 在區間 $0 \leq \phi \leq 2\pi$ 的上界，則當 $r_0 - r < \delta$，恆有

$$|I_2(r)| \leq \frac{(r_0^2 - r^2) M}{2\pi m} 2\pi < \frac{2M r_0}{m} (r_0 - r) < \frac{2M r_0}{m} \delta = \frac{\varepsilon}{2}$$

其中

(6) $$\delta = \frac{m\varepsilon}{4Mr_0}$$

最後，前述兩段之結果告訴我們，當 $r_0 - r < \delta$，恆有

$$|U(r,\theta) - F(\theta)| \leq |I_1(r)| + |I_2(r)| < \frac{\varepsilon}{2} + \frac{\varepsilon}{2} = \varepsilon$$

其中 δ 為式 (6) 所定義的正數，亦即，當 δ 如上述所取，則 (3) 式成立。

依據 (1) 式，且因為 $P(r_0, 0, \phi - \theta) = 1$

$$U(0,\theta) = \frac{1}{2\pi} \int_0^{2\pi} F(\phi)\, d\phi$$

因此，調和函數在圓 $r = r_0$ 之圓心的值，為此圓邊界值之平均。

P 和 U 可寫成基本調和函數 $r^n \cos n\theta$ 和 $r^n \sin n\theta$ 的級數如下[*]：

(7) $$P(r_0, r, \phi - \theta) = 1 + 2\sum_{n=1}^{\infty} \left(\frac{r}{r_0}\right)^n \cos n(\phi - \theta) \qquad (r < r_0)$$

和

(8) $$U(r,\theta) = \frac{1}{2}a_0 + \sum_{n=1}^{\infty} \left(\frac{r}{r_0}\right)^n (a_n \cos n\theta + b_n \sin n\theta) \qquad (r < r_0)$$

其中

(9) $$a_n = \frac{1}{\pi} \int_0^{2\pi} F(\phi) \cos n\phi\, d\phi \qquad (n = 0, 1, 2, \ldots)$$

(10) $$b_n = \frac{1}{\pi} \int_0^{2\pi} F(\phi) \sin n\phi\, d\phi \qquad (n = 1, 2, \ldots)$$

---

[*]這些結果，可由作者的 *Fourier Series and Boundary Value Problems*, 8th ed., Sec. 49, 2012 以分離變數法求得。

136. 例題 (EXAMPLES)

此處的例題是說明前兩節的內容。

例1 求半徑為 1 之中空長圓柱體的內部電位 $V(r, \theta)$，此圓柱體分成兩半，一半之電位為 1，另一半之電位為 $V = 0$。此問題已於第 123 節例 1 以保角映射的方法求解，而我們回想在該例題中是如何將它解釋成在圓盤 $r < 1$ 的 Dirichlet 問題，其中在 $r = 1$ 之上半圓滿足 $V = 0$，且在下半圓滿足 $V = 1$ 的邊界條件（參閱圖 193）。

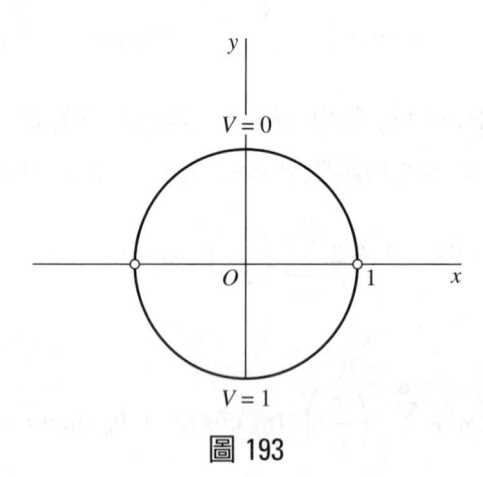

圖 193

在第 135 節式 (1)，將 U 寫成 V，$r_0 = 1$ 以及

$$F(\phi) = \begin{cases} 0 & \text{當 } 0 < \phi < \pi \\ 1 & \text{當 } \pi < \phi < 2\pi \end{cases}$$

可得

(1) $$V(r, \theta) = \frac{1}{2\pi} \int_{\pi}^{2\pi} P(1, r, \phi - \theta) \, d\phi$$

其中（參閱第 134 節）

第十二章　Poisson型的積分公式

$$P(1, r, \phi - \theta) = \frac{1 - r^2}{1 + r^2 - 2r\cos(\phi - \theta)}$$

$P(1, r, \psi)$ 的反導數為

(2) $$\int P(1, r, \psi)\, d\psi = 2\arctan\left(\frac{1+r}{1-r}\tan\frac{\psi}{2}\right)$$

其被積分項是方程式右側的函數對 ψ 的導數（參閱習題 3）。所以從式 (1) 可得到

$$\pi V(r, \theta) = \arctan\left(\frac{1+r}{1-r}\tan\frac{2\pi - \theta}{2}\right) - \arctan\left(\frac{1+r}{1-r}\tan\frac{\pi - \theta}{2}\right)$$

化簡上式的 $\tan[\pi V(r, \theta)]$ 項（參閱習題 4），我們得到

(3) $$V(r, \theta) = \frac{1}{\pi}\arctan\left(\frac{1 - r^2}{2r\sin\theta}\right) \qquad (0 \le \arctan t \le \pi)$$

此式的反正切函數值之限制條件在物理學上是明顯的。當使用直角座標來表示時，此解與第 123 節式 (5) 相同。

例 2　第 135 節的式 (8)，以及係數 (9) 與 (10) 可以用來計算一個無限長度的實體圓柱 $(r \le r_0)$ 之穩定溫度 $T(r, \theta)$，其中存在常數 A，使得

$$T(r_0, \theta) = A\cos\theta$$

以 T 取代 U，我們可得

(4) $$T(r, \theta) = \frac{1}{2}a_0 + \sum_{n=1}^{\infty}\left(\frac{r}{r_0}\right)^n (a_n\cos n\theta + b_n\sin n\theta) \qquad (r < r_0)$$

其中

$$a_0 = \frac{A}{\pi}\int_0^{2\pi}\cos\phi\, d\phi = 0$$

而且當 $n = 1, 2, \ldots$,

$$a_n = \frac{A}{\pi}\int_0^{2\pi} \cos\phi \cos n\phi \, d\phi = \begin{cases} A, & n = 1 \\ 0, & n > 1 \end{cases}$$

$$b_n = \frac{A}{\pi}\int_0^{2\pi} \cos\phi \sin n\phi \, d\phi = 0 \quad 對所有的 \ n$$

（這最後兩個積分的計算，請參照習題 8。）

將這些值代入級數 (4) 的係數，我們得到所要的溫度函數如下

(5) $$T(r, \theta) = \frac{A}{r_0}(r\cos\theta) = \frac{A}{r_0}x$$

注意（參閱第 118 節），因在 $y = 0$ 處，$\partial T/\partial y = 0$，故無熱流通過平面 $y = 0$。

習題

1. 有圓柱 $x^2 + y^2 = 1$，其圓柱面的第一象限 ($x > 0$, $y > 0$) 之靜電位 $V = 1$，其餘的部分 $V = 0$，利用第 135 節 Poisson 積分轉換式 (1)，導出圓柱內部的靜電位公式

$$V(x, y) = \frac{1}{\pi}\arctan\left[\frac{1 - x^2 - y^2}{(x-1)^2 + (y-1)^2 - 1}\right] \quad (0 \leq \arctan t \leq \pi)$$

另外，指出為什麼 $1 - V$ 是第 123 節習題 8 之解。

2. 令 T 代表表面絕緣的圓盤 $r \leq 1$ 內之穩定溫度，在 $r = 1$ 的圓盤邊緣，角度為 $0 < \theta < 2\theta_0$ ($0 < \theta_0 < \pi/2$) 的弧線之溫度 $T = 1$，圓盤邊緣的其餘部分 $T = 0$。使用第 135 節 Poisson 積分轉換式 (1)，證明

$$T(x, y) = \frac{1}{\pi}\arctan\left[\frac{(1 - x^2 - y^2)y_0}{(x-1)^2 + (y-y_0)^2 - y_0^2}\right] \quad (0 \leq \arctan t \leq \pi)$$

其中 $y_0 = \tan\theta_0$。驗證函數 T 滿足邊界條件。

第十二章　Poisson型的積分公式　　545

3. 將右式對 ψ 微分，證明第 136 節例 1 的積分公式 (2)。

提示：利用下列三角恆等式
$$\cos^2\frac{\psi}{2} = \frac{1+\cos\psi}{2}, \quad \sin^2\frac{\psi}{2} = \frac{1-\cos\psi}{2}$$

4. 利用三角恆等式
$$\tan(\alpha-\beta) = \frac{\tan\alpha-\tan\beta}{1+\tan\alpha\tan\beta}, \quad \tan\alpha+\cot\alpha = \frac{2}{\sin 2\alpha}$$

說明第 136 節例題 1 的式 (3)，如何由其前面的 $\pi V(r,\theta)$ 的表示式導出。

5. 令 I 代表**有限單位脈衝函數 (finite unit impulse functio)**（圖 194）：
$$I(h, \theta-\theta_0) = \begin{cases} 1/h & \text{當 } \theta_0 \leq \theta \leq \theta_0+h \\ 0 & \text{當 } 0 \leq \theta < \theta_0 \text{ 或 } \theta_0+h < \theta \leq 2\pi \end{cases}$$

h 是正數且 $0 \leq \theta_0 < \theta_0+h < 2\pi$。注意
$$\int_{\theta_0}^{\theta_0+h} I(h, \theta-\theta_0)\,d\theta = 1$$

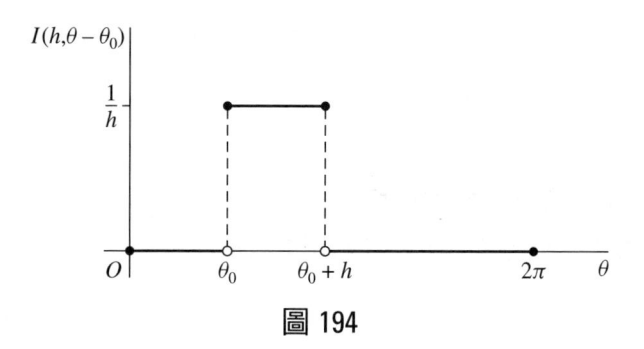

圖 194

利用定積分的均值定理，當 $\theta_0 \leq c \leq \theta_0+h$，證明
$$\int_0^{2\pi} P(r_0, r, \phi-\theta)\,I(h, \phi-\theta_0)\,d\phi = P(r_0, r, c-\theta) \int_{\theta_0}^{\theta_0+h} I(h, \phi-\theta_0)\,d\phi$$

並且

$$\lim_{\substack{h \to 0 \\ h > 0}} \int_0^{2\pi} P(r_0, r, \phi - \theta) \, I(h, \phi - \theta_0) \, d\phi = P(r_0, r, \theta - \theta_0) \qquad (r < r_0)$$

如此，當 h 從正值趨近於 0，Poisson 核 $P(r_0, r, \theta - \theta_0)$ 是圓盤 $r = r_0$ 的調和函數的極限值，此調和函數的邊界值可用脈衝函數 $2\pi \, I(h, \theta - \theta_0)$ 表示。

6. 證明第 68 節習題 7(b)，關於餘弦級數和的式子，可以寫成

$$1 + 2 \sum_{n=1}^{\infty} a^n \cos n\theta = \frac{1 - a^2}{1 - 2a \cos \theta + a^2} \qquad (-1 < a < 1)$$

然後證明第 134 節 Poisson 核式 (7) 可用像第 135 節式 (7) 的級數表示。

7. 證明第 135 節式 (7) Poisson 核之級數表示式，對 ϕ 均勻收斂。然後從同一節的式 (1) 得到 $U(r, \theta)$ 之級數表示式 (8)。

8. 計算第 136 節例 2 的積分

$$\int_0^{2\pi} \cos \phi \cos n\phi \, d\phi \quad \text{和} \quad \int_0^{2\pi} \cos \phi \sin n\phi \, d\phi$$

提示：使用三角恆等式

$$2 \cos A \cos B = \cos(A - B) + \cos(A + B)$$
$$2 \cos A \sin B = \sin(A + B) - \sin(A - B)$$

137. 相關的邊界值問題
(RELATED BOUNDARY VALUE PROBLEMS)

有關本節所述各種結果的證明細節將留作習題。函數 F 為圓 $r = r_0$ 之邊界值，並假設其為片段連續。

假設 $F(2\pi - \theta) = -F(\theta)$。則第 135 節式 (1) 之 Poisson 積分轉換變成

$$(1) \qquad U(r, \theta) = \frac{1}{2\pi} \int_0^{\pi} [P(r_0, r, \phi - \theta) - P(r_0, r, \phi + \theta)] F(\phi) \, d\phi$$

函數 U 在圓的水平半徑方向 $\theta = 0$ 與 $\theta = \pi$ 之值為 0，此與將 U 解釋為穩

第十二章　Poisson 型的積分公式　547

定溫度時所預期的結果一樣。因此式 (1) 解決了半圓區域 $r<r_0, 0<\theta<\pi$ 的 Dirichlet 問題，其中 U 在直徑 AB 的值為 0，如圖 195 所示，且對於每一個 θ，F 在其上連續，則有

(2) $$\lim_{\substack{r \to r_0 \\ r<r_0}} U(r, \theta) = F(\theta) \qquad (0<\theta<\pi)$$

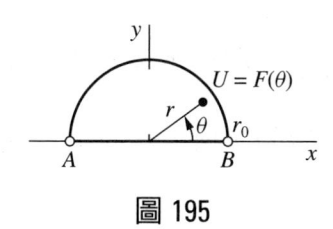

圖 195

若 $F(2\pi - \theta) = F(\theta)$，則

(3) $$U(r, \theta) = \frac{1}{2\pi} \int_0^\pi [P(r_0, r, \phi-\theta) + P(r_0, r, \phi+\theta)] F(\phi)\, d\phi$$

且當 $\theta = 0$ 或 $\theta = \pi$ 時，$U_\theta(r, \theta) = 0$，因此式 (3) 說明了 U 在半圓區域 $r<r_0, 0<\theta<\pi$ 為調和函數且滿足式 (2)，又在圖 195 所示之直徑 AB，滿足了法線方向的導數為 0 之條件。

解析函數 $z = r_0^2/Z$ 將 Z 平面的圓 $|Z| = r_0$ 映射到 z 平面的圓 $|z| = r_0$，而且它將第一個圓的外部映射到第二個圓的內部（參閱第 97 節）。令

$$z = re^{i\theta} \quad 和 \quad Z = Re^{i\psi}$$

我們得到

$$r = \frac{r_0^2}{R} \quad 和 \quad \theta = 2\pi - \psi$$

第 135 節式 (1) 調和函數 $U(r, \theta)$，可轉換成

$$U\left(\frac{r_0^2}{R}, 2\pi - \psi\right) = -\frac{1}{2\pi} \int_0^{2\pi} \frac{r_0^2 - R^2}{r_0^2 - 2r_0 R \cos(\phi+\psi) + R^2} F(\phi)\, d\phi$$

其在 $R > r_0$ 的域是調和的。一般而言。若 $u(r, \theta)$ 是調和函數，則 $u(r, -\theta)$ 也是調和函數（參閱習題 4）。因此函數

$$H(R, \psi) = U\left(\frac{r_0^2}{R}, \psi - 2\pi\right)$$

或

(4) $$H(R, \psi) = -\frac{1}{2\pi}\int_0^{2\pi} P(r_0, R, \phi - \psi)F(\phi)\,d\phi \quad (R > r_0)$$

也是調和的。對每一個固定的 ψ 值，若 $F(\psi)$ 是連續的，則從第 135 節式 (2) 可知

(5) $$\lim_{\substack{R \to r_0 \\ R > r_0}} H(R, \psi) = F(\psi)$$

因此式 (4) 解決 Z 平面的圓 $R = r_0$ 外部區域的 Dirichlet 問題（圖 196）。由第 134 節式 (8) 可知，當 $R > r_0$，Poisson 核 $P(r_0, R, \phi - \psi)$ 為負值。此外

(6) $$\frac{1}{2\pi}\int_0^{2\pi} P(r_0, R, \phi - \psi)\,d\phi = -1 \quad (R > r_0)$$

且

(7) $$\lim_{R \to \infty} H(R, \psi) = \frac{1}{2\pi}\int_0^{2\pi} F(\phi)\,d\phi$$

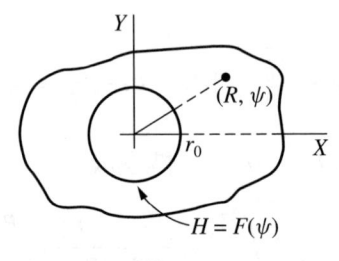

圖 196

第十二章　Poisson型的積分公式

習題

1. 如圖 197 所示，無界區域 $R > r_0$, $0 < \psi < \pi$ 之調和函數 $H(R, \psi)$，若該函數在半圓滿足邊界條件

$$\lim_{\substack{R \to r_0 \\ R > r_0}} H(R, \psi) = F(\psi) \qquad (0 < \psi < \pi)$$

且 (a) 在射線 BA 及 DE 為 0；(b) 在射線 BA 和 DE 之法線方向的導數為 0。導出第 137 節 (4) 式的特例。

(a) $H(R, \psi) = \dfrac{1}{2\pi} \displaystyle\int_0^\pi [P(r_0, R, \phi + \psi) - P(r_0, R, \phi - \psi)] F(\phi) \, d\phi$

(b) $H(R, \psi) = -\dfrac{1}{2\pi} \displaystyle\int_0^\pi [P(r_0, R, \phi + \psi) + P(r_0, R, \phi - \psi)] F(\phi) \, d\phi$

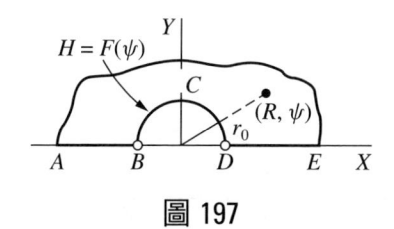

圖 197

2. 寫出建立第 137 節式 (1) 為圖 195 所示區域之 Dirichlet 問題的解所需的細節。

3. 寫出建立第 137 節式 (3) 為所述邊界值問題之解所需的細節。

4. 導出第 137 節 (4) 式為圓的外部區域（圖 196）之 Dirichlet 問題的解。使用 Laplace 方程式之極式

$$r^2 u_{rr}(r, \theta) + r u_r(r, \theta) + u_{\theta\theta}(r, \theta) = 0$$

證明當 $u(r, \theta)$ 為調和函數，$u(r, -\theta)$ 也是調和函數。

5. 敘述為什麼第 137 節式 (6) 成立。

6. 建立第 137 節式 (7) 之極限。

138. Schwarz 積分公式 (SCHWARZ INTEGRAL FORMULA)

令 f 在半平面 $\text{Im } z \geq 0$ 為 z 的解析函數，使得對於某些正的常數 a 和 M，f 滿足

(1) $\qquad |z^a f(z)| < M \qquad (\text{Im } z \geq 0)$

的**階性質 (order property)**。對實軸上方的固定點 z，令 C_R 代表以原點為圓心，R 為半徑的正向圓之上半部，其中 $R > |z|$（圖 198）。那麼，根據 Cauchy 積分公式（第 54 節）

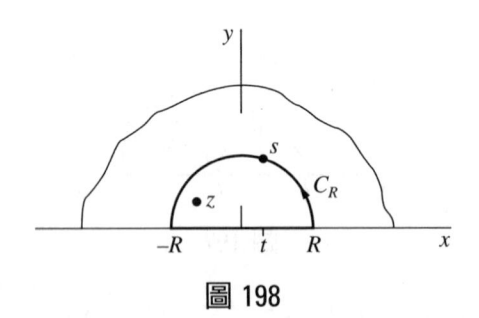

(2) $\qquad f(z) = \dfrac{1}{2\pi i} \displaystyle\int_{C_R} \dfrac{f(s)\, ds}{s-z} + \dfrac{1}{2\pi i} \int_{-R}^{R} \dfrac{f(t)\, dt}{t-z}$

圖 198

當 R 趨近於 ∞，第一項積分趨近於 0，因為由條件 (1)

$$\left| \int_{C_R} \frac{f(s)\, ds}{s-z} \right| < \frac{M}{R^a(R-|z|)} \pi R = \frac{\pi M}{R^a(1-|z|/R)}$$

因此

(3) $\qquad f(z) = \dfrac{1}{2\pi i} \displaystyle\int_{-\infty}^{\infty} \dfrac{f(t)\, dt}{t-z} \qquad (\text{Im } z > 0)$

條件 (1) 也保證此瑕積分收斂[*]，其收斂值等於它的 Cauchy 主值（參閱第 85 節），因而式 (3) 是半平面 $\text{Im } z > 0$ 的一個 Cauchy 積分公式。

---
[*]參閱，A. E. Taylor and W. R. Mann, *Advanced Calculus*, 3d ed., Chap. 22, 1983。

當點 z 位於實軸下方，則式 (2) 右側之值為 0，因此式 (3) 之積分值為 0。故當 z 位於實軸上方，我們得到下列的式子：

(4) $$f(z) = \frac{1}{2\pi i} \int_{-\infty}^{\infty} \left(\frac{1}{t-z} + \frac{c}{t-\bar{z}} \right) f(t)\, dt \qquad (\text{Im}\, z > 0)$$

其中 c 是任一複數常數。在 c = −1 及 c = 1 的兩種情況下，分別可化簡為

(5) $$f(z) = \frac{1}{\pi} \int_{-\infty}^{\infty} \frac{y f(t)}{|t-z|^2}\, dt \qquad (y > 0)$$

和

(6) $$f(z) = \frac{1}{\pi i} \int_{-\infty}^{\infty} \frac{(t-x) f(t)}{|t-z|^2}\, dt \qquad (y > 0)$$

若 $f(z) = u(x, y) + iv(x, y)$，由式 (5) 及式 (6) 可推得在上半平面 $y > 0$，調和函數 u 和 v，可用 u 之邊界值表示成

(7) $$u(x, y) = \frac{1}{\pi} \int_{-\infty}^{\infty} \frac{y u(t, 0)}{|t-z|^2}\, dt = \frac{1}{\pi} \int_{-\infty}^{\infty} \frac{y u(t, 0)}{(t-x)^2 + y^2}\, dt \qquad (y > 0)$$

和

(8) $$v(x, y) = \frac{1}{\pi} \int_{-\infty}^{\infty} \frac{(x-t) u(t, 0)}{(t-x)^2 + y^2}\, dt \qquad (y > 0)$$

式 (7) 稱為 Schwarz 積分公式，或半平面上的 Poisson 積分公式。下一節我們將放寬式 (7) 和式 (8) 成立的條件。

139. 半平面上的 Dirichlet 問題
(DIRICHLET PROBLEM FOR A HALF PLANE)

令 F 為 x 之有界實值函數，除了有限個有限跳躍外，F 為連續。當 $y \geq \varepsilon$ 且 $|x| \leq 1/\varepsilon$，ε 是任意正的常數，積分

$$I(x, y) = \int_{-\infty}^{\infty} \frac{F(t)\, dt}{(t-x)^2 + y^2}$$

對 x 和 y 均勻收斂，其被積分項對 x 和 y 的偏導數之積分也是均勻收斂。這些積分皆是有限個瑕積分或定積分之和。其中積分是在 F 連續的區間求值，因此，當 $y \geq \varepsilon$，每一個被積分項皆是 t, x 和 y 之連續函數。所以，當 $y > 0$，$I(x, y)$ 的偏導數就可表示成被積分項對應導數的積分。

若令

$$U(x, y) = \frac{y}{\pi} I(x, y)$$

則由第 138 節式 (7)，U 為 F 的 **Schwarz 積分變換 (Schwarz integral transform)**

(1) $$U(x, y) = \frac{1}{\pi} \int_{-\infty}^{\infty} \frac{y F(t)}{(t-x)^2 + y^2}\, dt \qquad (y > 0)$$

不計 $1/\pi$，其核為 $y/|t-z|^2$，這是函數 $1/(t-z)$ 之虛部，當 $y > 0$，函數 $1/(t-z)$ 為 z 之解析函數，因此可推得核是調和的，並滿足 x 和 y 之 Laplace 方程式，故當 $y > 0$，U 是調和的。

對每一個固定 x 而言，證明

(2) $$\lim_{\substack{y \to 0 \\ y > 0}} U(x, y) = F(x)$$

其中 F 在 x 連續，我們以 $t = x + y \tan \tau$ 代入式 (1)，可得

(3) $$U(x, y) = \frac{1}{\pi} \int_{-\pi/2}^{\pi/2} F(x + y \tan \tau)\, d\tau \qquad (y > 0)$$

因此，若

$$G(x, y, \tau) = F(x + y \tan \tau) - F(x)$$

且 α 是某個小的正數，則有

(4) $\quad \pi[U(x, y) - F(x)] = \int_{-\pi/2}^{\pi/2} G(x, y, \tau) \, d\tau = I_1(y) + I_2(y) + I_3(y)$

其中

$$I_1(y) = \int_{-\pi/2}^{(-\pi/2)+\alpha} G(x, y, \tau) \, d\tau, \qquad I_2(y) = \int_{(-\pi/2)+\alpha}^{(\pi/2)-\alpha} G(x, y, \tau) \, d\tau$$

$$I_3(y) = \int_{(\pi/2)-\alpha}^{\pi/2} G(x, y, \tau) \, d\tau$$

若 M 為 $|F(x)|$ 的上界，則 $|G(x, y, \tau)| \leq 2M$，對一所予的正數 ε，我們選取 α 使得 $6M\alpha < \varepsilon$；這表示

$$|I_1(y)| \leq 2M\alpha < \frac{\varepsilon}{3} \qquad 且 \qquad |I_3(y)| \leq 2M\alpha < \frac{\varepsilon}{3}$$

其次我們要證明，對應於 ε，存在正數 δ 使得

$$當 \ 0 < y < \delta，恆有 \ |I_2(y)| < \frac{\varepsilon}{3}$$

欲證此，我們由觀察知，因為 F 在 x 連續，因此存在正數 γ 使得

$$當 \ 0 < y|\tan \tau| < \gamma，恆有 \ |G(x, y, \tau)| < \frac{\varepsilon}{3\pi}$$

當 τ 從 $-\frac{\pi}{2} + \alpha$ 到 $\frac{\pi}{2} - \alpha$ 取值，$|\tan \tau|$ 的最大值為

$$\tan\left(\frac{\pi}{2} - \alpha\right) = \cot \alpha$$

因此，若令 $\delta = \gamma \tan \alpha$，則可得

$$當 \ 0 < y < \delta，恆有 \ |I_2(y)| < \frac{\varepsilon}{3\pi}(\pi - 2\alpha) < \frac{\varepsilon}{3}$$

我們證明了

$$當 \ 0 < y < \delta，恆有 \ |I_1(y)| + |I_2(y)| + |I_3(y)| < \varepsilon$$

由此一結果和式 (4)，可得條件 (2)。

所以式 (1) 解決了具有邊界條件 (2) 的半平面 $y > 0$ 之 Dirichlet 問題。顯然，由式 (1) 的式 (3) 形式可知，在半平面 $U(x, y)| \leq M$，其中 M 為 $|F(x)|$ 的一個上界，亦即 U 有界。注意，當 $F(x) = F_0$，則 $U(x, y) = F_0$，其中 F_0 為常數。

依據第 138 節式 (8)，在 F 滿足某些條件下

$$(5) \quad V(x, y) = \frac{1}{\pi} \int_{-\infty}^{\infty} \frac{(x-t)F(t)}{(t-x)^2 + y^2} \, dt \qquad (y > 0)$$

為式 (1) 之函數 U 的共軛調和。事實上，若 F 在除了有限多個跳躍不連續點外，到處連續，且滿足

$$|x^a F(x)| < M \qquad (a > 0)$$

的性質，則式 (5) 為 U 的共軛調和。因為在這些條件下，當 $y > 0$，U 和 V 滿足 Cauchy–Riemann 方程式。

式 (1) 的特例，亦即當 F 為奇或偶函數的情況，留作習題。

習題

1. 做為第 139 節式 (1) 的一個特例，推導出在第一象限為調和的有界函數

$$U(x, y) = \frac{y}{\pi} \int_0^{\infty} \left[\frac{1}{(t-x)^2 + y^2} - \frac{1}{(t+x)^2 + y^2} \right] F(t) \, dt \qquad (x > 0, y > 0)$$

其滿足邊界條件

$$U(0, y) = 0 \qquad (y > 0)$$
$$\lim_{\substack{y \to 0 \\ y > 0}} U(x, y) = F(x) \qquad (x > 0, x \neq x_j)$$

其中 F 對所有的正值 x 為有界，且除了有限個跳躍不連續點 x_j ($j = 1, 2, \ldots, n$) 外，到處連續。

2. 設 $T(x, y)$ 為表面絕熱的平板在 $x > 0, y > 0$ 之穩定溫度，其邊界條件為

$$\lim_{\substack{y \to 0 \\ y > 0}} T(x, y) = F_1(x) \qquad (x > 0)$$

$$\lim_{\substack{x \to 0 \\ x > 0}} T(x, y) = F_2(y) \qquad (y > 0)$$

（圖 199）。此處的 F_1 與 F_2 是有界的，並且除了有限個跳躍不連續點外，到處連續。令 $x + iy = z$，然後利用習題 1 所得之結果，證明

$$T(x, y) = T_1(x, y) + T_2(x, y) \qquad (x > 0, y > 0)$$

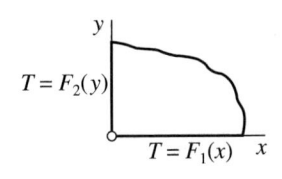

圖 199

其中

$$T_1(x, y) = \frac{y}{\pi} \int_0^\infty \left(\frac{1}{|t - z|^2} - \frac{1}{|t + z|^2} \right) F_1(t)\, dt$$

$$T_2(x, y) = \frac{y}{\pi} \int_0^\infty \left(\frac{1}{|it - z|^2} - \frac{1}{|it + z|^2} \right) F_2(t)\, dt$$

3. 做為第 139 節式 (1) 的一個特例，推導出在第一象限為調和的有界函數

$$U(x, y) = \frac{y}{\pi} \int_0^\infty \left[\frac{1}{(t - x)^2 + y^2} + \frac{1}{(t + x)^2 + y^2} \right] F(t)\, dt \qquad (x > 0, y > 0)$$

並滿足邊界條件

$$U_x(0, y) = 0 \qquad (y > 0)$$

$$\lim_{\substack{y \to 0 \\ y > 0}} U(x, y) = F(x) \qquad (x > 0, x \neq x_j)$$

其中 F 對所有的正值 x 為有界，且除了在有限個跳躍不連續點 $x = x_j$ ($j = 1,$

$2, \ldots, n$) 外，到處連續。

4. 在第 139 節中，將 x 軸與 y 軸對調，令半平面 $x > 0$ 之 Dirichlet 問題的解為

$$U(x, y) = \frac{1}{\pi} \int_{-\infty}^{\infty} \frac{xF(t)}{(t-y)^2 + x^2} \, dt \qquad (x > 0)$$

然後令

$$F(y) = \begin{cases} 1 & \text{當 } |y| < 1 \\ 0 & \text{當 } |y| > 1 \end{cases}$$

如此可得 U 及其調和共軛 $-V$ 如下：

$$U(x, y) = \frac{1}{\pi} \left(\arctan \frac{y+1}{x} - \arctan \frac{y-1}{x} \right), \quad V(x, y) = \frac{1}{2\pi} \ln \frac{x^2 + (y+1)^2}{x^2 + (y-1)^2}$$

其中 $-\pi/2 \le \arctan t \le \pi/2$。同時，證明

$$V(x, y) + iU(x, y) = \frac{1}{\pi} [\text{Log}(z+i) - \text{Log}(z-i)]$$

其中 $z = x + iy$。

140. Neumann 問題 (NEUMANN PROBLEMS)

如第 134 節的圖 192，我們令

$$s = r_0 \exp(i\phi) \quad \text{和} \quad z = r \exp(i\theta) \quad (r < r_0)$$

因為函數

(1) $\quad Q(r_0, r, \phi - \theta) = -2r_0 \ln|s - z| = -r_0 \ln \left[r_0^2 - 2r_0 r \cos(\phi - \theta) + r^2 \right]$

為

$$-2\, r_0 \log(z - s)$$

的實部，其中 $\log(z - s)$ 的分支切割是由點 s 朝外的射線，因此當 s 固定，$Q(r_0, r, \phi - \theta)$ 在圓 $|z| = r_0$ 的內部調和。此外，若 $r \ne 0$，則

第十二章　Poisson型的積分公式

(2) $$Q_r(r_0, r, \phi - \theta) = -\frac{r_0}{r}\left[\frac{2r^2 - 2r_0 r \cos(\phi - \theta)}{r_0^2 - 2r_0 r \cos(\phi - \theta) + r^2}\right]$$
$$= \frac{r_0}{r}[P(r_0, r, \phi - \theta) - 1]$$

其中 P 為第 134 節的 Poisson 核 (7)。

這些觀察指出，函數 Q 可用來寫出調和函數 U 的積分表示式，而 U 在圓 $r = r_0$ 之法線方向的導數 U_r，為事先給定之值 $G(\theta)$。

若 G 為片段連續，U_0 為任意常數，則

(3) $$U(r, \theta) = \frac{1}{2\pi}\int_0^{2\pi} Q(r_0, r, \phi - \theta)\,G(\phi)\,d\phi + U_0 \qquad (r < r_0)$$

是調和函數，此乃因被積分項為 r 與 θ 之調和函數。若 G 在圓 $|z| = r_0$ 的平均值為 0，亦即

(4) $$\int_0^{2\pi} G(\phi)\,d\phi = 0$$

則由式 (2)

$$U_r(r, \theta) = \frac{1}{2\pi}\int_0^{2\pi} \frac{r_0}{r}[P(r_0, r, \phi - \theta) - 1]\,G(\phi)\,d\phi$$
$$= \frac{r_0}{r}\cdot\frac{1}{2\pi}\int_0^{2\pi} P(r_0, r, \phi - \theta)\,G(\phi)\,d\phi$$

依據第 135 節式 (1) 與式 (2)，可得

$$\lim_{\substack{r \to r_0 \\ r < r_0}} \frac{1}{2\pi}\int_0^{2\pi} P(r_0, r, \phi - \theta)\,G(\phi)\,d\phi = G(\theta)$$

因此，對每一個 θ 而言，皆有

(5) $$\lim_{\substack{r \to r_0 \\ r < r_0}} U_r(r, \theta) = G(\theta)$$

其中 G 在 θ 連續。

因此當 G 為片段連續，並滿足條件 (4)，表示式

(6) $\quad U(r,\theta) = -\dfrac{r_0}{2\pi} \displaystyle\int_0^{2\pi} \ln\left[r_0^2 - 2r_0 r\cos(\phi-\theta) + r^2\right] G(\phi)\, d\phi + U_0 \quad (r < r_0)$

解決了圓 $r = r_0$ 內部區域的 Neumann 問題，由條件 (5) 可知，$G(\theta)$ 為調和函數 $U(r,\theta)$ 在邊界上之法線方向的導數。注意，因為 $\ln r_0^2$ 為常數，由式 (4) 和式 (6) 可得 U_0 為 U 在圓 $r = r_0$ 的圓心 $r = 0$ 之值。

$U(r,\theta)$ 的值可以表示具有絕熱表面的圓盤 $r < r_0$ 之穩態溫度。在此情況下，條件 (5) 說明了通過圓盤邊緣進入圓盤的熱通量與 $G(\theta)$ 成正比。條件 (4) 為物理上的自然條件，它表示進入圓盤之總熱通量為 0，這是因為溫度不隨時間改變。

對圓 $r = r_0$ 外部區域的調和函數 H，其對應式可用 Q 表示成

(7) $\quad H(R,\psi) = -\dfrac{1}{2\pi} \displaystyle\int_0^{2\pi} Q(r_0, R, \phi-\psi)\, G(\phi)\, d\phi + H_0 \quad (R > r_0)$

其中 H_0 為常數。如前之討論，我們假定 G 為片段連續且條件 (4) 成立。則對每一個點 ψ，皆有

$$H_0 = \lim_{R\to\infty} H(R,\psi)$$

和

(8) $\quad \displaystyle\lim_{\substack{R\to r_0 \\ R > r_0}} H_R(R,\psi) = G(\psi)$

其中 G 在 ψ 連續。式 (7) 的證明，與式 (3) 的特例，亦即應用於半圓區域的情況，留做習題。

現在轉到半平面，我們令除了有限多個跳躍不連續點外，$G(x)$ 對所有實數 x 為連續，並令當 $-\infty < x < \infty$ 時，$G(x)$ 滿足

(9) $\quad |x^a G(x)| < M \quad (a > 1)$

對每一個固定的實數 t，函數 $\text{Log}|z-t|$ 在半平面 $\text{Im } z > 0$ 是調和的。因此

(10) $\quad U(x,y) = \dfrac{1}{\pi} \displaystyle\int_{-\infty}^{\infty} \ln|z-t|\, G(t)\, dt + U_0$

$\qquad\qquad = \dfrac{1}{2\pi} \displaystyle\int_{-\infty}^{\infty} \ln[(t-x)^2 + y^2]\, G(t)\, dt + U_0 \qquad (y > 0)$

在該平面是調和的，其中 U_0 為實常數。

可將函數 (10) 寫成第 139 節 Schwarz 積分變換式 (1) 之形式，而由式 (10) 可得

(11) $\quad U_y(x,y) = \dfrac{1}{\pi} \displaystyle\int_{-\infty}^{\infty} \dfrac{y\, G(t)}{(t-x)^2 + y^2}\, dt \qquad (y > 0)$

由第 139 節式 (1) 與式 (2)，對每一個點 x 皆有

(12) $\quad \displaystyle\lim_{\substack{y \to 0 \\ y > 0}} U_y(x,y) = G(x)$

其中 G 在 x 連續。

式 (10) 顯然解決了具有邊界條件 (12) 的半平面 $y > 0$ 之 Neumann 問題。但是我們未提出對 G 的條件，即，當 $|z|$ 增加時，保證調和函數 U 是有界的。

當 G 是奇函數，式 (10) 可寫成

(13) $\quad U(x,y) = \dfrac{1}{2\pi} \displaystyle\int_{0}^{\infty} \ln\left[\dfrac{(t-x)^2 + y^2}{(t+x)^2 + y^2}\right] G(t)\, dt \qquad (x > 0, y > 0)$

此函數在第一象限 $x > 0, y > 0$ 為調和且滿足邊界條件

(14) $\qquad\qquad U(0,y) = 0 \qquad (y > 0)$

(15) $\qquad\qquad \displaystyle\lim_{\substack{y \to 0 \\ y > 0}} U_y(x,y) = G(x) \qquad (x > 0)$

習題

1. 使用第 140 節前半的結果，確定式 (7) 是圓 $r = r_0$ 外部區域的 Neumann 問題之解。

2. 做為第 140 節式 (3) 的一個特例，證明

$$U(r, \theta) = \frac{1}{2\pi} \int_0^\pi [Q(r_0, r, \phi - \theta) - Q(r_0, r, \phi + \theta)] G(\phi) \, d\phi$$

在半圓區域 $r < r_0$, $0 < \theta < \pi$ 為調和，且對每一個 θ 而言，滿足邊界條件

$$U(r, 0) = U(r, \pi) = 0 \qquad (r < r_0)$$
$$\lim_{\substack{r \to r_0 \\ r < r_0}} U_r(r, \theta) = G(\theta) \qquad (0 < \theta < \pi)$$

其中 G 在 θ 為連續。

3. 做為第 140 節式 (3) 的一個特例，證明

$$U(r, \theta) = \frac{1}{2\pi} \int_0^\pi [Q(r_0, r, \phi - \theta) + Q(r_0, r, \phi + \theta)] G(\phi) \, d\phi + U_0$$

在半圓區域 $r < r_0$, $0 < \theta < \pi$ 為調和，且對每一個 θ 而言，滿足邊界條件

$$U_\theta(r, 0) = U_\theta(r, \pi) = 0 \qquad (r < r_0)$$
$$\lim_{\substack{r \to r_0 \\ r < r_0}} U_r(r, \theta) = G(\theta) \qquad (0 < \theta < \pi)$$

其中 G 在 θ 為連續，且

$$\int_0^\pi G(\phi) \, d\phi = 0$$

4. 令 $T(x, y)$ 為平板 $x \geq 0$, $y \geq 0$ 的穩態溫度，而平板表面絕熱，且在邊緣 $x = 0$ 有 $T = 0$，沿著邊緣 $y = 0$ 的線段 $0 < x < 1$，流入平板的熱通量（第 118 節）為常數 A，而該邊緣其餘部分為絕熱。利用第 140 節式 (13)，證明沿著邊緣 $x = 0$ 流出平板的熱通量為

$$\frac{A}{\pi} \ln\left(1 + \frac{1}{y^2}\right)$$

附錄
TABLE OF TRANSFORMATIONS OF REGIONS

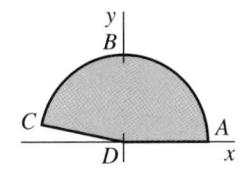

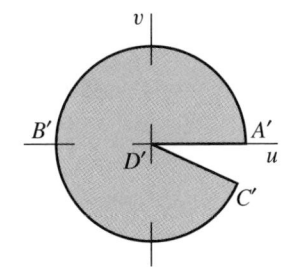

圖 1
$w = z^2$.

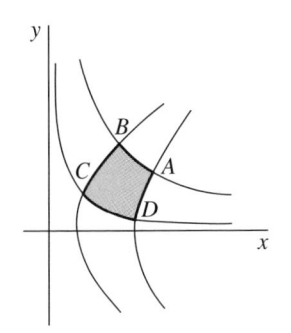

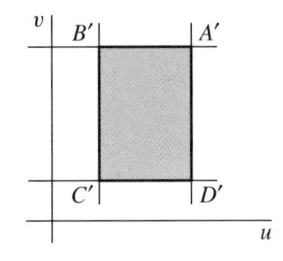

圖 2
$w = z^2$.

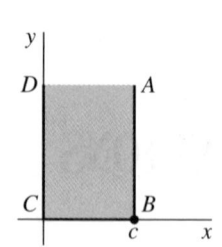

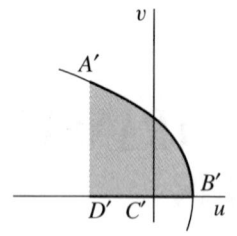

圖 3
$w = z^2$;
$A'B'$ on parabola $v^2 = -4c^2(u - c^2)$.

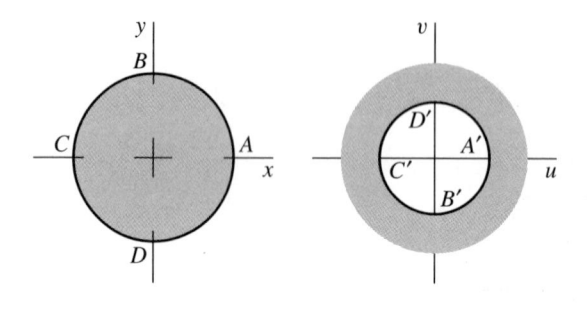

圖 4
$w = 1/z$.

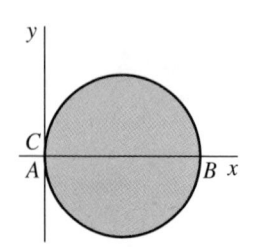

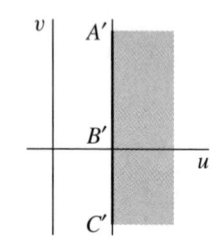

圖 5
$w = 1/z$.

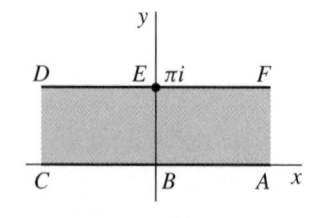

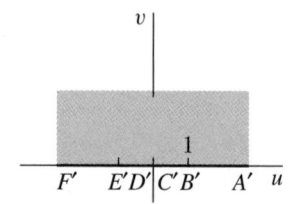

圖 6
$w = \exp z$.

圖 7
$w = \exp z.$

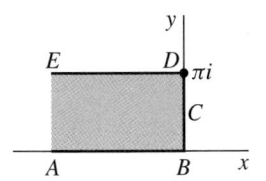

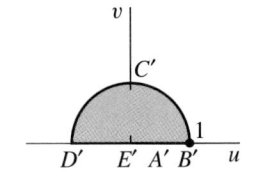

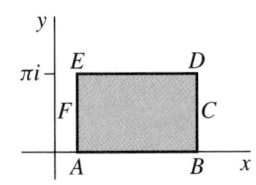

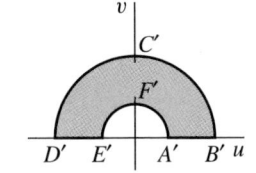

圖 8
$w = \exp z.$

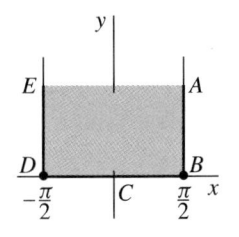

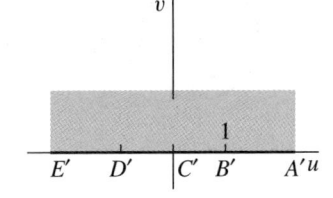

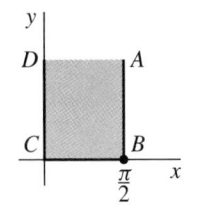

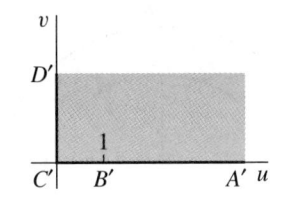

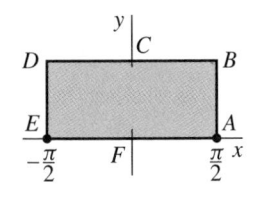

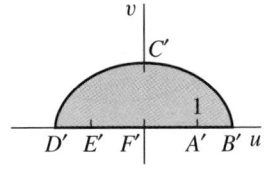

圖 9
$w = \sin z.$

圖 10
$w = \sin z.$

圖 11
$w = \sin z$; BCD on line $y = b$ $(b > 0)$,

$B'C'D'$ on ellipse $\dfrac{u^2}{\cosh^2 b} + \dfrac{v^2}{\sinh^2 b} = 1.$

圖 12

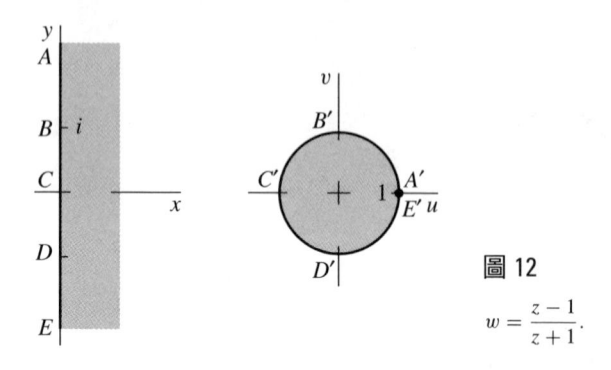

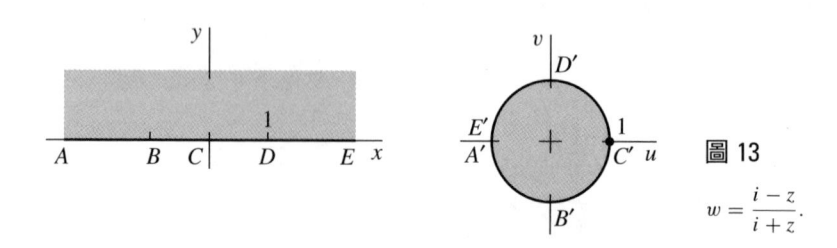

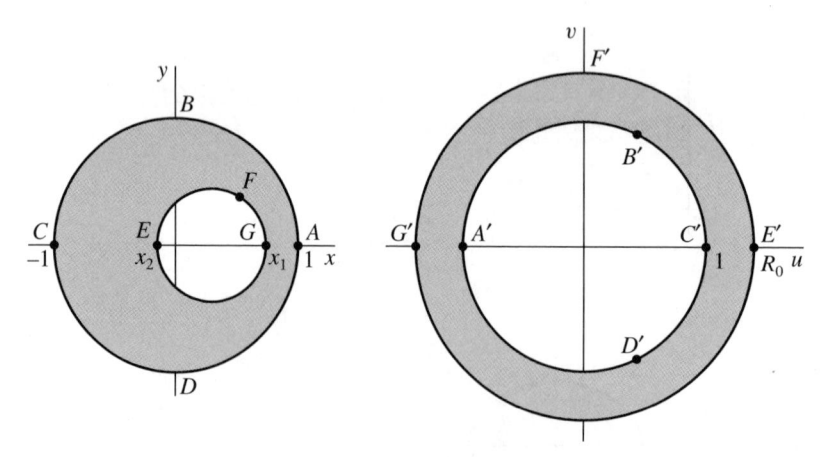

$$w = \frac{z-1}{z+1}.$$

圖 13

$$w = \frac{i-z}{i+z}.$$

圖 14

$$w = \frac{z-a}{az-1}; a = \frac{1 + x_1 x_2 + \sqrt{(1-x_1^2)(1-x_2^2)}}{x_1 + x_2},$$

$$R_0 = \frac{1 - x_1 x_2 + \sqrt{(1-x_1^2)(1-x_2^2)}}{x_1 - x_2} \quad (a > 1 \text{ and } R_0 > 1 \text{ when } -1 < x_2 < x_1 < 1).$$

圖 15

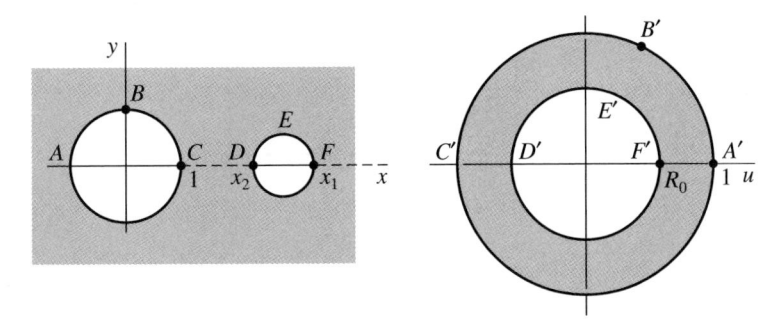

$$w = \frac{z-a}{az-1}; a = \frac{1 + x_1 x_2 + \sqrt{(x_1^2 - 1)(x_2^2 - 1)}}{x_1 + x_2},$$

$$R_0 = \frac{x_1 x_2 - 1 - \sqrt{(x_1^2 - 1)(x_2^2 - 1)}}{x_1 - x_2} \quad (x_2 < a < x_1 \text{ and } 0 < R_0 < 1 \text{ when } 1 < x_2 < x_1).$$

圖 16

$$w = z + \frac{1}{z}.$$

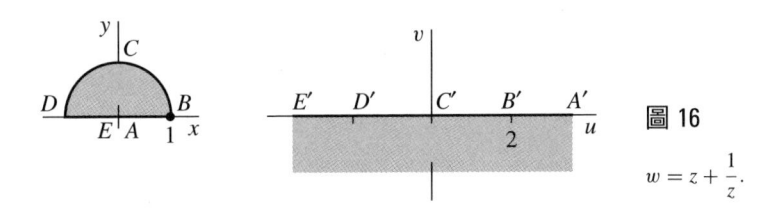

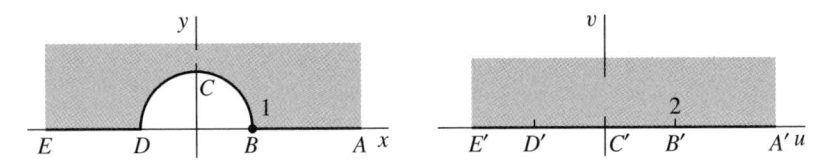

圖 17

$$w = z + \frac{1}{z}.$$

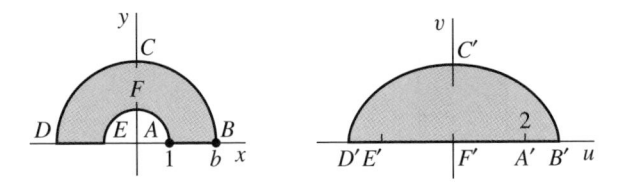

圖 18

$$w = z + \frac{1}{z}; B'C'D' \text{ on ellipse } \frac{u^2}{(b + 1/b)^2} + \frac{v^2}{(b - 1/b)^2} = 1.$$

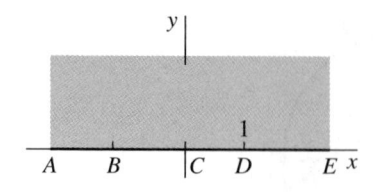

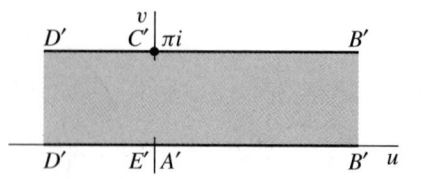

圖 19

$w = \text{Log}\dfrac{z-1}{z+1}; z = -\coth\dfrac{w}{2}.$

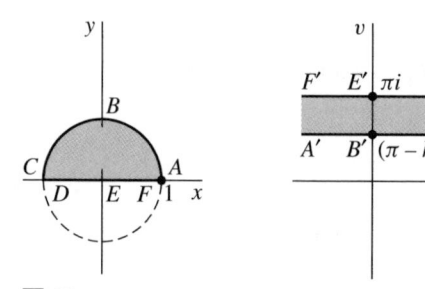

圖 20

$w = \text{Log}\dfrac{z-1}{z+1};$

ABC on circle $x^2 + (y + \coth h)^2 = \csc^2 h \quad (0 < h < \pi).$

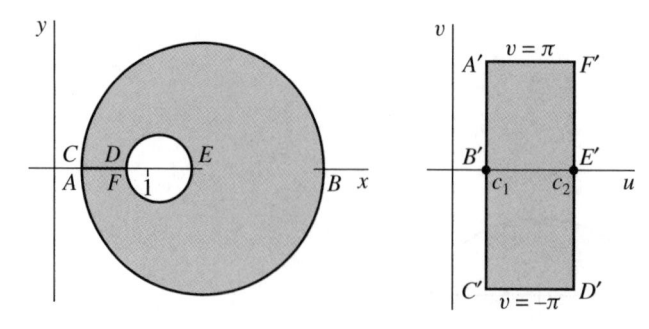

圖 21

$w = \text{Log}\dfrac{z+1}{z-1};$ centers of circles at $z = \coth c_n$, radii: $\operatorname{csch} c_n$ $(n = 1, 2).$

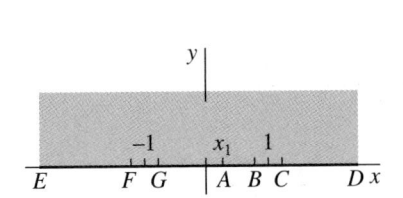

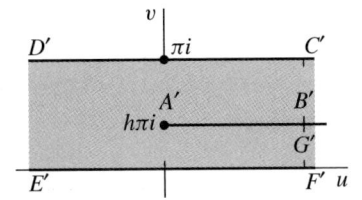

圖 22

$$w = h \ln \frac{h}{1-h} + \ln 2(1-h) + i\pi - h \operatorname{Log}(z+1) - (1-h) \operatorname{Log}(z-1); \quad x_1 = 2h - 1.$$

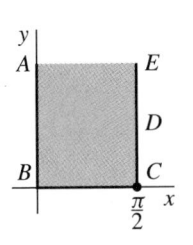

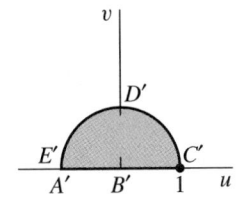

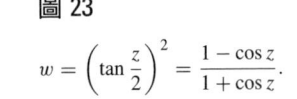

圖 23

$$w = \left(\tan \frac{z}{2}\right)^2 = \frac{1 - \cos z}{1 + \cos z}.$$

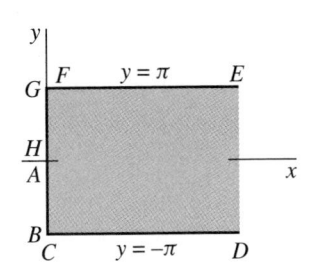

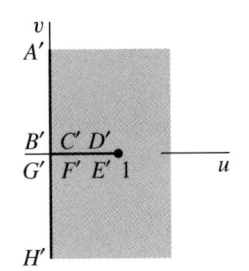

圖 24

$$w = \coth \frac{z}{2} = \frac{e^z + 1}{e^z - 1}.$$

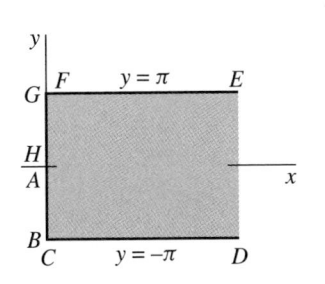

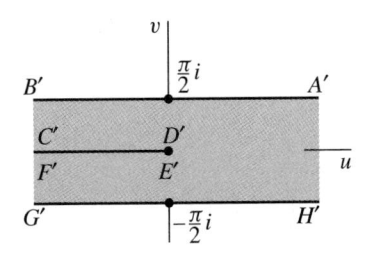

圖 25

$$w = \operatorname{Log}\left(\coth \frac{z}{2}\right).$$

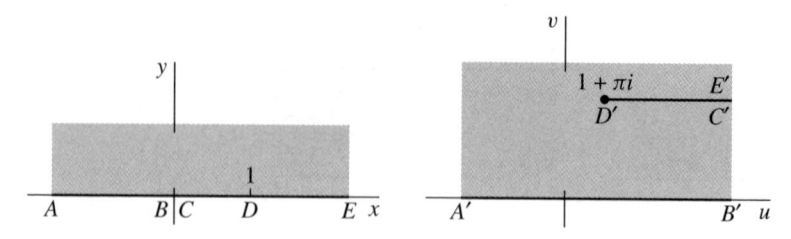

圖 26
$w = \pi i + z - \text{Log } z.$

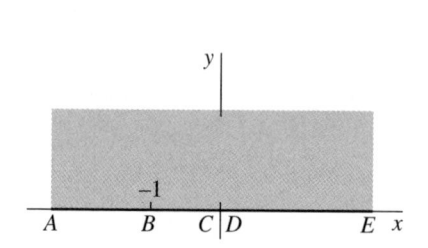

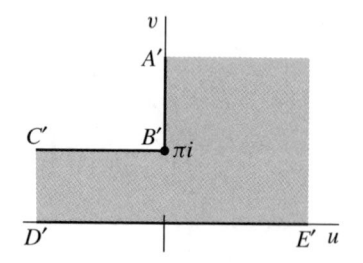

圖 27
$w = 2(z+1)^{1/2} + \text{Log } \dfrac{(z+1)^{1/2} - 1}{(z+1)^{1/2} + 1}.$

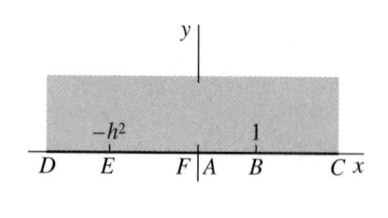

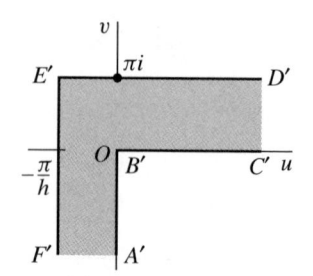

圖 28
$w = \dfrac{i}{h} \text{Log } \dfrac{1 + iht}{1 - iht} + \text{Log } \dfrac{1+t}{1-t}; \; t = \left(\dfrac{z-1}{z+h^2}\right)^{1/2}.$

附錄 569

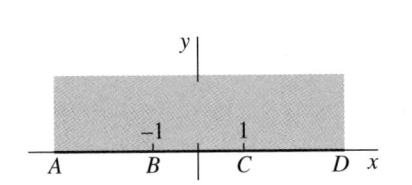

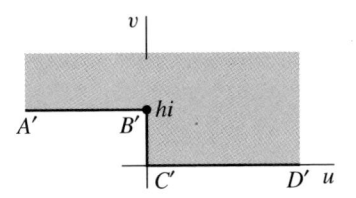

圖 29

$$w = \frac{h}{\pi}[(z^2-1)^{1/2} + \cosh^{-1} z].^*$$

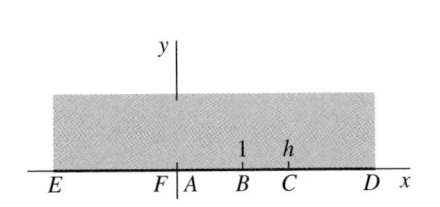

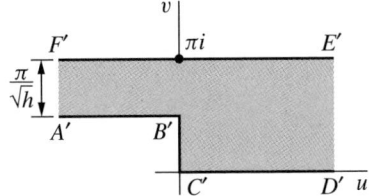

圖 30

$$w = \cosh^{-1}\left(\frac{2z-h-1}{h-1}\right) - \frac{1}{\sqrt{h}} \cosh^{-1}\left[\frac{(h+1)z-2h}{(h-1)z}\right].$$

---

*See Exercise 3, Sec. 133.

索引 INDEX

∞ 的一個鄰域　neighborhood of ∞　61
Bessel 函數　Bessel functions　266
beta 函數　beta function　366
Bromwich 積分　Bromwich integral　382
Casorati–Weierstrass 定理　Casorati–Weierstrass theorem　331
Cauchy 主值　Cauchy principal value　335
Cauchy 留數定理　Cauchy's residue theorem　300
Cauchy 積分公式　Cauchy integral formula　206
Cauchy 積　Cauchy product　285
Cauchy–Goursat 定理　Cauchy–Goursat theorem　190
Cauchy–Riemann 方程式　Cauchy–Riemann equations　79
de Moivre 公式　26
Dirichlet 積分　Dirichlet's integral　357
Euler 數　Euler numbers　291
Fourier 定律　Fourier's law　469

Fourier 級數　Fourier series　266
Fresnel 積分　Fresnel integrals　354
gamma 函數　gamma function　362
Gauss 均值定理　Gauss's mean value theorem　222
Jordan 不等式　Jordan's inequality　349
Laplace 方程式　96
Laplace 方程式的極式　polar form of Laplace's equation　98
Laplace 第一積分分式　Laplace's first integral form　177
Laurent 定理　Laurent's theorem　253
Laurent 級數　Laurent series　254
Legendre 多項式　Legendre polynomials　177
Leibniz 法則　Leibniz's rule　285
Liouville 定理　Liouville's theorem　219
m 階極點　pole of order m　309
m 階零點　zero of order m　320
Maclaurin 級數　Maclaurin series　240

Picard 定理　Picard's theorem　310

R
Riemann 定理　Riemann's theorem　330
Riemann 球　Riemann sphere　61

S
Schwarz 積分變換　Schwarz integral transform　552
Taylor 定理　Taylor's theorem　238
Taylor 級數　Taylor series　239
z 變換　z－transform　265

二劃
二次式公式　quadratic formula　39
二項式公式　binomial formula　8

四劃
分支切割　branch cut　117
分支　branch　117
不完整方塊　partial square　190
尺度因子　scale factor　447
片段連續　piecewise　148
元素　elements　102
反導數　antiderivative　178
內點　interior point　41
反轉　inverse　535
反 Laplace 變換　inverse Laplace transform　382

五劃
主分支　principal branch　423
去心鄰域　deleted neighborhood　40
主支　principal branch　117

正位向　positively oriented　152
半純　meromorphic　372
主根　principal root　34
主值　principal value　22, 125
可移除奇點　removable singular point　308
可連通　connected　41
主部　principal part　308
平移　translation　48
可微弧　differentiable arc　154
可微　differentiable　68
本質奇點　essential singular point　309
外點　exterior point　41
以 c 為底的指數函數　exponential function with base c　125

六劃
交叉比　cross ratios　399
有限平面　finite plane　61
有限單位脈衝函數　finite unit impulse functio　545
有界　bounded　41
多值函數　multiple－valued functions　47
有理函數　rational functions　46
多連通　multiply connected　198
共軛調和　harmonic conjugate　454
多項式　polynomial　46
在開集 S 可解析　analytic in an open set S　89
光滑的　smooth　155

索引

收斂圓　circle of convergence　268
收斂　converge　229
在 $z_0 = \infty$ 有孤立奇點　isolated
　　singular point at $z_0 = \infty$　295

七劃
均勻　uniform　269
折線　polygonal line　41

八劃
孤立　isolated　293
拉格蘭三角恆等式　Lagrange's
　　trigonometric identity　31
定義域　domain of definition　45
函數　function　45
定積分　definite integral　147
歧點　branch point　117, 438
定點　fixed point　402
奇點　singular point　92
弧　arc　152
和　sum　159, 233

九劃
重合原理　coincidence principle　101
保角的　conformal　444
保角映射　conformal　445
映射　mapping　47
流線函數　stream function　494
流線　lines of flow　471
流線　streamlines　494

十劃
值域　range　48
純虛數　pure imaginary numbers　1

逆像　inverse image　48
留數　residue　297
值　value　45

十一劃
部分和　partial sums　232
閉包　closure　41
速度位勢　velocity potential　493
區域　region　41
通量線　flux lines　484
閉集　close　41
通量　flux　469
球極平面投影　stereographic
　　projection　61
旋轉角　angle of rotation　444
旋轉　rotation　48
域　domain　41

十二劃
等位的　equipotential　484
等角映射　isogonal mapping　446
幅角原理　argument principle　373
等位線　equipotentials　493
等位線　level curves　98
幅角　argument　22
階性質　order property　550
單弧　simple arc　152
單連通　simply connected　196
無旋轉　irrotational　492
發散　diverges　229, 233
虛軸　imaginary axis　1
開集　open　41

單極點　simple pole　309
絕對收斂　absolutely convergent　235
無窮數列　sequence　229
圍線積分　contour integral　158
圍線　contour　155

十三劃
解析延拓　analytic continuation　102
雷建得多項式　Legendre polynomials　77
極限　limit　54
電場強度　field intensity　483
零點　zero　132

十四劃
實值函數　real-valued function　46
滯留點　stagnation point　525
聚集點　accumulation point　43
實軸　real axis　1
與路徑無關　independent of path　177
像　image　47

十五劃
複位勢　complex potential　494
線性分式變換　linear fractional transformation　395
整函數　entire function　89
調和　harmonic　96
鄰域　neighborhood　40
複數平面　complex plane　1
複數形式　complex form　89

複數　complex numbers　1
導數　derivative　68
模數　modulus　11

十六劃
冪次方函數　power function　124
餘項　remainder　235

十七劃
臨界點　critical point　446
環流　circulation　491
點 z_0 可解析　analytic at a point z_0　89

十八劃
雙曲正切　hyperbolic tangent　138
擴張複數平面　extended complex plane　61
簡單閉曲線　simple closed curve　152
簡單閉圍線　simple closed contour　155
繞數　winding number　373
覆蓋　cover　190

十九劃
邊界點　boundary point　41
邊界　boundary　41
鏡射原理　reflection principle　103
鏡射　reflection　48